U0160784

RICHARD DAWKINS

延伸的表型

[英] 理查德·道金斯 著

风君 译

THE EXTENDED PHENOTYPE

THE LONG REACH OF THE GENE

中信出版集团 | 北京

图书在版编目（CIP）数据

延伸的表型 /（英）理查德·道金斯著；风君译
. -- 北京：中信出版社，2024.5
书名原文：The Extended Phenotype
ISBN 978-7-5217-6342-3

Ⅰ. ①延… Ⅱ. ①理… ②风… Ⅲ. ①基因－研究
Ⅳ. ① Q343.1

中国国家版本馆 CIP 数据核字（2024）第 038946 号

延伸的表型
著者：［英］理查德·道金斯
译者：风君
出版发行：中信出版集团股份有限公司
（北京市朝阳区东三环北路 27 号嘉铭中心　邮编　100020）
承印者：三河市中晟雅豪印务有限公司

开本：787mm×1092mm 1/16　　印张：26　　字数：344 千字
版次：2024 年 5 月第 1 版　　印次：2024 年 5 月第 1 次印刷
京权图字：01–2023–6176　　书号：ISBN 978–7–5217–6342–3
定价：68.00 元

服务热线：400–600–8099
投稿邮箱：author@citicpub.com

目 录

序

在解释本书的主旨是什么以及与什么不相干方面，第一章发挥了部分序言的作用，所以我在此处就可以长话短说了。本书既非教科书，也不是对某个既定领域的导读，而是作者对生命演化的个人看法，特别是对自然选择的逻辑以及自然选择在生命的哪一层次发挥作用的个人看法。我碰巧是一名动物行为学家，但我希望读者的目光不要局限于我在动物行为领域的专精，因为本书意图涉足的领域更为宽泛。

我的读者主要是专业同行、演化生物学家、动物行为学家和社会生物学家、生态学家，以及对演化科学感兴趣的哲学家和人文主义者，当然也包括所有这些学科的研究生和本科生。因此，虽然本书在某种程度上是我先前的著作《自私的基因》(*The Selfish Gene*) 的续篇，但它假定读者具备演化生物学专业知识，并掌握相关专业术语。不过，即便不是专业人士，也大可以旁观者的身份对专业书籍赏读一番。一些读过本书初稿的非专业人士，或出于善意，或出于礼貌声称自己喜欢这本书。如果他们所言非虚，那我还真是受宠若惊。为此我特意在书末附了一份术语参考释义，以期对此类读者有帮助。我也尽量让这本书通俗有趣，让人读来有愉悦之感。如此行文，可能会触怒一些一本正经的专业人士。这当然非我所愿，毕竟这些态度严肃的专业人士是我此次宣讲的主要听众。不过，行文风格这件事，本就像其他品味一样，你不可能取悦每个人，令一些人激赏不已的风格，往往让另一些人深恶痛绝。

当然，和稀泥和表达歉意——这不是一个对自己的主张深信不疑并力倡者的做派——并非本书的基调，因此我得把所有的致歉之语都塞进这篇序里。本书前几章回应了对我上一本书（《自私的基因》）的批评，这些批评之声也许还会在本书出版后再度响起。我很抱歉，但这是必要之举，如果我的文字因此时不时带着一股怒气，我也一并致歉。不过我相信，我仍能大致保持平和。指出过去遭受的误解，并设法防微杜渐颇有必要，但我不想给人一种因为误解广为流传而大受委屈的印象。这些误解仅限于数量非常有限的团体之中，只是有时候他们的嗓门相当大。我对那些批评我的人其实心存感激，因为他们迫使我重新思考如何更清楚地表达晦涩艰深的问题。

如果读者发现参考文献中遗漏了他们最钟爱的相关作品，我深表歉意。有些人就是能够对一个庞大领域所涵盖的文献做到巨细靡遗、了然于胸，而我始终无法理解他们是如何做到这一点的。我知道，我所引用的例子只是九牛一毛而已，有时还来自我朋友的著作或推荐。如果这种引用从结果来看貌似失之偏颇，那也是我的责任，对此我很抱歉。但我想几乎每个人都难免有类似的倾向。

一本书不可避免地反映了作者当前的关注点，而这很可能是他最新论文的主题之一。考虑到这些论文是新鲜出炉的，如果仅仅为了挪来一用，就对其中的词句修改一番，那实属矫揉造作之举，因此，我将无半点犹豫迟疑，在本书中不时一字不差地引用自己论文中的段落。这些段落可散见于第 4、5、6 和 14 章中，是本书要旨的组成部分，遗漏它们，就像在措辞上做无谓的改变一样造作。

在第 1 章中，我开门见山地将本书称为一部毫不掩饰的“辩护”之作，不过也许我对此还是有点不好意思。威尔逊（Wilson 1975, pp.28–29）对任何寻求科学真理的“辩护法”给予了恰如其分的谴责[1]，因此我在第 1 章中颇费了些笔墨，以求减轻罪责。我当然不希望把科学弄得像是一种司法体系——由专业人士为某一立场竭尽全力地加以辩护，即使他们认为这个立场是错误的。对本书所倡导的生命观，我深信不疑。而且至少在一定程度上，我的观点长期以来——确切地说是自我发表第一篇论文以来——从未改变和动摇。在那篇论文中，我将“适应”（adaptation）描述为有利于“动物基因的存续”（Dawkins 1968）。这种信念——如果适应被视为对某种事物“有利”，那么这种事物就是基因——是我上一本书的基本假设。而在这本书中，我将向前更进一步。以稍显夸大的方式表述，本书试图将“自私的基因”从生物个体中解放出来，后者一直是将这一概念束缚其中的牢笼。基因的表型效应是它将自己传至下一代的工具，这些工具可能会“延伸”到基因所寓居的身体之外，甚至深入其他生物的神经系统之中。由于我所主张的并非事实立场，而是一种看待事实的方式，因此我想提醒读者不要期待正常意义上的“证据”。我之所以声称本书是辩护之作，是因为我急于不让读者失望，不想以伪饰之词行欺瞒误导之实，浪费她的时间。

上一句话的末尾算是我的一个语言实验，我本想鼓起勇气，让计算机在全书文本中随机地将人称代词女性化。这不仅是因为我乐见人们认识到当前语言中的男性偏见。每当我写作时，我脑海中都会有一个特定的“假想读者”（在我多次连续修改同一篇文章时，也会有不同的假想读者在旁加以监督和“筛查”），而且我的假想读者中至少有一半是女性，正如我的朋友中至少有一半是女性。不幸的是，以下情

[1] 此处指 E. O. 威尔逊，全名爱德华·奥斯本·威尔逊（Edward Osborne Wilson），是美国著名生物学家、博物学家和作家，他被《时代》和《大英百科全书》等出版物评价为世界上最重要的科学家和最有影响力的人物之一，被称为“21 世纪的达尔文”“社会生物学之父”。“辩护法”（advocacy method）的说法来自威尔逊的代表作《社会生物学：新的综合》（*Sociobiology: The New Synthesis*），他将科学界发展学说的某种方法与法庭辩护程序相类比，即一方为说明某个现象而提出一个假说，另一方对此加以反驳，然后各方你来我往进行为期数年的争辩。威尔逊认为这种方法耗时过长，需要经过多次失败的拉锯方有可能成功，且易导致无谓的学派之争，故持批判态度。——译者注（以下如无特别说明，脚注均为译者注）

形在英语中仍然所在多有，即在本属中性的行文指代中，女性代词的意外出现严重分散了大多数读者的注意力，无论读者是男是女。我相信上一段的实验已证实了这一点。因此，虽有遗憾，但我在这本书中仍遵循了代词使用的标准惯例。

对我来说，写作几乎是一种社交活动，我很感激许多朋友，他们通过讨论、争辩和提供精神支持，有时在不知不觉中参与了本书的创作。原谅我无法对他们一一指名道姓地加以感谢。玛丽安·斯坦普·道金斯（Marian Stamp Dawkins）不仅对整本书的数稿进行了兼具悟性和见解的批评，还一直对这个课题满怀信心，即使在我本人失去信心时也是如此，这让我得以坚持下来。艾伦·格拉芬（Alan Grafen）和马克·里德利（Mark Ridley）名义上是我的研究生，但实际上，他们以各自不同的方式，在我不善应对的理论领域中充当了我的导师，他们对这本书产生的影响不可估量。在初稿中，几乎每一页都会提到他们的名字，结果一位审稿人还为此抱怨了几句。这当然情有可原，也让我只好将对他们的亏欠之情全部塞进这篇序中。凯西·肯尼迪（Cathy Kennedy）成功将她与我的亲密友谊和对我最尖刻的批评者的深切同情集于一身。这使她处于一个独一无二的建言者的立场上，尤其是在前几章中我试图回应批评的时候。恐怕她还是会不喜欢这些章节的基调，但它们比起先前已大为改观，这主要归功于她的影响，对此我甚为感激。

我有幸得到了约翰·梅纳德·史密斯（John Maynard Smith）、戴维·C. 史密斯（David C. Smith）、约翰·克雷布斯（John Krebs）、保罗·哈维（Paul Harvey）和里克·恰尔诺夫（Ric Charnov）对完整初稿的批评，最终成稿他们所有人都有一份功劳。他们的建议自始至终都对我有所影响，即使我并不总是采纳这些建议。其他人则对涉及他们各自领域的章节给予了善意批评：迈克尔·汉塞尔（Michael Hansell）对动物造物的章节，保利娜·劳伦斯（Pauline Lawrence）对寄生虫的章节，埃格伯特·利（Egbert Leigh）对适合度（fitness）的章节，安东尼·哈勒姆（Anthony Hallam）对间断平衡论的章节，W. 福特·杜利特尔（W. Ford Doolittle）对自私的DNA（脱氧核糖核酸）的章节，以及黛安娜·德·史蒂文（Diane De Steven）对植物学的章节所做的批评。本书是在牛津完成的，但肇始于一次访问位于盖恩斯维尔的佛罗里达大学的休假，这次学术休假有赖于牛津大学和新学院的院长及研究员们的应允才得以成行。我很感激我在佛罗里达的许多朋友，他们给了我愉快的工作氛围，尤其要提到的是简·布罗克曼（Jane Brockmann），她还对初稿提出了不少有益的批评。此外还有唐娜·吉利斯（Donna Gillis），她承担了大量的打字工作。在写作本书期间，我作为巴拿马史密森学会（Smithsonian Institution）的特邀嘉宾，有了一个月的时间接触热带生物学，这也让我受益匪浅。最后，我很高兴再次对迈克尔·罗杰斯（Michael Rodgers）表达感谢之情，他曾在牛津大学出版社工作，现在任职于W. H. 弗里曼出版社，是一位“天选”的编辑。他对自己所编的书充满信心，更是这些书不知疲倦的推手。

理查德·道金斯

牛津，1981年6月

牛津平装版备注

我猜想，大多数科学家——大多数作家——都有这样一部作品，他们会说：如果你从来没有读过我的其他作品，没关系，至少请读一下这一部。对我来说，这部作品就是《延伸的表型》一书。尤其是本书最后四章，可以说是我能以“创新”之名给出文字的最佳候选。至于本书的其余部分，则是在这条创新之路上所做的一些必要的准备、整理工作。第 2 章和第 3 章是对现在被广泛接受的“自私的基因”演化论观点的批评的回应。中间几章则从基因的角度讨论了目前在生物哲学家中盛行的关于“选择单位”的争论，也许这里面最有用的贡献是对“复制因子和载具”所做的区分。我意在通过这次整理甄别，一劳永逸地解决整个争议！

至于“延伸的表型”本身，我从未打算在书的最后给出任何替代概念。然而，这一写作策略也有一个缺点，那就是前几章不可避免地将读者的注意力吸引到笼统的“选择单位”问题上，而忽略了“延伸的表型”本身这一更为新颖的想法。正是出于这个原因，这个版本去掉了原来的副标题“作为选择单位的基因”，取而代之的是“基因的无限延伸”，体现了“基因位于这张表型的辐射效力之网中心”的观点。除此以外，本书只有些许微小修改，其他方面没有变化。

理查德·道金斯

牛津，1989 年 5 月

致谢

第 190 页《第五首哲学家之歌》，选自唐纳德·瓦特（Donald Watt）编辑的《赫胥黎诗集》（*The Collected Poetry of Aldous Huxley*）。版权 ©1971 由劳拉·赫胥黎（Laura Huxley）所有。经劳拉·赫胥黎夫人和 Chatto & Windus 有限公司同意转载，同时也经 Harper & Row 出版股份有限公司（美国）许可。

第 23 页《麦克安德鲁的礼赞》（McAndrew's Hymn），理查德·吉卜林（Richard Kipling）作。经 Doubleday & Company 股份有限公司许可转载。

第1章

内克尔立方体和水牛

本书可说是一部毫不掩饰的“辩护”之作。在书中，我主张用一种特殊的方式来看待动物和植物，并用一种特殊的方式来思考它们为何会表现出各自特有的行为。我将加以辩护的不是一种新的理论，不是一个可以被证实或证伪的假设，也不是一个可以通过预测来加以判断的模型。如果是上述任何一种情况，那么我同意威尔逊（Wilson 1975，p.28）的观点，即“辩护法”是不妥的，应受谴责。但我的情况并不在上述之列。我所倡导的是一种观点，一种看待我们所熟悉的事实和思想的方式，以及一种对此提出新问题的方式。因此，如果读者期待的是某种传统字面意义上“令人信服”的新理论，那他读罢本书一定会有一种“那又怎样？”的失望感。但我并不想试图说服任何人相信任何事实命题的真实性，相反，我只是试图向读者展示一种看待生物学事实的方式而已。

有一种著名的视觉错觉叫作“内克尔立方体”（Necker Cube）。它是一幅线条画，而我们的大脑将其理解为一个三维立方体。但我们感知到的立方体会有两个可能的方向，并且两个方向都与纸上的二维图像同等兼容。我们通常一开始看到的是两个方向中的一个，但如果我们多注视图像几秒钟，立方体就会在我们的脑海中“翻转”，于是另一个明显的方向就会呈现在我们眼前。再过几秒钟，脑海中的图像又会翻转过来，而只要我们盯着这幅图，它就会继续交替翻转。关键在于，这两种对立方体的感知都不是唯一正确或“真实的”，它们同等正确。同样，我无法证明书中所提倡的这种对生命的看法——我权且称之为“延伸的表型”——是否比正统的观点更正确。这是一种不同的观点，不过我猜想，至少在某些方面，它提供了更深刻的理解。但我也不确定，是否有任何实验可以证明我的观点。

我将要在书中探讨的现象——协同演化、“军备竞赛”[1]、寄生虫对宿主的操纵、生物对无生命世界的操纵、最小化成本和最大化收益的经济“策略”——都是我们早已耳熟能详，而且已经得到深入研究的主题。那么，读者为何还要拨冗继续阅读本书呢？我倒是很想借用斯蒂芬·古尔德[2]那本更有分量的著作（1977a）中那开门见山式的恳求，简单地说一句，“请阅读这本书”，你自然就会发现为什么值得费心去做这件事。不幸的是，我并不像他那样具备此等信心。我只能说，作为一个研究动物行为的普通生物学家，我发现“延伸的表型”这个称呼所代表的观点让我以不同的方式看待动物及其行为，并使自己对其的理解更上一层楼。延伸的表型本身可能并不构成一个可检验的假设，但它在当下改变了我们看待动植物的方式，也可能会使我们构想出之前难以想象的可检验假设。

洛伦茨[3]在1937年发现，我们可以像对待解剖学意义上的器官一

[1] “军备竞赛”（arms races）是作者道金斯提出的比喻，用以形容大自然中普遍存在的生态现象，即在自然环境中，许多生物进行着激烈的生存竞争，以期繁衍生息。

[2] 全名斯蒂芬·杰·古尔德（Stephen Jay Gould），美国著名演化科学家、古生物学家、科学史学家，间断平衡论的提出者之一。古尔德在关于选择单位的争论中更倾向于群体选择，在这一问题上被道金斯批驳。文中提及的著作为古尔德的代表作《个体发生和系统发育》（*Ontogeny and Phylogeny*）。

[3] 康拉德·洛伦茨（Konrad Lorenz），奥地利动物学家，动物习性学创始人，经典比较行为研究的代表人物，提出过“印记”“关键期”等动物行为的经典概念。洛伦茨坚决反对当时盛行的行为主义观点，即认为生物的反应都是对外部刺激的响应的看法。他认为动物天生就存在某些固定不变的行为类型，例如对出生后最早注意到的移动客体发生跟随依附的行为（即“印记”），就像它们天生具有某种组织器官一样。

样看待某种行为模式。可这并非一般意义上的“发现”，其没有实验结果作为支撑。这只是一种看待已经司空见惯的事实的新方式，但它已成为现代动物行为学的主导思想（Tinbergen 1963）。对今天的我们来说，它似乎是如此显而易见，以至于很难理解它曾经还需要加以“发现”。同样，达西·汤普森（D'Arcy Thompson）[1]1917年著作中的著名章节《变换论》被公认为一项重要的成果，尽管它并没有提出或检验哪怕一个假设。从某种意义上说，任何动物形态都可以通过数学变换而转化为其亲缘物种的形态，这显然是不争的事实，不过这种变换是否简单就不甚明了了。实际上，在达西·汤普森给出一些具体的变换例子时，任何一丝不苟、坚持认为科学工作只能通过对特定假设的证伪来进行的读者都会对他发出“那又怎样？”的诘问。如果我们读了达西·汤普森的这一章，然后自问，我们现在知道了多少以前所不知道的东西，答案很可能是“并不多”。但他的文字激发了我们的想象力，让我们得以回过头来，用一种新的方式来看待动物，并以一种新的方式思考理论问题——在此处是指胚胎学和系统发育（也译“系统发生”）及两者相互关系的问题。当然，我不会冒昧地将自己这本目前还默默无闻的作品与一位伟大生物学家的杰作相提并论。我以此为例只是想说明，一本理论性的书，即使没有提出可检验的假设，仅试图改变我们看待事物的方式，也有可能是值得一读的。

另一位伟大的生物学家[2]曾经建议，为了了解实际情况，我们必须对可能存在的情况加以思考：“没有一个对有性生殖感兴趣的务实生物学家有意向去研究具有三种或更多性别的生物体所经历的繁殖会

[1] 达西·汤普森是英国动物学家，他善于用数学和物理概念解释生物现象，从而发展出一种研究生物演化和成长的新方法。《变换论》是其代表作《生长和形态》（*On Growth and Form*）中最为重要的章节，完整名称是《变换论和相关形态的比较》。他在这一章中提出一种图形技术，即所谓“达西·汤普森变换”，证明一种动物的形态可以通过数学上可列举的变形转化为与其具有亲缘关系的动物的形态。

[2] 此处指罗纳德·费希尔（Ronald Fisher），英国统计学家和演化生物学家，统计学和生物学泰斗，道金斯称其为“达尔文最伟大的继承者”。

产生何种后果；可是，如果他想理解为什么性别实际上总是两种，恐怕他也别无他法。”（Fisher 1930a，p.ix.）威廉斯（Williams 1975）[1]、梅纳德·史密斯（Maynard Smith 1978a）[2]等人均教导我们，地球上生命最常见、最普遍的特征之一，即性行为本身，也不应该被视为理所当然。事实上，与想象中无性生殖的可能性相比，性行为的存在本身着实令人惊讶。将无性生殖作为一种假想可能并不算难事，因为我们知道在某些动植物身上，无性生殖是实际存在的。但是否在其他情况下，我们的想象力并未得到这样明显的提示？是否存在一些关于生命的重要事实，我们几乎对其置若罔闻，只是因为我们缺乏想象力，无法想象存在于某些可能世界中的另一番图景，就像费希尔所说的“三种性别”？我将尽力证明，这个问题的答案是肯定的。

通过构建想象中的世界，增进我们对现实世界的理解，这就是“思想实验”的技巧。它是哲学家的常用手法。例如，在论文集《心灵哲学》（*The Philosophy of Mind*，Glover 主编，1976）中，许多作者想象了将一个人的大脑移植到另一个人的身体中的外科手术，他们用此思想实验来阐明“人格同一性”（personal identity）[3]的含义。有时，哲学家的思想实验完全是虚构的，不可能存在，但考虑到其目的，这一点并不重要。在其他时候，这些实验或多或少以现实世界中的事实为依托，例如“裂脑实验”[4]所揭示的事实。

不妨考虑另一个思想实验，这次的例子来自演化生物学。当我还是一名本科生，不得不写些关于“脊索动物的起源”和其他冷门的系统发育主题的思辨文章时，我的一位导师义正词严地试图动摇我对这

[1] 此处指乔治·威廉斯（George Williams），美国著名演化生物学家，群体选择论的主要批评者和基因选择论的倡导者。道金斯自称深受威廉斯的理论的影响。

[2] 此处指序中曾提及的约翰·梅纳德·史密斯，英国演化生物学家，以将博弈论分析方法引入生物演化过程而闻名，被称为“演化博弈论之父”。他也是基因选择论的主要提倡者之一。

[3] 重要哲学论题，即如何从记忆的连续和意识的存在证实个人人格的持续和统一的问题。简单而言，就是如何证明“今日之我”就是“昨日之我”的问题。

[4] 针对连接大脑左右半球的胼胝体被切断者，即“裂脑人”的一系列认知实验，旨在揭示左右脑的不同功能以及在认知过程中左右脑之间联系的重要性。

种思辨价值的信念。他提出，原则上，任何事物都可以演化成其他任何事物。只要以恰当的次序施加一连串恰当的选择压力，即使是昆虫，也能演化成哺乳动物。当时，和大多数动物学家一样，我认为这种观点显然是无稽之谈。当然，我现在仍不相信会有“一连串恰当的选择压力”，我导师自己也不信。但就原理而言，一个简单的思想实验便可表明它几乎是无可辩驳的。我们只需要证明存在一系列连续的小梯级，从昆虫（比如鹿角虫）一直通往哺乳动物（比如鹿）。我的意思是，从鹿角虫开始，我们可以罗列出一个假想的动物序列，每一个都与该序列的前一个成员相似，就像一对兄弟一样，这个序列将以鹿为终点。

只要我们承认“鹿角虫和鹿有一个共同的祖先”这个众所周知的事实，而不必管为找到这个祖先要回溯多久远，证实这个序列就很容易了。即使找不到其他从鹿角虫到鹿的梯级序列，我们也知道，至少有一个序列必然存在，只要通过一个简单的方法：从鹿角虫追溯到这一共同祖先，然后沿着另一条时间线向前推进到鹿便能得到了。

如此我们便可以证明，鹿角虫和鹿之间存在着一个逐级变化的轨迹，由此可见，任何两种现代动物之间，都存在着类似的轨迹。因此，原则上，我们可以假定，可以人为设计出一系列选择压力，以推动一个谱系沿着这些轨迹中的一条演进为另一个谱系。凭借这种沿着此类轨迹进行的快速思想实验，我可以在讨论达西·汤普森变换时说：“从某种意义上说，任何动物形态都可以通过数学变换而转化为其亲缘物种的形态，这显然是不争的事实，不过这种变换是否简单就不甚明了了。”在本书中，我将经常使用思想实验这种方法。我之所以提前说明这一点，是因为科学家有时会因这种形式的推理缺乏现实性而恼火不已。但思想实验不应局限于现实，它们应起的作用是澄清我们对现实的看法。

这个世界上的生命有一个特征，那就是生命物质以被称为“生物体”（organism，也译“有机体”）的彼此离散的形式存在。这被我们认为是理所当然的，就像性的存在一样，但也许我们并不应这样看待它。对功能解释感兴趣的生物学家尤其如此，他们通常假设展开讨论的适当单位是生物个体。对我们而言，“冲突”通常意味着生物体之间的冲突，每个生物体都努力使自己的个体“适合度”最大化。我们承认有像细胞和基因这样的小单位，也有像种群、群落和生态系统这样的大单位，但毫无疑问，个体的“躯体”作为一个独立的行动单位，对动物学家，尤其是那些对动物行为的适应意义感兴趣者的心智有着极大的诱惑。我写作本书的目的之一就是破除这种执念。我想把论述重点从个体躯体上移开，令其不再作为功能性讨论的焦点单位。至少，我想让读者意识到，当我们把生命看作离散生物个体的集合时，到底有多少东西被我们视为理所当然。

我所拥护的论点如下。把适应说成“有利于”某种事物是合理的，但我们最好不要把这种事物看作生物个体。它其实是一个更小的单位，我称之为“主动种系复制因子”（active germ-line replicator）。最重要的复制因子便是“基因”或小的基因片段。当然，复制因子并非直接接受选择，而是借由某种指标；也就是说，它们是通过其表型效应来接受评判的。尽管当我们出于某些目的而将这些表型效应视为被束缚于某种离散的“载具”（vehicle，也译“载体”），如生物个体之中时，这不失为一种权宜之计，但从根本上来说却并非必定如此。相反，复制因子应被认为具有延伸的表型效应，该效应涵盖复制因子对整个世界的所有影响，而不仅仅是它对其所在的个体的影响。

回到内克尔立方体的类比，对于我想鼓励各位做出的“心理翻转”，我可以做如下描述。审视生命时，我们首先看到的是相互作用的生物个体的集合。我们知道它们包含更小的单位，我们也知道它们是更大的复合单位的组成部分，但我们的目光集中在整个生物体上。然后，“图像”突然翻转了。那些个体的躯体仍在；它们没有移动，但似乎变得透明了。我们的目光透过它们的外表，看到了其体内不断复制的 DNA 片段，这令我们豁然开朗，眼中所见的更广阔的世界如同一个竞技场，身处其中的这些基因片段正凭借其操纵技能上演着一幕幕搏杀。基因操纵世界，塑造世界，以便有利于它们自身的复制。它们碰巧“选择”的操纵方式，主要便是通过将物质塑造成被我们称为生物体的巨大多细胞团块来实现，但这不是必然的。这个世界的本质，是复制分子通过其施加给世界的表型效应来确保其存续。至于这些表型效应恰好囿于我们所说的生物个体的单位中，只是偶然的事实而已。

我们目前还无法理解生物体的非凡之处。对于任何普遍存在的生物现象，我们都习惯于问：“它的存活值（survival value）是什么？”但我们不会问：“把生命物质聚拢到被称为生物体的离散单位的存活值是什么？”我们默认其为生命存在方式的一个既定特征。正如我已经指出的，生物体成为我们探讨其他事物存活值问题时不假思索的主题：“这种行为模式以何种方式对实施这种行为的生物个体有利？这种形态结构以何种方式有利于它所依附的个体？”

生物体的行为应有利于其自身的广义适合度（Hamilton 1964a，b），而不是有利于其他任何生物或事物，这种观念已成为现代动物行为学的一种“中心原理”（Barash 1977）。我们不会问左后腿的行为对左后腿有什么好处。如今，我们大多数人也不会问一群生物的行为或一个生态系统的结构对该群体或该生态系统有什么好处。我们把群体和生态系统视为相互争斗或彼此不睦的生物体的集合；至于腿、肾和细胞，则被视为单个生物体中协同运转的组件。我不是要反对这种聚焦于单个生物体的做法，只是想唤起我们对这件被认为理所当然之事的关注。也许我们不应再视其为理所当然，而要开始思考是否需要解释生物个体存在的合理性，就像我们发现我们需要解释有性生殖存在的合理性一样。

在这一点上，虽然偏离主题不免让人厌烦，但我还是得提及生物学历史上的一个偶然事件。上一段我叙述的是主流正统观点：生物个体付出努力，旨在最大化自身繁殖成效的可能性这一“中心原理”，即“自私的生物体”（the selfish organism）范式，是达尔文的范式，而且在今天仍占主导地位。因此，人们可能会想，这种范式既已大行其道如此之久，恐怕早已经历变革，或者至少已构建了足够坚固的壁垒，使得任何试图打破传统范式的冲击——比如本书所发起的——都显得不值一提。不幸的是，这就是我所提到的历史偶然，尽管确实少有人愿意把比生物体更小的单位看作为自身谋利益的行为主体，但对于更大的单位，情况却并非如此。达尔文去世后的这些年里，他秉持的个体中心立场在生物界竟一溃千里，学者们陷入了草率而无意识的群体选择主义，威廉斯（1966）、盖斯林[1]（Ghiselin 1974a）等人对此都有精辟的记录。正如汉密尔顿（Hamilton 1975a）所言，“几乎整个生物学领域都奔向了达尔文小心翼翼或根本没有踏足的方向”。直到最近几年，大致也就是汉密尔顿自己的思想终于渐为人所知的这些年（Dawkins 1979b），这股风气才得以止歇并有所转向。我们顶着老练世故又顽固不化的新群体选择论者的炮火奋力反击，直到最终收复失地，即我用“自私的生物体”这个说法来描述的立场，其现代形式已被“广义适合度”的概念主导。这个阵地能够被攻下殊为不易，且如今尚未完全巩固，可我现在却似乎要匆匆弃守，这又是为何？为了一个翻来覆去、扑闪扑闪的内克尔立方体，还是为了一个被称为“延伸的表型”的玄之又玄的嵌合概念？

当然不是。放弃这些战果绝对不是我的本意。“自私的生物体”的范式比汉密尔顿（1977）所说的“‘为了物种的利益而适应’这一陈旧而又偏离事实的范式”要可取得多。如果有人认为“延伸的表

[1] 此处指迈克尔·T. 盖斯林（Michael T. Ghiselin），美国演化生物学家、哲学家和生物学史学家。

型”与群体层次的适应有任何瓜葛，那便是误解了这个概念。“自私的生物体”和“自私的基因及其延伸的表型”，只是观察同一个内克尔立方体的两种视角。除非读者从恰当的视角着眼，否则他就不会经历我试图帮助他完成的“概念翻转”。这本书是写给那些已接受当前流行的“自私的生物体”观点，而不再固执于任何形式的“群体利益”观点的读者的。

我并不是说“自私的生物体”的观点一定是错误的，但如果将我的主张表达得强势一些，我会说以这种观点看待问题是错误的。我曾经偶然听到一位著名的剑桥动物行为学家对一位著名的奥地利动物行为学家说（他们当时正在争论行为发育相关问题）：“你知道，我们真的意见一致。只是你‘说’错了。”而那位温和的“个体选择论者”回应道：“我们确实所见略同，至少与群体选择论者相比是这样。只是你‘看待’问题的方式错了。”

邦纳（Bonner 1958）[1]在讨论单细胞生物时说：“核基因对这些生物有什么特殊用途呢？它们是如何通过选择而产生的？”借这个例子可以很好地阐释我的观点，即关于生命，我们应该问些富于想象力的、激进的问题。但如果这本书的论点被接受，这个问题就应该被颠倒过来。我们不应该问核基因对生物体有什么用途，而应该问为什么基因选择聚集在细胞核和生物体中。在同一本书的开篇中，邦纳（p.1）写道：“我不打算在这些讲座中说任何新的或原创的东西。但我坚信，通过把熟悉的、众所周知的事情翻来覆去地陈述，就有希望从某种更有利的全新角度看待旧的事实，使之显现更深刻的意义。这就像把一幅抽象画倒着拿；我并不是说这幅画的意涵会因此豁然开朗，但构图中隐藏的一些结构可能会显现出来。”我是在写完关于“内克尔立方体”的段落后读到这篇文章的，很高兴看到一位如此受人尊敬的作者

[1] 此处指约翰·泰勒·邦纳（John Tyler Bonner），世界著名生物学家，以对黏菌的研究而闻名。

与我不谋而合。

但不管是我的内克尔立方体，还是邦纳的抽象画，两者共同的问题是，作为类比，它们可能太过谨小慎微。内克尔立方体的类比表达的是我对这本书最低的期望。我颇为确信的是，从遗传复制因子通过延伸的表型来保存自己的角度来看待生命，至少和从自私的生物体最大化其广义适合度的角度来看待生命一样讲得通。在许多情况下，这两种看待生命的方式实际上不分轩轾。正如我将要表明的那样，“广义适合度”的定义本身，便倾向于使“个体最大化其广义适合度”等同于“遗传复制因子最大化其生存概率”。因此，生物学家至少应该先尝试这两种思考方式，然后再选择他更青睐的一种。但我说过，这是最低期望。我将讨论一些现象，例如“减数分裂驱动”（meiotic drive）。通过立方体的第二面向，对这一现象加以解释可以说是轻而易举，但如果我们只是牢牢地盯住代表“自私的生物体”的那一面，那么这些现象就毫无意义可言。说完了最低期望，再来说说我最狂野不羁的梦想，那就是延伸的表型学说将以全新方式为生物学的整个领域点亮启迪之光，动物交流、动物造物（animal artefacts）[1]、寄生和共生、群落生态学，以及，事实上所有生物体间和生物体内的相互作用等领域的研究都将在其照耀之下旧貌换新颜。就像辩护律师所采取的方式一样，我将尽我所能提出最有力的辩词，这意味着我要辩护的是梦寐以求的希望，而不是谨小慎微的最低期望。

如果这些宏大的愿望最终得以成真，也许我的读者会容许我做一个比内克尔立方体更有野心的类比。科林·特恩布尔（Colin Turnbull 1961）[2] 有一次带着他的俾格米人朋友肯吉走出森林，后者是第一次

[1] 在本书中指由动物在其所处环境中制造的物品或营造的结构，如石蚕的石制鞘壳、河狸营造的水坝等。“artefact”一词本意为“人造物”，在此则根据其意义整体译为“动物造物”。详细论述可参见第 11 章。

[2] 全名科林·麦克米兰·特恩布尔（Colin Macmillan Turnbull），出生于英国的著名美籍人类学家。对非洲俾格米人的民族志研究成果《森林人》（*The Forest People*）是其代表作。俾格米人是生活在非洲中部热带森林地区的民族，以身材矮小著称，被称为非洲的“袖珍民族”。

走这么远的路。他们一起爬上了一座山，眺望着平原。肯吉看到有些水牛“在几英里（1 英里约合 1.6 千米）外悠闲地吃着草。他转向我问道：‘那些是什么昆虫？’……起初我对此困惑不解，后来我才意识到，在森林中，视野是如此有限，以至于在判断物体大小时，没有必要自行根据距离远近对此加以修正。而当我们走出森林来到平原之上时，肯吉第一次近看一望无际的陌生草原，周围甚至没有一棵叫得出名字的树可以让他用来对比……当我告诉肯吉这些昆虫其实是水牛时，他放声大笑，让我不要说这种愚蠢的谎言”（pp.227–228）。

因此，从整体上看，本书虽是一部辩护之作，但如果在陪审团还满腹疑虑时就贸然给出结论，那绝对是场糟糕的辩护。直到本书临近结尾时，我的“内克尔立方体”的第二面才会显出庐山真面目。前面几章算是铺垫，旨在预先化解某些被误解的风险，以各种方式剖析内克尔立方体的第一面，并指出“自私的生物体”范式如果不是不正确的话，它会将我们带入困境的原因。

前几章的部分内容是对前作开诚布公的回顾，甚至带些自辩的色彩。我之前的著作（Dawkins 1976a）所引发的反响表明，本书很可能会引起不必要的担忧，即它宣扬了两种不受欢迎的观点——“基因决定论”（genetic determinism，也译“遗传决定论”）和“适应主义”。我承认，如果让我读一本书，其作者本可以一开始就通过一些贴心的解释来打消我的疑虑却未能如此，结果导致每读一页都让我忍不住嘀咕“是的，但是……”，我也会感到很恼火。第 2 章和第 3 章的意图便是从一开始就为读者去除至少两个“是的，但是……”的主要肇因。

第 4 章对“自私的生物体”正式开庭提起诉讼，并暗示内克尔立方体第二面的存在。第 5 章阐述了“复制因子”是自然选择的基本单位的思想。第 6 章则将目光转回生物个体，并说明为何除了小基因片段之外，不管是生物个体还是其他任何主要候选者，都不适合作为真正的复制因子。相反，生物个体应该被视为复制因子的“载具”。第

7 章是一些关于研究方法的题外话。第 8 章提出了“自私的生物体”范式下一些令人尴尬的反常现象，第 9 章则继续这个主题。第 10 章探讨了“个体适合度”的各种概念，并得出结论：这些概念令人费解，大体上可有可无。

第 11、12 和 13 章是本书的核心。它们逐级深入地阐释了延伸的表型这一理念本身，即我所谓“内克尔立方体”的第二面。最后，在第 14 章，我们带着重新激发的好奇心再度回顾生物个体，并探问为何它在生命阶层系统中处在一个如此显著的层次上。

第 2 章

基因决定论和基因选择论

在阿道夫·希特勒死后很长一段时间，坊间仍有传言声称有人在南美洲或丹麦看到他活得好好的。多年来，还有不少对他并无热爱之情的人不愿接受他已然毙命的事实，人数之多令人惊异不已（Trevor-Roper 1972）。在第一次世界大战中，一个故事广为流传，说是有人目睹十万俄军在苏格兰登陆，“靴子上犹有雪花”。显然这则传言源自当年那场令人难忘的大雪所留下的鲜活记忆（Taylor 1963）。我们这个时代也有属于自己的传说，比如计算机不断地向住户发送数额为百万英镑的电费账单（Evans 1979），或是衣着光鲜的“救济金乞丐”住着政府补贴的公租房，屋外却停着两辆价值不菲的豪车之类的陈词滥调。有一些谎言，抑或半真半假的传言，似乎会让我们心生冲动，想去相信它们，并将之传播开来，哪怕这些消息令我们颇为不快。也许有悖常理之处在于，我们之所以想要对其加以传播，部分是因为它们令我们感到不快。

在此类胡编乱造的荒诞迷思中，与计算机和电子“芯片”相关的流言所占比例高得离谱，也许这是因为计算机技术的发展速度真的令人心生恐惧吧。我就认识一位老人，他信誓旦旦地宣称“芯片”正在越俎代庖，代行人类之职，不仅能够“驾驶拖拉机”，甚至能“让女人怀孕”。而正如我将要在本书中展示的，源自基因的迷思之泛滥，程度甚至超越了源自计算机的。不妨想象一下，如果我们把关于基因和计算机各自影响甚广的迷思结合起来，那会是怎样一番情景！我觉得自己很可能无意之中已经促成过这种事了——在我上一本书的部分读者心中催生出这种不幸的结合，结果造成了可笑的误解。所幸这样的误解并未广为散播，但仍值得引以为鉴，以避免重蹈覆辙，这也是写作本章的目的之一。我将揭露“基因决定论”迷思的真相，并解释为什么在明知有些说法可能会被误解为基因决定论的情况下，我们还需借助这些说法。

有位评论家[1]在评价威尔逊的《论人的天性》（*On Human Nature*，1978）一书时写道：“尽管威尔逊并未像理查德·道金斯在《自私的基因》里那样极端，认为‘拈花惹草’的特质是由伴性基因（也译“性连锁基因”）决定的，但前者还是认为，人类男性的遗传天性倾向于一夫多妻，而女性则倾向于忠贞不贰。其背后的潜台词是：别责怪你的伴侣到处乱搞了，女士们，这不是他们的错，而是因为他们的基因就是如此编程设置的。基因决定论其实一直徘徊不去，想要从后门偷偷潜入呢。”（Rose 1978.）这位评论家的意思再明确不过：他所批评的作者相信，某种基因的存在会迫使人类男性成为不可救药的花花公子，所以你不能因为他对婚姻不忠而指责他。这篇书评给读者留下的印象是，这些作者在“先天还是后天”的辩论中是支持前者的辩手，是顽固不化的遗传论者，而且带着大男子主义的习气。

事实上，我前作中关于“薄情雄性”的段落，原本并不是关于人类的。这不过是一个针对某种未指定动物的简单数学模型（我当时心里想的是某种鸟类，但这其实无关紧要）。它不是一个明确的（下文会谈到）基因模型，就算真是关于基因的，那也是“限性的”

[1] 此处指史蒂文·罗斯（Steven Rose），英国生物学家，演化心理学和适应论的批评者，曾与理查德·列万廷合著过相应作品。

（sex-limited），而不是“伴性的”（sex-linked）！按照梅纳德·史密斯（1974）的说法，这是个“策略”模型。“薄情”策略设定的也并不是雄性的行为方式，而是两种假设的选择之一，另一种与之相对的是“忠诚”策略。建构这个非常简单的模型的目的是说明在哪些条件下，薄情花心会被自然选择青睐，又在哪些条件下，忠诚可能更受青睐。研究并没有预设雄性更可能拈花惹草，而不是对伴侣忠诚。事实上，在我的前作中，这项模拟最终推算出的结果是在采取两种策略的雄性均存在的群体中，忠诚策略还略占主导地位（Dawkins 1976a，p.165，亦可参见 Schuster & Sigmund 1981）。上文所引罗斯（Rose）的评论并非只有这一个误解，而是多个误解互相纠缠不清，体现了一种肆无忌惮的热衷于误解的态度。这种言论与覆雪的俄军军靴，或是正在代男性行房事，还让拖拉机驾驶员下岗的小小黑色芯片本质上是一路货色，都是某种极能蛊惑人心的迷思，此处涉及的便是关于基因的巨大迷思。

这个基因迷思集中体现在罗斯文中插入的那个揶揄女士们不该责怪她们的丈夫出去乱搞的小笑话中。这正是“基因决定论”的迷思。显然，对罗斯来说，基因决定论的“决定”带有完全哲学意义上的不可逆的必然性。他假设存在一个以 X 为目标的基因，而 X 这个结果不可避免。“基因决定论”的另一位批评者古尔德（1978，p.238）对此曾做过描述：“如果我们被‘编程’决定我们将成为什么样的人，那么我们的这些特征就是不可抗拒的。我们充其量只能对其加以引导，但绝不可能通过意志、教育或文化来改变它们。”

围绕决定论观点的正确性，以及它对个人为自身行为所需承担的道德责任的影响的问题，哲学家和神学家已经争论了几个世纪，且毫无疑问，这场争论还将持续几个世纪。我怀疑罗斯和古尔德都是决定论者，因为他们都相信，我们所有的行为都有一个遵循自然规律的唯物基础。我也是如此。我们三个人可能也全都同意，人类的神经系统是如此复杂，以至于在实际行为中，我们大可以忘记决定论，而表现得好像我们真有自由意志一般。神经元可能是根本不确定的物理事件的放大器。对此我唯一想说的是，无论一个人对决定论持什么观点，在前面加上“基因”这个前缀也不会有任何改变。如果你是一个彻头彻尾的决定论者，你会相信你所有的行为都是由过去的实体因素预先决定的。至于你因此不必为你在性方面的不忠负责的观点，你可以相信，也可以不相信。但若是如此，这些实体因素是否与基因有关，又有什么区别呢？为什么基因决定因素（遗传因素）就被认为比环境因素更不可避免，或更方便我们推卸责任？

有些人虽说不出个所以然来，却仍相信与环境因素相比，基因在某种程度上具有凌驾其上的决定性，这本身就是一种极为根深蒂固的迷思，它会导致真实的情绪困扰。我对这一点也是懵然未明，直到1978年在美国科学促进会（American Association for the Advancement of Science）的一次会议上，我在一次提问环节中才深刻地认识到这一点。当时，一位年轻女士问演讲者——一位杰出的“社会生物学家”——是否有证据表明在人类心理上存在遗传性别差异。我几乎没怎么听到演讲者的回答，因为当时提问者所流露出的强烈感情令我陷入震惊之中。那位女士似乎认为这个问题的答案非常重要，因而泫然欲泣。有那么一会儿，我真的困惑不已，全然不知她为何如此，不过随后便对个中缘由若有所悟。一定有某种事情或某些人——当然不是那位著名的社会生物学家本人——误导了她，使她认为基因的决定力是永久的；她一定笃信，如果她提的问题得到“是”的回答且回答无误，这个答案就将成为对她的判决，即作为一个女性就该过一种安守女性本分的生活，一辈子围着育儿室和厨房水槽打转。但是，如果她与我们大多数人不同，是一个坚定的加尔文主义[1]决定论者，那么无

[1] 加尔文主义是对基督教新教加尔文派的神学学说的统称。16世纪宗教改革运动时由约翰·加尔文倡导，故此得名。此处作者所指是加尔文主义的中心教义之一“救赎预定论”，即认为个人是否有罪全由上帝在创世时所预定，而人在这件事上毫无能动性的强力决定论思想。

论相关肇因是遗传（基因）还是“环境”，她应该同样感到不安。

当我们说某物决定某物时，到底意味着什么？哲学家更看重的是因果关系的概念，他们可能确有理由如此，但对一个生物学家来说，因果关系只是一个相当简单的统计学概念。从实际操作上讲，我们永远无法证明我们观察到的特定事件 C 导致了特定结果 R，尽管我们通常会判断极有可能如此。生物学家在实践中通常做的是在“统计”上确定 R 类事件始终跟随 C 类事件发生。为了得出这一结论，他们需要这两类事件的若干成对实例，光是一则传闻可不够。

即使观察到事件 R 在相对固定的时间间隔后真实可信地趋向于随着事件 C 发生，那也只能得出一个初步假设，即事件 C 导致事件 R。在统计方法的范畴内，只有当事件 C 是由实验者来呈现，而不是简单地由观察者记录到，并且仍然真实可信地导致事件 R 随之发生时，该假设才得以被证实。并非每个事件 C 后面都会跟着发生事件 R，也不是每个事件 R 前面都必定发生过事件 C（谁还没听到过诸如“吸烟不会导致肺癌，因为我认识一个不吸烟却死于肺癌的人，还认识一个烟瘾很大却活到九十多岁的人，他身体还好得很”的论调呢？）。统计方法旨在帮助我们评估，在任何确定的概率的置信度水平上，我们获得的结果是否真的表明了因果关系。

那么，如果拥有一条 Y 染色体确实会造成一些因果影响，比如影响音乐才能或是对编织的喜爱，这又意味着什么呢？这就意味着，在某些特定的人群和特定的环境中，一个掌握了某人性别信息的观察者，比起另一个对某人性别一无所知的观察者，能够对这个人的音乐才能做出统计学上更准确的预测。此处的重点是“统计学上”。另外，为求准确，让我们再加入一条“其他条件相同”的标准。观察者可能会得到一些额外的信息，比如这个人的受教育程度或成长经历，这将导致他调整甚至推翻他先前基于性别做出的预测。如果从统计数据来看，女性比男性更喜欢编织，那并不意味着所有女性都喜欢编织，甚至也不意味着大多数女性会乐在其中。

这种结论也完全与另一种观点相容，即女性喜欢编织的原因是社会教化她们如此。如果社会系统性地训练女孩去编织和玩娃娃，同时训练男孩子玩枪和玩具士兵，那么任何由此产生的男女偏好差异严格来说都是由基因决定的差异！这些差异是通过社会习俗的媒介，由对象拥有或不拥有阴茎的事实所决定的，而是否拥有阴茎是由性染色体决定的（当然，前提是在正常的社会环境中，在没有高明的整形手术或激素治疗的情况下）。

显然，基于这一观点，如果我们进行实验，让男孩玩洋娃娃，让女孩玩枪，我们会预期当下常见的兴趣偏好很容易就会被扭转。这可能是一个有趣的实验，因为结果可能是：女孩仍然更喜欢洋娃娃，男孩仍然更喜欢枪。若是如此，这或许会让我们体认到基因差异在面对特定的环境操纵时所表现出的韧性到底有多强。但所有基因的"因"都必须在某种环境背景下才能结出"果"来。如果基因上的性别差异借由基于性别区别对待的教育体系体现，那它仍然是基因上的差异。如果它是通过别的媒介来体现的，因而教育体系的操纵并不会扰乱它，那么在原则上，它与之前那种易被教育体系操纵的情况其实无甚分别，仍是一种基因上的差异：因为毫无疑问，还可以找到其他能够扰乱它的环境操纵方式。

人类的心理属性在心理学家所能测量的所有维度上几乎都有差异。虽然在实践中难以操作（Kempthorne 1978），但理论上，我们可以将这种差异划分为一些推定的因果因素，如年龄、身高、受教育年限、按多种不同方式划分的教育类型、兄弟姐妹的数量、出生顺序、母亲眼睛的颜色、父亲给马钉马掌的水平等等，当然，还有性染色体。我们还可以研究这些因素之间的双向和多向相互作用。就当下的目的而言，重要的一点是，我们试图加以解释的不一致将有众多原因，且这些原因以复杂的方式相互作用。毫无疑问，在我们所观察到的群体中，基因差异是造成表型差异的重要原因，但其效应也可能被其他原因抑制、修改、增强或逆转。基因可能改变其他基因的效应，也可能改变环境的影响。环境事件，无论是内部的还是外部的，都可能改变基因的效应，也可能改变其他环境事件的影响。

人们似乎并不难接受"环境"对个人成长的影响是可以加以改变的观念。如果一个孩子曾有过一个糟糕的数学老师，人们会普遍认为，由此导致的不足可以通过来年加倍的优质教学来弥补。但是，任何认为孩子的数学能力不足可能源于基因的说法，都会引起近乎绝望的反应：如果这是"注定的"，是"无可更改的"，无论做什么也改变不了，那你大概会放弃教这孩子数学的无谓尝试。这简直是堪比占星术的有害思想垃圾。遗传原因和环境原因在本质上没有什么不同。这两者的某些影响可能难以逆转，而另一些则可能很容易逆转。有些影响可能在通常情况下很难逆转，但只要用对了法子也并非难事。重点在于，并没有某种一般性的理由让我们认为遗传影响比环境影响更不可逆。

那基因到底做了些什么，才会如此恶名昭彰呢？为什么我们不把幼儿教育或坚信礼课当成类似的妖魔鬼怪呢？为什么人们认为基因的影响会比电视、修女或书籍更坚不可摧、更不可抗拒？为什么我们不说：别责怪你的伴侣到处乱搞了，女士们，这不是他们的错，他们被色情文学毒害了！所谓的耶稣会士会自夸，"把孩子的头七年给我，我就还你一个男人"，这话未尝没有道理。在某些情况下，教育或其他文化的影响可能就像基因一样不可改变和不可逆转，当然在不少人眼里，只有"星命"才能如此。

我想，基因之所以成了决定命运的妖魔，部分原因是"习得性状的非遗传性"这一众所周知的事实所造成的混淆。在20世纪以前，人们普遍相信，一个人终其一生所积累的经验和其他习得技能都会以某种方式烙印在遗传物质上，并传递给孩子。但后来这一信念被抛弃，取而代之的是魏斯曼（Weismann）的种质连续学说，以及在分子层次与之相对应的“中心法则”（central dogma），这是现代生物学的伟大成就之一。如果我们以魏斯曼遗传学说的拥护者自居，那么基因似乎真的有某种难以抗拒、不可阻挡的特质。它们代代传承，影响着一代又一代物种的躯体形态和行为。但是，除了罕见的和非特异性的致突变效应（也译“诱变效应”）外，它们对这些躯体的经历或所处环境的影响浑然不觉。我体内的基因来自我的四位祖辈；它们流经我的父母再传递给我，而我父母取得、获得、习得或经历的一切，都不会在这些基因流经时给其留下丝毫的痕迹。这听起来似乎有些诡异。但是，无论基因在代代相传时是多么不可动摇和不可改变，它们所流经的身体的表型效应的性质却大相径庭。如果我的某个基因 G 是纯合的，那么除了突变，没有什么能阻止我把基因 G 遗传给我所有的孩子。但也就到此为止了。至于我或我的孩子是否表现出通常与拥有基因 G 相关联的表型效应，可能在很大程度上取决于我们是如何被抚养长大的，摄入什么样的食物，受过怎样的教育，以及我们碰巧拥有哪些其他基因。因此，在基因对世界的两大效应——制造自身的副本和影响表型——之中，第一种效应不容变更，除了罕见的突变；而第二种则极为灵活可变。我认为，将演化和发育混为一谈也是导致基因决定论迷思的元凶之一。

但是，还有另一个迷思令事态愈加错综复杂，我在本章开头已经提到过。关于计算机的迷思在现代人的思想中几乎和基因迷思一样根深蒂固。请注意，我在上文曾引用的两段表述都包含“编程”一词。因此，当罗斯语带嘲讽地为拈花惹草的男人开脱时，理由便是他们是被基因“编程”的。古尔德则说，如果我们被“编程”决定我们将成为什么样的人，那么我们的这些特征就是不可抗拒的。的确，我们通常用“编程”这个说法来表示不加思考的僵化做法，这是行动自由的对立面。众所周知，计算机和“机器人”是出了名地僵化死板，它们一板一眼地执行指令，即使结果显然是荒谬的，也不为所动。不然，它们怎么会寄出那些众所周知的百万英镑账单呢？要知道，这种事情可都是我们“朋友的朋友的表弟的熟人”亲身经历过的，那些人言之凿凿。我以前显然不曾把计算机迷思以及基因迷思的深远影响太放在心上，否则，当我自己在前作中写下诸如基因群集寄居在“庞大的步履蹒跚的‘机器人’体内……”，而我们自己则是“生存机器——作为运载工具的机器人，其程序是盲目编制的，为的是永久保存所谓基因这种禀性自私的因子”（Dawkins 1976a）之类的表述时，就会更加小心一点了。这些段落作为证明作者持“偏激的基因决定论”的例证而被批评者得意扬扬地拎出来，有时甚至还转了二手甚至三手（例如‘Nabi’1981）。我在这里并不是在为使用“机器人”这样的措辞而道歉，如果要我将前作再写一遍，我也会毫不犹豫地再次使用这个说法。但我现在意识到有必要给出更多的解释。

从我长达十三年的有关自然选择的教学经验来看，我已了解用“自私的基因的生存机器”这种方式来看待自然选择产生的一个主要问题，就是格外有遭受误解的风险。关于“聪明的基因”如何通过算计最大化地确保自己的存续（Hamilton 1972）的说法是一个有力的比拟，具有启发性。但这种比拟一不小心就会走得太远，让人觉得这种假想的基因在规划它们的“策略”时拥有认知智慧和远见。在本人的论文《对于亲缘选择的十二个误解》（Dawkins 1979a）中，至少有三个误解可以直接归因于这个基本错误。一次又一次，总有非生物学家试图向我证明群体选择的正确性，他们的说辞实际上就是赋予基因某种先见之明：“基因的长期利益有赖于物种的存续；因此，你难道不应该期望适应能防止物种灭绝，即使是以牺牲短期的繁殖成效为代价吗？”正是为了防（这样的）患于未然，我才使用了“自动化”和“机器人”这样的说法，并在提到遗传编程时用“盲目”这个词加以形容。当然，盲目的是基因，而不是被它们编程的动物。神经系统就像人所制造的计算机一样，复杂到足以展现智慧和远见。

另一位批评者西蒙斯[1](Symons 1979 ）的批评突显了有关计算机的迷思：

> 我想指出，道金斯通过使用“机器人”和“盲目”这样的词，来暗示演化论倾向于决定论的做法是完全没有根据的……机器人是没有头脑的自动机器。也许有些动物就像机器人一样无脑（我们无从得知）；然而，道金斯所指的并不是“某些”动物，而是所有动物，并且在这种情况下尤其指人类。现在，我把斯泰宾[2]的话引申一下，“机器人”可以与“会思考的存在”相对立，或者也可以喻指一个行事呆板机械的人，但是没有一种常见的语言用法可以为“机器人”这个词赋予一种含义，让“所有生物都是机器人”这种说法讲得通（ p.41 ）。

西蒙斯改述自斯泰宾的这段话所包含的观点是合理的：除非有一些非 X 的事物存在，否则 X 就是一个无用的词。如果一切都是机器人，那么“机器人”这个词就没有任何有用的含义了。但“机器人”这个词还有其他引申含义，而我在使用它时想到的含义并不是僵化死板。机器人是预编程的机器，关于编程的重要一点是，它有别于行为本身的实施，而且是事先完成的。试想一下，一台计算机被编程去执行计算平方根或下棋之类的任务。下棋的计算机和为其编写程序的人之间的关系并非显而易见，而且很容易引起误解。有人可能会认为，编程者是在观察棋局，然后对每一步该如何走向计算机下达指令。然

[1] 此处指唐纳德·西蒙斯（Donald Symons），美国人类学家，演化心理学创始人之一，开创了从演化的角度研究人类性行为的先河。

[2] 此处指 L. 苏珊·斯泰宾（L. Susan Stebbing），英国伦敦大学的哲学教授，20 世纪 30 年代分析哲学学派代表人物。

而，事实上，在对弈开始之前，编程就已经完成了。编程者会试图预测意外事件，并构建非常复杂的条件指令，可一旦棋赛开始，他就必须放手不管。在弈棋过程中，他被禁止给予计算机任何新的提示。如果他这样做了，他就不是在编程，而是在执行，参赛资格也将被取消。在西蒙斯所置评的那部著作中，我大量使用了计算机下棋的类比，旨在解释的便是：基因并不以干预行为实施的方式直接控制行为。它们只是在行为实施之前通过对“生存机器”进行编程控制其行为。这才是我想用“机器人”这个词表达的引申含义，而不是“无脑僵化”之意。

至于那种无脑僵化的引申义，在自动化的极致不过是船用发动机的连杆和凸轮控制系统的时代也许是合情合理的。那也是诗人吉卜林写出《麦克安德鲁的礼赞》的时代，诗中写道：

> 从耦合法兰到主轴导轨，上帝啊，我看到了您的操纵——
> 所谓命运就是连接杆的大踏步传送。
> 巨大，坚定，缓慢，
> 约翰·加尔文可能也是如此铸就——

但那是1893年，蒸汽时代的巅峰期。而我们现在已经迈入了电气时代的黄金时期[1]。如果机器曾经给人以僵化死板——我承认它们曾经造成过——的联想，那么现在是时候将这种联想抛于脑后了。如今，预编写的计算机程序已经可以与国际象棋大师对弈（Levy 1978），可以用准确且语法极其复杂的英语进行对话和推理（Winograd 1972），可以给出简洁而优雅的数学定理的新证明（Hofstadter 1979），还可

[1] 《延伸的表型》出版于1982年，那时个人计算机仍未完全普及，互联网和信息化时代也未到来，所以是电气时代的鼎盛时期。也正因为如此，才会有前文关于计算机的各种流言。

以作曲和诊断疾病；而且该领域的发展速度丝毫没有放缓的迹象（Evans 1979）。被称为“人工智能”的高级编程领域正处于蒸蒸日上、踌躇满志的状态（Boden 1977）。研究过该领域的人，几乎都不敢打赌称计算机程序不能在未来十年内击败最强的国际象棋大师。在大众认知中，“机器人”曾经是愚蠢呆板、不知变通的行尸走肉的同义词，但总有一天，它将成为具备灵活思维和敏捷才思的智能体的代名词。

不幸的是，前作那些被频繁引用的段落的表述有点操之过急了。当我写下那些文字时，我刚参加完一场关于人工智能编程技术现状的会议。那场会议令人大开眼界，其震撼程度超乎想象，以至于我如同初入宝山者一般，还陷在那种发自内心的兴奋之情之中不能自拔，全然忘记了机器人在大众心目中还是一副僵化蠢笨的模样。我还得为以下事实道歉：在我不知情的情况下，《自私的基因》德文版的封面上，画的是一个人偶，它被吊在几根从“基因”一词延伸下来的线的末端，而法文版的封面上，画的是戴着圆顶礼帽，背后插着发条钥匙的小人。我后来把这两个封面做成了幻灯片，用来说明我“不想”表达的意思具体是什么。

所以，对西蒙斯的回应是：他对“他认为是我说的话”所做的批评当然是正确的，但我实际上并没有这么说过（Ridley 1980）。毫无疑问，我对最初产生的误解也负有部分责任，但我现在只能主张，让我们暂且撇开来自该词语日常用法的先入之见——毕竟“大多数人对计算机一无所知”（Weizenbaum 1976，p.9）——并实实在在地去阅读一些关于机器人和计算机智能的最新精彩文献吧（例如Boden 1977；Evans 1979；Hofstadter 1979）。

当然，哲学家们可能会再一次就计算机以人工智能的方式运行的最终确定性进行一番辩论，但如果我们真要将之提升到那种哲学层面，那么对许多人来说，相同的辩论也可以围绕人类智能展开（Turing 1950）。他们会问，是什么区分了大脑和计算机？又是什么区分了教育和某种形式的编程？如果不把大脑在某种程度上等同于一台编程化的控制机器，就很难对人脑，人类的情感、感觉，表面上的自由意志给出一个非超自然的解释。天文学家弗雷德·霍伊尔爵士（Sir Fred Hoyle 1964）非常生动地表述了在我看来任何演化论者对神经系统都会有的看法：

> 回溯（演化过程），给我留下深刻印象的是化学反应如何让位于电反应。我们把最初的生物完全描述为“化学反应”，这并非没有道理。虽然电化学过程在植物中很重要，但从数据处理的意义上讲，有组织的电反应从未踏足或施用于植物界。但是，可以四处活动的生物一出现在这个世界上，原始的电反应就开始承担重任了……原始动物拥有的最初的电子系统本质上是导向系统，在逻辑上类似于声呐或雷达。当我们研究进一步演化的动物时，会发现其电子系统不仅被用于导向，还被用于引导动物寻找食物。
>
> 这种情形类似于一枚制导导弹，其任务是拦截并摧毁另一枚导弹。正如现代战争在攻防两方面都愈加精细化一样，动物的演化发展也是如此。随着精细化程度日益提升，电子系统势必进一步优化。自然界中发生的情况，与电子技术在现代军事应用中的发展历程如出一辙……如果不是由于丛林中充斥着你死我活的生存竞争，我们无法拥有现如今的智力水平，无法探究宇宙的结构或者欣赏贝多芬的交响乐，我觉得这种想法引人深思……从这个角度来看，有时许多人会问的一个问题——计算机会思考吗？——就有点讽刺意味了。当然，这里说的计算机指的是我们自己用无机材料制造的那种。可问这种问题的人究竟认为他们自己是什么？其实我们自己也不过是计算机而已，只是比我们目前会制造的任

何事物都要复杂得多。请记住，我们的人造计算机工业只有二三十年的历史，而我们自己则是一个已经周行不殆数亿年的演化系统的产物（pp.24–26）。

其他人可能不赞同这个结论，但我怀疑，如果你真的不赞同，那么唯一的替代选择就是去信教了。无论这场辩论的结果如何，让我们回到基因和本章的主要观点上，决定论与自由意志的问题并不会因为你将基因视为因果主体，不将环境视为决定因素而受到任何影响。

不过，正所谓无风不起浪。功能行为学家[1]和“社会生物学家”肯定是说过一些不妥的话，才活该被贴上基因决定论的标签。或者，如果这纯属误会，那么一定得有一些合理的解释，因为即使是在基因迷思和计算机迷思这两大文化迷思联手蛊惑的情况下，如此普遍的误解也不会无缘无故地产生。就我个人而言，我想我明白个中缘由。这个原因说来还颇为有趣，我将用本章余下的篇幅加以讨论。这种误解源于我们谈论另一个完全不同的话题，即谈论自然选择时采用的方式。这导致基因选择论（一种表述演化的方式）被误认为基因决定论（一种关于发育的观点）。像我这样的人会不断地假设基因是“为了”这个目的或那个目的而存在的。于是我们给人的印象便是痴迷于基因和“基因编程的”行为。如果把这一点和两种盛行的迷思相结合——一种是基因具有加尔文主义式的决定性，另一种则是把“预编程”的行为等同于迪士尼乐园里活动木偶式的做派，那么我们被指责为“基因决定论者”又有什么好奇怪的呢？

那么，为什么功能行为学家总是三句不离基因呢？因为我们对自然选择感兴趣，而自然选择就是基因的差异化存续。如果我们要频繁讨论一种行为模式通过自然选择加以演化的可能性，我们就必须假

[1] 这一说法主要见于道金斯的著作中，他认为自己是一名功能行为学家，从适应的角度来研究生物的一种特定行为是如何演化而来的。

设在表现这种行为模式的趋向或能力方面存在遗传变异。这并不是说，任何特定的行为模式都必须有这样的遗传变异才会实现，而只是说，如果我们将行为模式视为一种达尔文式适应，那么在这一模式尚未产生的过去某刻就一定先有过遗传变异。当然，这种行为模式未必是达尔文式适应，在这种情况下，这个论点就不适用了。

顺便说一句，我应该为自己把“达尔文式适应”与“自然选择产生的适应”两个说法相等同的做法做一番辩护，因为古尔德和列万廷（Gould and Lewontin 1979）[1]最近还强调了达尔文自己思想的“多元”特征，并对此大为称许。的确，达尔文，尤其是在其晚年，因为备受批评——我们如今已知这些批评多为谬误——而对“多元论”（pluralism）做出了一些让步，不再认为自然选择是演化中唯一重要的驱动力。以至于历史学家 R. M. 扬（R. M. Young 1971）对此讽刺道：“《物种起源》第六版的书名大概是印错了，应该是‘论依据自然选择和其他所有方法实现的物种起源’才对。”[2]因此，将“达尔文式演化”与“通过自然选择实现的演化”等同使用，可以说是不正确的。但“达尔文式适应”就另当别论了。适应不可能由随机漂变产生，也不可能由我们所知的，除自然选择之外的任何其他现实的演化力量产生。的确，达尔文的多元论确实曾短暂地默许了另一种在原则上可以导致适应的驱动力存在，但与这种驱动力密不可分的名字是拉马克，而非达尔文。显然，“达尔文式适应”除了自然选择所产生的适应外，别无他意，我也正是在这个含义上使用这个术语。在本书中的其他几处（例如在第 3 章和第 6 章），我们将通过区分一般的演化和特定的适应演化来平息显而易见的争议。例如，中性突变（neutral mutation）的固定可以被视为演化，但

[1] 此处指理查德·C. 列万廷（Richard C. Lewontin），哈佛大学演化生物学家、遗传学家，是发展群体遗传学和演化论数学基础的先驱，率先将分子生物学应用于遗传变异、生物演化等领域。

[2]《物种起源》的完整书名为《论依据自然选择即在生存斗争中保存优良族的方法的物种起源》（*On the Origin of Species by Means of Natural Selection, or the Preservation of Favoured Races in the Struggle for Life*）。扬对这一书名的戏仿意在批评达尔文晚年在方法论上的妥协。

它不是适应演化。如果一个对基因置换感兴趣的分子遗传学家，或者一个对长期趋势感兴趣的古生物学家，与一个对适应感兴趣的生态学家争论，他们很可能会发现彼此之所以陷入鸡同鸭讲的窘境，仅仅是因为他们各自所强调的是演化含义的不同方面。

"从众、仇外和攻击性基因之所以被简单地假定为人类基因，是因为理论需要它们是，而并非因为存在任何证据能证明它们是。"（Lewontin 1979b.）[1] 这个批评对 E. O. 威尔逊来说还算公允，至少不算太刻薄。除了可能带来令人遗憾的政治影响之外，对仇外心理或任何其他人类性状可能具有的达尔文式存活值进行谨慎推断并没有什么错。而且，无论你多么小心谨慎，如果没有预先假设某个性状变化存在遗传基础，那你也根本无法着手推测其存活值。当然，仇外心理可能并非遗传变异所致，它甚至也可能不是达尔文式适应，但是，如果我们不假定它有某种遗传基础，我们甚至无法就它是达尔文式适应的可能性展开讨论。列万廷本人（Lewontin 1979b）也和其他人一样表达过这一观点："为了使一种性状通过自然选择实现演化，在种群中势必先存在这种性状的遗传变异。"此处所说的"种群中存在性状 X 的遗传变异"其实和我们讨论时用的简化表述"以 X 为目标的基因"是同一个意思。

既然将仇外心理视为一种性状会遭人非议，那我们不妨换一种行为模式进行讨论，其即使被视为达尔文式适应，也不会遭人忌惮。蚁狮挖陷阱的行为显然是一种为了捕捉猎物而形成的适应。蚁狮是脉翅目昆虫的幼虫，其一般外貌和行为方式如同一个小小的外太空怪物。它们是"守株待兔"式的捕食者，会在松软的沙地上挖坑，诱捕蚂蚁

[1] 这段文字摘自列万廷的《作为适应主义预设的社会生物学》（Sociobiology as an Adaptationist Program）一文，文章对社会生物学的适应主义方法提出了严厉批评。列万廷认为，社会生物学对人类行为特征由基因控制的断言缺乏事实依据，指出人类行为与实际的生物学特征没有必要的相似之处，行为出自适应的假设也未经检验，只是一种武断的猜测。而道金斯则反驳：如果不假定某种遗传基础，那就无法对某种人类行为特征是否源于适应展开探讨。

和其他小型昆虫。这个坑几乎呈完美的圆锥形，它的侧面坡度非常陡，猎物一旦掉进去，就爬不出来了。蚁狮就藏身于坑底的沙子下面，用它那颇具恐怖电影风格的大颚猛地钳住任何落入陷阱的猎物。

挖坑是一种复杂的行为模式，需要花费时间和精力，并且满足可被承认为适应的最严格标准（Williams 1966；Curio 1973）。那么，它一定是通过自然选择演化而来的。这是如何发生的呢？具体的演化细节对于我此处想要表述的寓意而言并不重要。可能存在一种蚁狮的祖先，它并不挖坑，只是潜伏在沙子表层之下，等待猎物不小心从它头顶经过。事实上，有些种类的蚁狮现在仍在这样做。后来，在沙地上挖出一个浅洼地的行为可能受自然选择青睐，因为这种洼地可以略微阻碍猎物逃脱。经过多代累积，这种行为逐渐在程度上有所变化，以至于原本较浅的洼地变得更深更宽。这不仅阻碍了猎物的逃脱，还增加了猎物一开始就可能陷入的捕捉区域的面积。再后来，挖坑行为又发生了变化，结果蚁狮挖出的坑变成了一个陡峭的圆锥形，内侧还铺着极细的流沙，让猎物无法爬出来。

上一段落没有什么值得争论之处。其被视为对我们无法直接观察到的历史事件的合理推测，而且这个推测很可能是成立的。它之所以被视为无争议的历史推测而被人们接受，一个原因是它没有提到基因。但我的观点是，除非演化途径的每一步都伴随着行为背后的遗传变异，否则上述历史，或者任何类似的历史，都不可能发生。蚁狮挖坑只是我可以选择的成千上万个例子之一。除非发生遗传变异，否则自然选择不能引起演化变化。由此可见，无论你在哪儿发现了达尔文式适应，都一定伴有相关性状的遗传变异。

还没有人对蚁狮的挖坑行为进行过遗传学研究（J. Lucas，私人通信）。如果我们只是想要让自己确信行为模式有时伴随遗传变异，那么殊无必要开展此类研究。只要上述论证让我们相信这是一种达尔文式适应就足够了（如果你不相信挖坑是这种适应，只要换一个你能信服的例子就可以了）。

我刚才用了“有时”伴随遗传变异这个说法，这是因为，就算我们今天对蚁狮进行遗传学研究，也很可能不会发现与挖陷阱行为相关的遗传变异。一般说来，我们可以预料，如果存在有利于某种性状的强选择，那么自然选择施加影响以引导该性状演化的原始变异恐怕早已磨灭。这就是我们所熟悉的“悖论”（仔细想想也不是悖论）：强选择下的性状往往具有较低的遗传率（Falconer 1960）；“自然选择介导的演化会破坏它赖以存在的遗传方差”（Lewontin 1979b）。功能假说经常涉及的表型性状，比如拥有眼睛，在种群中几乎是普遍存在的，因此也就没有当下与之对应的遗传变异。当我们推测或建立适应的演化产物的模型时，我们谈论的必然是一个存在相应遗传变异的时点。在这样的讨论中，我们势必或隐或显地假定，存在一些基因“以我们所探讨的适应为目标”。

有些人可能会回避把“变异 X 中基因所做的贡献”等同于“一个或多个以 X 为目标的基因”。但这只是一种遗传学的惯例，且对其仔细考量一番就会发现，这样做几乎是不可避免的。除了在分子层次上，一个基因被认为直接产生一个蛋白质链，遗传学家从来不会直接探讨表型单位，相反，他们论及的总是差异。当遗传学家谈到果蝇“以红眼为目标”的基因时，他说的并不是为合成红色素分子提供模板的“顺反子”（cistron），而是在含蓄地说：这一果蝇种群存在眼睛颜色方面的差异；在其他条件相同的情况下，携带这种基因的果蝇比没有这种基因的更有可能长出红眼来。这就是当我们说“以红眼为目标的基因”时所谓何意。上文给出的恰好是一个形态学而非行为学的例子，但这也完全适用于行为方面。一个“以行为 X 为目标”的基因，就是“以产生这种行为所依托的形态和生理状态为目标”的基因。

一个相关的问题是，使用单基因座（locus）模型只是一种概念上的便利，对适应假说而言如此，对普通的种群遗传模型而言也如此。

当我们在适应假说中使用“单基因”这个词时，我们并无意将单基因模型与多基因模型进行对照。通常，想以基因模型来表明一种看法，要将其与非基因模型，例如“有利于物种”的模型进行对照。要说服人们应该从基因的角度而不是从物种利益的角度来进行思考已经相当困难了。这时候如果一上来就试图让他们搞清楚多基因的复杂性，那只能是劳而无功之举。当然，劳埃德（Lloyd 1979）[1]所说的“单一基因分析模型”（OGAM）也并不是基因准确性方面的定论。我们最终无疑得面对多基因座的复杂性。但是，相比那些全然罔顾基因的适应性推理模型，OGAM 还是更为可取，这是我在此处唯一想阐明的。

同样，我们可能会发现有人强烈质疑我们，要我们以实际证据证明我们所“宣称”的，“以我们关注的某些适应为目标的基因”确实存在。但是，这种质疑，如果真可称其为质疑的话，也应该是针对整个新达尔文主义的“现代综合论”和整个群体遗传学的。从基因的角度来描述一个功能假说，其实根本就不是对“基因”下什么强有力的断言，这只是明确地提出一个假设，而这个假设正是现代综合论中不可分割的一部分，尽管它有时较为隐晦。

确实，有少数学者已对整个新达尔文主义的现代综合论发起了这样的挑战，并声称自己不是新达尔文主义者。古德温（Goodwin 1979）[2]在与德博拉·查尔斯沃思（Deborah Charlesworth）[3]等人的一次公开辩论中说：“新达尔文主义有一个不能自洽之处……在新达尔文主义中，我们没有给出任何从基因型产生表型的办法。因此，这个理论在这方面是有瑕疵的。”当然，有一点古德温说得很对，发育是极其错综复杂的，我们还不太清楚表型是如何产生的。但这些表型确

[1] 此处指詹姆斯·E. 劳埃德（James E. Lloyd），美国演化生物学家。

[2] 此处指布莱恩·凯里·古德温（Brian Carey Goodwin），加拿大数学家和生物学家，理论生物学和生物数学的创始人。

[3] 德博拉·查尔斯沃思是英国群体遗传学家，她最著名的研究是植物的重组、性染色体和交配系统的演化。

实产生了，而基因确实对其变化起着重要作用，这些都是不争的事实，而这些事实正是我们所需要的，足以使新达尔文主义自洽。按照古德温的逻辑，他也可以说，在霍奇金（Hodgkin）和赫胥黎（Huxley）[1]研究出神经冲动是如何激发的之前，我们无权相信神经冲动能控制行为，这很没道理。当然，如果我们知道表型是如何形成的，那再好不过，但是，当胚胎学家对该问题的答案孜孜以求时，目前已知的遗传学事实足以让我们其他人继续秉持自己的新达尔文主义信条，只要将胚胎发育视为一个"黑盒子"就行。目前没有一种与新达尔文主义竞争的理论被认为是可以"自洽"的。

由于遗传学家关注的始终是表型差异，因此我们不必害怕预设基因具有无限复杂的表型效应，而且只有在高度复杂的发育条件下，这些表型效应才会显现出来。最近，我和约翰·梅纳德·史密斯教授一起，在一群学生面前，与两位"社会生物学"的激进批评者进行了公开辩论。在讨论中，我们一度试图明确，即使 X 是一种复杂的、习得的行为模式，我们谈论"以 X 为目标"的基因也并不是什么奇谈怪论。梅纳德·史密斯举了一个假设性的例子，提出了"与系鞋带技能对应的基因"。这种肆无忌惮的基因决定论令现场一片哗然！空气中充斥着一种"果然如此"的氛围，学生们最糟糕的怀疑终于坐实了，这是何等大快人心啊。他们带着兴奋之情的怀疑之声淹没了我们平静而耐心的解释——当我们预设有一种基因以让我们获得系鞋带之类的技能为目的时，这只是一种"适度"的表述而已。在此，就让我用一个听起来更离经叛道但实际上无伤大雅的思想实验（Dawkins 1981）来解释这一点吧。

阅读是一种极其复杂的习得技能，但这本身并不能成为怀疑阅读

[1] 此处指英国生理学家、生物物理学家艾伦·劳埃德·霍奇金（Alan Lloyd Hodgkin）和安德鲁·赫胥黎（Andrew Huxley），两人共同研究神经的动作电位，并以此获得了 1963 年的诺贝尔生理学或医学奖。安德鲁·赫胥黎是著名的赫胥黎家族的一员，是阿道司·赫胥黎同父异母的弟弟。

基因存在可能性的理由。为了证明阅读基因的存在，我们所要做的只是发现一个以“不阅读”为目标的基因，比如一个导致特定阅读障碍的基因。这样一个阅读障碍者除了不能阅读以外，可能在其他各方面都是正常且聪慧的。如果这种类型的阅读障碍表现出孟德尔式的遗传特征，没有遗传学家会为此大惊小怪。显然，在这个例子中，基因只会在包含正常教育体制的社会环境中体现其效应。在史前环境中，它可能要么没有可检测到的效应，要么有一些不同的效应，比如被穴居人里的遗传学家称为“无法解读动物脚印的基因”。在我们所接受教育的环境中，它被称为“阅读障碍”基因应最为恰当，因为阅读障碍是其最显著的后果。类似地，一个导致完全失明的基因也会阻碍阅读，但将它视为以“不阅读”为目标的基因显然并无意义。原因很简单，阻碍阅读并不是其最显著的或最令人困扰的表型效应。

回到我们关于特定阅读障碍基因的问题上，根据遗传学术语的一般使用惯例，位于同一基因座上的野生型基因，即其余人群拥双份的基因，便可被恰如其分地称为“阅读基因”。如果你对此表示反对，你肯定也反对我们所说的孟德尔豌豆的“高茎基因”，因为在这两种情况下，命名背后的逻辑是相同的。在这两种情况下，我们感兴趣的特征都是一种差异，而且这种差异只有在某种特定的环境中才会显现出来。至于为何一个如此简单的单基因差异，却能产生如此复杂的影响，比如决定一个人是否能学会阅读，或者他系鞋带的水平如何，其原因基本上可以这样说：这个世界的某个给定状态无论有多么复杂，此状态和彼状态之间的差异都可能只是由一些极其简单的事物引起的。[1]

我在前文中用蚁狮所阐明的观点具有普遍性。我也可以使用其他真实的或传说中的达尔文式适应的例子，这不成问题。为了进一步强

[1] 得益于基因组测序和比较分析技术的发展，现在已经鉴定出了几个与阅读障碍有关的基因。虽然不是一个基因，但它们之中有一些在单独发生突变时即可造成阅读障碍。这些基因的突变都不会影响其他方面的认知能力，正如道金斯的思想实验所说。

调，我将再举一个例子。廷伯根[1]等人（Tinbergen et al. 1962）曾研究红嘴鸥（*Larus ridibundus*）的一种特定行为模式的适应性意义，即移除蛋壳。雏鸟孵化后不久，亲鸟就会用喙叼起空蛋壳，然后飞到远离鸟巢处将其抛弃。廷伯根及其同事为解释这种行为模式的存活值，考虑了若干可能的假设。例如，他们认为空蛋壳可能是有害细菌的滋生地，或者锋利的蛋壳边缘可能会割伤雏鸟。但他们最终找到的证据支持这样一种假设：空蛋壳是一个明显的视觉标志，会将乌鸦和其他以雏鸟或鸟蛋为食的捕食者引到鸟巢来。他们进行了巧妙的实验，人工搭建了一些鸟巢，并分成放有空蛋壳和没有空蛋壳的两组，结果表明，有空蛋壳的鸟巢内的鸟蛋确实比没有空蛋壳的那组更容易受到乌鸦的攻击。他们由此得出结论，自然选择青睐成年红嘴鸥移除蛋壳的行为，因为以前那些无此行为的成年鸥所养活的雏鸟会较少。

就像蚁狮挖坑的例子一样，还没有人对红嘴鸥移除蛋壳的行为进行过遗传学研究。没有直接的证据表明，这种移除蛋壳趋向的变化可以实现纯育。但显而易见的是，假定其如此，或曾经如此，对廷伯根假说的成立至关重要。廷伯根的假说通常用不带基因的说法表述，并不是特别有争议。然而，就像所有被廷伯根否决的关于这一行为的其他功能性假说一样，这个假说从根本上说也建立在这样一个假设之上：在很久以前，一定曾有一些红嘴鸥具有移除蛋壳的遗传倾向，而另一些则具有不移除蛋壳或者不充分移除的遗传倾向。所以，一定曾经有过“以移除蛋壳为目标”的基因。

在这里，我必须提醒读者。假设我们真的做了一项现代红嘴鸥移除蛋壳行为的遗传学研究。对此，行为遗传学家所梦寐以求的是找到一个简单的孟德尔式突变，它从根本上改变了红嘴鸥的行为模式，甚至完全消除了这种行为。根据前文提出的论点，这个突变实际上是一

[1] 此处指尼古拉斯·廷伯根（Nikolaas Tinbergen），荷兰裔英国动物学家，现代行为生物学奠基人之一，本书作者的导师。他对鸟类蛋壳移除行为的研究是现代行为生物学中的经典实验。

个“不以移除蛋壳为目标”的基因，那么根据定义，它的野生型等位基因将被称为“以移除蛋壳为目标”的基因。但这正是我要提醒读者注意的地方。我们绝对不能由此得出结论，说这个“以移除蛋壳为目标”的特定基因座，就一定是自然选择在该适应演化过程中施加作用的那些基因座之一。相反，似乎更有可能的是，像移除蛋壳这样复杂的行为模式一定是通过对大量基因座的选择建立起来的，且每个基因座彼此间影响甚微。一旦这一行为复合体建立起来，不难想象，一个关键的单点突变就足以破坏其效应。遗传学家只能利用那些他们可获取的遗传变异来开展研究。他们还相信，自然选择在造就演化变化的过程中，必定也曾对类似的遗传变异施加过作用。但是，他们没有理由相信，控制适应的当前变异的基因座，就是最初在适应建立过程中自然选择所施加作用的基因座。

不妨考虑单基因控制复杂行为最著名的例子，即罗森布勒（Rothenbuhler 1964）[1] 的卫生蜂。之所以使用这个例子，是因为它很好地阐明了一个高度复杂的行为差异是如何由单基因差异引起的。棕色品系（Brown strain）蜜蜂的卫生行为 [2] 涉及整个神经肌肉系统，但根据罗森布勒的模型，之所以它们会实施这种行为而万斯科伊品系（Van Scoy）蜜蜂不实施，仅仅是因为两个基因座上的差异。一个基因座决定揭开内有病蛹的蜂室口蜡盖的行为，另一个基因座则决定揭开蜂室口的蜡盖后移除病蛹的行为。因此，我们完全可以想象存在一种青睐揭开蜂室口蜡盖的行为的自然选择，还有一种青睐移除病蛹行为的自然选择，这意味着自然选择过程是针对这两个基因及其各自等位基因展开的。但我想说的是，尽管这种情况可能会发生，但从演化的角度来看，它不太有吸引力。当前的揭开基因和移

[1] 此处指沃尔特·C. 罗森布勒（Walter C. Rothenbuhler），动物行为学家。
[2] 蜜蜂把卵产在彼此隔开的蜂室中，幼虫化蛹时，工蜂会将蜂室口封闭。如果在这一阶段，蜂蛹染病，某些品系的工蜂会将蜂室口的蜡盖揭开，移除病蛹，防止其传染其他幼虫。这便是蜜蜂的卫生行为。

除病蛹基因很可能并没有参与那个最初引导演化将这两个行为捏合在一起的自然选择过程。

罗森布勒观察到，即使是万斯科伊品系蜜蜂，有时也会有卫生行为，只是该行为的执行次数比棕色品系蜜蜂少得多。因此，很可能棕色品系蜜蜂和万斯科伊品系蜜蜂都有实施卫生行为的祖先，它们的神经系统中也都保留着揭开蜡盖和移除病蛹的行为机制，只是万斯科伊品系蜜蜂具有能够阻止这一机制开启的基因。如果再往前追溯，我们会发现一个所有现代蜜蜂的共同祖先，其不仅本身没有卫生行为，而且也从未有过具备卫生行为的祖先。肯定曾有一个演化过程，无中生有般建立起了揭开蜡盖和移除病蛹的行为。这个演化过程涉及对许多基因的选择，而这些基因如今在棕色品系和万斯科伊品系中都已固定。因此，尽管棕色品系蜜蜂的揭开基因和移除病蛹基因被分别指称为以这两种行为为目标的基因可谓恰当，但它们之所以被如此定义，只是因为它们恰好具备阻止这两种行为实施的等位基因罢了。这些等位基因的作用模式可能只是单纯破坏性的，比如，只是切断了神经机制中的一些重要环节。这让我想起了格雷戈里（Gregory 1961）[1]所做的生动类比，他以此说明通过大脑毁除实验[2]来推断其相应部位的机制时可能面临的风险："移除几个间隔很远的电阻器中的任何一个都可能导致收音机发出噪声，但这并不能说明噪声与这些电阻器有直接关联，也不能说明两者之间一定有某种程度的因果关系。我们尤其不应该就此认为正常电路中电阻的功能就是抑制这种噪声。神经生理学家在面对类似情况时，会提出'抑制区'的假定。"

不过在我看来，这种顾虑可以算是谨慎行事的理由，但不是拒绝

[1] 此处指理查德·L. 格雷戈里（Richard L. Gregory），美国心理学家、神经科学家。
[2] 又称"消融实验"，源于20世纪实验心理学领域，指将动物的大脑部分移除或破坏，以研究其对动物行为的影响的实验方法。

整个自然选择的遗传理论的理由！即使现今的遗传学家在研究某个有趣的适应时无法研究过去自然选择中导致该适应最初演化的特定基因座，也并无大碍。但如果遗传学家被迫拘泥于那些方便辨识的基因座，而不是具有演化重要性的基因座，那就太糟糕了。演化通过等位基因取代，将众多复杂而有趣的适应捏合到一起，这一点仍是事实。

以上讨论通过帮助读者正确地看待问题，或能对解决一个当下甚嚣尘上的争议有所助益。这个如今极具争议的问题便是，人类智力是否存在显著的遗传变异基础。我们中的一些人是否天生比其他人更聪明？对于我们所说的"聪明"是什么意思，也颇有争议，这种争议的存在是合理的。但我主张，无论这个词含义如何，以下命题都不能被否定。（1）曾经有一段时间，我们的祖先没有我们聪明。（2）因此，在我们的祖先谱系中，聪明的程度一直在增长。（3）这种增长是演化而来的，很可能是由自然选择推动的。（4）无论是否受到自然选择的推动，至少有部分表型演化变化反映了内在的基因变化：发生了等位基因取代，平均智力由此在几代人的繁衍过程中有所提高。（5）因此，根据定义，至少在过去，人类群体在智力方面一定存在着显著的遗传变异基础。当时，有些人天生在基因上就比同代人聪明，而有些人则天生相对蠢笨。

最后一句话可能会引起意识形态上的不安，但我的五个主张都不容置疑，它们的逻辑顺序也同样不容置疑。这一论点适用于大脑的尺寸，但也同样适用于我们所能设想的任何衡量聪明程度的行为标准。它并不依赖于将人类智力简单地视为一维度量值的观点。智力不是一个简单的度量值，这一事实很重要，但与我们在此所讨论的话题无关。在实践中，衡量智力的难度也同样如此。只要我们是演化论者，且认同这样一个命题，即我们的祖先曾几何时不如我们聪明（无论以何种标准衡量），那么得出上一段中的结论就是不可避免的。然而，尽管如此，我们仍然不能就此得出结论说，在今天的人类群体中，智力存在遗传变异基础：那些遗传变异很可能已经被自然选择过程消耗殆尽了。另一方面，它也可能并未耗尽；至少我的思想实验表明，对人类智力存在遗传变异基础的可能性加以教条的、歇斯底里式的反对是不可取的。无论如何，我个人的观点是，即使现代人类种群中真的存在这样的遗传变异，任何以此为基础制定的政策都是伤天害理的。

达尔文式适应的存在，意味着存在产生这种适应的基因。这一点并不总是一目了然的。对于行为模式的自然选择，我们总是可以用两种方式来谈论。一种方式是，我们可以认为倾向于表现这种行为模式的个体比倾向不那么强烈的个体“更适应”。这是一套当下在“自私的生物体”和“社会生物学的中心原理”的范式内盛行的措辞。另一种对等的方式是，我们可以直接论述，实施这种行为模式的基因比它们的等位基因更可能存续下来。在任何关于达尔文式适应的讨论中，预设相应的基因总是合理的，而本书的中心观点之一便是，这样做通常能有所助益。我听到过一种反对意见，即对功能行为学表述中的“不必要的基因化”加以反对。但这实际上恰恰暴露了反对者的根本不足，即未能正视达尔文式选择所指涉的事实。

且让我用另一件逸事来阐述这种不足。我最近参加了一个由一位人类学家举办的学术研讨会。他试图用亲缘选择（kin selection，也译“亲属选择”）理论来解释不同人类部落中特定婚配制度（他选的是一妻多夫制）的发生率。亲缘选择理论家可以建立模型来预测一妻多夫制出现的条件。因此，在一个应用于绿水鸡的模型中（Maynard Smith & Ridpath 1972），其种群性别比例需要是雄性偏多，且配偶需要是近亲，如此生物学家才能预测一妻多夫制的出现。这位人类学家力图表明，他所研究的采用一妻多夫制的人类部落就生活在这样的前提条件下，并暗示其他采用更常见的一夫一妻制或一夫多妻制模式的部落生活在不同的条件下。

虽然他提供的信息让我颇为着迷，但我还是试图提醒他，他的假设中存在一些棘手的问题。我指出，亲缘选择理论从根本上来说是一种遗传学理论，亲缘选择所产生的对当地条件的适应，必须通过数代遗传过程中等位基因被其他等位基因取代来实现。我问道，他的一妻多夫制部落在他们目前的独特环境条件下生活的时间是否足够长——繁衍了足够多的代数——足以让必要的基因置换得以发生？真的有任何理由让人相信，人类婚配制度的变化是受基因控制的吗？

这位报告者反对我把基因拖入这场讨论，在这一点上，他得到了研讨会上众多人类学同行的支持。他说，他谈论的不是基因，而是一种社会行为模式。似乎提到“基因”这个词就会让他的一些同行如坐针毡。我则试图说服他，把基因“拖入”这场讨论的正是他本人，尽管他确实在报告中力图避免提及“基因”这个词。但我想说，你不可能一边对亲缘选择或任何其他形式的达尔文式选择高谈阔论，一边却试图将基因排除在讨论之外。无论你是明确地这么做，还是隐晦地这样做，都行不通。我的这位人类学家朋友在推断亲缘选择可导致部落婚配制度差异时，就已以一种含蓄的方式把基因拖入了这场讨论之中。遗憾的是，他没有明确指出这一点，否则他就会认识到，在他的亲缘选择假说的道路上，横亘着多么可怕的障碍：假说要想成立，要么他的一妻多夫制部落在特殊条件下，即在部分遗传隔离的状态下生活了好几个世纪，要么自然选择促进了一些编码有些复杂的“条件策略”的基因一并出现。具有讽刺意味的是，在那场关于一妻多夫制的研讨会的所有参与者中，对我们所讨论的行为最不主张持“基因决定论”的视角的人不是别人，正是我自己。然而，由于我坚持明确亲缘选择假说的基因本质，我估计自己在他人眼中就是一个被基因弄得鬼迷心窍的家伙，一个“典型的基因决定论者”。这个故事很好地诠释了本章的主题，当我们对达尔文式选择的基因本质坦诚以对时，很容易被误认为是执迷于用遗传理论去解释个体的成长发育。

在生物学家群体中，有一种情况同样不受待见，那就是明明可以用生物个体层次的种种遁词绕过基因这个表述，却还是要明确提及基因的做法。“以实施行为 X 为目标的基因比不以实施行为 X 为目标的基因更受青睐”，这句话听起来似乎有点幼稚，不够专业。有什么证据证明这些基因的存在呢？你怎么能仅仅为了方便你的假设就凭空捏造出一个专门的基因呢！相比之下，“实施行为 X 的个体比不实施行为 X 的个体更能适应”的说法听起来就体面多了。即使听者不清楚这是不是真的，它也可能被当作一种被允许的推测而得到接纳。但这两个句子在语义上是完全相同的。第二种说法也并未道出第一种说法的未竟之意。然而，如果我们承认这种等同性，并明确地谈论“以某种适应为目标的基因”，那我们就有被指为“基因决定论者”的风险。我希望我已经通过这一章的论述成功地表明，这种风险无非是误解造成的。一种关于自然选择的合情合理、无可非议的思考方式——“基因选择论”——却被误解为一种关于发育的强烈信条——“基因决定论”。任何曾对“适应是如何产生的”这一问题的细节加以明确思考的人，几乎必然会以或明确或隐晦的方式思考基因，尽管这些可能只存在于假想中。正如我将在本书中表明的那样，我们应以直截了当的方式探讨达尔文式功能性推测的遗传基础，而不是对此讳莫如深。这样做可谓益处颇多，有助于我们避免某些易于犯下的推理错误（Lloyd 1979）。在这个过程中，我们可能给人留下一种印象，即执迷于基因及其在当代传媒观念中所背负的所有迷思包袱，但这一印象完全是基于错误的理由产生的。而那种僵化死板、循规蹈矩的个体发生（ontogeny，也译“个体发育”）意义上的决定论，应是与我们的思想风马牛不相及的。当然，个别社会生物学家可能是基因决定论者，也可能不是。他们还可能是拉斯塔法里派教徒、震教徒，或者马克思主义者。但他们对基因决定论的个人观点，就像他们对宗教或政治的个人观点一样，与他们在谈论自然选择时使用“以行为为目标的基因”

之类的说法这一事实无关。

本章的大部分篇幅是基于这样一个假设，即一位生物学家可能希望推测某种行为模式的达尔文式“功能”。这并不是说所有的行为模式都必须具有达尔文式的功能。可能有一大类行为模式在自然选择过程中对其实施个体而言是中性的，甚至有害的，因此不能被视为自然选择的产物。如果是这样，本章的论点就不适用于此类模式。但我要是说“我对适应很感兴趣，我并不认为所有的行为模式都是适应性的，但我想研究那些具有适应性的行为模式”，那也没有什么不合理。同样，如果我表示自己对研究脊椎动物的兴趣胜于对研究无脊椎动物的兴趣，也并不意味着我相信所有的动物都是脊椎动物。鉴于我们这些人感兴趣的领域是适应行为，那么当我们谈论感兴趣的研究对象的达尔文式演化时，就势必要为其预设一个遗传基础。而用“以 X 为目标的基因”作为谈论“X 的遗传基础”时的简便表达方式，早已是半个多世纪以来种群遗传学所遵循的惯例。

至于可以被纳入适应行为模式这一类别的行为模式到底有多少，就完全是另一个问题了。这将是下一章的主题。

第 3 章

对完美化的制约

本书的内容大多是以这样或那样的方式给出达尔文式生物功能解释的逻辑。过往的惨痛经验告诉我，一名痴迷于功能解释的生物学家很可能会被指责为相信所有动物都已是完美的最优状态，也就是被扣上“适应主义者”的帽子（Lewontin 1979a，b；Gould & Lewontin 1979），有时这种指责会带着一种狂热情绪，足以让更习惯科学辩论而非意识形态辩论的观者大吃一惊（Lewontin 1977）。“适应主义”（adaptationism）被定义为“演化研究的一种方法，它假设生物体形态、生理和行为的所有方面都是对问题的适应性最优解决方案，而无需进一步的证据”（Lewontin 1979b）。在这一章的初稿中，我对是否真的存在极端意义上的适应主义者表示过怀疑，但讽刺的是，我最近读到了一段列万廷（Lewontin 1967）自己的话：“我认为所有演化论者都同意的一点是，在某生物体所栖身的环境中，没有什么能比这个生物体表现得更好。”只是自那以后，列万廷似乎便在这方面改弦易辙，因此让他来做我选出的适应主义代言人恐怕有失公允。事实上，近年来，他和古尔德一起，一直是适应主义最雄辩有力的批评者。因此，我选出的适应主义代表人物是 A. J. 凯恩（A. J. Cain）[1]，他始终坚信自己在那篇犀利而优雅的论文《动物的完

[1] 即阿瑟·J. 凯恩（Arthur J. Cain），英国利物浦大学动物学教授。

美化》(The Perfection of Animals) 中所表达的观点 (Cain 1979)。

作为一名分类学家，凯恩 (1964) 致力于批评“功能特征”和“近祖特征”的传统二分法，因为这两者的用词似乎暗指前者并非可靠的分类学指标，而后者才可靠。凯恩有力地论证了古代生物的“底层设计”特征，如四足动物的五趾肢和两栖动物的水生阶段之所以存在，是因为它们在功能上有用，而并非因为它们如人们常常暗示的那样，是不可避免的历史遗留。如果两个群体中有一个“在任何方面都比另一个更原始，那么它的原始性本身必然是对某种不那么特化的生活方式的适应，而它也在这种生活方式中如鱼得水；这种原始性不会仅仅是效率低下的标志”(p.57)。凯恩对所谓的无用特征也持类似的观点，他批评达尔文在理查德·欧文 (Richard Owen)[1] 一惊一乍的言论之下，太容易承认性状的无功能性，比如他说过：“没有人会认为狮子幼崽身上的条纹或小黑鹂身上的斑点对这些动物有任何用处。”即使对适应主义最极端的批评者来说，达尔文的这句评论在今天听来也一定失之鲁莽。事实上，历史似乎是站在适应主义者一边的，因为在一些具体的案例中，他们一次又一次地让那些嘲笑者颜面扫地。凯恩自己与谢泼德 (Sheppard)[2] 及其同侪合作完成的卓著成果，即关于在森林葱蜗牛 (*Cepaea nemoralis*) 中维持条带“多态性”(polymorphism) 的选择压力的研究之所以开展，可能部分原因是受到了以下言语的刺激：“有人自信地断言，对蜗牛来说，它的壳上有一个条带还是两个条带实在无关紧要”(Cain，p.48)。“但是，对某个‘无用’特征最非凡的功能解释，可能要数曼顿[3] 对倍足类动物土线 (*Polyxenus*) 的研究了。她的研究表明，这种动物有一个以前被

[1] 理查德·欧文是与达尔文同时代的英国比较解剖学家和古生物学家，对达尔文的演化论深恶痛绝，长年利用自己拥有的博物学资源不遗余力地攻击达尔文的演化论。

[2] 此处指菲利普·麦克唐纳德·谢泼德 (Philip MacDonald Sheppard)，英国遗传学家。

[3] 此处指席德妮·曼顿 (Sidnie Manton)，英国昆虫学家，以在功能形态学领域取得的进展而闻名。她被认为是 20 世纪最杰出的动物学家之一。

形容为‘装饰品’的特征（还有什么比这听起来更无用呢？），却几乎是其生命的重中之重”（Cain，p.51）。

适应主义作为一种行之有效的假设，甚至是一种信仰，无疑为一些杰出的发现提供了灵感。冯·弗里希（von Frisch 1967）[1] 无视冯·赫斯[2] 的权威正统理论，通过对照实验，最终证明了鱼和蜜蜂具有彩色视觉。他之所以进行这些实验，是因为他拒绝相信诸如“花的颜色是无缘无故存在的”，或者“其存在仅仅是为了取悦人的眼睛”之类的说法。当然，这并不能作为证明适应主义信仰正当性的证据。每个问题都必须根据其是非曲直来对症下药。

温纳（Wenner 1971）[3] 质疑冯·弗里希的蜜蜂舞蹈语言假说，这对理论本身也有贡献，因为正是在这种争论的刺激之下，J. L. 古尔德（J. L. Gould 1976）[4] 以巧妙的方式证实了冯·弗里希的理论。如果温纳更倾向于适应主义者，古尔德的研究可能就永远没法完成，而温纳也不会允许自己犯下如此轻率的错误。任何一个适应主义者，尽管可能承认温纳的质疑举动暴露冯·弗里希最初实验中的漏洞是有所助益的，但也会立刻像林道尔（Lindauer 1971）[5] 一样，转而探讨“蜜蜂为什么跳舞”这个根本问题。温纳从未否认蜜蜂会跳舞，也从未否认这些舞蹈包含了冯·弗里希声称的关于食物方向和距离的所有信息。他否认的只是其他蜜蜂利用了舞蹈中的信息。想到某种动物实施如此耗时、复杂且在统计概率上不太可能偶然出现的行为却全然无用，适应主义者恐怕会为此寝食难安。然而，适应主义有利也有弊。古尔德

[1] 此处指卡尔·冯·弗里希，德国动物学家，行为生态学创始人。因为一系列有关蜜蜂“舞蹈语言”的发现，他获得了 1973 年诺贝尔生理学或医学奖。

[2] 此处指卡尔·冯·赫斯（Carl von Hess），德国眼科医生、视觉学家，曾通过蜜蜂实验得出蜜蜂是色盲并且会追随光亮而移动的结论。

[3] 此处指阿德里安·M. 温纳（Adrian M. Wenner），美国昆虫学家。他曾挑战冯·弗里希关于蜜蜂用舞蹈语言来交流食物来源地点的理论，并提出蜜蜂是用气味而不是舞蹈来觅食的。这场争论被学界称为“蜜蜂语言之争”。

[4] 此处指詹姆斯·L. 古尔德，美国动物行为学家、演化生物学家、科普作家。

[5] 此处指马丁·林道尔，德国动物行为学家，冯·弗里希的同学。他在弗里希发现的蜜蜂舞蹈语言的基础上，揭示了这种语言在蜜蜂选择新筑巢地点时发挥的信息传达作用。本书后文对此有详述。

通过他的实验让这一争议盖棺论定，对此我当然很欣慰，但我也不怕丢脸地承认，对我本人而言，即使有足够的巧智去设计出这样的实验，我也不会费心去这么做，只因我太过倾向于适应主义了。因此，我早就知道温纳肯定是错的（Dawkins 1969）!

适应主义思维如果不陷入盲信的话，倒是可作为生理学上可验证假说的有益刺激因素。巴洛（Barlow 1961）[1] 认识到，感觉系统对减少冗余输入有着压倒性的功能需求，这帮助他将感觉生理学中的各种事实彼此连贯，形成了独到见解。类似的功能推理也可以应用于运动系统，以及笼统的组织层级系统（Dawkins 1976b；Hailman 1977）。适应主义的信念不能直接告诉我们生理机制。只有生理实验才能做到这一点。但谨慎的适应主义推理可以向我们表明，在众多可能的生理学假设中，哪些最有可能为真，应该首先加以验证。

我一直试图证明适应主义有利也有弊。但本章的主旨是对完美化的制约因素加以罗列并分门别类，同时列出研究适应的学者应该谨慎行事的主要原因。在我列出完美化的六大制约因素之前，我应该先花点笔墨谈谈另外三个已有人提出，但我认为缺乏说服力的因素。先说第一个——现代生化遗传学家关于“中性突变”的争论。这种争论在对适应主义的批评中被反复引用，但其实两者毫不相干。如果存在生化学家所称意义上的中性突变，则意味着由它们引起的多肽结构的任何变化对蛋白质的酶活性都没有影响。也就是说，这些中性突变并不会改变胚胎发育的进程，也根本不会产生任何表型效应——研究完整生物体的生物学家所理解的表型效应。围绕中性突变的生化争论涉及一个有趣且重要的问题，即是否所有的基因置换都具有表型效应。而围绕适应主义的争论则与此截然不同，其关注的是，鉴于我们所研究的表型效应已大到足以被观察到并就此提出问题，我们是否应该假设

[1] 此处指霍勒斯·巴洛，英国生理学家、视觉神经科学家。

它是自然选择的产物。生化学家所说的“中性突变”并不仅仅是中性的。对我们这些观察生物总体形态、生理和行为的人而言，它们根本不是突变。正是本着这种精神，梅纳德·史密斯（1976b）写道：“我把‘演化速率’解释为适应性改变的速度。从这个意义上说，中性等位基因的置换不会构成演化。”如果一个研究完整生物体的生物学家看到了表型之间由基因决定的差异，他便心知肚明，自己所处理的问题并不在现代生化遗传学家争论的“中性”范畴之中。

但是，他可能是在处理一个早期争议意义上的“中性”特征（Fisher & Ford 1950；Wright 1951）。也就是说，一种遗传差异可以在表型层次显现出来，但在自然选择看来仍然是中性的。但是，诸如费希尔（1930b）和霍尔丹（Haldane 1932a）[1] 等人的数学计算表明，对于某些生物学特征，人类对其性质做出的“明显无用”的判断是多么主观且不可靠。例如，霍尔丹指出，根据对一个典型种群的合理假设，微弱到千分之一的自然选择压力只需几千代就能将一个最初罕见的突变固定下来。以地质标准来看，这不过是一段很短的时间。在上面提到的争论中，赖特[2] 似乎被误解了（具体见下文）。赖特（1980）发展了通过遗传漂变实现非适应性性状演化的观念，即“休厄尔·赖特效应”，但他对此感到很尴尬，“不仅因为其他人以前就提出过同样的观点，而且因为我自己一开始（1929）就强烈反对这种观点，认为纯粹的随机漂变会‘不可避免地导致退化和灭绝’。我把明显的非适应性的分类学差异归因于基因多效性（pleiotropy），而不仅仅是无视适应的重要性”。事实上，赖特展示了随机漂变和自然选择的精巧融合如何产生优于单独通过自然选择产生的适应（pp.60–61）。

第二种缺乏说服力的制约因素与异速生长（allometry）有关

[1] 此处指 J. B. S. 霍尔丹（J. B. S. Haldane），印度生理学家、生物化学家、群体遗传学家。
[2] 指休厄尔·赖特（Sewall Wright），美国遗传学家，群体遗传学奠基人之一，“遗传漂变”概念的提出者，也是下文提及的“适应性地形”方法的提出者。

（Huxley 1932）：“在鹿身上，鹿角尺寸的增长速率大大超过身体尺寸的增长速率……所以体型更大的鹿拥有更加与身体不成比例的大鹿角。那么，我们就没有必要为大型鹿的巨大鹿角给出一个具体的适应性原因了。”（Lewontin 1979b.）当然，列万廷说得有道理，但我更愿意换一种说法。按照其说法，异速生长速率是一个常数，且具有一种上帝赋予的永恒不变的意义。但一个时间尺度上的常数可能是另一个时间尺度上的变量。异速生长常数是胚胎发育的一个参数。和任何其他此类参数一样，它可能受到遗传变异的影响，因此它可能随着演化时间而变化（Clutton-Brock & Harvey 1979）。这样一来，列万廷的说法就类似于以下表达：所有灵长类动物都有牙齿；这只是灵长类动物的一个显而易见的事实，因此没有必要为灵长类动物牙齿的存在给出一个具体的适应性原因。他真正想表达的意思大概如下。

鹿已经演化出一种发育机制，即鹿角的生长相对于身体的生长是异速的，具有特定的异速生长常数。这种发育的异速生长系统的演化很可能是在与鹿角的社会功能无关的自然选择压力的影响下发生的：它可能恰好以某种方式与先于其存在的发育过程相协调，但个中原委在我们了解更多胚胎学的生化和细胞细节之前不得而知。也许大型鹿的超大鹿角在动物行为学上产生的后果发挥了选择作用，但这种选择压力在重要性方面很可能被与我们所不知的内部胚胎发育细节相关的其他选择压力压倒。

威廉斯（1966，p.16）曾利用异速生长理论来推测导致人类大脑容量增加的选择压力。他认为，选择的首要重点是儿童在小学阶段的早期可教性。“因此，尽早获得语言能力的选择，可能会对大脑发育产生异速生长效应，于是在这类人群中便可能产生达·芬奇这样的天才。”然而，威廉斯并不认为异速生长是对抗适应性解释的武器。人们不免会觉得，与其说他忠于自己关于大脑过度生长的具体理论，不如说是忠于他在以下结束语中提出的普遍原则：“如果知道人类思维被设计出来的目的，就会大大有助于我们对人类思维的理解，这种期望难道不合理吗？”

异速生长也适用于基因多效性，即一个基因拥有一种以上的表型效应的现象。这也是我想预先排除在我自己的列表之外的第三个完美化的制约因素。我在引用赖特的话时已经提到过这一点了。此处一个可能引起混乱的原因在于，基因多效性在这场辩论中——如果这确实是一场真正的辩论的话——被双方都拿来用作武器。费希尔（1930b）推断，一个基因的任何一个表型效应都不太可能是中性的，那么一个基因的所有多效性产生的效应都是中性的可能性有多大呢？另一方面，列万廷（1979b）指出：“性状的许多变化是多效基因作用的结果，而不是性状本身受到选择的直接结果。昆虫马氏管[1]呈现的黄色本身不可能是自然选择的对象，因为这种颜色永远不会被任何生物看到。相反，这是红眼色素代谢的多效性结果，而这种代谢可能是适应性的。”此处各方并无实质性的分歧。费希尔讲的是基因突变的选择性效应，列万廷讲的则是表型性状的选择性效应；事实上，这正是我在讨论生化遗传学家所说的“中性”时所做的区分。

列万廷关于基因多效性的观点与我将在下面谈到的另一个观点有关，涉及对他所说的自然“缝合线”——演化的“表型单位”——加以定义的问题。有时一个基因的双重作用原则上是不可分割的；它们是同一事物的一体两面。生化学家所看到的携氧分子，在动物行为学家看来可能就是红色的自然色。但还有一种更有趣的基因多效性，即一个突变的两种表型效应是可分离的。任何基因的表型效应（相对于其等位基因）不仅仅是基因本身的特性，还与它发挥作用的胚胎环境有关。这为一个突变的表型效应被其他突变修改提供了充分的机会，而且这正是诸如费希尔（1930a）的显性演化理论、梅达

[1] 又称“马尔比基氏小管”（Malpighian tubules），是部分节肢动物的排泄器官，由意大利解剖学家马尔比基发现。

沃（Medawar 1952）[1] 和威廉斯（1957）的衰老理论，以及汉密尔顿（1967）的 Y 染色体惰性理论等公认的权威理论的基础。在这种效应彼此联系的状况下，如果一个突变有一个有益效应和一个有害效应，那么自然选择就没有理由不青睐某个“修饰基因”（modifier gene），其作用恰是分离这两种表型效应，或者避害就利。和异速生长的例子一样，列万廷对基因的作用采取了一种过于静态的观点，把多效性当作基因的一种特性，而不是基因与其所处（可修饰的）胚胎环境之间的相互作用。

行文至此，我将要给出自己对幼稚适应主义的批评，以及我拟定的完美化的制约因素，其与列万廷和凯恩、梅纳德·史密斯（1978b）、奥斯特和威尔逊（Oster & Wilson 1978）、威廉斯（1966）、古里奥（Curio 1973）[2] 等人的观点有很多共同之处。事实上，我们的共识远多于近来的批评之词中蕴含的争辩意味。我将不涉及具体的情况，除非作为例子。正如凯恩和列万廷都强调的那样，我们一般对挑战自己的创意——想象出动物的某种特定奇异行为到底有什么可能的优势——没什么兴趣。在这件事上，我们感兴趣的是一个更普遍的问题，即自然选择理论能让我们有何期待。我列举的第一个制约因素是显而易见的，大多数论述过适应的作家都提到过这一点。

时间滞后

我们正在观察的动物很可能已经“过时”了，它们是在更早的某个时代，在不同的环境条件下，受当时条件所选择基因的影响而形成

[1] 此处指彼得·布赖恩·梅达沃（Peter Brian Medawar），阿拉伯裔英国人，移植免疫学的开创者，被誉为“器官移植之父”，因对免疫学做出的杰出贡献而获得了 1960 年诺贝尔生理学或医学奖。
[2] 此处指艾伯哈德·古里奥（Eberhard Curio），德国生态学家。

自身形态的。梅纳德·史密斯（1976b）给出了这种效应的定量测量方法，即“滞后负荷”（lag load）。他（1978b）引用了尼尔森[1]的研究，该研究证实通常只产一枚蛋的塘鹅，如果在实验中被额外给予一枚蛋，仍有余力成功地孵化并抚养两只雏鸟。对于拉克[2]关于最优窝卵数的假说来说，这显然是一个尴尬的例子，拉克本人（1966）也毫不犹豫地把“时滞”当成了挡箭牌。他提出，塘鹅一窝只产一枚蛋的窝卵数很可能是在食物不那么充足的时期演化出来的，而且没有足够的时间让其继续演化，以适应发生变化的环境。

这种对陷入困境的假说所做的事后诸葛亮式的补救，容易引来指责，被扣上一顶“不可证伪”的帽子，但我发现这种指责相当没有建设性，简直近乎虚无主义。我们可不是在议会或法庭上，由拥护达尔文主义的辩护律师就某个非实质性论点驳倒反对者，或者被反对者驳倒。除了少数极端的反达尔文主义者（他们也不太可能读这本书），我们都身处同一阵营，所有达尔文主义者基本上都能对如何阐释达尔文演化理论达成一致，毕竟，这是我们用来解释有组织的生命复杂性的唯一可行理论。我们都应该发自内心地想知道为什么塘鹅明明能产两枚蛋，却只产了一枚，而不是把这个事实当作一个争论点。拉克对“时滞”假说的借用可能属于后见之明，但它仍然是完全合理的，而且是可检验的。毫无疑问，还有其他可能性，如果够幸运的话，也可能是可检验的。梅纳德·史密斯的以下观点无疑是对的，我们不应该诉诸“失败主义者”（Tinbergen 1965）的论调，不应该把“自然选择又搞砸了”这种不可检验的解释作为最后一根救命稻草，一个别无他选才选择的无脑研究策略。列万廷（1978）所见略同：“在某种意义

[1] 此处指约瑟夫·布赖恩·尼尔森（Joseph Bryan Nelson），英国动物学家，他曾在牛津大学师从下文提及的戴维·拉克，从事鸟类研究。

[2] 此处指戴维·拉克（David Lack），英国演化生物学家、鸟类学家，为鸟类学、生态学和生物学做出过重大贡献。他提出了关于鸟类窝卵数的“拉克假说”，即鸟类会将产卵数量限制在它们能成功饲养雏鸟的数量之内。由于刚孵出的雏鸟需要父母的抚养才能顺利达到繁殖年龄，自然选择将倾向于最大限度地增加成鸟的数量，而不是蛋的数量。拉克也是群体选择论的主要批评者之一。

上，生物学家被迫采取极端的适应主义论调，因为尽管替代选项在许多情况下无疑是有效的，但在特定案例中是无法检验的。”

回到时滞效应本身，由于现代人在一般演化标准可以忽略不计的时间尺度上极大地改变了许多动物和植物所处的环境，我们经常观察到不合时代的适应也在情理之中。刺猬的反捕反应是蜷缩成一个刺球，遗憾的是这远不能应付汽车。

外行批评家经常提到现代人类行为中一些明显不符合适应的特征，比如收养或避孕，并质疑：“你能用你那套自私的基因的理论来解释这些吗？”显然，正如列万廷、古尔德和其他人所恰当强调过的那样，一个人只要足够有想象力，就完全可以变戏法一样倒腾出一个对此类现象的“社会生物学”解释，一个“原来如此”的故事，但我同意以上这些人和凯恩的观点，回应这样的疑问不仅毫无意义，而且实为有害。收养和避孕，就像阅读、数学和压力诱发的疾病一样，都是生活在与其基因接受自然选择时截然不同的环境中的动物所产生的行为。关于某种行为在人工世界中的适应性意义的问题，本就不应该被提出来；虽然一个傻问题自不配得到什么高明的回答，但更明智的做法是不予回答，并解释这样做的原因。

我从 R. D. 亚历山大（R. D. Alexander）[1] 那里听到过一个有用的类比。飞蛾扑火，这种行为对飞蛾的广义适合度毫无助益。但在蜡烛发明之前的世界里，黑暗中的明亮光源要么是视觉上无穷远的天体，要么是洞穴或其他封闭空间的逃生出口。在后一种情况中，接近光源的存活值是一望可知的。前一种情况也同样表明了这一点，只是以一种更为间接的方式（Fraenkel & Gunn 1940）。许多昆虫把天体当作导航罗盘。因为天体在光学上是无穷远的，所以来自它们的光线是平行的，一只昆虫只要保持固定的飞行方向，比如与这些光线呈 30° 角，

[1] 即理查德·迪克·亚历山大（Richard Dick Alexander），美国动物学家、演化生物学家。

就会飞一条直线。但是，如果光线不是来自无穷远处，它们就不会平行，以这种方式飞行的昆虫将螺旋式靠近光源（如果飞行方向与光线的夹角为锐角），或是螺旋式远离光源（如果夹角为钝角），又或绕光源旋转（如果夹角正好为直角）。因此，昆虫投火自焚本身并无存活值可言，因为根据上述假设，这只是通过"假定"无穷远的光源来控制飞行方向这个有用习性所带来的"副产物"而已。这种假定一度是安全的，但现在已不再安全了，甚至很可能，自然选择正在基于这一点改变昆虫的行为。（然而未必如此。做出必要改进的间接成本可能会超过这些行为可能带来的益处：平均而言，那些为区分蜡烛和星光而付出成本的飞蛾，可能不如那些并未试图进行这种代价高昂的区分的飞蛾成功，只是后者也承受了扑火自焚的风险——见下一章。）

但现在我们遇到了一个比简单的时滞假说本身更微妙的问题。这个问题前面已提到过，就是我们应该选择把动物的哪些特征视为需要解释的单位的问题。正如列万廷（1979b）所言："演化动态过程中的'自然'缝合线是什么？演化中表型的拓扑结构是什么？演化的表型单位是什么？"烛火悖论的出现，只不过是我们所选择的描述飞蛾行为的方式所致。我们问的是"为什么飞蛾会扑向烛火"，然后被自己难住。如果我们以不同的方式来描述这种行为，并问"为什么飞蛾飞行时与光线保持固定的角度（如果光线碰巧不平行，这种习性会导致它们螺旋式投向光源）"，那就没什么可为难的了。

试想一个更严肃的例子：人类男性同性恋问题。从表面上看，在这一性少数群体中，有相当数量的男性更喜欢与同性而非异性发生性关系，这对任何简单的达尔文式理论来说都颇成问题。有位作者好心寄给我一本内部流传的同性恋主义者小册子，小册子散漫无章地总结了这个问题："到底为什么会有'男同性恋者'？为什么演化没有在几百万年前就消灭'同性恋习性'呢？"那位作者不经意间察觉到的这个问题是如此重要，以至于严重地动摇了整个达尔文主义生命观的基础。特里弗斯（Trivers 1974）[1]、威尔逊（1975，1978）、魏因里希（Weinrich 1976）[2] 思考过不同版本的可能性，即同性恋者可能在历史上的某个时候，在功能上等同于不育的工蜂，放弃个人生育以更好地照顾其他亲属。我觉得这个想法不是特别可信（Ridley & Dawkins 1981），当然也不比“鬼祟雄性”（sneaky male）假说更可信。根据后一种观点，同性恋代表了一种“为获得与雌性交配的机会而发展出的‘另类雄性策略’”。在一个占统治地位的雄性控制众多雌性的社会中，一个被认为是同性恋的雄性比一个被认为是异性恋的雄性更有可能被居于统治地位的雄性容忍，而一个原本处于从属地位的雄性可能凭借这一点，获得与雌性秘密交媾的机会。

但我在此以“鬼祟雄性”假说为例，与其说是视其为一种看似合理的可能性，不如说是以一种夸张的方式让人意识到，这种解释是多么轻巧而不可信（1979b，列万廷在讨论果蝇中明显的同性恋行为时也使用了同样的说辞）。我想表达的主要观点与此完全不同，而且重要得多。这个观点也与我们如何描述我们试图解释的表型特征问题有关。

当然，只有在同性恋和异性恋个体之间存在遗传构成差异的情况下，同性恋才会成为达尔文主义者的问题。虽然这方面的证据尚有争议（Weinrich 1976），但为了方便辩论，让我们暂且假设这种差异存在。现在问题来了，当我们说同性恋有一个遗传构成差异，或者按照惯常说法，说存在一个（或多个）“以同性恋为目标”的基因时，这到底意味着什么？基因的表型“效应”是一个概念，只有当环境影响的具体情景得到确定，且“环境”被理解为包含基因组中的所有其他基因时，这个概念才有意义，这是逻辑层面而非基因层面的不言自明之理。环境 X 中“以 A 为目标”的基因很可能在环境 Y 中摇身一变

[1] 此处指罗伯特·L. 特里弗斯（Robert L. Trivers），美国演化生物学家。
[2] 此处指詹姆斯·D. 魏因里希（James D. Weinrich），美国心理学家、性研究专家。

为“以 B 为目标”的基因。谈论一个给定基因的绝对的、与环境无关的表型效应是毫无意义的。

即使在今天的环境中有基因产生了同性恋表型，这也不意味着在另一个环境中，比如我们的更新世祖先所经历的环境中，会产生相同的表型效应。现代环境中以同性恋为目标的基因在更新世时期可能有着完全不同的目标。所以，我们在这里可能遭遇了一种特殊的“时滞效应”。也许，我们现在试图解释的这种表型在更早的环境中甚至不存在，即使相应的基因当时确实存在。我们在本节开头讨论的普通时滞效应涉及的环境改变，表现为选择压力的变化。我们现在又加上了更微妙的一点，即环境的改变可能会改变我们试图解释的表型特征的本质。

历史性制约因素

喷气发动机取代了螺旋桨发动机，因为在大多数方面，前者更为优秀。第一台喷气发动机的设计者是从一张白纸开始凭空构建这个装置的。试想一下，如果他们被迫从现有的螺旋桨发动机“演化”出第一台喷气发动机，一次改变一个部件——螺母替螺母，螺钉替螺钉，铆钉替铆钉，他们会搞出什么来？这样组装出来的喷气发动机肯定是一个稀奇古怪的装置。很难想象以这种演化方式设计的飞机能够飞离地面。然而，为了实现生物学意义上的类比，我们必须加上另一个制约因素。不仅最终产品必须飞离地面，而且每一个中间产品也都必须如此，每一个中间产品还都必须优于前一个产品。从这个角度来看，别说期待动物完美无瑕，我们甚至可能怀疑它们身上的组件是否都能正常运转。

有些动物性状的例子，就好像希思 · 罗宾逊（Heath Robinson）

或是古尔德（1978）拿来举例的鲁布·戈德堡（Rube Goldberg）笔下异想天开的漫画装置一样[1]，比上一段描述更让人难以置信。我最喜欢的一个例子是 J. D. 柯里[2]教授推荐给我的，这个例子就是喉返神经。哺乳动物，尤其是长颈鹿，从大脑到喉头的最短路径显然不是绕过主动脉的后部，然而这正是喉返神经的路径。想必在哺乳动物的远古祖先身上，曾经有一段时间，从这条神经的起始到末端器官的直线路径确实位于主动脉的后方。没过多久，当颈部开始拉长时，神经就延长了它在主动脉后方绕行的距离，但在绕行延长过程中，每一步的边际成本并不大。一个重大突变或许能完全改变这条神经的行走路径，但其代价是早期胚胎发育过程的剧变。如果有一位上帝般能够未卜先知的设计师置身于泥盆纪，他或能预见到长颈鹿的出现，并更改原始胚胎中的神经路径。但是，自然选择没有先见之明。诚如悉尼·布伦纳（Sydney Brenner）[3]所言，不能指望自然选择在寒武纪偏爱一些无用的突变，仅仅因为这些突变“在白垩纪可能会派上用场”。

比目鱼那张毕加索立体主义式的脸怪异地扭曲着，将两只眼睛扭转到了头部的同一侧。这是完美化的历史性制约因素的另一个醒目证明。这种鱼的演化史清楚地写在它们的解剖结构中，这是一个绝佳例子，足以让宗教激进主义者欲辩无言。我们还可以援引另一个奇怪的事实，那就是脊椎动物眼睛的视网膜似乎装反了。感光细胞位于视网膜的后部，光线在到达视网膜之前必须通过连接回路，因此不可避免地会有衰减。假设我们可以写下一段很长的突变序列，这些突变最终会让眼睛的视网膜像头足类动物一样处在“正确的方向”，而这最后可能会让眼睛的感光更有效率一些。但是，胚胎期剧变的代价将是如

[1] 希思·罗宾逊是英国卡通画家，鲁布·戈德堡是美国漫画家，两人均以描绘各类以复杂系统来实现简单功能的搞笑装置而闻名。

[2] 此处指约翰·D. 柯里（John D. Currey），英国生理学家。

[3] 悉尼·布伦纳是南非著名生物学家，在遗传密码和模式生物秀丽隐杆线虫的研究方面做出了开创性贡献，并因为后一方面的研究成果获得了 2002 年诺贝尔生理学或医学奖。

此之大，以至于其中间阶段形成的眼睛在自然选择中相比竞争对手那虽然属于修修补补但毕竟还算灵光的眼睛，处于极度不利的位置。科林·皮登觉（Pittendrigh 1958）[1] 曾很形象地描述过适应性组织，称它“由当机会来敲门时手头可用的东西东拼西凑而成，并被自然选择后知后觉地接受，而非先知先觉地预设”（亦可参见 Jacob 1977，关于“修补”的部分）。

休厄尔·赖特（1932）提出的象征性方法，如今以“适应性地形”（adaptive landscape）[2] 之名而为人所知。它传达了同样的观点，即有利于局部最优的选择阻碍了朝向终极优化或全面最优的演化。他（Wright 1980）强调了遗传漂变在令物种谱系摆脱局部最优的限制，从而更接近人类可能认为的那个“最优”解决方案方面所起的作用，虽然在一定程度上遭到了误解，却与列万廷（1979b）将漂变称为“适应的替代方案”形成了有趣的对比。和基因多效性的情况一样，此处双方的论点也并不相悖。列万廷的正确之处在于：“真实种群的有限性导致基因频率的随机变化，因此存在一定的可能性，让繁殖适合度较低的基因组合也能在种群中固定下来。”但另一方面，如果局部最优构成了对实现设计完美化的制约，那么漂变将倾向于提供一种逃逸途径（Lande 1976），这也是事实。于是具有讽刺意味的是，从理论上讲，自然选择中的缺陷反而可以提高物种谱系实现最优设计的可能性！纯粹的自然选择没有先见之明，因此在某种意义上是一种反完美化的机制，它只会满足于在赖特的“地形图”上徘徊于低矮的山包而非攀登巍峨的高峰，实际情况也确实如此。而若要穿越山谷，登临绝顶，恐怕就需要在强选择作用中穿插一些选择作用暂歇、漂变发挥作用的时期。显然，如果“适应主义”成为一个辩论得分点，那么

[1] 科林·皮登觉是英国生物学家，生物钟研究领域的创始人，被称为“生物钟之父”。

[2] 也被称为“适应性景观”，用地形模型来形象地描述生物的适应性。该模型用峰表示高适应性，用谷表示低适应性。地形中的每一个位置由具有特定频率的基因型所占据。

正反双方都有机会左右逢源！

我自己的感觉是，在这场辩论中，可能蕴藏着关于历史性制约的真正悖论的解决办法。喷气发动机的类比表明，动物似乎应该是即兴拼凑出来的滑稽畸形，头重脚轻、笨拙踉跄，全身布满修修补补的古董部件残留的怪诞遗迹。我们如何将这种“合理的推测”与猎豹狩猎时那令人惊叹的优雅动作、雨燕的形体所体现的空气动力学之美，以及竹节虫对身体欺骗性细节的一丝不苟相协调呢？更令人印象深刻的是，对同样的问题，各种生物趋同演化[1]所给出的解决方案在细节上却如此一致，例如澳大利亚、南美洲和旧大陆哺乳动物辐射演化之间存在多重相似之处。凯恩（1964）评论说：“到目前为止，达尔文等人通常假定，趋同演化绝不会让物种相似到误导我们分类的程度。”但他随即举出了不少称职的分类学家看走眼的例子。越来越多迄今为止一直被认为无疑属于单系（monophyletic）的群体，现在也被怀疑具有复系起源。

在此引用各种正反例证纯粹是堆砌事实，并无大用。我们需要的是在演化的背景下对局部最优和全局最优之间的关系进行建设性的研究。我们对自然选择本身的理解也需要增加，按照哈迪（Hardy 1954）[2]的说法便是借助关于“逃避特化”的研究来补充。哈迪本人认为，“幼态延续”（neoteny）便是对特化的一种逃避，而在本章中，我追随赖特的脚步，强调了遗传漂变在这一点上起到的作用。

蝴蝶的米勒拟态（Müllerian mimicry）[3]可能被证明是一个有用的案例研究。特纳（Turner 1977）[4]评论说：“在美洲热带雨林的长翼蝴

---

[1] 指两种或两种以上亲缘关系甚远的生物，由于栖居于同一类型的环境之中，从而演化成具有相似的形态特征或构造的现象。

[2] 此处指阿利斯特·克拉夫林·哈迪（Alister Clavering Hardy），英国动物学家、海洋生物学家。

[3] 几种具有警戒色的不可食物种互相模拟的拟态现象。1878年由德国动物学家弗里兹·米勒提出。米勒拟态常见于一组无亲缘关系且均有毒、不能吃并具同样鲜明的警戒色的物种。这样的一组物种被称为拟态集团。

[4] 此处指约翰·特纳（John Turner），英国生物学家。

蝶中，有六种不同的警告图案，尽管所有带警告色的蝴蝶物种都可归于这六种拟态集团之一，但这些集团本身在美洲热带地区的大部分地区共存于同一栖息地，并保持相当的独特性……一旦两种图案之间的差异太大，单个突变无法实现转换，趋同演化几乎就不可能实现了，而这些拟态集团将永远地共存下去。”这是少数几个在全部遗传细节上对“历史性制约因素”可能接近于完全阐明的例子之一。它也可能为研究表型如何“穿越山谷”的遗传细节提供一个有价值的机会。在当前例子中，这需要一种蝴蝶从一个拟态集团中脱离，并最终被另一个拟态集团的“引力”“捕获”。虽然特纳没有把遗传漂变作为对这种情形的解释，但他给出了一个诱人的暗示：“在南欧，九斑蛾（*Amata phegea*）……已经把厄氏斑蛾（*Zygenea ephialtes*）从原先斑蛾和同翅类组成的米勒拟态集团中拎了出来，而在北欧地区，该物种仍在九斑蛾的影响范围之外。”

在更普遍的理论层面上，列万廷（1978）指出：“即使自然选择的力量保持不变，遗传组成也可能经常存在几个可替换的稳定平衡态。一个种群最终会在遗传组成的空间中攀上哪一个适应性的高峰，完全取决于选择过程开始时的偶然事件。例如，印度犀牛有一个角，而非洲犀牛有两个角。角是一种抵御捕食者的适应，但这并不是说，在印度的环境条件下，一个角就能特别适应，而在非洲平原上，就得要两个角才行。这两个物种起始于两个略微不同的发育系统，从而以略微不同的方式对相同的选择力量做出了应对。”这一观点基本上是对的，尽管值得补充的是，列万廷在此一反常态，在关于犀牛角的功能意义方面犯下了“适应主义”错误，而这对我们的讨论而言并非不值一提、可以一笔带过的错误。如果角真的是一种抵御捕食者的适应，那么很难想象为什么一个角对付亚洲捕食者更有用，而两个角对付非洲捕食者更有用。然而，更有可能的情况是，如果犀牛角是为了适应种内争斗和威吓而生的，那么很有可能在一片大陆上，独角犀牛处于不利地位，而在另一片大陆上，双角犀牛则会备受煎熬。无论这场争斗之名是威吓还是性吸引（这是费希尔很久以前教给我们的），只需遵从主流形态，而无须理会这种主流形态到底是什么，就可以具备优势。具体的威吓及其涉及的器官可能是任意的，但任何偏离既定惯例的突变个体都会遭遇麻烦（Maynard Smith & Parker 1976）。

可用的遗传变异

无论潜在的选择压力有多大，除非存在可作用于其上的遗传变异，否则演化不会发生。“因此，尽管我可能会觉得，除了手臂和腿之外，再拥有一对翅膀可能对一些脊椎动物有利，但没有一种脊椎动物进化出第三对附肢，这大概是因为在这方面从来就没有可用的遗传变异。”（Lewontin 1979b.）人们有理由反对这种观点。猪没有翅膀的唯一原因可能是自然选择从未青睐它们的此类演化。当然，我们在基于以人类为中心的常识进行假定时必须小心谨慎：任何动物都有一对翅膀显然是很方便的，即使翅膀并未被经常使用，因此，在给定的谱系中没有出现翅膀一定是由于缺乏可用的突变。如果雌性蚂蚁碰巧被当作蚁后养育，它们可以长出翅膀，但如果被当作工蚁养育，它们就不会表现出长翅膀的能力。更引人注目的是，许多种蚂蚁的蚁后只在婚飞[1]时使用一次翅膀，然后便采取激烈手段，从根部咬断或折断翅膀，为它们将在地下度过的余生做准备。显然，翅膀有好处，也有坏处。

查尔斯·达尔文对海洋岛屿上昆虫有翅和无翅的代价的讨论，是他精妙思维最令人印象深刻的展示之一。就本文主旨而言，与此相关的观点是有翅昆虫可能有被吹到海里的风险，达尔文（1859，p.177）

[1] 婚飞是社会性昆虫在性成熟时采取的群体繁殖行为。蚂蚁和白蚁的有翅繁殖蚁均有婚飞行为。

提出，这就是为什么许多岛屿昆虫的翅膀都缩小了。但他也注意到，一些岛屿昆虫非但没有朝无翅的方向发展，反而长出了特大号的翅膀。

> 这与自然选择的作用是完全一致的。因为当一种新的昆虫初次来到岛上时，自然选择的趋向是让翅膀扩大还是缩小，取决于种群中更多的个体是成功地与海风对抗并生存，还是放弃对抗尝试，以很少甚至从不飞行为代价存活下去。就像那些在海岸附近遭遇海难的水手所面临的情况一样，对于善泳者，如果他们能游得足够远并登上海岸，那当然更好；而对于不善泳者来说，如果他们根本不会游泳，待在遇难船只上等待营救才是更好的选择。

虽然这样的解释几乎必然招致异口同声的反对——“不可证伪！同义反复！一个‘原来如此’式的故事！”——但我们很难找到比这更加干净利落的演化推导了。

回到猪能否长出翅膀的问题上，列万廷无疑说对了一点，对适应感兴趣的生物学家不能忽视突变变异的可用性问题。当然，我们中的许多人会向梅纳德·史密斯（1978a）一样，倾向于假设“适当类型的遗传方差通常是存在的”，尽管我们并不具备梅纳德·史密斯和列万廷那样权威的遗传学知识。梅纳德·史密斯的理由是，“除了极少数例外，人工选择总被证明是有效的，无论被选择的生物或被选择的性状是什么”。不过，有一个著名例子让梅纳德·史密斯没了脾气（1978b），其似乎常常缺乏最优理论所必需的遗传方差，这个例子就是费希尔（1930a）的性别比例理论。家牛育种者在培育高产奶、高产肉、大体型、小体型、无角、抗各种疾病以及斗牛所需凶猛性格等各类牛种方面没有任何困难。很明显，如果在饲养奶牛时，能够令母牛产更多母牛犊而不是公牛犊，将给乳品业带来巨大收益。然而，所有这样的尝试均以失败告终，这显然是因为必要的遗传变异并不存在。我觉得这个事实相当令人吃惊，甚至令人担忧，这可能表明了我自己的生物学直觉已经被误导到了什么程度。我情愿认为这是一个例外，但列万廷说得很对，我们需要更多地关注可用遗传变异的限制问题。从这个角度来看，如果能将人工选择在作用于多种性状时遭遇的顺从性和抵抗性情况汇集起来，一定非常有趣。

同时，也有一些常识性的东西可以说说。第一点，用缺乏可用的突变来解释为什么某种动物没有表现出我们认为合理的适应，这可能是有道理的，但要把这个论点反过来用就比较牵强了。例如，我们可能确实认为猪长了翅膀会更好，并认为它们没有翅膀只是因为它们的祖先从未产生过长翅膀所必需的突变。但是，如果我们看到一种动物具有复杂的器官，或者复杂而费时的行为模式，我们似乎就有充分的理由猜测，这种器官或行为必定是由自然选择捏合而成的，而非仅仅因为存在可用的突变。比如前面已讨论过的蜜蜂的舞蹈，还有鸟类的“蚁浴”[1]、竹节虫的“摇摆”[2]和海鸥移除蛋壳等习性都是非常耗时、耗能且颇为复杂的。“它们势必具有达尔文式的存活值”这一有效假设是极其有力的。在一些例子中，事实也证明，确实可能找出相应存活值（Tinbergen 1963）。

第二点常识是，如果某个物种的近缘种或该物种自己身处其他环境之中时，显示出自己具备产生必要变异的能力，那么认为其“没有可用突变”的假设就会不那么有力。我将在后文中提到一个案例，其中平原沙泥蜂（*Ammophila campestris*）的已知能力便被用来阐明其近缘种大金带泥蜂（*Sphex ichneumoneus*）类似能力的缺乏。同一个论点只要略加调整，就可适用于任何一个物种。例如，梅纳德·史密

[1] 蚁浴（anting）是指雀形目鸟类的一种清理体表的行为。它们会让大群蚂蚁爬进自己的羽毛中，或叼蚂蚁涂擦羽毛，利用蚂蚁产生的甲酸等液体来清理自己的羽毛，去除体表寄生虫。

[2] 一些种类的竹节虫的若虫和成虫可以不停地左右摆动身体，以模拟风中摇曳的枝条或树叶。

斯（1977，亦可参见 Daly 1979）在一篇论文的结尾提出了一个饶有趣味的问题："为什么雄性哺乳动物不泌乳？"我们不必深究他为什么认为雄性哺乳动物应该泌乳；他可能是错的，他的模型也可能建错了，他那个问题的真正答案可能并不复杂：雄性哺乳动物泌乳得不偿失。这里的重点是，这个问题可能与"为什么猪没有翅膀"略有不同。我们知道雄性哺乳动物具备泌乳所必需的基因，因为一个雌性哺乳动物的所有基因都经过雄性祖先的遗传，并可能遗传给雄性后代。基因上为雄性的哺乳动物在接受激素治疗后，确实可以发育成泌乳的雌性。这一切事实，都让"雄性哺乳动物不泌乳的原因，如果从突变角度来看，仅仅是因为它们'从未想到'这样做"这种说法不合情理。[事实上，我打赌我可以培育出一个自发泌乳的雄性品种，只需通过逐渐减少激素注射剂量，并选择对激素越来越敏感的雄性便可，这是鲍德温 / 沃丁顿效应（Baldwin/Waddington Effect）的一个有趣的实际应用。]

第三点常识是，如果我们假定的变异是对已有变异的简单延伸，那么它就比彻底的质变更有可能发生。假定存在一种有小翅膀的突变猪可能不足为信，但假定存在一种尾巴比现有猪的尾巴更卷曲的突变猪就并非如此了。我在其他文章中详细阐述过这一点（Dawkins 1980）。

无论如何，我们需要一种更巧妙的方法，来解决不同程度的可突变性对演化的影响这个问题。在是否存在可用的遗传变异来应对给定的选择压力这个问题上，期待一个非是即否式的答案并非上策。正如列万廷（1979a）所合理指出的："不仅适应演化发生质变的可能性受到可用遗传变异的制约，而且不同性状的相对演化速率也与每种性状的遗传变异数量成正比。"我认为，当这一点与前一节中讨论的历史性制约概念相结合时，便能给出一条重要的思路。我可以用一个想象的例子来阐明这一点。

鸟类用羽翼飞翔，而蝙蝠的翅膀（翼膜）则由皮瓣构成。为什么它们的翅膀不是以相同方式演化而来的？哪一种翅膀更“优越”？一名坚定的适应主义者可能会回答说，鸟类长羽毛，所以羽翼肯定更好，而蝙蝠用皮瓣肯定更适应它的情况。而一个极端的反适应主义者则可能会说，无论对鸟类还是对蝙蝠来说，羽毛实际上很可能都要比皮瓣更好，但蝙蝠从未有这份幸运来产生正确的突变。但对此还有一种中间立场，我认为它比两种极端立场都更有说服力。让我们对适应主义者做出些许让步，承认如果有足够的时间，蝙蝠的祖先可能已经产生了长出羽毛所需的一系列突变。此处的关键短语是“有足够的时间”。我们并不是在“不可能的突变变异”和“可能的突变变异”之间做一个非此即彼的区分，而是简单地陈述一个不可否认的事实，即一些突变在数量上比其他突变更容易发生。在这个例子中，哺乳动物祖先可能既产生了具备原始羽毛的突变体，也产生了具备原始皮瓣的突变体。但是，与原始皮瓣突变体相比，原始羽毛突变体（它们可能必须经历一段短时间的中间阶段）的显现速度非常缓慢，以至于翼膜在羽翼出现很久以前就已经早早现身，并推动了蝙蝠那种还算有效的翅膀的演化。

我的总体观点与适应性地形学说的观点基本相同。在那段文字里，我们关注的是选择作用如何阻止谱系摆脱局部最优的魔爪。而在此处，我们假设有一个谱系面临两条不同的演化路线，比方说，一条通向羽翼，另一条通向翼膜。羽翼设计不仅可能是全局最优，而且可能同时是当前的局部最优。换句话说，这个谱系可能已经来到了通往休厄尔·赖特所描绘的“地形图”中代表羽翼演化的那座“高峰”的山脚下。只要具备了必要的变异，它就能轻而易举地登上顶峰。根据这个假想的寓言，这些突变可能已经出现，但是——重要的一点是——它们来得太晚了。皮瓣突变在其之前就已经出现了，而且这个谱系已经在代表翼膜演化的“适应性小丘”的山坡上走得太远了，以致无法回头。就像一条河流总是沿着阻力最小的路线向下流淌，因此其流向大海时始终蜿蜒曲折而不是走直线一样，一个谱系也是如此，其演化历程将始终取决于在任何给定时刻，选择作用对可用变异的影响。一旦一个谱系开始向一个给定的方向演化，这一趋向本身就可能让此前可用的选项不再有效，让通往全局最优的道路就此中断。我的观点是，可用的变异未必需要一个都没有才会形成对完美化的重大制约，它只需要在“量”上给予一些阻碍，就能在“质”上产生显著效应。因此，我发自内心地认同古尔德和卡洛韦（Gould & Calloway 1980）的表述，他们引用了弗尔迈伊（Vermeij 1973）[1]那篇激动人心的关于形态多功能性数学运算的论文：“一些形态可以以各种方式扭转、弯曲和改变，而另一些则不能。”但我更倾向于弱化“不能”这个词，让它成为数量上的制约，而不是绝对的屏障。

麦克利里（McCleery 1978）[2]在对麦克法兰学派（McFarland School）[3]的行为学最优性理论的介绍中，提到了 H. A. 西蒙（H. A. Simon）[4]的“满意”（satisficing）概念[5]——“优化”的替代概念。如果“优化”系统关心的是某些事物的最大化，那么“满意”系统只需要做得够多即可。在这个例子中，“做得够多”就意味着“做得够活下去”。麦克利里仅满足于抱怨这样的“足够性”概念，并没有产生太多的实验性成果。我认为演化理论令我们持有一种更消极的先验观点。生物被自然选择青睐，并不仅仅是因为它们有生存的能力，而且

[1] 此处指海尔特·弗尔迈伊（Geerat Vermeij），荷兰盲人海洋生态学家、演化生物学家和古生物学家。以仅靠双手便可识别贝类标本而闻名。

[2] 此处指罗宾·H. 麦克利里（Robin H. McCleery），生物统计学家。

[3] 应指由丹尼斯·J. 麦克法兰（Dennis J. McFarland）领导的学派，致力于以数学语言描述动物最优行为策略。

[4] 此处指赫伯特·亚历山大·西蒙（Herbert Alexander Simon），中文名司马贺，美国科学杂家、计算机科学家、心理学家、美国国家科学院院士、中国科学院外籍院士、图灵奖得主、诺贝尔经济学奖得主，在认知心理学、计算机科学、经济学、科学哲学等诸多领域都有重要贡献。

[5] 西蒙提出的一种决策方法，指在最优方案无法确定时，对可选方案一一筛查，直到可接受的最低目标得到满足。他认为在由于缺少知识而无法对真实世界计算出最优方案时，这种决策方法可以有效地解决决策困境。

因为它们在与其他同类生物的竞争中生存下来。“满意”这个概念的问题在于它完全忽略了竞争的因素，而竞争是所有生命的基础。用戈尔·维达尔（Gore Vidal）[1]的话来说：“仅仅取得成功还不够，必得其他人失败才行。”

另一方面，“优化”也不是个妥帖的词，因为它暗含要在全局意义上实现“某个工程师心目中的最佳设计”的意味。它往往忽略了完美化的制约因素，而这正是本章的主题。在许多方面，“改良”（meliorizing）一词表达了介于优化和满意之间的合理中间路线。如果“最优”意味着最好，那么“改良”就意味着更好。我们先前一直在考量的观点，无论是关于历史性制约，还是关于赖特的适应性地形，抑或是关于河流沿着阻力最小的路线流入大海，都与一个事实相关联，那就是自然选择总是在当前可用的选项中选择更好的那一个。大自然没有先见之明，不会把一系列突变组合在一起，只为让一个谱系走上通往最终的全局最优之路，哪怕这些突变可能导致暂时的劣势。它无法克制自己对当下那些只能带来微末优势的可用突变的偏爱，哪怕日后还会有更优越的突变可使其获得更大优势。就像一条河流一样，自然选择盲目地沿着一条连续的、当下可选的、阻力最小的路线前进。最终产生的动物不是我们可想象的最完美的设计，但也不是仅能勉强应付压力的拼凑之物。它是一系列历史变化的产物，每一次变化至多代表当时碰巧存在的更好的可选方案。

成本和材料的制约

“如果没有对可能性的任何制约，最优秀的表型将永生不死，将

[1] 戈尔·维达尔是美国作家，作品以讽刺幽默见长，始终致力于对美国政治进行犀利的批判。

令捕食者无从下嘴，将以无限的速度产卵，凡此种种，不一而足。”（Maynard Smith 1978b.）“设想一名工程师面前有一个空白的画板，他可以在其上为一只鸟设计一双‘理想的’翅膀，但他会要求知道他必须在哪些制约因素下工作。他能使用的材料是否仅限于羽毛和骨头？他可以设计钛合金骨架吗？他可以在翅膀上花费多少，又有多少必须投资在其他用途，比如产卵上？”（Dawkins & Brockmann 1980.）在实践中，工程师通常会收到最低性能要求指标，比如“空桥必须承受10吨的载荷……飞机机翼在承受最严重的湍流的预期应力的三倍之时才会断裂；现在动手吧，尽可能便宜地把它造出来”。最好的设计是以最低的成本满足指标（即西蒙的“满意”）的设计。任何比指定标准性能“更好”的设计都可能被拒绝，因为这个标准可以更廉价地实现。

而所谓特定的指标规范，其实是一种武断的施行规则。机翼安全裕度为何是预期最坏情况的三倍？其中并没什么神奇而不可言说之处。军用飞机的设计可能比民用飞机具有更小的安全裕度。实际上，工程师得到的优化指示相当于对人身安全、速度、便利性、大气污染等多项指标的金钱评估。每一项的资金成本都需要加以评估，而且常常富有争议。

而在动植物的演化设计中，并没有评估或者争议，除了这场表演的人类看客在那里自娱自乐。然而，在某种程度上，自然选择必须提供这种判断的等价物：捕食的风险和挨饿的风险如何权衡？如果能多和一只雌性交配，又有多少好处？对此必须加以评估。对于一只鸟来说，花在制造胸肌以为翅膀提供动力上的资源本可以用来产卵。大脑扩容将使生物更精细地调控自身行为，以适应环境细节的改变，但扩大头部的代价是身体前端重量增加，这反过来又需要更大的尾巴，以保持空气动力学意义上的稳定性，但这样的尾巴反过来又带来了一个负面因素……比如有翼蚜虫的生殖力低于同种的无翼蚜虫（J. S. Kennedy，私人通信）。每一次演化适应都必须付出成本，这种成本是用失去以其他方式行事的机会来衡量的，这个道理就像传统经济学的至理名言“天底下没有免费的午餐”一样颠扑不破。

当然，如果我们要用某种生物学“通货”来计算评估翅膀肌肉、鸣叫时间、警惕用时等的成本，比如就称这种通货为“生殖腺等价物”吧，则其换算可能非常复杂。工程师只要满足那个随意选择的性能最小阈值，就可以简化他的计算，可生物学家没有这样的便利。对那些为数不多的试图穷究这些问题的生物学家，我们应该致以同情和敬意（例如 Oster & Wilson 1978；McFarland & Houston 1981）。

另一方面，尽管数学推导过程可能令人望而生畏，但最重要的一点却无需数学来加以推导，那就是任何否认成本和权衡存在的生物优化观点都是注定要失败的。一个适应主义者如果只关注动物身体或行为的一个方面，比如翅膀的空气动力学性能，却忘记了翅膀的效率只能以一定的代价换取，而代价将在动物的其他方面体现出来，那他备受批评也是咎由自取。必须承认，在讨论生物功能时，我们中有太多人虽然从未真正否认成本的重要性，但却总是忘记提及它们，甚至可能未将它们纳入考量范围。这可能已经引发了对我们这些人的一些批评。在前面的章节中，我引用了科林·皮登觉的评论，称适应性组织是“手头可用的东西东拼西凑而成”的。我们也不能忘记，这些组织还是一系列妥协的产物（Tinbergen 1965）。

原则上，当我们假设某个动物正在一组给定的约束条件下优化某些东西，并努力阐明这些约束条件是什么时，这是颇有价值的启发手段。这是麦克法兰及其同僚所称的“逆向最优性”方法（例如 McCleery 1978）的一个限制版本。至于案例，我将选择一些我恰巧熟悉的研究成果。

道金斯和布罗克曼（Dawkins & Brockmann 1980）发现，布罗克曼所研究的大金带泥蜂的行为方式要是被某个天真的人类经济学家看到，可能会批评其适应不良。个别泥蜂似乎犯了“协和式谬误”

（Concorde Fallacy），即根据她们已经在资源上花费了多少来评估资源价值，而不是根据她们未来能从资源中获得多少收益来评估。简单地说，独居的雌蜂在捕获螽斯后，会用螯针令其麻痹，拖回巢穴贮存，作为幼虫的食物（见第 7 章）。偶尔两只雌蜂会发现自己在给同一个巢穴供食，她们通常会为了争夺这个洞穴而打一架。每一场战斗都会持续到其中一只泥蜂（被定义为失败者）逃离该地区，让胜利者控制巢穴，并占有该巢穴中被两只泥蜂捕获的所有螽斯为止。我们用巢穴中螽斯的数量来衡量其“实际价值”。每只泥蜂对巢穴的“前期投入”则用其作为个体所投入的螽斯数量来衡量。证据表明，每只泥蜂参与打斗的时间与其前期投入成正比，而非与巢穴的“实际价值”成正比。

这样的策略在人类心理方面也有对照。我们也倾向于坚决捍卫我们付出了巨大努力才获得的财产。这个谬误得名于以下史实：当年，有人基于对未来前景的清醒经济判断建议放弃开发协和式超声速客机，另一些人则反对半途而废，要将项目进行到底，其论点就是基于前期投入的：“我们已经在这上面花了这么多钱，现在不应该退出。”这种谬论的另一个名字叫作“我们的孩子不应该白白牺牲”，来自一种常见的支持将战争继续下去的论调。

当布罗克曼博士和我第一次察觉到泥蜂有类似的行为时，我不得不承认自己有点不安，可能是因为我自己过去也曾倾注不少努力（Dawkins & Carlisle 1976；Dawkins 1976a）说服我的同行，这种颇能打动人心的协和式谬误，确确实实是一个谬论！但后来我们开始更认真地考虑成本制约这个因素。有没有可能，在某些制约条件下，乍一看适应不良的行为能够被更好地解释为最优方案？接下来的问题是：是否存在一种制约因素，使得泥蜂的“协和式”行为是她们在这种约束下所能选择的最佳选项？

事实上，问题要比这复杂得多，因为我们有必要用梅纳德·史密斯（1974）的演化稳定策略（evolutionary stable strategy，简称

“ESS”，也译“稳定演化对策”）概念来代替简单的最优性概念，但原则仍然是，逆向最优性方法可能具有启发价值。如果我们能证明动物的行为是在制约因素 X 下运行的优化系统中产生的，也许我们可以使用这种方法来了解动物实际行为所遵从的约束因素。

在这个例子中，似乎相关的制约因素是一种感觉能力。如果由于某种原因，泥蜂不能数出巢穴中的螽斯数量，但却能对她们自己捕捉数量的多少有把握，那么两只陷入战斗的泥蜂所拥有的信息就不对称了。每只泥蜂都“知道”巢穴里至少有 b 只螽斯，b 代表她自己捕获的数量。她可能会“估计”巢穴里螽斯的实际数量比 b 大，但她并不知道大多少。格拉芬（Grafen，论文尚在准备阶段）已经证明，在这样的条件下，预期的 ESS 近似于毕晓普和坎宁斯（Bishop & Cannings 1978）最初为所谓的“全面消耗战”计算的 ESS[1]。我们可以先把数学细节放在一边。就当下讨论的目的而言，重要的是，扩大化消耗战模型所预期的行为看起来与泥蜂实际表现出的协和式行为极其相似。

如果我们感兴趣的是检验“动物优化”的一般假设，这种后见之明式的合理化就会受到怀疑。有人会质疑称，通过事后修改假设的细节，一个人当然可以找出一个符合事实的假说版本。梅纳德·史密斯（1978b）对这种批评的回答可谓切中要害：“在检验一个模型时，我们并不是在检验自然优化的一般命题，而是检验关于制约因素、优化标准和遗传性的具体假设。”在当前案例中，我们做了一个一般性的假设，即自然界确实在制约因素下进行优化，并对揭示“这些制约因素可能是什么”的相关特定模型进行了检验。

这一案例给出的特定制约因素——泥蜂的感觉系统无法评估巢

[1] 这里分别指蒂姆·毕晓普（Tim Bishop）和克里斯·坎宁斯（Chris Cannings），两人均为英国演化生物学家。所谓“消耗战”（war of attrition），是梅纳德·史密斯提出的一种动物冲突模型，两个对手中谁坚持得更久，谁就能获得奖励，每个个体都要承担与时长相关的成本。

穴内的猎物数量——与针对同一泥蜂种群开展的其他独立研究所揭示的证据是一致的（Brockmann，Grafen & Dawkins 1979；Brockmann & Dawkins 1979）。不过，我们并没有理由将其视为具有永远不可撤销约束力的制约因素。也许泥蜂可以演化出评估巢穴内容物的能力，但这同样要付出代价。上述泥蜂的亲缘物种平原沙泥峰以每天都会对其每个巢穴的内容物进行评估而闻名已久（Baerends 1941）。与大金带泥蜂一次在一个巢穴中贮食、产卵，然后用土填充洞穴，让幼虫自己进食不同，平原沙泥蜂是同时给几个巢穴逐一供食的。一只雌蜂会同时照料两到三只正在生长的幼虫，后者分别位于不同的巢穴中。这几只幼虫的年龄是不一致的，对食物的需求也不同。每天，雌蜂都会在特殊的清晨"巡视"中评估每个巢穴当前贮存的内容物。巴兰兹[1]通过实验性地改变其巢穴中的内容物，证明雌蜂会根据早上检查时每个巢穴的存货多少来调整她一天中对各个巢穴的供应量。而在这一天的其他时间，巢穴中食物的贮存量对其行为没有影响，即使她整天都在进进出出补充食物。因此，雌蜂似乎相当吝于使用其评估能力，在早晨巡视一遍后的剩余时间里都会把这种能力关掉，就好像它是一种昂贵而耗能的设备。尽管这一类比可能有些荒诞不经，但它确实指出了一个事实：无论雌蜂的评估能力具体是什么，都可能有间接运行成本，即使这些成本只涉及时间（G. P. Baerends，私人通信）。

而大金带泥蜂并非累积式的供食者，并且一次只照料一个巢穴，因此相比平原沙泥蜂，评估洞穴内容物的能力对前者而言就更不必要了。通过不去计较巢穴中的猎物数量，她不仅可以节省自己的日常消耗——平原沙泥蜂似乎得小心翼翼地分配这种消耗——还可以让自己免于支出实施这种行为所必需的神经和感官方面的最初制造成本。也许她能从评估洞穴内容物的能力中略微受益，但只有在相对罕见的情

[1] 此处指杰拉德·P. 巴兰兹（Gerard P. Baerends），荷兰生物学家。

况下，比如当她发现自己在与另一只泥蜂争夺同一个巢穴时才会如此。不难想见，其成本大于收益。因此，选择作用从未青睐过该种评估工具的发展。相比另一种“必要的突变变异从未出现”的假设，我认为这是一个更有建设性也更有趣的假设。当然，我们须承认前一类假设也可能是正确的，但我宁愿将其作为最后的选项。

一个层次的不完美源于另一个层次的选择作用

本书要探讨的一个主要问题是自然选择在哪个层次上发挥作用。如果选择作用于群体层次，那么我们所观察到的适应将与自然选择作用于个体层次时所预期发生的适应截然不同。由此可见，被群体选择论者视为不完美的特征，很可能在个体选择论者眼中是适应的特征。这就是我认为古尔德和列万廷（1979）的说法不公平的主要原因：他们把现代适应主义等同于霍尔丹以伏尔泰笔下的潘格罗斯博士[1]命名的幼稚完美主义。由于对完美化的各种制约因素的存在有所怀疑，适应主义者可能会认为生物体的所有方面都是“对问题的适应性最优解决方案”，或者在给定的环境中，几乎不可能有什么比栖身其中的生物体表现得更好。然而，这名适应主义者可能还会对“最优”和“更好”等词的含义极其挑剔。许多对适应的解释确实是潘格罗斯式的，例如大多数群体选择论者的解释，这些解释已被现代适应主义者摒弃。

对这类“潘格罗斯主义者”来说，只要证明某物是“有益的”（关于对谁或对什么有益，他们往往语焉不详），就足以解释它的存在。

[1] 法国著名哲学家伏尔泰所创作的讽刺小说《憨第德》中的人物。主人公在城里过着贵族生活时，潘格罗斯博士（Dr. Pangloss）是主人公的老师，代表一种盲目的哲学乐观主义。这种观点认为，人们所生活的世界是最美好的世界。这个世界中的所有事物，包括我们觉得邪恶的事物，都是整个系统中不可避免的、已经呈现出最佳状态的一部分。道金斯以此讽刺认为只要适应有益就会存在的盲目适应主义。

另一方面，新达尔文适应主义者则坚持要搞清楚导致假定的适应演化的自然选择过程的确切性质。他尤其坚持的是，要用精确的语言描述自然选择应该在哪个层次上发挥作用。“潘格罗斯主义者”看到一比一的性别比例，就会认为这是好事：这不是把人口资源的浪费最小化了吗？而新达尔文适应主义者则会细致考量那些作用于亲代，从而使其后代的性别比例产生偏差的基因的命运，并计算种群的演化稳定状态（Fisher 1930a）。可“潘格罗斯主义者”面对一夫多妻制物种中一比一的性别比例时却感到不安，在这种情况下，少数雄性坐拥后宫，其余雄性则以单身状态消耗了几乎一半的种群食物资源，却对种群的繁衍毫无建树。新达尔文适应主义者对此则泰然处之。从种群的角度来看，这种系统可能是极其不经济的，但从影响相关性状的基因的角度来看，没有一种突变体可以做得比这更好。我的观点是，新达尔文适应主义并不是一种包罗万象的信仰，认为一切生物都是最优的，它只是摒除了“潘格罗斯主义者”脑海中浮现的大多数适应性解释。

若干年前，我的一位同事收到了一份申请，申请者是一名希望研究适应的准研究生，他从小就信奉正统派基督教，不相信演化理论。他相信适应的存在，但认为这是上帝的造物，设计目的是将福祉赐予……呃，这个不好说，但正因为这个问题，所以他要来做研究嘛！有人可能会认为，该学生相信适应是自然选择产生的还是上帝创造的并不重要，毕竟，无论是由于自然选择还是由于上帝的仁慈设计，适应都是“有益的”，难道一个正统派的学生就不能被录用来揭示其有益的具体方式吗？在我看来，这种论点是站不住脚的。因为在生命的层次结构中，对一个实体有益的东西可能对另一个实体有害，而神创论没有给我们任何理由假设一个实体的福祉会优先于另一个实体的福祉。顺便说一下，这名正统派的学生可能会驻足思考，上帝为何要煞费苦心地为掠食者提供高超的适应能力来捕捉猎物，同时又赋予猎物精妙的适应能力来挫败前者的捕猎。也许上帝喜欢具有观赏性的狩猎竞赛吧。让我们回到主旨，如果适应是上帝设计的，他的初衷可能是造福动物个体（它的生存或它的广义适合度，这两者不是一码事），也可能是造福该动物所在的物种，或是其他一些物种，如人类（宗教激进主义者通常所持的观点），或是“自然的平衡”，再或者是其他一些只有上帝知道的玄之又玄的目的。这些选项通常互不相容。适应是为了谁的利益而设计的，这真的至关重要。诸如一夫多妻制的哺乳动物中的性别比例等事实，在某些假说中是无法解释的，而在另一些假说中则很容易解释。适应主义者在对自然选择的遗传理论的正确理解框架内行事，在“潘格罗斯主义者”所承认的各种可能的功能假说之中，前者只支持其中严格受限的一小部分。

本书传达的主要信息之一是，基于多重目的，我们最好不要把自然选择起作用的层次定在生物体、生物群体或任何更大的单位，而要定在基因或小基因片段。这个困难的话题将留到后面的章节中讨论。就目前而言，只需指出基因层次上的选择可能导致个体层次上的明显缺陷就足够了。我将在第 8 章讨论的“减数分裂驱动”及其相关现象便属于此列，但最经典的例子是杂合优势。一个基因在杂合时可能会因其有益效应而获得正向选择，即使它在纯合时具有有害效应。因此，种群中可预测比例的生物个体将带有纯合造成的缺陷。对此，我的大体观点是，在有性繁殖的种群中，生物个体的基因组是该种群中全部基因或多或少随机重组的产物。这些基因之所以相对于其等位基因更受自然选择青睐，是因为它们的表型效应，这些效应平均分布在整个种群的所有个体身上，并且经过许多代的传递。一个特定基因所显现的效应通常取决于与它共有一个躯体的其他基因：杂合优势只是其中一个特例。似乎选择“好”的基因几乎不可避免地会造成种群中出现一定比例的“坏”的个体躯体，这里的“好”指的是一个基因在统计意义上的躯体样本中的平均效应，在这些躯体中，该基因置换了其他基因。

只要我们接受孟德尔式的随机重组是既定的和不可避免的，那么上述结果亦如此。威廉斯（1979）对没有发现性别比例的适应性微调的证据感到失望，他提出了一个有见地的观点：

> 性别只是亲代控制的诸多适应性后代特征之一。例如，在受镰状细胞贫血影响的人群中，杂合妇女带有显性基因 A 的卵子如果只能由带隐性基因 a 的精子受精，反之亦然，甚至所有纯合胚胎都会遭遇流产，都是有利的。然而，如果她与另一个杂合男性交配，她将势必服从孟德尔式的随机选择，即使这意味着她半数孩子的适合度显著降低……可能只有通过将每个基因与其等位基因，甚至是同一细胞中其他基因座上的基因置于最终相互冲突的位置，才能得到演化中真正根本的问题的答案。一个真正有效的自然选择理论最终必定建立在自私的复制因子、基因，以及所有其他能够有偏见地积累不同变异形式的实体的基础上。

但愿如此！

由环境的不可预测性或“恶意”而导致的错误

无论单个动物对环境条件适应得多好，这些条件都必须被视为统计平均。生物个体通常不可能对每一个可以想象到的意外细节都事无巨细地应对，因此任何给定的动物都会经常被观察到犯“错误”，而这些错误很容易致命。这与之前提到的时滞问题不同。时滞问题的产生是由于环境在统计特性上表现出的非平稳性：当前的环境平均状况与动物祖先经历的有所不同。我们现在讨论的问题则更加不可避免。

现代动物可能生活在与它们的祖先相同的平均环境状况下，但它们所遭遇的细节每时每刻都不相同，而且过于复杂，以至于无法进行精确的预测。

这种错误尤其见于行为方面。动物更为静态的属性，例如其解剖结构，显然只能适应长期的平均环境状况。一个个体的体型或大或小，这一点不可能顺应需要而随时变换。行为，即快速的肌肉运动，是动物整体适应能力的一部分，尤其关乎其高速调整。动物可以时而在此，时而及彼，时而上树，时而遁地，以迅速应对环境中的突发事件。这种可能发生的突发事件的数量，如果以其细微分别处计，就会像国际象棋中可能的走子位置一样，几乎是无限的。因此，就像下棋的计算机（和下棋的人）学会了将棋局中棋子的位置按照可控数量的一般性类别加以划分一样，适应主义者所能期盼的最好结果，就是动物行为被编程的方式也可对应归入可控数量的一般性突发事件的类别中。应对实际的突发事件只能向应对这些一般类别的方式靠拢，因此必然会出现明显的错误。

我们在树上看到的动物可能来自一个延续了许多年的树栖祖先谱系。总的来说，其祖先经历自然选择时所栖身的树木与今天的树木大致相同。那些当时行之有效的普遍行为准则，比如"不要爬到太细小的枝杈上"，现在依然管用。但任何一棵树在细节上都不可避免地与另一棵树的有所不同。比如树叶生长的位置略有不同，树枝断裂所需的应力只能通过它们的直径加以粗略地估计，等等。无论我们的适应主义信仰多么坚定，我们都只能指望动物是统计平均意义上的优化者，而不是每个细节的完美预测者。

到目前为止，我们只是认为环境在统计上是复杂的，因此很难预测。从我们身为动物的角度来看，我们并未考虑过它具有主动恶意。当猴子冒险爬到树枝上时，树枝肯定不是出于怨恨而故意折断。但这条"树枝"可能是一条伪装的巨蟒，那么我们的猴子在其生命中所犯的最后错误就不是意外，而在某种意义上是蓄意设计的。猴子生活的环境中有一部分是非生命的，或者至少对猴子的存在而言是中立的，猴子在这方面所犯的错误可以归结为统计上的不可预测性。但其所在环境的其他部分由生物组成，而这些生物本身则以牺牲猴子为代价来获利。猴子所处环境的这一部分就可以被称为“恶意的”。

恶意的环境影响本身可能很难预测，原因与中立的环境影响相同，但它们会带来额外的危害，那就是增加受害者犯“错误”的机会。知更鸟在自己鸟巢里喂养杜鹃幼鸟时所犯的错误，在某种意义上大概是一个适应不良的错误。这不是一个孤立的、不可预测的事件，由于环境的非恶意部分在统计上的不可预测性而产生。相反，这是一个反复出现的错误，困扰着一代又一代的知更鸟，甚至同一只知更鸟一生会屡次犯错。这类犯错的例子总是让我们疑惑，在演化进程中，生物体是如何对这种违背其自身最大利益的操纵逆来顺受的？为什么自然选择不能简单地抹去知更鸟这种易受杜鹃欺骗的特性呢？我相信，这类问题有朝一日会成为生物学的一个新分支学科——一个专门研究操纵行为、军备竞赛和延伸的表型的学科的基础。操纵行为和军备竞赛构成了下一章的主题，这在某种程度上可以被视为本章最后一节主题的延伸。

第4章

军备竞赛和操纵行为

我写这本书的目的之一是质疑“中心原理”。所谓“中心原理”，是我们预期生物个体的行为方式能够使自身广义适合度最大化——换句话说，能够使其内部基因副本的存续机会最大化。在前一章的结尾，我提出了中心原理可能遭到违背的一种方式，即生物体可能会持续为其他生物体谋利，而不是为自身谋利。也就是说，它们可能被“操纵”了。

当然，一些动物经常会诱使其他动物做出一些违背自身最大利益的行为，这是众所周知的事实。每次鮟鱇捕捉猎物时，每次杜鹃被其义亲喂食时，都意味着操纵行为一再发生。在这一章中，我将沿用这两个例子，但我也会强调以前尚未强调过的两点。第一点，我们会很自然地假设，即使操纵者一时侥幸得逞，被操纵的生物谱系产生逆适应也只是一个演化时间问题。换句话说，我们倾向于假设操纵行为之所以奏效，只是因为被操纵生物完美化的制约因素“时滞”存在。在这一章中，我将指出情况恰恰相反，在某些条件下，我们应该预期操纵者在不限长度的演化时间内能够一直得逞。我将在后面以“军备竞赛”为主题讨论这个问题。

第二点，直到大约十年前，我们中的大多数人都没有足够重视种内操纵的可能性，特别是一窝动物内部的剥削性操纵。我将此归咎于群体选择主义直觉的残余，即使在群体选择于理性层面被拒斥之后，这种直觉也常常潜伏在生物学家的思想深处。我认为，我们对社会关系的看法发生了一场小小的变革。“温文尔雅”（Lloyd 1979）、善意互助的理念被赤裸无情、机会主义的相互剥削取代（例如 Hamilton 1964a，b，1970，1971a；Williams 1966；Trivers 1972，1974；Ghiselin 1974a；Alexander 1974）。这场变革通常与“社会生物学”这个名字联系在一起，尽管这种联系颇有些讽刺。因为正如我之前所表明的，威尔逊（1975）那本以此命名的杰作在许多方面体现的都是这场变革前的态度：这不是“新的综合”，而是对旧日脉脉温情最后也是最杰出的综合（例如他书中的第 5 章）[1]。

我可以举例证明这种观点的改变，只需引用劳埃德（1979）最近发表的一篇关于昆虫性行为中卑鄙伎俩的有趣评论即可。

> 雄虫选择了薄情寡幸，而雌虫则选择了羞怯矜持，这导致了两性之间的竞争。雄虫可能会在选择作用下绕过雌虫试图做出的任何选择，而雌虫则会在选择作用下维持其选择，不被雄虫误导或推翻自己的选择。如果雄虫用催情药征服和勾引雌虫（劳埃德在论文的其他部分给出了证据），那么雌虫在演化过程中迟早会逃脱雄虫的控制。在精子被射入雌虫体内后，雌虫可以对其实施一系列操作：储存、转移（从一个精子室转移到另一个精子室）、使用、食用或降解，具体如何要看雌虫对雄虫进行的额外观察的结果。雌虫可能会接受并储存雄虫的精子，以确保自己能够产下后代，但“手中有粮”后，雌虫会变得挑三拣四……雌虫体内的精子有可能

[1] 威尔逊的《社会生物学》第 5 章的标题恰为“群体选择和利他主义”（Group Selection and Altruism）。

受到操纵（例如膜翅目昆虫的性别决定机制）。雌虫的生殖器官形态通常包括囊泡、瓣片和可能在这一情形下演变的腔道。事实上，有可能一些已报道的精子竞争案例实际上可归于精子操纵……鉴于雌虫在某种程度上通过在自己体内操纵雄虫给出精子来暗中损害雄虫的利益，不难想见雄虫会将交配器官演化出各种形态：小开瓶器、剪刀、撬杠和注射器，以将自己的精子送入雌虫所演化出的，"意图"贮存优先使用的精子的器官中——简而言之，就是把自己的小玩意儿变成一把真正的瑞士军刀！

这种无情无义、尔虞我诈似的行文风格在几年前还很少宣之于生物学家之口，但如今令我颇感欣慰的是，它已在教科书里遍地开花（例如 Alcock 1979）。

上文所述的肮脏伎俩往往涉及直接的行动，即一个个体运用肌肉来骚扰另一个体的身体。而本章的主题"操纵行为"则更为间接和不易察觉。其指的是一个个体诱使另一个体的效应器，实施违背自身最大利益，而有利于操纵者的行为。亚历山大（Alexander 1974）是首批强调这种操纵行为重要性的人之一。他归纳了社会性昆虫职虫行为演化中"女王统治"的概念，提出了一个涵盖广泛的"亲代操纵"（parental manipulation）理论（亦可参见 Ghiselin 1974a）。他认为，亲代对子代的支配地位如此之高，以至于子代可能会被迫为了亲代的遗传适合度（genetic fitness）而卖力，即使这与它们自己的遗传适合度相冲突。韦斯特-埃伯哈德（West–Eberhard 1975）延续了亚历山大的观点，将亲代操纵视为个体"利他主义"（altruism）演化的三种一般方式之一，其他两种分别是亲缘选择和互惠利他行为。里德利和我也持同样的观点，但我们并不局限于亲代操纵（Ridley & Dawkins 1981）。

我们之间的争论如下。生物学家将利他行为定义为以牺牲利他者自身利益为代价而让其他个体获得收益的行为。随之而来的问题是，如何定义“收益”和“代价”。如果从个体生存的角度来定义这两者，那么利他行为将是非常普遍的，并将包括亲代抚育。如果从个体繁殖成效的角度来定义，亲代抚育就不再被视为利他行为，但新达尔文主义理论预测也存在对其他亲属的利他行为。如果收益和代价是根据个体的广义适合度来定义的，那么无论是亲代抚育还是对其他亲属的照护，都不能算作利他行为，而且事实上，根据这个理论的原始版本，利他行为本就不应存在。这三种定义中的任何一种都可以是合理的，不过如果我们必须讨论利他行为的话，我更偏爱第一种定义，即将亲代抚育算作利他主义的定义。但我在此要表达的观点是，无论我们偏爱哪种定义，只要“利他主义者”被受益者强迫，或说操纵，而向后者献出一些东西，就都是可以满足任一定义的。例如，不管我们选择三种定义中的哪一种，义亲鸟喂养杜鹃雏鸟的行为都会被视为利他行为。也许这意味着我们需要一种新的定义，但这是另一个问题了。克雷布斯和我把这一论点推至其逻辑结论，把所有动物的交流都诠释为信号发送者对信号接收者的操纵（Dawkins & Krebs 1978）。

“操纵”的确是这本书中所阐述的生命观的关键，有点讽刺意味的是，我恰是对亚历山大亲代操纵概念提出批评的人之一（Dawkins 1976a，pp.145–148；Blick 1977；Parker & Macnair 1978；Krebs & Davies 1978；Stamps & Metcalf 1980），也因此反遭批评（Sherman 1978；Harpending 1979；Daly 1980）。尽管有不少人为其辩护，但亚历山大（1980，pp.38–39）自己也承认，他的批评者才是对的。

显然有必要在此澄清。无论是我，还是我所提到的任何后续批评者，都对以下一点没有怀疑，即自然选择将有利于那些成功操纵子代的亲代，而不利于那些未能如此的亲代。我们也毫不怀疑，在许多案例中，亲代确实会在与子代的“军备竞赛中获胜”。我们反对的只是一种逻辑，即亲代相比子代之所以拥有一种与生俱来的优势，仅仅是因为所有的子代都渴望成为亲代。这就好比说，子代拥有与生俱来的优势，仅仅是因为亲代都曾经是子代。亚历山大认为，子代的自私倾向，即其违背亲代利益的行为倾向，不能传播。因为当子代长大后，它自己的孩子从它那里遗传到的自私性会对它自己的繁殖产生负面影响。对亚历山大来说，这源于他确信“整个亲代-子代互动之所以演化，是因为其有利于这两个个体中的一个——亲代。除非生物体自己的繁殖能力因此得到提升，否则任何生物体都不能演化出相应的亲代行为，或延长亲代抚育”（Alexander 1974，p.340）。因此，亚历山大固执地将思考局限于“自私的生物体”的范式内。他坚持中心原理，即动物实施行为是为了有利于自身的广义适合度，他认为这样就可以排除子代违背亲代利益的可能性。但我更愿意从亚历山大身上学到的是操纵行为本身的核心重要性，我认为这恰恰违背了他的中心原理。

我相信，动物会对其他动物施以强权，而且如果将动物的行为解释为是为了有利于另一个体的广义适合度，而不是为了它自己的，往往更加行之有效。在本书的剩余部分，我们将完全摒弃“广义适合度”的概念，而操纵的原则将被纳入“延伸的表型”的范畴之中。但在本章的剩余部分，在生物个体层次上讨论操纵行为仍不失为便宜之计。

这部分文字与我和 J. R. 克雷布斯合著的一篇关于动物信号操纵的论文（Dawkins & Krebs 1978）不可避免地有所重叠。在继续展开之前，我必须承认，这篇论文遭到了欣德（Hinde 1981）[1] 的严厉批评。他的一些批评之词并不影响我想在这里引用的论文部分，这些批评由卡里尔（Caryl 1982）[2] 进行了回应，后者也曾被欣德批评过。欣

[1] 此处指罗伯特·A. 欣德（Robert A. Hinde），英国动物行为学家。
[2] 此处指彼得·G. 卡里尔（Peter G. Caryl），英国动物行为学家和社会生物学家。

德指责我们不公平地引用了廷伯根（1964）和其他一些群体选择论者的言论，称我们给他们贴上了“古典行为学家”的标签，只是为了给自己加一个更好的头衔。我赞同这种历史批评。我们从廷伯根那里引用的“物种的利益”这段话是如实引用，但我同意这不是当时廷伯根的典型思想（例如他在1965年发表的作品）。下面这段话来自廷伯根更早时期的引文，也许对我们来说是更稳妥的选择：“正如激素和神经系统的功能不仅包含信号的发出，而且包含反应器官的特定反应，信号释放系统也不仅包括始动者发出信号的特定倾向，而且包括反应个体对特定释放物的特定反应。信号释放系统将个体捆绑成超个体秩序的单位，并使它们成为受自然选择支配的更高单位。”（Tinbergen 1954.）即使彻底的群体选择论在20世纪60年代初遭到了廷伯根及其大多数追随者的强烈反对，我仍然认为，几乎我们所有人都是根据“互惠”的模糊概念来看待动物信号的：如果信号实际上不是“为了物种的利益”（就像廷伯根那句不具代表性的引文）而存在的，那便是“为了信号发送者和接收者之间的互惠互利”而存在的。仪式化信号的演化被认为是一种互动演化：一方信号强度的增强伴随着另一方信号敏感度的提高。

今天，我们已认识到，如果接收端的灵敏度提高，则信号强度就不需要增加，相反，由于要让信号更醒目需要附加成本，信号强度更有可能降低。这可以被称为“阿德里安·鲍尔特爵士原则”（Sir Adrian Boult principle）。在一次排练中，指挥家阿德里安爵士转向中提琴组，示意他们奏得更响些。“但是，阿德里安爵士，”首席中提琴师抗议道，“你指挥棒的动作幅度越来越小。”而大师对此反驳道：“正确的念头，是我的指挥应该渐弱，而你的演奏应该渐强！”在那些动物信号确实对双方都有利的情况下，它们往往会减弱到如同窃窃私语的程度：事实上，这可能常常发生，只是产生的信号太不明显，以至于我们未能注意到。另一方面，如果信号强度在代与代之间不断增加，则表明信号接收端的接收阻力不断增加（Williams 1966）。

如前所述，面对操纵，动物未必就会俯首听命，于是一场演化上的“军备竞赛”便会展开。军备竞赛是克雷布斯和我的第二篇联合署名论文的主题（Dawkins & Krebs 1979）。当然，我们并不是首批提出本章以下观点的人，只是从我们的两份论文中引证比较方便而已。在得到克雷布斯博士的允许后，我在下文中就不再重复标记引用源或给引用段落加引号了，以免让我的陈述变得支离破碎。

动物经常需要操纵其周围世界中的物体。鸽子会带着小树枝回巢。乌贼会在海底吹起沙子使猎物暴露。河狸会咬断树木，并通过建造堤坝，营造其巢穴周围数英里内的整体景观。当动物试图操纵的对象是无生命的，或者至少当它不能自我移动时，动物别无选择，只能用蛮力移动它。屎壳郎只能用力推才能移动粪球。但有时，动物可以通过移动一个“对象”而受益，而这个“对象”本身恰好是另一个活着的动物。这个对象有自己的肌肉和四肢，由其神经系统和感觉器官控制。虽然仍然可以通过蛮力来移动这样一个“对象”，但动物往往可以通过更巧妙的手段来实现这一目的。对象的内部指挥系统——感觉器官、神经系统、肌肉——都可能被渗透和颠覆。雄性蟋蟀并不会像屎壳郎滚粪球那样，把雌性蟋蟀滚进自己的洞穴。相反，他只需待在洞穴内鸣唱，雌性便会自行送上门来。从雄性蟋蟀的角度看，这种交流在能量利用上比试图用武力胁迫雌性就范更高效。

一个问题随之浮现。为什么雌性要忍受这一切？既然她可以控制自己的肌肉和四肢，为什么她要接近雄性？这符合她的遗传利益吗？“操纵”这个词只有在受害者不情愿的情况下才恰当吗？当然，雄性蟋蟀只是在告诉雌性蟋蟀一个对她有用的事实：那边有一只准备好交配的雄性蟋蟀。在向她传达这些信息之后，他难道不是让她按照自己的意愿来接近他或不接近他，或者按照自然选择的程序来接近他吗？

如果雌雄两性恰好情投意合，这当然堪称美事，但请检验一下上一段的前提。我们如何能断言雌性“可以控制自己的肌肉和四肢”？这不正是我们感兴趣的问题吗？通过提出操纵假说，我们实际上是在暗示，控制雌性肌肉和四肢的未必是雌性自己，而可能是雄性。当然，这个例子也能反其道而行之，可以说成是雌性操纵了雄性。这个观点与性行为没有特别的联系。我本来也可以以植物为例，它们本身没有肌肉，却可以用昆虫的肌肉作为效应器官来运输花粉，并用花蜜为这些肌肉补充能量（Heinrich 1979）。我的大体观点是，一个生物体的四肢可以被操纵，以便为另一个生物体的遗传适合度谋利。在我们于后文引入延伸的表型的理念前，这一陈述恐怕不能令人信服。在这一章中，我们仍然是在“自私的生物体”的范式中开展论述，尽管我们正试图延展这一范式，令其架构有所动摇。

雄性和雌性蟋蟀的例子可能选得不够好，因为正如我所说的，我们中的许多人直到最近才对两性关系是一场斗争的想法有所适应。我们中的许多人还没有意识到这样一个事实：“自然选择对两性的作用可能是相对的。通常，在特定类型的相遇中，如果两者交配，雄性更有利，而如果不交配，则雌性更有利。”（Parker 1979；亦可参见 West-Eberhard 1979。）我之后将回到这个问题上，但现在让我们用一个更明显的操纵例子来阐明观点。在自然界中，捕食者和猎物之间的战斗最为残酷无情。捕食者有多种技巧来捕捉猎物。它可能会追赶猎物，试图在速度上超过后者，在耐力上耗死后者，或对后者进行迂回包抄。它可能在某处守株待兔，设下埋伏或圈套。或者，它也可能像鮟鱇和绰号“蛇蝎美人”的萤火虫那样（Lloyd 1975，1981），操纵猎物自己的神经系统，使其自投罗网。鮟鱇栖息在海底，除了头顶突出的一根长杆外，它全身高度伪装。这根长杆的末端便是“诱饵”——一块灵活的组织，看起来像蠕虫之类的开胃小菜。那些小鱼，也就是鮟鱇的猎物，会被类似于它们自己欲捕获的猎物的诱饵吸引。当它们靠近时，“垂钓”的鮟鱇就会把它们“逗弄”到自己嘴巴附近，然后突然张开大嘴，将猎物连同吸入的海水一起囫囵吞下。鮟鱇无需庞大的身躯和强劲的尾部肌肉来主动追逐猎物，而是用一小块肌肉控制“钓竿”，通过猎物的眼睛来刺激后者的神经系统。最后，鮟鱇利用猎物自身的肌肉来缩小它们之间的距离。克雷布斯和我非正式地把动物间的“交流”定义为一种动物利用另一种动物的肌肉力量的方式。这在词义上大致等同于操纵。

于是，同样的问题又出现了。为什么被操纵的受害者要忍受这一切？为什么被猎食的小鱼会自赴死亡之口？因为它“认为”自己真的是在前去享用美食。换一种更正式的说法，自然选择曾作用于其祖先，并对其接近蠕动小物体的趋向表现出青睐，因为蠕动的小物体通常是蠕虫。不过，由于这些小物体并不总是蠕虫，比如有时是鮟鱇的诱饵，因此很可能还会有一些自然选择作用于这些身为猎物的小鱼，让它们保持谨慎，或增强它们的辨别能力。根据鮟鱇的诱饵与蠕虫的相似程度，我们可以推测，当猎物演化出更好的辨别能力时，选择作用也可能施加于鮟鱇的祖先，以提升其诱饵的模拟能力。一些猎物被捕获，而鮟鱇得以生存，因此一些操纵成功了。

当一种生物谱系中出现的适应能力的渐进式改进，令其敌对谱系中出现反制前者的能力，且同样以渐进式改进为演化应对时，我们使用“军备竞赛”这个比喻是恰如其分的。重要的是要认识到，参与这场“竞赛”的双方是谁。它们并非生物个体，而是谱系。当然，进行攻防、杀戮或反抗杀戮的是个体。但是，军备竞赛是在演化的时间尺度上进行的，而个体并不能演化。演化的是谱系，为应对其他谱系的渐进式改进所造成的选择压力而显现出渐进趋向的，也是谱系。

一个谱系将倾向于演化出操纵另一个谱系行为的适应，而后者则将演化出逆适应。显而易见，我们势必会对决定哪个谱系能够在竞赛中“获胜”，或哪个谱系具备与生俱来的优势的一般性规则感兴趣。这便是亚历山大认为亲代优于子代的那种与生俱来的优势。除了其主要论点（如我们所见，现在已不那么受待见），他（Alexander 1974）还振振有词地提出了亲代相对于子代的各种实际优势："亲代比子代更大些，也更强壮些，因此更能贯彻其意志。"这是事实，但我们不能忘记前一段中的论述，即军备竞赛是在演化的时间尺度上进行的。在任何一代中，亲代的肌肉都比子代的强壮，谁掌控了这些肌肉，谁肯定就占了上风。但问题在于，掌控亲代肌肉的到底是谁？正如特里弗斯（1974）所说："子女当然不能随意将其母亲扔到地上，然后给母亲哺乳……因此不难想见，子代会采用心理策略，而非身体战术。"

克雷布斯和我认为，动物信号可以被认为是一种心理策略，其作用方式与人类的广告相似。广告不是用来传达信息或误导认知的，而是用来进行说服的。广告商运用其对人类心理的洞悉，对目标受众的希望、恐惧和私密动机的了解，设计出能有效操纵目标受众行为的广告。帕卡德（Packard 1957）[1] 那本揭露商业广告商深层心理技巧的著作，对动物行为学家来说也颇为引人入胜。书中引用了一位超市经理的话："人们喜欢看到很多商品。当货架上只有零零星星三四个罐头的时候，他们就会不屑一顾。"有人将此与鸟类的求偶场景相类比，这并非毫无意义，即便这两种情况产生效应的生理机制可能会被证明是不同的。超市中的隐蔽摄像机记录了购物的家庭主妇眨眼的频率，表明在某些情况下，大量色彩鲜艳的包装有轻度催眠的效果。

K. 尼尔森曾经在一次会议上做过一场演讲，题为"鸟类的歌声是音乐吗？是语言吗？那到底是什么呢？"。也许鸟类的歌声更类似于催眠说服，或某种形式的药物。夜莺的歌声使约翰·济慈产生了一种昏昏欲睡的麻木感，"仿佛我饮过了毒芹汁"。难道这歌声不会对另一只夜莺的神经系统产生更强大的影响吗？如果通过正常的感觉器官，便能让神经系统轻易受到类似药物的影响，我们难道不应该预想到自

[1] 此处指万斯·帕卡德（Vance Packard），美国记者、社会评论家和畅销书作家。文中提及的是展示他广告批判思想的代表作《隐形说客》（*The Hidden Persuaders*）。

然选择将对这种可能性的探索青睐有加，从而有利于生物进行各种作用于视觉、嗅觉或听觉的“药物研发”吗？

当一名神经生理学家面对一个具有复杂神经系统的动物，并被要求操纵该动物的行为时，他可能会在后者大脑的敏感点插入电极，进行电刺激，或对大脑进行精确损伤。一种动物通常不能直接对另一种动物的大脑动手脚，尽管我会在第 12 章提到一个例子，即所谓的脑虫。但眼睛和耳朵也是神经系统的入口，如果对声光刺激模式运用得当，其可能和直接电刺激一样有效。格雷·沃尔特（Grey Walter 1953）[1] 生动地展示了与人类脑电图节率相协调的闪光的影响力：在一个案例中，一个男人因这种刺激而感到“一种不可抗拒的冲动，想勒死他旁边的人”。

不妨想象一下，一种“听觉药物”听起来会是什么样子。比如，要为一部科幻电影制作配乐的话，我们会选些什么？是非洲鼓持续不断的鼓点，树蟋蟀（*Oecanthus*）发出的令人毛骨悚然的颤音［有人说，如果月光能够被听见，它发出的就是这样的声音（引自 Bennet-Clark 1971）］，还是夜莺的歌声？在我看来，这三种配乐都是有力候选，而且我相信，在某种意义上，这三种配乐都是为了同一个目的而设计的：用一种神经系统操纵另一种神经系统，且这种方法在原理上与神经生理学家用电极操纵神经系统并无二致。当然，如果某种动物的声音会强烈地影响人类的神经系统，这可能纯属巧合。我们提出的假说是，自然选择塑造了动物的声音来操纵某些神经系统，而不一定是人类的神经系统。一只美国青蛙（*Rana grylio*）的鼻息声可能会影响另一只美国青蛙，就像夜莺影响济慈或云雀影响雪莱一样。对于我来说，夜莺恰是一个更好的例子，因为人类的神经系统可以让我们被夜莺的歌声深深打动，而美国青蛙的鼻息声通常只会让我们哈哈大笑。

[1] 全名威廉·格雷·沃尔特（William Grey Walter），美国神经病学家。

不妨考虑以另一种著名的鸣禽金丝雀为例，因为人们恰好在生理学方面对其繁殖行为了解甚多（Hinde & Steel 1978）。如果一位生理学家想让一只雌性金丝雀进入繁殖状态，增加其功能性卵巢的尺寸，让她开始筑巢和开启其他繁殖行为模式，他可以借助多种手段。他可以给她注射促性腺激素或雌激素。他也可以用电灯使她感知到的白昼时间增加。或者，从我们的角度来看最有趣的手段是，他可以给她播放一段雄性金丝雀的歌声录音。这显然得是金丝雀的歌声，虎皮鹦鹉的歌声是不行的，尽管雄性虎皮鹦鹉的歌声对雌性虎皮鹦鹉有类似的效果。

现在假设一只雄性金丝雀想让一只雌性金丝雀进入繁殖状态，他会怎么做？他可没有被用于注射激素的注射器。他也不能在雌鸟栖息的环境中打开人造光源。显而易见，他能做的就是鸣唱。他所发出的特殊声音模式通过雌鸟的耳朵进入她的大脑，被转化为神经冲动，并暗中潜入她的垂体。雄鸟不需要合成促性腺激素并给雌鸟注射，他可以让雌鸟的垂体自行为他合成这些激素。他用神经冲动刺激她的垂体。从某种意义上说，这不是“他的”神经冲动，因为这一过程都发生在雌鸟自己的神经细胞内。但在另一种意义上，这就是他的神经冲动。正是他独特的声音巧妙地使雌鸟的垂体产生反应。生理学家可能会将促性腺激素注入雌鸟的胸肌，或将电流输入雌鸟的大脑，而雄金丝雀则会将歌声贯入雌鸟的耳朵，效果并无分别。施莱特（Schleidt 1973）[1] 讨论了信号对接收者生理功能产生“滋补”效应的其他例子。

对一些读者来说，“暗中潜入她的垂体”这样的说法可能太过分了。当然，这引出了一些重要的问题。显而易见的一点是，雌性可能会从这场交易中获得和雄性一样多的利益，在这种情况下，“暗

[1] 此处指沃尔夫冈·M. 施莱特（Wolfgang M. Schleidt），奥地利科学家，专攻生物声学、传播学和古典动物行为学，是康拉德·洛伦茨的助手。

中”和“操纵”就属于用词不当了。或者，如果要说暗中操纵，那也可能是雌性对雄性施展的伎俩。也许雌鸟之所以“坚持”让她的配偶高歌直至精疲力竭才能进入繁殖状态，是因为她只想选择最强壮的雄鸟作为配偶。我认为沿着这条脉络，很可能会得到一个对在大型猫科动物中观察到的异常高的交配率的解释（Eaton 1978）。夏勒（Schaller 1972）[1] 对一只雄狮样本进行了持续 55 小时的跟踪研究，在此期间，雄狮进行了 157 次交配，平均交配间隔为 21 分钟。猫科动物的排卵是由交配诱导的。雄狮惊人的交配率似乎是一场失控的军备竞赛的最终产物，在这场竞赛中，雌狮在排卵前坚持不断地进行更多的交配，而雄狮则被选择作用赋予了愈加持久的性耐力。狮子的交配耐力可以被看作孔雀尾巴的行为等价物。这一假说的一个版本与伯特伦（Bertram 1978）[2] 的观点相一致，即雌狮令交配不再奇货可居，为的是降低雄狮为争夺交配权而陷入混战的可能。

容我继续引用特里弗斯关于子代可能用来对付亲代的心理操纵策略的叙述：

> 由于子代往往比其亲代更了解自己的真实需求，自然选择应该有利于让亲代注意到来自子代的信号，这些信号会将子代的状况告知亲代……但一旦这样的系统演化出来，子代就会开始脱离实际情景地大肆使用它。子代不仅在饥饿的时候会哭闹，而且当它仅仅想要获取比亲代所提供的更多的食物时也会哭闹……这时选择作用当然会有利于亲代获得对这种信号的两种不同用法加以区分的能力，但子代仍有可能进

---

[1] 此处指乔治·B. 夏勒（George B. Schaller），美国生物学家及环保人士，曾被《时代》周刊评为世界上最杰出的三位野生动物研究学者之一。夏勒曾深入参与中国大熊猫保护项目，著有《最后的熊猫》（*The Last Panda*）。

[2] 此处指布赖恩·C.R. 伯特伦（Brian C. R. Bertram），英国动物学家，主攻猫科动物研究，是乔治·夏勒在非洲的狮子研究项目的继任者。

行更巧妙的模仿和欺骗（Trivers 1974）。

我们又来到了军备竞赛所引出的主要问题。对于哪一方有可能在军备竞赛中“获胜”，我们有什么一般规律可以概括吗？

首先，当我们说一方或另一方“获胜”，这到底意味着什么？“失败者”最终会灭绝吗？这种情况有时会发生。劳埃德和迪巴斯（Lloyd & Dybas 1966）[1]提出了关于周期蝉现象的一种奇怪的可能性（Simon 1979 给出了一个有趣的最新描述）。周期蝉是对周期蝉属（*Magicicada*）下的三个种的称呼。这三个种都各有两个变种，分别是 17 年变种和 13 年变种。每只蝉的个体都要花 17 年（或 13 年）的时间以若虫的形态在地下进食，然后破土而出进行为期数周的成虫繁殖生活，之后便会死亡。在任何特定地区，所有蝉的生命周期都是同步的，结果是每个地区每隔 17 年（或 13 年）都要经历一次“蝉灾”。这种周期的功能意义大概是，令其潜在的捕食者或寄生虫在蝉灾年份面对大量涌现的周期蝉时应接不暇，而在间隔期却要忍饥挨饿。因此，与群体保持同步的个体所面临的风险，要小于打破这种同步并提前一年破土的个体所面临的风险。但是，既然这种同步性具有公认的优势，为什么周期蝉不选择比 17 年（或 13 年）更短的生命周期，从而不必在繁殖前在地底熬过如此漫长的岁月呢？劳埃德和迪巴斯的意见是，周期蝉的长生命周期是其与某种现已灭绝的捕食者（或拟寄生物）进行的“漫长的演化竞赛”的最终结果。“这种假想的拟寄生物的生命周期几乎与原始周期蝉的生命周期同步，长度也几乎相等（但前者的长度总是略小于后者）。按照这个理论，周期蝉最终摆脱了对它们亦步亦趋的拟寄生物追捕者，而这种可怜的特化动物就此灭绝了”（Simon 1979）。劳埃德和迪巴斯进一步巧妙地提出，这两者

[1] 蒙特·劳埃德（Monte Lloyd），美国动物学家及环保人士，周期蝉研究方面的专家。亨利·S. 迪巴斯（Henry S. Dybas），美国动物学家、昆虫学家，被誉为 20 世纪最具影响力的蝶科昆虫研究者。

间的军备竞赛在双方生命周期均为素数年（13 年或 17 年）时告一段落，因为若非如此，生命周期较短的捕食者可能需要经历两个乃至三个周期才能与周期蝉同步！

在实际情况中，军备竞赛的“失败者”的谱系未必会像周期蝉的拟寄生物那样灭绝。这可能是因为“获胜者”是一种非常稀有的物种，以至于它对“失败者”物种的个体构成的风险相对可忽略不计。获胜者只有在其对失败者的适应没有得到后者有效反制的情况下才会获胜。这对获胜者谱系的个体来说是好事，但对失败者谱系的个体来说可能也不算太糟；毕竟，后者同时也在与其他谱系进行竞赛，且可能非常成功。

这种“稀有敌人效应”（rare-enemy effect）是军备竞赛双方自然选择压力不对称的一个重要例子。虽然我们没有给出正式的模型，但克雷布斯和我已经以“生命 / 晚餐原则”（life/dinner principle）为名，对一种类似的不对称进行了定性考量。“生命 / 晚餐原则”得名自《伊索寓言》，这还是 M. 斯拉特金（M. Slatkin）[1] 给我们带来的灵感：“兔子比狐狸跑得快，因为兔子是在为生命而奔跑，而狐狸只是为了一顿晚餐。”此处不对称的大意是，对于军备竞赛一方的动物来说，失败的惩罚要比另一方更严重。因此，让狐狸比兔子跑得慢的突变可能在狐狸基因库中存续的时间，要比让兔子比狐狸跑得慢的突变在兔子基因库中存续的时间更长。狐狸就算追不上兔子，也有机会繁殖后代。而兔子如果被狐狸追上，那就万事皆休。因此，狐狸可能比兔子更能将生存资源从对快速奔跑的适应转移到其他适应之中；因此，就奔跑速度而言，兔子似乎在这场军备竞赛中“获胜”了。这实际上涉及的是自然选择压力强度的不对称。

最简单的不对称可能来自我刚才所说的“稀有敌人效应”，即军

[1] 此处指蒙哥马利·斯拉特金（Montgomery Slatkin），美国演化生物学家和群体遗传学家。

备竞赛中的一方过于稀有，以至于其对另一方的任何特定个体产生的影响相对而言皆微不足道。我们可以再次用鮟鱇的例子阐明这一点，这个例子还有一个额外的优点，那就是不必就“猎物（兔子）为何会‘胜过’捕食者（狐狸）”的问题多费口舌。假设鮟鱇相当罕见，所以无论一条小鱼被一条鮟鱇捕获是多么不幸的遭遇，这种情况发生在随机指定的个体身上的风险都不高。任何适应都要付出代价。对于一条小鱼来说，要区分鮟鱇的诱饵和真正的蠕虫，需要复杂的视觉处理器官。为了制造这个器官，它可能会消耗原本可用来制造生殖腺的资源（见第 3 章）。另外，使用这种器官也需要花费时间，这些时间本可以花在追求雌性、保卫领地上，或者花在追赶猎物上，如果这个猎物是一条真正的蠕虫的话。最后，一条鱼接近任何蠕虫状物体都小心翼翼，固然会降低它被吞食的风险，但也会增加挨饿的风险。因为这会让它错失许多非常美味的蠕虫，原因仅仅是它们“可能”是鮟鱇的诱饵。很可能，对成本和收益的权衡会让某些鲁莽行事的被捕食动物反受青睐。平均而言，那些无视后果，对蠕动的小物体一概通吃的个体，可能会比那些付出成本，试图在鮟鱇的诱饵和真正的蠕虫之间做出区分的个体活得更好。威廉·詹姆斯（William James）[1] 在 1910 年提出过大致相同的观点：“没有挂在鱼钩上的虫子要比被挂在鱼钩上的虫子多得多；因此，大自然对她鱼类子孙的建言便是：见虫就咬吧，你得冒险，才能抓住机会。”（Staddon 1981 引用。）

现在，让我们从鮟鱇的角度来看这个问题。它也需要在装备上投入资源，以便在军备竞赛中智胜对手。用来制作鱼饵的资源本可以被投入生殖腺中。枯坐海底守株待兔的时间，本可以用来主动寻找配偶。但鮟鱇的生存完全取决于它的诱饵能否成功骗来小鱼。如果一条鮟鱇不精于引诱猎物之道，那它就会饿死。被捕食的鱼即使不擅长免于被

[1] 威廉·詹姆斯是美国本土第一位哲学家和心理学家，被誉为美国心理学之父。

引诱，被吃掉的风险可能也很小，而且通过节省制造和使用相应器官的成本，还可以大大弥补这种风险。

在这个例子中，鮟鱇赢得了与猎物鱼的军备竞赛，仅仅是因为其所在一方对另一方的任何特定个体构成的威胁相对微不足道，因为前者较为稀有。顺带一说，这并不意味着自然选择将青睐那些采取措施让自己变得稀有或减少自己对猎物的威胁的捕食者！在鮟鱇种群中，自然选择仍将倾向于那些最高效的杀戮者和最多产的个体，以降低整体物种的稀有性。但鮟鱇谱系之所以会在与其猎物的军备竞赛中“保持领先”，可能只是其他原因导致的偶然结果，也就是该物种的稀有性，即使它们已拼尽全力繁衍后代，也无法改变这一点。此外，由于各种原因，可能存在一种频率依赖效应（Slatkin & Maynard Smith 1979）。例如，当军备竞赛一方的个体（比如鮟鱇）变得越来越稀有时，它们对军备竞赛另一方个体的威胁就会逐渐减弱。因此，另一方的个体在自然选择作用下，会将宝贵的资源从与这场特定军备竞赛相关的适应中转移出去。在这个例子中，被捕食的鱼在自然选择作用下，将资源从对抗鮟鱇的适应转移到其他方面，如生殖腺，并可能最终表现出上述那种鲁莽行事的风格。这将使鮟鱇个体更易于谋生，并因此在数量上有所增加。如此一来，鮟鱇对猎物鱼构成的威胁将更大，然后猎物鱼又在自然选择作用下，将资源转回到对抗鮟鱇的适应之中。在这类论证中，我们通常不必假设这种竞赛会出现反复拉锯摇摆的局面。相反，军备竞赛可能达到一个演化上的稳定终点；也就是说，在环境变化改变相关成本和收益之前，它是稳定的。

显然，在我们对该领域的成本和收益有更多了解之前，我们无法预测特定军备竞赛的结果。就当前目的而言，这无关紧要。我们所需要的只是使自己确信，在任何特定的军备竞赛中，一方的个体可能比另一方的个体损失更大。狐狸只是丢了一顿晚餐，而兔子却要丢掉性命。不善诱捕的鮟鱇只有死路一条，而不懂得避开鮟鱇的小鱼的死亡风险则很小，而且通过节省成本，其最终可能会比那些“懂得趋避”的小鱼过得更好。

我们只要接受这种不对称的一般合理性，就能回答我们在讨论操纵时所提出的问题。我们一致认为，如果一种生物体能够操纵另一种生物体的神经系统，并利用其肌肉力量而不受惩罚，自然选择就会有利于这种操纵。但是自然选择也会有利于反抗被操纵的行为，这种意见让我们的推导停滞不前。真要是这样的话，我们能指望在自然界中观察到有效的操纵行为吗？“生命 / 晚餐原则”以及“稀有敌人效应”等其他原则为我们提供了答案。如果操纵者因操纵失败而蒙受的损失比受害者反抗操纵失败所蒙受的损失更大，我们就有望在自然界中观察到成功的操纵，有望观察到动物为了其他动物的遗传利益而行事。

巢寄生（brood parasitism）[1]可能是最显而易见的例子。如芦苇莺这样的亲鸟，会将从广大捕食区域中获得的大量食物汇集到自己的鸟巢中，形成一个漏斗状的“喂食流”。任何生物，只要演化出必要的适应以在这条喂食流中横插一脚，便无饥饿之忧。这就是杜鹃和其他巢寄生者的所作所为。但芦苇莺并不是一个毫无怨言的免费食物供应商。它是一个活跃而复杂的生物机器，有自己的感觉器官、肌肉和大脑。巢寄生者可不是把自己往宿主的巢里一横就万事大吉了。它还必须渗透宿主神经系统的防御，而其渗透点就是宿主的感觉器官。杜鹃利用某种关键刺激来解锁宿主的亲代抚育机制，并将其颠覆。

巢寄生的生活方式带来的优势是如此明显，以至于今天当我们看到汉密尔顿和奥里恩斯（Orians）[2]在 1965 年竟然需要捍卫“自然选择青睐巢寄生”的理论，而反对认为巢寄生是正常繁殖行为的“退化性崩溃”那套理论时，不禁大为惊讶。汉密尔顿和奥里恩斯还就巢寄

[1] 某些鸟类将卵产在其他鸟的巢中，由其他鸟（义亲）代为孵化和育雏的一种特殊的繁殖行为。
[2] 此处指戈登·H. 奥里恩斯（Gordon H. Orians），美国生态学家。

生可能的演化起源，演化发生之前的预适应是什么，以及伴随其演化而来的适应有哪些等问题进行了令人满意的探讨。

其中一种适应是卵拟态。至少在杜鹃的某些“族类”中，其已臻至完美的卵拟态表明，被它所寄生的义亲，具备敏锐辨别外来卵的潜在能力。可这只是更加突显了为何杜鹃的宿主如此不善于辨别杜鹃雏鸟的谜团。汉密尔顿和奥里恩斯（1965）生动地表述了这个问题：“棕头牛鹂和欧洲杜鹃的雏鸟体型达到最大时，会让喂养它们的义亲看起来像小不点。想想那滑稽的情景吧，一只小巧的园林莺只有站在杜鹃的头顶，才能将食物送进这只硕大的雏鸟张开的嘴巴里。为什么园林莺未能采取适应性措施，提前将巢寄生的雏鸟逐出鸟巢，尤其是当两者的差异对人类观察者来说如此分明的时候？”当一只亲鸟的体型远不及它所喂养的雏鸟时，前者只要视力正常，就应该能看出抚育过程已经严重出错了。然而，与此同时，卵拟态的存在本身，表明宿主其实具备敏锐的视力，可以进行细致的辨别。我们如何解释这一悖论（亦可参见 Zahavi 1979）？

一个有助于解开谜团的事实是，驱使宿主在卵阶段辨识出杜鹃卵的自然选择压力，一定大于在雏鸟阶段辨识出杜鹃雏鸟的选择压力，原因仅仅是卵阶段来得更早。辨别出杜鹃卵的好处是将来获得属于宿主自己的整个繁殖周期的潜在收益，而辨别出一只羽翼已丰的杜鹃雏鸟的收益是可以节省几天的时间，但到那时，要再生一窝可能为时已晚。在大杜鹃（*Cuculus canorus*）的案例中，另一种解释是，宿主自己的雏鸟通常不会与杜鹃雏鸟同时处于巢中以供对比，因为它们已经被小杜鹃扼杀了。众所周知，如果存在一个可供比较的范本，进行分辨就更为容易。

许多作者都以各种形式提到了某种“超常刺激”。因此，拉克评论道（p.88）：“杜鹃雏鸟那张得巨大的口和响亮的乞食叫声，显然已经演化出了某种形式夸张的刺激，从而引起雀形目亲鸟的投喂反应。这种刺激是如此之强力，以至于有许多雀形目成鸟即使遇到在其他宿主物种巢中已长到羽翼丰满的大杜鹃雏鸟也会进行投喂的记录；这就像人类求爱时的口红一样，展示了如何通过‘超常刺激’来得偿所愿。”威克勒（Wickler 1968）[1] 也提出了类似的观点，他引用海因罗特（Heinroth）的话说，鸟类义亲的行为就像“成瘾”，而杜鹃雏鸟则是这些义亲的“恶癖”。照此来看，这类意见会让许多批评者感到不满意，因为它在回答一个老问题的同时，又抛出了一个和前者不相上下的新问题。为什么选择作用不能消除宿主物种对这种“超常刺激”的“成瘾”倾向？

这无疑需要军备竞赛概念再度登场了。当一个人的行为明显对他自己不利时，例如，他不断地服毒，我们至少可以用两种方式来解释他的行为。一种解释是，他可能没有意识到他所饮下的是毒，因为后者与真正的营养物质非常相似。宿主鸟类被杜鹃的卵拟态愚弄的情况与此类似。另一种解释是，他可能已无法自救，因为毒素对他的神经系统产生了某种直接的破坏性影响。海洛因成瘾者的例子便是如此，他知道毒品正在毁灭他，但他无法停止吸食或注射，因为毒品本身已控制了他的神经系统。如我们所见，杜鹃雏鸟那张嗷嗷待哺的大口就像人类的口红一样，是一种超常刺激，而根据相关描述，它的义亲则明显对超常刺激“上瘾”。难道鸟类义亲无法抗拒杜鹃雏鸟的超常操纵能力，就像瘾君子无法抗拒毒品，或者像被洗脑的俘虏无法抗拒俘获他的主人的命令一样？难道它已不由自主，即便这种行为对它并没有多少益处？也许杜鹃在产卵阶段将其适应重点放在拟态欺骗上，但在之后的雏鸟阶段，则更注重对宿主神经系统的积极操纵。

只要处理得当，任何神经系统都可能被颠覆。宿主神经系统的任何抵抗杜鹃雏鸟操纵的演化适应都为杜鹃的逆适应开了方便之门。作

[1] 此处指沃尔夫冈·威克勒（Wolfgang Wickler），德国动物行为学家。

用于杜鹃身上的选择将会找出宿主新演化出的心理铠甲上可能存在的任何裂缝。宿主也许非常擅长抵抗心理操纵，但杜鹃在操纵能力方面却可能更胜一筹。我们只需要假设，由于某些原因，例如前述的“生命/晚餐原则”或“稀有敌人效应”，杜鹃赢得了军备竞赛：巢中的杜鹃雏鸟必须成功地操纵它的宿主，否则它必死无疑；而对于其义亲来说，如果它能抵抗这种操纵，它自然能受益，但即使它未能抵抗眼前这只杜鹃雏鸟的操纵，来年它仍有很大的繁殖成功的机会。此外，杜鹃可能非常稀有，因此宿主个体被寄生的风险很低；相反，无论军备竞赛的任何一方是常见还是稀有，杜鹃营寄生生活的“风险”都是100%。如今的杜鹃传承自一系祖先，其中每一只祖先都曾成功地骗过宿主。而其宿主也传承自一系祖先，可其中的许多个体可能一生中从未见过杜鹃，或者虽然被杜鹃寄生，但日后也成功完成了繁殖。军备竞赛的概念完善了经典的“超常刺激”解释，为宿主的适应不良行为提供了功能性解释，而不是将其归因为神经系统某种尚无法解释的局限性。

我把杜鹃当作操纵者来看待，这在某方面可能会引发批评。毕竟，杜鹃只是利用宿主的正常抚育行为来李代桃僵而已。它并没有成功地在宿主的整套“行为集”中建立起一种全新的行为模式。有些人可能会觉得，如果能找到此类操纵方式的更极端的例子，那么将其与毒品、催眠和大脑电刺激做类比就会更有说服力。一个可能符合此类要求的例子是另一种巢寄生鸟类棕头牛鹂的“整羽邀请”（preening invitation）行为（Rothstein 1980）。异体整羽，即一只鸟给另一只鸟梳理羽毛的行为，在各种鸟类中并不罕见。因此，牛鹂能成功地让其他几种鸟类为它们整羽也不足为奇。同样，这可以被看作同种内异体整羽的简单嫁接行为，牛鹂不过是将引起鸟类相互整羽的正常刺激加以超常夸大而已。真正令人惊讶的是，牛鹂可设法让那些从不进行同种内异体整羽的鸟类给它整理羽毛。

毒品的类比尤其适用于形容昆虫中的“杜鹃”，它们使用化学手段胁迫宿主做出对自身广义适合度造成严重损害的行为。有几种蚂蚁没有自己的工蚁，其蚁后会侵入其他种类蚂蚁的巢穴，杀死宿主蚁后，并利用宿主工蚁抚养自己的后代。它们抹杀宿主蚁后的方法各不相同。在一些物种中，比如被冠以“弑君穴臭蚁”（*Bothriomyrmex regicidus*）和“斩首穴臭蚁”（*B. decapitans*）之名的寄生蚁后会骑到宿主蚁后的背上，然后按照威尔逊（1971）那栩栩如生的描述，“开始她所专擅的动作：慢慢地切下受害者的头部”（p.363）。

桑氏小家蚁（*Monomorium santschii*）则通过更巧妙的手段达到了同样的效果。宿主工蚁拥有由强壮的肌肉所支配的特化武器，肌肉则连接着神经；如果寄生蚁后能够颠覆控制着宿主工蚁众多大颚的神经系统，为什么还要用自己的颚去战斗呢？她是如何做到这一点的，我们还不得而知，但她确实做到了：宿主工蚁杀死了自己的生母，开始喂饲这个篡位者。寄生蚁后分泌的一种化学物质似乎是一种可能的手段，在这个例子中，它可被称为“信息素”（pheromone），但如果我们将其看作一种强力毒品，可能更有启发性。根据这一解读，威尔逊（1971，p.413）写道，这种“同生物质”（symphylic substances）“不仅仅是基本的营养物质，而且是天然宿主信息素的类似物。有多位研究者提到过同生物质的麻醉作用”。威尔逊还使用了“令人迷醉”这个说法来形容这种物质，并引用了一个例子：在这种物质的影响下，工蚁暂时迷失了方向，甚至有点立足不稳。

那些从未被洗脑或对毒品上瘾的人很难理解他们的同胞被这种强烈冲动驱使的感觉。与此类同的是，我们也无法理解鸟类宿主为何被迫去喂养一只大得离谱的杜鹃雏鸟，或是工蚁为何会恣意谋杀这个世界上唯一关乎它们自身基因成功的生物——蚁后。但这种主观感受是有误导性的，人类药理学相对粗陋的成就也没法提供太多助益。既然自然选择已着手解决这个问题，谁又能去妄自猜测哪些精神控制的专长可能无法实现呢？不要指望看到动物总是以一种最大化自身广义适合度的方式行事。军备竞赛的失败者可能会有一些非常古怪的行为。如果它们看上去迷失方向、立足不稳，这可能只是一个开始。

让我再次强调桑氏小家蚁蚁后的精神控制能力。对于一只不育的工蚁来说，她的母亲可谓一个基因宝藏。对于工蚁来说，弑母是一种基因上的疯狂行为。工蚁们为什么要这样做？很抱歉，对这个问题，我只能再一次用对军备竞赛的探讨含混过去。任何神经系统都容易受到足够精明的“药理学家”的操纵。不难想见，自然选择会作用于桑氏小家蚁，令其找出宿主工蚁神经系统的漏洞，并在其神经系统的“锁”中插入一把药理学的“钥匙”。而作用于宿主物种的自然选择很快就会堵住这些漏洞；随后作用于寄生者的自然选择将进一步改善“药物”，双方便展开了一场军备竞赛。如果桑氏小家蚁足够稀有，我们就很容易观察到它可能会“赢得”军备竞赛，尽管对于受其操纵的工蚁所在的宿主群落来说，这种弑君行为的后果是灾难性的，但宿主遭遇桑氏小家蚁寄生的总体风险可能非常低。即使对于已遭桑氏小家蚁蚁后入侵的蚁巢来说，弑君之举的边际成本是毁灭性的，也不会改变这种总体的低风险。每一只桑氏小家蚁的蚁后都传承自一系祖先，其中每一只祖先都成功地操纵了宿主工蚁，使其弑君。而每一只宿主工蚁都传承自一系祖先，其群落可能离最近的桑氏小家蚁蚁后有 10 英里之远。要“费心”去武装自己以抵御偶尔出现的桑氏小家蚁蚁后的操纵，其成本可能会超过收益。这样的思考让我相信，宿主很可能会输掉这场军备竞赛。

其他种类的寄生蚁使用不同的系统。它们不是派遣蚁后将卵产到宿主蚁巢中并利用宿主的工蚁，而是将宿主的工蚁掠回自己的蚁巢。这些就是所谓的“蓄奴蚁”（slavemaking ants）。蓄奴蚁物种本身也有工蚁，但这些工蚁会分出部分精力，有时甚至是花费全部精力进行寻找奴隶的探险活动。它们会侵袭其他蚁类的巢穴，掠走幼虫和蛹。这些蛹随后在“奴隶主”的巢穴中孵化，它们在那里正常工作，如觅食和照顾幼虫，“浑然不觉”它们实际上是奴隶。蓄奴生活方式的优点大概是节省了幼虫阶段喂养劳动力所需的大部分成本。这一成本由奴隶蛹的母巢代为承担。

从当前观点来看，蓄奴的习性很有趣，因为它引发了一种不寻常的不对称军备竞赛。可以推测，在蓄奴物种和奴隶物种之间存在一场军备竞赛。在遭受奴役的物种中，应该会出现对抗奴隶制度的适应性变化，比如为了赶走奴隶掠夺者而加大兵蚁的下颚。但是，奴隶可以采取的更直接的对策，难道不应该是停止在奴隶主的巢穴里劳动，或者杀死奴隶主的孩子，而不是喂养它们吗？这似乎是显而易见的对策，但其演化路径上却横亘着巨大的障碍。想象一下有一种适应让奴隶“罢工”，拒绝在蓄奴蚁的巢穴里工作。为此，这些奴隶工蚁当然必须掌握一些手段，识别出它们是在别家的蚁巢中孵化出来的，但这在理论上应该不难。然而，当我们详细考虑这种适应将如何传递给后代时，问题就出现了。

工蚁不司繁殖，在任何社会性昆虫物种中，所有工蚁的适应都必须通过其生殖亲属来传递。这通常不成问题，因为工蚁直接辅助自己的生殖亲属，因此导致工蚁产生适应的基因也直接辅助自己的副本进行复制。但如果是某个导致奴隶工蚁罢工的突变基因，情况会如何？它可能会非常有效地破坏蓄奴蚁的巢穴，甚至可能完全毁灭后者。可效果如何呢？该地区现在少了一个蓄奴蚁的巢穴，这对该地区所有潜在的受害蚁巢而言都是一件好事，不仅对那些掀起“叛乱”的奴隶蚁的母巢而言如此，对所有包含“非罢工”基因的蚁巢而言也如此。同样的问题也出现在“恶意”行为传播的一般情形中（Hamilton 1970; Knowlton & Parker 1979）。

“罢工”基因获得优先传递的唯一简单方法就是令罢工发起者自己的蚁巢有选择性地受益，也就是它们已经离开的，而自己的生殖亲属接受抚育的巢穴。如果蓄奴蚁会习惯性地到同一个蚁巢反复侵袭，这种情况确实会发生，但除此之外，我们必须得出结论，这种反抗奴役的适应仅限于奴隶蛹离开它们的母巢之前的阶段。一旦奴隶蚁已经到了奴隶主的巢穴，它们实际上就退出了军备竞赛，因为它们不再有任何力量对其生殖亲属的繁殖成效产生影响。蓄奴蚁可以发展出各种复杂程度的操纵适应，而奴隶蚁却无法演化出相应对策，不管后者遭遇的是物理手段还是化学手段，是信息素还是强力毒品。

实际上，奴隶蚁无法演化出对策这一事实，往往会降低蓄奴蚁演化出极其复杂的操纵技能的可能性：既然从演化意义上讲，奴隶蚁无力报复，那么蓄奴蚁也就不必浪费昂贵的资源来进行错综复杂的操纵适应，因为简单廉价的手段就可以达成目的了。蚂蚁被奴役的情况是一个相当特殊的例子，但它给出了一种特别有趣的情景，即军备竞赛中的一方可以说是完全失败了。

这里还可以用杂交食用蛙（*Rana esculenta*）的例子（White 1978）进行类比。这种常见的欧洲蛙是法国餐馆常用的食用蛙，并不是一个通常意义上的物种。这一“物种”的个体实际上包括其他两个物种湖蛙（*Rana ridibunda*）和水塘蛙（*R. lessonae*）之间的各种杂交品种。食用蛙有两种不同的二倍体型和两种不同的三倍体型。为简单起见，我将只考虑二倍体型中的一种，但这一论点适用于所有变种。这些食用蛙与水塘蛙共存。食用蛙的二倍体核型由一组湖蛙染色体和一组水塘蛙染色体组成。在减数分裂时，它们会丢弃水塘蛙的染色体，产生纯粹的湖蛙配子（gamete）。然后它们又与水塘蛙个体交配，从而在下一代中恢复杂交基因型。因此，在这场发生在食用蛙体内的竞赛中，湖蛙基因成为种系复制因子，而水塘蛙基因则陷入死路。死路复制因子也可以发挥表型效应。它们甚至可以被自然选择，但这种自然选择的结果已与演化无关（见第 5 章）。为了使下一段更容易理解，我将称食用蛙为 H（代表杂种），湖蛙为 G（代表种系），水塘蛙为 D

（代表死路，不过应谨记，“D”基因只有在H型蛙中才是死路复制因子；而在“D”型蛙中，它们是正常的种系复制因子）。

现在，想象D基因库中的一个基因，它对D的躯体产生影响，使其拒绝与H交配。这样的基因在自然选择中应该比对H逆来顺受的等位基因更受青睐，因为后者会在下一代H的躯体中陷入死路，并在减数分裂时被丢弃。G基因在减数分裂时不会被丢弃，如果它们能影响H的躯体，从而克服D个体不愿与H交配的心理，它们就会被自然选择青睐。因此，我们应该看到作用于H躯体的G基因和作用于D躯体的D基因之间展开的军备竞赛。在各自的躯体中，这两组基因都是种系复制因子。但作用于H躯体的D基因又如何呢？它们对H表型的影响应该和G基因一样强大，因为两者都构成了H基因组的一半。我们可能不假思索地认为，这些D基因会与G基因在两者共享的H躯体之中展开一场军备竞赛。但在H躯体中，这些D基因实则与那些被当作奴隶使唤的蚂蚁处于同等地位。它们在H躯体中介导的任何适应，都不能传递给下一代；因为无论H发育的表型如何受到D基因的影响，甚至个体存活与否也要仰仗D基因，其个体产生的配子都是严格意义上的G型配子。那些潜在的奴隶蚁，在它们还在自己的母巢里时，拒绝被俘可以获得自然选择作用的干预，但一旦它们进入了蓄奴蚁的蚁巢，那么即使破坏了后者的蚁巢，也无法被选择；与之类似，D基因可以在自然选择作用下影响D躯体，使它们从一开始就拒绝被纳入H基因组，但一旦被纳入，它们就不再处于选择作用的范围之中，尽管它们仍然可以产生表型效应。它们输掉了军备竞赛，因为它们走的是一条死路。类似的论点也适用于杂交鱼类“物种”孤若花鳉（*Poeciliopsis monacha-occidentalis*）（Maynard Smith 1978a）。

奴隶物种无法演化出逆适应能力这一点，最初是由特里弗斯和黑尔（Trivers & Hare 1976）在他们关于社会性膜翅目昆虫性别比例军备竞赛的理论中提出的。这是近期关于特定军备竞赛的最知名讨论之一，值得在此进一步考量。特里弗斯和黑尔详细阐释了费希尔（1930a）和汉密尔顿（1972）的观点，认为在一个巢有一个蚁后的蚂蚁物种中，对演化稳定的性别比例无法简单地加以预测。如果假设蚁后对其繁殖后代的性别（年轻蚁后和雄蚁）拥有完全的掌控力，则在雄性和雌性繁殖后代上的稳定经济投资比例为 1∶1。另一方面，如果假设不产卵的工蚁拥有对后代投资的完全掌控力，那么雌蚁和雄蚁的稳定比例将是 3∶1，这是单倍二倍体（haplodiploid）遗传体系所致。因此，蚁后和工蚁之间存在潜在的冲突。特里弗斯和黑尔回顾了现有的数据——诚然，这些数据并不完善——报告了一个与 3∶1 预测相符的良好平均值，由此得出结论称，他们发现了工蚁的掌控力胜过蚁后的证据。这是一个巧妙的尝试，用真实的数据来检验一种经常被批评为不可检验的假设，但就像其他首度尝试的创新一样，我们很容易发现其中的瑕疵。亚历山大和谢尔曼（Alexander & Sherman 1977）针对特里弗斯和黑尔处理数据的方式表达了不满之情，并提出了另一种可以说明蚂蚁中普遍存在的雌性性别比例偏向的解释。他们提出的解释（“局域配偶竞争”），就像特里弗斯和黑尔的解释一样，在这一例子中最初源自汉密尔顿关于异常性别比例的论文（1967）。

这场争论成功激发了对此问题的进一步研究。在本章所涉及的军备竞赛和操纵行为的背景下，恰尔诺夫（Charnov 1978）[1]的论文尤其具有启发性，这篇论文关注的是真社会性（eusociality）的起源，并引入了“生命 / 晚餐原则”的一个潜在重要版本。他的论点既适用于二倍体，也适用于单倍二倍体生物，我将首先考虑二倍体的情况。想象一个亲代，她较为年长的子代还没有离巢，而下一窝幼虫已经孵化了。当年长的子代要离巢开始自己的繁殖周期时，可以选择留下来帮

[1] 此处指埃里克 · L. 恰尔诺夫（Eric L. Charnov），美国演化生态学家。

助抚养年幼的弟弟妹妹。现下已众所周知的是，在所有其他条件相同的情况下，对这种初出茅庐的子代而言，无论是抚育自己的子代，还是抚育亲弟弟妹妹，从基因角度来看都无区别（Hamilton 1964a，b）。但是，如果假设年迈的亲代可以对她那些年长子代的去留随意裁夺，她是“宁愿”他们离巢并建立自己的家庭，还是留下来抚养她的下一窝幼虫？显然，他们应该留下来抚养她的下一窝，因为孙代对她的价值只有子代的一半。（就实际情况而言，该理论并不完整。如果她终其一生都在操纵她所有的子代去抚养更多子代，结果就是所有的子代都成了不育的童工，如此一来，她的种系就会逐渐凋零。我们必须假设，在具有相同基因型的子代之中，她会令一些发育为繁殖后代，而另一些则发育为“职虫”。）然后，自然选择将有利于亲代的这种操纵倾向。

通常情况下，当我们假设自然选择有利于操纵行为时，我们总会费一番口舌来说明受害者会进行反选择，以抵抗这种操纵。恰尔诺夫观点的美妙之处在于，在这种情况下，将不存在反选择。这场“军备竞赛”的一方可谓不战而胜，因为另一方甚至没有抵抗。正如我们已看到的那样，被操纵的子代对于应该养育年幼的兄弟姐妹还是自己的后代（假设所有其他条件都相同）漠不关心。因此，尽管我们可以假设子代也会对亲代进行反向操纵，但至少在恰尔诺夫所设想的简单例子中，这肯定不及亲代对子代的操纵。这是一种不对称，可以添加到亚历山大（1974）提出的亲代优势清单中，我觉得它比清单上的其他任何一项都更有说服力。

乍一看，恰尔诺夫的论点似乎不适用于单倍二倍体动物，这会有点遗憾，因为大多数社会性昆虫都是单倍二倍体。但这种观点是错误的。恰尔诺夫自己证明，只要有一个特殊假设，即种群具有无偏性别比例，那么即使是在单倍二倍体物种中，雌性在养育弟妹（$r = \frac{3}{4}$和$\frac{1}{4}$的平均值）和养育子代（$r = \frac{1}{2}$）的选择之间并无偏好。但是，克雷格（Craig 1980）和格拉芬（论文尚在准备阶段）分别独立证明，恰尔诺夫甚至不需要假设存在无偏的性别比例。在任何可以想象的种群性别比例下，潜在职虫对于是选择养育弟弟妹妹还是选择养育子代仍然是无所谓的。因此，假设种群性别比例偏向雌性，甚至符合特里弗斯和黑尔所预测的 3∶1。由于工蚁与其姐妹的亲缘关系比工蚁与其兄弟或任何性别的子代更密切，考虑到这种偏向雌性的性别比例，她似乎应该“宁愿”养育弟弟妹妹，而不是子代：当她选择养育弟弟妹妹时，她难道不是收获了大多数对她有价值的妹妹吗（当然，也有少数相对无价值的弟弟）？但是，这种推理忽略了一点，即在这样一个种群中，由于雄性的稀有性，其具有相对较大的“生殖价”（reproductive value）。职虫可能与她的每个弟弟都没有密切的亲缘关系，但如果雄性在整个种群中较稀有，那么这些弟弟中的每一个都极有可能留下子代。

数学计算验证了恰尔诺夫的结论比他所认为的更普遍。在二倍体和单倍二倍体物种中，在任何性别比例下，一个雌性个体在理论上对她自己是养育子代还是抚养弟弟妹妹一事并不在意。然而，对于她的子代是养育自己的子代还是弟弟妹妹，她却并非毫不在意：她更希望子代养育自己的弟弟妹妹（即她的子代），而不是子代自己的孩子（即她的孙代）。因此，如果在这种情况下，我们对到底是谁操纵谁尚有疑问，那么我要说，亲代操纵子代的可能性比子代操纵亲代的可能性更大。

恰尔诺夫、克雷格和格拉芬的结论似乎与特里弗斯和黑尔关于膜翅目社会性昆虫性别比例的结论完全矛盾。在任何性别比例下，雌性膜翅目昆虫对养育弟弟妹妹还是养育后代并不在意，这听起来就等于说她对自己巢中的性别比例也是无所谓的。但事实并非如此。假设由职虫来掌控对雄性和雌性繁殖后代的投资，由此产生的演化稳定的性别比例未必与蚁后掌控投资产生的演化稳定的性别比例相同，这一点仍然正确。从这个意义上说，职虫并非对性别比例漠不关心：她很可能会努力改变性别比例，使之偏离女王“试图”实现的目标。

特里弗斯和黑尔对女王和职虫之间性别比例冲突的确切性质的分析可以再加以延伸，以进一步阐明操纵的概念（例如 Oster & Wilson 1978）。下面的叙述来自格拉芬的研究（论文尚在准备阶段）。我不打算详细预测他得出了什么结论，但希望强调一个原则，这个原则在他的分析中十分明确，而在特里弗斯和黑尔的分析中却语焉不详。我们并不是问“‘最佳’性别比例已经成功实现了吗”，相反，我们假设自然选择已经产生了一个结果，并给出了一些制约因素，然后问这些制约因素是什么（见第 3 章）。在目前的案例中，我们追随特里弗斯和黑尔的步伐，认识到演化稳定的性别比例的关键取决于军备竞赛的哪一方拥有实际权力，但我们也认识到，可能的权力配置范围比这两位所指出的更大。实际上，特里弗斯和黑尔推导出的是关于实际权力的两种非此即彼的假设结果；第一种假设是女王行使所有权力，第二种假设是职虫行使所有权力。但是，我们还可以做出许多其他可能的假设，每一种假设下，我们对演化稳定的性别比例都会有不同的预测。事实上，在他们论文的其他部分，特里弗斯和黑尔考虑了其中的一些假设，例如假设职虫能够产下孵化出雄性的卵。

与布尔默和泰勒（Bulmer & Taylor，未发表）[1] 一样，格拉芬对权力划分提出假设：女王对她所产的卵的性别拥有绝对的权力，而职虫则对幼虫的喂养有绝对的权力。他根据这一假设探讨了后果。职虫可以决定有多少可用的卵会发育成女王，又有多少会发育成职虫。它们有权饿死某个性别的幼虫，但其制约条件是女王所产的卵本身能孵化出什么性别。女王有权按自己选择的任何性别比例产卵，包括完全不产某个性别的卵。但是，这些卵一旦产下，就任由职虫摆布了。例

[1] 迈克尔·G. 布尔默（Michael G. Bulmer），统计学家。彼得·D. 泰勒（Peter D. Taylor），加拿大数学家和生物学家，主攻动物行为的遗传模型。

如，一只女王可能会采取策略（在博弈论的意义上），在给定的一年时间里只产会孵化出雄性的卵。这时，我们可能会认为尽管职虫们很不情愿，但她们别无选择，只能抚养她们的弟弟。在这种情况下，女王可以预先阻止某些职虫的策略，比如“优先喂养妹妹”，只因为她“占得先机”。但职虫们仍可有所作为。

通过博弈论，格拉芬证明，只有特定的女王策略是对特定职虫策略的演化稳定回应，也只有特定的职虫策略是对特定女王策略的演化稳定回应。于是出现了一个有趣的问题：“职虫和女王各自策略的演化稳定组合是什么？”事实证明，答案不止一个，对于一组给定的参数，可能有多达三种演化稳定状态。格拉芬得出的具体结论并非我此处所关注的，尽管我要指出，它们体现了有趣的“反直觉”。我所关注的是，模式种群的演化稳定状态取决于我们对权力所做的假设。特里弗斯和黑尔给出的是两种彼此对立的可能的绝对假设（绝对的职虫权力和绝对的女王权力）。格拉芬研究了一种看似合理的权力分配（女王掌控产卵，职虫掌控幼虫喂养）。但是，正如我已指出的，我们还可以对权力划分做出许多其他假设。每个假设都对演化稳定的性别比例产生了不同的预测，因此，对预测的检验也就可以被视为提供关于虫巢中权力配置状况的相关证据。

例如，我们可能会把研究聚焦于女王“决定”是否让某个给定卵子受精的确切时刻。我们可以合理地假设，既然受精这件事发生在女王体内，那么这个具体决定很可能是为了让女王的基因受益而做出的。这一点可能是合理的，但正是因为这种假设，延伸的表型学说受到质疑。目前，我们只是注意到，职虫可能会通过信息素或其他手段操纵女王的神经系统，从而根据前者的遗传利益来颠覆女王的行为。同样，是职虫以其神经和肌肉活动来直接负责哺育幼虫，但我们不能想当然地认为职虫的肢体活动只是为了自身基因的利益。众所周知，女王对职虫施放了大量的信息素，不难想见女王对职虫行为的强大操纵。关键在于，我们可能做出的每一个关于权力划分的假设都会产生一个关于性别比例的可检验的预测。我们之所以感谢特里弗斯和黑尔，正是因为这份洞察，而不是因为他们碰巧检验了某个特定模型的预测。

甚至可以想象，在一些膜翅目昆虫中，雄虫也可能会行使权力。布罗克曼（1980）对亮短翅泥蜂（*Trypoxylon politum*）进行了深入研究。这些蜂是“独居”的（与真社会性相对），但它们并不总是孑然一身。和其他泥蜂物种一样，每只雌蜂都建造自己的巢室（在这一例子中用的是泥土），将已麻痹的猎物（蜘蛛）作为食物投入其中，在猎物身上产卵，然后封闭巢室，如此周而复始。在许多膜翅目昆虫中，雌虫随身携带其一生所需的精子，这些精子来自生命早期的短暂交配。然而，雌性亮短翅泥蜂在整个成年期频繁交配。雄蜂出没于雌蜂巢室，每次雌蜂返回巢室时，雄蜂都会不失时机地与其交配。一只雄蜂可能会在巢室里枯坐几个小时，可能是为了防止寄生虫入侵，也可能是为了击退其他试图进入的雄蜂。与大多数雄性膜翅目昆虫不同的是，雄性亮短翅泥蜂会参与育儿。因此，就像我们对职虫所做的假设，雄蜂是否具备影响子代性别比例的潜在能力？

如果雄蜂真的能行使这种权力，会有什么后果？由于雄蜂会把自己的基因全部遗传给女儿，而不会遗传给配偶的儿子，因此倾向于让雄蜂“重女轻男”的基因会更受青睐。如果雄蜂大权独揽，完全决定其配偶后代的性别比例，结果将十分古怪。在第一代雄蜂的权力影响下，子代没有雄蜂出生。结果，在接下来的一年里，所有的卵都是未受精的，因此都是雄蜂。该种群由此遭到严重动摇，然后走向灭绝（Hamilton 1967）。如果雄蜂行使有限的权力，结果就不会如此极端，这种情况在形式上类似于正常二倍体遗传体系中的“X 染色体驱动”（第 8 章）。在任何情况下，如果一只雄性膜翅目昆虫发现自己有能力影响其配偶产下子代的性别比例，我们就会认为他倾向于产生更多雌性子代。他可能通过影响其配偶是否从她的精子囊中释放精子的决定来做到这一点。目前还不清楚他是如何做到这一点的，但已知的是，蜜蜂蜂王产下雌性卵的时间比产下雄性卵的时间长，额外的时间可能被用来受精。如果我们实验性地尝试打断正在产卵的蜂王，看看这种延迟是否会增加产雌性卵的概率，这大概会很有趣。

雄性亮短翅泥蜂是否表现出任何试图进行这种操纵的行为？例如，它们是否表现出试图延长雌蜂产卵时间的行为？布罗克曼描述了一种被称为“抱头”的奇怪行为模式。在雌蜂产卵前的最后几分钟，这种行为与交配交替出现。除了在巢室的整个供食阶段，双方会进行短暂的交配外，在最后的产卵和封巢前，还会有一段持续数分钟的长时间重复交配。雌蜂的头部首先探入垂直的风琴管状泥巢，然后把头伸到被麻痹的蜘蛛群中。她的腹部正对着巢室底部的入口，雄蜂就在这个位置与她交配。然后，雌蜂转过身，头朝下露出巢穴，用腹部尖端探查蜘蛛，好像要产卵似的。与此同时，雄蜂用前足“抱”着她的头大约半分钟，抓住她的触角，把她向下拉拽，拖离蜘蛛。然后她转身，两者再次交配。之后她再次转身用腹部探查蜘蛛，雄蜂则再次抱住她的头，把她拖开。整个循环会重复五六次。最后，在一次持续时间特别长久的“抱头”后，雌蜂终于得以产卵。

卵一旦产出，其性别就确定了。我们已经考虑了工蚁操纵蚁后神经系统，迫使她根据工蚁们的遗传利益而改变受精决定的假设的可能性。布罗克曼认为，雄性亮短翅泥蜂可能会尝试类似的颠覆行为，而抱头和拖拽的行为可能正是它们操纵技巧的一种表现。当雄蜂抓住雌蜂的触角，把她拖离她正在用腹部探查的蜘蛛时，他是在强迫后者推迟产卵，以增加卵子在输卵管中受精的机会吗？至于这一观点是否合理，可能取决于在抱头实施期间，卵子在雌蜂体内的确切位置。或者，是否如 W. D. 汉密尔顿博士所指出的那样，雄蜂实际上是在胁迫雌蜂，威胁要把她的头咬下来，除非她把产卵推迟到进一步交配之后？也有可能雄蜂是通过反复交配获得收益的，简单地说，就是用他的精子充塞雌蜂的体内通道，从而让后者的卵子有更大机会遇到他的精子，而不是雌蜂自己有意从精子囊中释放的精子。当然，这些只是一些启发性意见，有待进一步研究证实，布罗克曼和格拉芬等人正在跟进。据我所知，初步研究并不支持雄蜂实际上成功地对性别比例施加了影响的假设。

本章旨在让读者对“自私的生物体”中心原理的笃定信念开始有所动摇。该原理认为，个体动物是出于自身的广义适合度，出于自身所包含基因副本的利益而行事。而本章已经表明，动物很可能为了其他个体的遗传利益而奔忙，甚至不惜损害自己的遗传利益。这未必只是对中心原理的暂时背离，是在施加于受害者谱系的反选择作用尚未来得及扳回一城之前，一段操纵性剥削行为暂时得逞的“小插曲”。我认为，基本的不对称情景，如“生命/晚餐原则”和“稀有敌人效应”，将导致许多军备竞赛达到一种稳定状态，即竞赛的一方永远为另一方服务，并损害自身利益；它们勤勤恳恳、兢兢业业，却是在肆意违背自己的遗传利益。当我们看到一个物种的成员一直以某种方式行事时，比如鸟类的“蚁浴”或其他类似行为，我们往往会挠挠头，想知道这种行为对动物的广义适合度到底有何好处。让蚂蚁在鸟的羽毛上爬来爬去，对鸟有什么好处呢？它是在利用蚂蚁来清除寄生虫，还是有什么别的目的？本章的结论是，我们也许该问，这种行为对谁的广义适合度有利！是有利于动物自身，还是有利于隐藏在幕后的操纵者？以“蚁浴”为例，推测鸟类从中得利似乎是合理的，但也许我们至少应该换个角度，看看这种适应是否可能有利于蚂蚁！

第5章

主动种系复制因子

1957年，西摩·本泽（Seymour Benzer）提出，“基因”不能再作为一个单一的统一概念继续存在。他将其一分为三：突变子（muton）是突变变化的最小单位；重组子（recon）是重组的最小单位；至于顺反子，其定义方式仅直接适用于微生物，但它在实际运用中一般指负责合成一条多肽链的遗传功能单位。我建议增加第四个单位，即“最适子”（optimon），作为自然选择的单位（Dawkins 1978b）。E. 迈尔（E. Mayr，私人通信）[1] 自行创造了“选择子”（selecton）一词来指称同样的事物。当我们说适应是为了“某物”的利益时，我们所指的“某物”就是最适子（或选择子）。问题在于，这个“某物”，即最适子到底是什么。

“‘选择的单位’是什么”这个问题，时不时便会成为生物学（Wynne-Edwards 1962；Williams 1966；Lewontin 1970a；Leigh 1977；Dawkins 1978a；Alexander & Borgia 1978；Wright 1980）和哲学（Hull 1980a，b；Wimsatt 论文尚在准备阶段）文献的争论焦点。乍一看，这

[1] 全名恩斯特·沃尔特·迈尔（Ernst Walter Mayr），德裔美国生物学家，以其在鸟类分类学、种群遗传学和演化方面的研究成果而闻名。他被认为是世界上最重要的演化生物学家之一，有时被称为“20世纪的达尔文”。

似乎是一场毫无用处的神学争论。事实上，赫尔[1]明确认为，这个问题是“形而上学的”（尽管这无伤大雅）。我必须为自己对该问题的兴趣做一番辩解。为什么我们认为搞清楚选择的单位是什么很重要？有各种各样的理由，但我只说一个。我同意威廉斯（1966）、古里奥（1973）等人的观点，他们认为有必要发展一门严肃的适应科学——科林·皮登觉（1958）称之为“目的性”（teleonomy）。目的性的核心理论问题是，如果说适应是为了某个实体的利益而存在，那么这个实体的本质是什么？它们是为了生物个体的利益，为了它所属的群体或物种的利益，还是为了生物个体内部某个更小单位的利益？正如我在第 3 章已经强调的，这真的至关重要。为群体利益而进行的适应与为个体利益而进行的适应是迥然不同的。

古尔德（1977b）指出了再明显不过的问题：

> 认为“个体是选择的单位”是达尔文思想的中心主旨……个体是选择的单位，“生存斗争”是个体之间的问题……在过去的 15 年里，学界对达尔文的这一看法提出了挑战，人们认为选择的单位应该来自比个体更高或更低的层次。苏格兰生物学家 V. C. 温-爱德华兹（V. C. Wynne-Edwards）在 15 年前提出，选择的单位是群体，而非个体，至少对于社会行为的演化来说是这样，该观点激起了正统派的愤怒。最近英国生物学家理查德·道金斯的观点令我恼火，他认为基因本身是选择的单位，而个体只是前者的临时容器。

古尔德提及了生命组织中层次的概念。他认为自己站在这个“梯子”的中间一级，上面一级是群体选择论者，下面一级则是基因

[1] 此处指戴维·L. 赫尔（David L. Hull），美国科学哲学家、演化理论学家。

选择论者。本章和下一章将说明这种分析的谬误。当然，生物组织是有层次的（见下一章），但古尔德对其的运用是错误的。传统的群体选择与个体选择之争，与明面上的个体选择与基因选择之争在范畴上是不同的。把这三者排列在单一维度的阶梯上，以至于像“更高”和“更低”这样的词便可表达级级传递之意，这是错误的。我将表明，广为流传的群体选择与个体选择之争，涉及我所谓的“载具选择”，其可被视为关于自然选择单位的事实性生物学争论。另一方面，从更低层次而来的挑战，实际上争论的是，当我们谈论自然选择的一个单位时，这个单位应该意味着什么。

我先揭示一下这两章的结论，我们可以用两种方式来描述自然选择的特征。两者都是正确的，它们只是在关注同一过程的不同方面。演化是可替代复制因子差异化存续的外在和可见的显现（Dawkins 1978a）。基因是复制因子，而生物体和生物群体最好不要被视为复制因子，它们是复制因子借以四处游走的载具。复制因子选择是指一些复制因子以牺牲其他复制因子为代价存续下来的过程。而载具选择也是一个过程，借助这个过程，一些载具比其他载具更成功地确保其内部复制因子的存续。关于群体选择和个体选择的争论，是两种关于可能载具的对立主张间的争论。而基因选择与个体（或群体）选择间的争论则在于，当我们谈论选择的单位时，我们所指的到底应该是载具，还是复制因子。哲学家 D. L. 赫尔（1980a，b）在这一点上可说与我所见略同，但经过一番斟酌后，我还是更愿意坚持使用我自己的术语，而不是采用他的“交互因子”（interactors）和“演化因子”（evolvors）。

我把“复制因子”定义为宇宙中任何可以复制的事物。比如一个 DNA 分子，又比如一张被复印的纸。复制因子可以用两种方式进行分类。它们可能是“主动的”或“被动的”，而在与这个分类相交叉的另一个分类中，它们可能是“种系”或“死路”复制因子。

“主动复制因子”是指其性质对其被复制的概率有一定影响的任何复制因子。例如，一个 DNA 分子，通过蛋白质合成，产生表型效应，从而影响它是否被复制，这就是自然选择的全部意义。“被动复制因子”则是指其性质对其被复制的概率没有影响的复制因子。一张得到复印的纸乍一看似乎可以作为例子，但有些人可能会认为，它的性质确实影响了它是否被复制，因此它是主动的：人们更有可能复印一些纸，而不是另一些纸，原因在于纸上的内容，而这些副本，相对来说，又有可能被再次复制。一段从未被转录的 DNA 可能是被动复制因子的真正例子（请参阅第 9 章“自私的 DNA”部分）。

“种系复制因子”（可能是主动的或被动的）是一种有潜在可能复制出无限长的后代谱系的复制因子。配子中的基因是种系复制因子。一个身体的种系细胞中的一个基因也是如此，它是配子的有丝分裂（mitosis）的直接祖先。变形虫体内的任何基因也是如此。奥格尔（Orgel 1979）[1] 试管中的 RNA 分子也是如此。“死路复制因子”（也可能是主动的或被动的）则是一种可以被复制有限次，产生一系列有限后代，但肯定无法复制出无限长的后代谱系的复制因子。我们体内的大部分 DNA 分子都是死路复制因子。它们可能会进行几十代有丝分裂复制，但肯定不能长期无限分裂，因其无此潜力。

对于一个个体的种系细胞中的 DNA 分子，如果该个体碰巧英年早逝，或者没有繁殖能力，该 DNA 分子也不应该被称为“死路复制因子”。这样的种系事实上确实走到了尽头，不过它们只是未能实现“对永生的渴望”。这种不同的失败就是我们所说的自然选择。但无论它实际上是否成功，任何种系复制因子都“可能”是不朽的。它“渴望”不朽，但在实践中却有失败的风险。然而，社会性昆虫中完全不

[1] 此处指莱斯利·E. 奥格尔（Leslie E. Orgel），英国化学家和生物学家，提出过关于生命起源的“RNA 世界假说”，即认为最早出现的生命物质既不是蛋白质，也不是 DNA，而是一直被认为在蛋白质和 DNA 之间起简单沟通作用的 RNA。

育的职虫体内的所有 DNA 分子都是真正的死路复制因子。它们甚至不渴望无限复制。这些职虫缺乏种系，这并非运气不佳，而是设计就是如此。它们在这方面更像人类的肝细胞，而不是禁欲主义者的精原细胞。可能会有一些尴尬的中间状况，例如，原本“不育”的职虫，如果其女王死亡，它就会兼顾繁殖；旋果苣（*Streptocarpus*）的叶子并非用于繁殖新的植株，但如果用于扦插，它也可以有此功能。但这已经变得有些神学化了：我们还是不要担心到底有多少天使能在针头上跳舞了吧。

正如我所说，主动 / 被动的区分和种系 / 死路的区分是交错的。一共可得出四种组合。我特别关注这四种组合中的一种，即“主动种系复制因子”。因为我认为，它便是“最适子”，适应正是为它的利益而存在的。主动种系复制因子之所以是重要的单位，是因为它们无论出现在宇宙中的哪个角落，都有可能成为自然选择和演化的基础。如果存在主动复制因子，它们具有某些表型效应的变体往往会在自我复制一途胜过具有其他表型效应的变体。如果它们也是种系复制因子，那么相对频率的变化就可能会产生长期的演化影响。如果某种种系复制因子，其活跃的表型效应恰能确保它们自身的成功复制，则它们自然趋向充盈于世间。我们把这些表型效应视为对生存的适应。当我们问它们是为了确保谁的存续时，最根本的答案不是群体，也不是个体，而是相关的复制因子本身。

我之前曾用一句拟仿法国大革命口号的表述总结了成功复制因子的品质：“长寿、多产、忠实”[1]（Dawkins 1978a）。赫尔（1980b）清楚地解释了这一点。

> 复制因子自身不需要长存不灭。它们只需存在足够长

[1] 法国大革命的口号是“自由、平等、博爱”（Liberté，Égalité，Fraternité），而道金斯则以“长寿、多产、忠实”（Longevity，Fecundity，Fidelity）作为对前者的模仿。

> 的时间来产生额外的复制因子（多产），并保持它们的结构，使其基本完好（忠实）。至于“长寿”，则通过这种复制传递过程中对结构的保持来实现。有些实体，虽然结构相似，但彼此并非副本，因为它们没有这种传递关系。例如，虽然金原子的结构相似，但它们不是彼此的副本，因为金原子不会生成其他金原子。在另一种情况中，当大分子的四级键、三级键和次级键被切断时，大分子可以依次分解成更小的分子。虽然其中存在传递，但这些相继生成的小分子也不能算作副本，因为它们缺乏必要的结构相似性。

我们可以说，复制因子从任何增加其后代（“种系”）复制数量的事物中“受益”。如果主动种系复制因子所在躯体的存续在某种程度上令这些复制因子受益，我们便能观察到可被解释为“以躯体存续为目标”的适应。大量的适应皆属此类。如果主动种系复制因子在某种程度上受益于“其他”躯体而非自身所在躯体的存续，我们便可能会观察到“利他主义”、亲代抚育等。而如果主动种系复制因子在某种程度上受益于其所栖身个体所组成群体的存续，我们便可能会观察到“以群体的保留为目标”的适应。但从根本上说，所有这些适应之所以存在，皆源自不同复制因子自身的存续目的。任何适应的根本受益者都是主动种系复制因子，即“最适子”。

不要忘记最适子附带的“种系”限制条件，这一点很重要。这就是赫尔在金原子类比中阐述的要点。克雷布斯（1977）和我（Dawkins 1979a）·之前批评过巴拉什（Barash 1977）[1] 的观点，后者认为不育职虫之所以关心其他职虫，是因为它们彼此共享基因。如果不是因为他们在这个问题上屡犯不改（Barash 1978；Kirk 1980），我也不

[1] 此处指戴维·P. 巴拉什（David P. Barash），美国著名演化心理学家和生理学家，研究方向涵盖演化、动物和人类行为、社会生物学、军备竞赛和核战争心理学，以及和平研究。

会对此纠缠不休。更正确的说法是，职虫们关心的是它们那些携带有“关心基因”种系副本的、有生殖能力的兄弟姐妹（繁殖虫）。至于说它们关心其他职虫，那是因为其他职虫很可能为同样的繁殖虫（它们与繁殖虫也有亲属关系）服务，而不是因为职虫之间是亲属。职虫的基因可能是主动的，但它们是死路复制因子，而不是种系复制因子。

没有一个复制过程是绝对无误的。复制因子的定义并不要求它的所有副本都必须是完美无缺的。复制因子的基本理念是，当一个错误或“突变”确实发生时，它会被传递给未来的副本：突变会产生一种新的复制因子，这种复制因子会进行“纯育”，直到出现进一步的突变。当一张纸被复印时，复印件上可能会出现原件上没有的瑕疵。如果现在对复印件本身加以复印，该瑕疵就会被纳入第二份副本中（第二份副本也可能带来新的瑕疵）。重要的原则是，在复制因子链中，错误是累积的。

我以前使用“基因”这个词所表达的意义，与我现在所说的“遗传复制因子”等同，指的是一个基因片段，尽管它是选择的一个单位，但并没有严格固定的边界。这种用法并没有得到一致的认可。著名分子生物学家冈瑟·斯坦特（Gunther Stent 1977）曾写道：“20世纪生物学的伟大胜利之一是最终明确地界定了孟德尔的遗传因子或基因……作为遗传物质的单位……其负责编码特定蛋白质的氨基酸序列。”因此，斯坦特强烈反对我采用威廉斯（1966）对基因等同物的定义，即“以可观的频率分离和重组的片段”，并将其描述为“令人难以置信的术语错误”。

对这个相当晚近才得以扶正的专业术语的“护犊”行为，在分子生物学家中并不普遍，因为其中最伟大的一位[1]（Crick 1979）最近还写道：“‘自私的基因’的理论势必延伸到DNA的任何一段。”而且，

[1] 此处指弗朗西斯·克里克（Francis Crick），英国生物学家、物理学家、神经科学家。他是DNA双螺旋结构的发现者之一，因此成就获得了1962年诺贝尔生理学或医学奖。

正如我们在本章开头已看到的，另一位一流分子生物学家西摩·本泽（1957）已认识到传统基因概念的缺陷，但他并没有把传统的“基因”一词用于某种特定的分子学语境，而是选择了更温和的方法，创造了一套有用的新术语——突变子、重组子和顺反子，如今我们还可以加上最适子。本泽承认，他提出的三个单位都可被视为等同于早期文献中的基因。斯坦特那种不容置疑地将顺反子置于三者中最高地位的做法是武断的，尽管不可否认，这种倾向是相当普遍的。已故的 W. T. 基顿（W. T. Keeton 1980）[1] 给出了一个更为折中的观点：“遗传学家为了不同的目的继续使用不同的基因定义，这似乎很奇怪。事实是，在目前的认知阶段，一个定义在一种情况下更有用，而另一个定义在另一种情况下更有用；僵化的术语只会阻碍当前思想和研究目标的形成。”列万廷（1970b）也说对了：“只有染色体符合孟德尔的自由组合定律，只有核苷酸（nucleotide）碱基是不可分割的。密码子和基因（顺反子）介于两者之间，它们在减数分裂时的行为既不单一，也不独立。”

不过，在这里，我们别再为术语问题斤斤计较了。词语的意义是重要的，但还没有重要到足以将它们有时会引起的反感也加以正当化，就像斯坦特当下所做的一样（斯坦特还曾以一种狂热而又绝非作伪的态度，谴责我盲从现代时尚潮流，以非主观含义重新定义“自私”和“利他主义”的做法——参见道金斯对类似批评的回复，1981）。如果有人有任何疑问，我很乐意用“遗传复制因子”来代替“基因”一词。

除了指责我犯下令人难以置信的术语错误之外，斯坦特提出了更重要的一点，即我的单位并没有像顺反子那样进行精确的划分。好吧，也许我在上一句话里应该说“像顺反子曾经看似的那样”精确划分，

[1] 基顿是美国生物学家、动物行为学家，以对鸽子的定位导航能力的研究而闻名。

因为最近研究人员在噬菌体病毒 ΦX174 中发现了“嵌套”顺反子[1]，以及“外显子”（exon）围绕着“内含子”（intron）的情况[2]，这一定会让喜欢单位固定不变的人感到如鲠在喉。克里克（1979）很好地表达了这种新奇感：“在过去的两年里，分子遗传学发生了一场小型革命。当我 1976 年 9 月来到加州时，我还不知道一个典型的基因可能会被分成几个片段，其他人可能也不知道。”克里克意味深长地给“基因”这个词加了一个脚注：“在整篇文章中，我故意在一个宽泛的意义上使用‘基因’这个词，因为在此刻，任何精确的定义都为时过早。”至于我所说的选择单位，不管我叫它基因（Dawkins 1976a）还是复制因子（1978a），从来没有自命其具有统一性。对于我定义它的目的而言，统一性并不是一个重要的考虑因素，尽管我也可想见，这一点对其他目的而言可能很重要。

“复制因子”这个词被刻意用一种普遍方式加以定义，以至于它甚至不必指代 DNA。事实上，我非常赞同这样一种观点，即人类文化提供了一种新的环境，在这种环境中，一种完全不同的复制因子选择机制也可以周行不殆。在下一章中，我们将简要地讨论这个问题，也将讨论在控制“宏观演化”（macroevolution）趋势的大规模选择过程中，物种基因库被视为复制因子的主张。但在本章的其余部分，我们将只关注基因片段，而“复制因子”一词将被用作“遗传复制因子”的缩略词。

原则上，我们可以认为染色体的任何部分都有可能成为复制因子。自然选择通常可以被贴切地形容为复制因子相对于其等位基因的

[1] 1977 年，美国著名生物学家 F. 桑格（F. Sanger）建立了 DNA 测序方法，他在用此方法测定噬菌体 ΦX174 的 DNA 的全部核苷酸序列时，意外地发现基因 D 中包含着基因 E，并由此发现了基因重叠现象，即道金斯所说的嵌套顺反子。基因重叠的发现打破了学界以往对顺反子的界定。

[2] “外显子”是真核生物基因中的编码序列，是在 mRNA 剪切后保留的片段，包含编码蛋白质的核心信息。而“内含子”则是基因中在 mRNA 剪切时被切除的部分，现知大部分内含子是无功能的。外显子和内含子在真核生物 DNA 上交替排列，这一现象直到 1978 年，也就是道金斯写作本书的几年前才得以发现和命名。

差异化存续。如今，等位基因这个词通常用于指代顺反子，但显然它也方便指代更宽泛的内容，而根据本章主旨，我们可将其推广到染色体的任何部分。如果我们观察一段 5 个顺反子长度的染色体，它的等位基因便是存在于种群中所有染色体的同源基因座上的 5 个顺反子的备选集。一个由 26 个密码子组成的任意序列的等位基因是种群中某处存在的一个由 26 个密码子组成的替代同源序列。任何起止于染色体上任意选定点的 DNA 片段，都可以被认为是在与其等位片段争夺染色体的对应区域。进一步地，我们可以将术语“纯合子”和“杂合子”推而广之。选择任意长度的染色体作为我们的候选复制因子后，我们观察同一个二倍体个体中的同源染色体，如果两个染色体在整个复制因子的长度上是相同的，那么这个个体对于该复制因子而言就是纯合的，否则就是杂合的。

当我说“任意选择的染色体部分”时，我真的就是指“任意”。我选择的 26 个密码子很可能跨越两个顺反子之间的边界。该序列仍然可能符合复制因子的定义，仍然可以认为它具有等位基因，并且仍然可以认为它与二倍体基因型中同源染色体的相应部分纯合或杂合。这就是我们的候选复制因子。但是，只有当一个候选基因具有某种最低程度的长寿 / 多产 / 忠实（这三者之间可能存在取舍）时，它才应该被视为一个真正的复制因子。在其他条件相同的情况下，很明显，长度较长的候选片段相比长度较短的，这三种属性都会更低，因为它们更容易被重组事件破坏。那么，染色体中的一部分到底该有多长或多短，才可以被我们视为有效的“复制因子”呢?

这取决于另一个问题的答案：“对什么有效？”达尔文主义者对复制因子感兴趣的原因是，它具有不朽的潜力，或者至少以副本的形式存在相当长的时间。一个成功的复制因子，是以副本的形式成功地延续了很长一段时间（以代计），并成功地增殖了许多自身副本的复制因子。一个不成功的复制因子，则是一种本有着长存的潜力，但实际上未能存续的复制因子，因为它导致自己所栖身的后继躯体失去了性吸引力。我们可以将“成功”和“失败”等词应用于染色体的任意部分。染色体的任意部分成功与否是相对于其等位基因来衡量的，如果种群中的复制因子基因座上存在杂合性，那么自然选择将改变种群中各等位复制因子的相对频率。但是，如果任意选择的那部分染色体非常长，它在当前形式下就会连长存的潜力都没有，因为在任何给定的一代中，它都有可能因染色体的交换（crossing-over）而分裂，不管它在使一个躯体存活和繁殖方面多么成功。极端地说，如果我们考虑的潜在复制因子是一整条染色体，那么“成功”和“失败”染色体之间的差异就没有意义了。因为无论如何，它们几乎都注定会在下一代之前因交换而分裂。也就是说，它们的“忠实度”为零。

这可以用另一种方式来表达。一个任意定义长度的染色体，或潜在的复制因子，可以说具有以代为衡量单位的预期半衰期。有两种因素会影响这个半衰期。第一，如果某些复制因子的表型效应使它们能够成功地自我增殖，它们往往有较长的半衰期。半衰期长于其等位基因的复制因子将在种群中占主导地位，这是我们熟悉的自然选择过程。但如果我们先不考虑选择压力问题，就可以根据复制因子的长度来判断它的半衰期。如果被我们定义为“感兴趣的复制因子”的染色体片段很长，那么它的半衰期往往比长度较短的复制因子更短，这只是因为它更有可能被交换破坏。染色体的极长片段基本无法被称为复制因子。

一个必然的结果是，染色体的长片段，即使在其表型效应方面颇为成功，也不会在种群中有许多副本。根据染色体的交换率，除了Y染色体，我本人似乎不太可能与其他个体共有任何一条完整的染色体。而我肯定与他人共有许多染色体的小片段，如果我们选择的部分足够短，它们被共有的可能性就会非常大。因此，谈论染色体间选择通常是无意义的，因为每条染色体可能都是唯一的。所谓自然选择，就是复制因子在种群中相对于其等位基因频率发生变化的过程。如果我们所考虑的复制因子非常大，以至于它可能是唯一的，那么就不能说它有一个可以改变的“频率”。我们所选择的染色体任意部分必须足够小，小到令其至少有可能在染色体交换分裂之前存在多代，小到令其有一个可以通过自然选择改变的“频率”。那我们会不会选得太小了呢？下面，我将从另一个方向讨论这个问题。

在染色体某部分的长度长到不再被视为有效的复制因子之前，我不会试图确切规定该片段到底可以有多长。对此没有硬性规定，我们也不需要这样的规定。这取决于我们感兴趣的选择压力的强弱。我们不是在寻求一个绝对严格的定义，而是“一种渐进式的定义，就像‘大’或‘老’的定义一样”。如果我们讨论的选择压力非常强，也就是说，如果一个复制因子相比其等位基因，可以使其拥有者更有可能生存繁衍，那么这个复制因子即使很长，也仍然可以被视为一个自然选择的单位。另一方面，如果假定的复制因子与其等位基因对拥有者造成的生存结果差异几乎可以忽略不计，那么如果要让这种差异被感受到，我们所讨论的复制因子就必须够短。这就是威廉斯（1966，p.25）定义的逻辑依据：“在演化理论中，基因可以被定义为任何遗传信息，其有利或不利的选择偏差等同于其内源变化率的倍数。”

强连锁不平衡的可能性（Clegg 1978）并没有削弱这一事实。它只是增加了可以被我们视为有效复制因子的基因组部分的大小。如果连锁不平衡如此强有力，以至于种群中“只有少数配子类型”（Lewontin 1974，p.312），那么有效的复制因子会是一长串 DNA（这似乎值得怀疑）。当列万廷所称的“lc”，即“特征长度”（有效偶联的距离）只是“染色体长度的一小部分时，每个基因只与相邻的基因脱离连锁平衡状态，而进行组合时与距离更远的其他基因基本保持独立。从某种意义上说，特征长度是演化的单位，因为其中的基因是高度相关的。不过，这个概念很微妙。这并不意味着基因组被分解成长度为 lc 的离散的相邻片段。每个基因座都是这样一个相关片段的中心，并与它邻近的基因连锁演化”（Lewontin 1974）。

类似地，斯拉特金（1972）写道：“很明显，当种群中始终保持连锁不平衡时，更高阶的相互作用才是重要的，染色体倾向于作为一个单位。在任何给定的系统中，这种情况的真实程度是衡量基因还是染色体是选择单位的标准，或者更准确地说，是衡量基因组的哪些部分可以被认为具备一致性的标准。”邓普顿等人（Templeton et al. 1976）[1]写道：“选择的单位是选择强度的部分函数：选择强度越大，整个基因组就越倾向于作为一个单位结合在一起。”正是本着这种精神，我曾不乏戏谑地考虑将自己的一部早期作品命名为《略为自私的染色体大片段和更加自私的染色体小片段》（Dawkins 1976a，p.35）。

经常有人向我指出，对复制因子选择论的致命反驳就是顺反子内交换的存在。如果染色体是一条串珠项链，交换总是会破坏珠子之间的项链部分，而不是珠子内部的项链部分，那么这一论点就颇有道理。此时你可能希望在种群中定义包含整数个顺反子的离散复制因子。但由于交换可以发生在项链的任何位置（Watson 1976），而不仅仅是在珠子之间，因此所有定义离散单位的希望都破灭了。

这种批评低估了我们创造复制因子这一概念的目的所允许的灵活性。正如我刚才所表明的，我们不是在寻找离散的单位，而是在寻找长度不确定的染色体片段，它们的数量要么比长度完全相同的可替代片段更多，要么更少。此外，正如马克·里德利提醒我的那样，在任何情况下，大多数顺反子内交换与顺反子间交换的效果是难以区分的。显然，如果我们所关注的顺反子恰好是纯合子，在减数分裂时与一个相同的等位基因配对，那么在交换过程中进行互换的两组遗传物质将是相同的，这种交换是否发生并无区别。如果我们所关注的顺反

[1] 艾伦·R. 邓普顿（Alan R. Templeton），美国遗传学家、演化生物学家。

子是杂合子，在一个核苷酸位点上不同，那么任何发生在杂合核苷酸“以北”的顺反子内交换将与发生于顺反子“北部边界”的交换难以区分；而发生在杂合核苷酸“以南”的任何顺反子内交换也将与发生于顺反子“南部边界”的交换难以区分。只有当顺反子在两个位点上出现不同，并且在它们之间发生交换时，才会被识别为顺反子内交换。一般的观点认为，涉及顺反子边界的交换发生在哪里并不特别重要，重要的是涉及杂合核苷酸的交换发生在哪里。例如，如果一个由6个相邻顺反子组成的序列在整个繁殖种群中恰好是纯合的，那么在这6个顺反子中的任何一个位点发生交换，在效果上都完全等同于在这6个顺反子的任意一端发生交换。

自然选择只能在群体中杂合的核苷酸位点上引起频率的变化。如果个体之间存在从未有过差异的大段核苷酸序列，那么它们就不可能受自然选择的支配，因为在它们之间没有什么可选择的。自然选择必须专注于杂合核苷酸。单核苷酸水平的变化导致了演化上显著的表型变化，当然，基因组的剩余部分不变也是产生表型所必需的条件。那么，我们是否就此陷入了一种荒谬的简化论归谬法？我们要不要写一本书，书名叫作《自私的核苷酸》(*The Selfish Nucleotide*)？腺嘌呤是否为了占有30004号位点而与胞嘧啶进行了无情的斗争？

至少，这不是一种表述事物运行的有用方式。如果这种观点暗示，在某种意义上，一个位点上的腺嘌呤会与另一个位点上的腺嘌呤结盟，形成一个腺嘌呤团队，那就完全是一种误导。如果嘌呤和嘧啶之间真在某种意义上存在争夺杂合位点的竞争，那么每个位点上的竞争与其他位点上的竞争也是彼此无关的。分子生物学家可能为了自己的重要目的（Chargaff, Judson 1979 引用），把基因组中的腺嘌呤和胞嘧啶作为一个整体来计算，但这种做法对研究自然选择的学者来说是在浪费时间。就算它们是竞争对手，也只是针对某个位点的竞争对手。它们对其他位点上的副本的命运漠不关心（亦可参见第8章）。

但是，拒绝自私的核苷酸的概念还有一个更有趣的理由，该理由有利于设想某种更大的复制实体。我们寻找“选择单位”的全部目的，就是要找到一个合适的演员，在我们关于目的的隐喻中扮演主角。看到一个适应，我们就会想说，“这是为了……的利益”。我们在这一章中所寻求的就是以恰当的方式来补全这句话。人们已普遍承认，认为“适应是为了物种的利益”这种不符合分析批判原则的假设会产生严重的错误。我希望自己能在本书中指出，“适应是为了生物个体的利益”这一假设也会带来其他理论上的风险，尽管这种风险较小。我在此处的意思是，既然我们必须把适应说成为了某物的利益，那么这一恰当的“某物”就是主动种系复制因子。虽说“适应是为了核苷酸的利益”——此处的核苷酸指在演化变化中造成表型差异的最小复制因子——这种说法严格来说并不算错，但如此表述对我们并无助益。

我们以“效力”的说法来对此加以说明。一个主动复制因子是这样一段基因组，当与其等位基因对照时，它通过表型对世界施加影响，以使其频率相对于其等位基因增加或减少。虽然在这个意义上，说单个核苷酸能施加效力无疑也是有意义的，但因为核苷酸只在嵌入更大的单位时才能施加给定类型的影响，所以将这一“更大单位”视为施加效力从而改变其副本频率的施动者，对我们来说更为有用。有人可能会认为，同样的论点岂不可以用来证明，把一个更大的单位，如整个基因组，作为施加效力的单位才是合理的。至少对于有性基因组（sexual genome）来说，情况并非如此。

我们拒绝将整个有性基因组作为候选复制因子，因为它在减数分裂时具有很高的碎片化风险。单个核苷酸自无此问题，但是，正如我们刚才看到的，它引发了另一个问题。我们不能说单个核苷酸具有表型效应，除非是在其顺反子中围绕它的其他核苷酸构成的背景下。谈论“腺嘌呤的表型效应”是没有意义的。但是，谈论“在一个指定的顺反子内的指定位点用腺嘌呤代替胞嘧啶产生的表型效应”是完全合理的。但基因组中顺反子的情况不能以此类推。与核苷酸不同，顺反子足够大，具有一致的表型效应，这种效应尽管并非完全不受其在染色体上的位置的影响，但也相对无关（但并非与共有其基因组的其他基因无关）。对于一个顺反子，其相对于其他顺反子构成的序列背景，与其等位基因相比，在是否决定其表型效应方面没有压倒程度的重要性。另一方面，对于核苷酸的表型效应来说，它所在的序列背景决定了一切。

贝特森（Bateson 1982）[1] 对“复制因子选择”表达了以下疑虑。

> 一种性状的胜出，是“相对”于另一种性状而获得定义的，然而遗传复制因子却被认为是“绝对”的、不可分割的。如果你问自己，道金斯的复制因子究竟是什么，你就会明白问题所在了。你可能会回答：“就是那一点决定了性状输赢的遗传物质。”但正如已指出的，这种复制因子必须相对于其他事物才能加以界定。或者，你的回答可能是：“一个复制因子包含了存续的性状进行表达所需的所有基因。”在这种情况下，你将面临一个华而不实的概念。无论选择哪种方式，你的答案都将表明，将复制因子视为演化中不可分割的最小单位是多么具有误导性。

对于贝特森给出的两个备选答案，我当然会和他一样拒绝接受第二个，也就是那个不实用的答案。而另一方面，他的第一个答案可谓完全表达了我的立场，我不像贝特森那样对此感到担忧。基于我的目的，遗传复制因子是根据其等位基因来定义的，但这并不是这个概念的弱点。或者说，如果它被认为是一种弱点，那么它也是一种困扰整

[1] 此处指保罗·帕特里克·戈登·贝特森（Paul Patrick Gordon Bateson），英国生物学家和科学作家。

个群体遗传学的弱点，而不仅仅针对遗传选择单位的特定观念。一个并不总是被人们意识到的基本事实是，每当一个遗传学家研究一个基因的任何表型特征时，他所指的始终是两个等位基因之间的差异。这是一个在本书中反复出现的主题。

为求安心，就让我来展示一下，将基因作为选择的概念单位，同时又承认它只能通过与其等位基因的比较来定义是多么容易做到。众所周知，在桦尺蛾（*Biston betularia*）中，一种特定的深色主基因在工业地区栖息种群中的频率会增加，因为它产生的表型在工业地区更有优势（Kettlewell 1973）。与此同时，我们不得不承认，这个基因只是让深色得以显现的数千个必需基因之一。一只蛾子如果没有翅膀，就不会有"深色的"翅膀，而如果没有数以百计的基因，以及同样数以百计且必不可少的环境因素存在，它就不会有翅膀。但这些都是与翅膀颜色不相关的。黑化表型和一般表型之间的差异仍然可能是由一个基因座的差异引起的，即便"如果没有成千上万个基因的参与，表型本身也不可能存在"这一说法成立。同样的差异也是自然选择的基础。遗传学家和自然选择都关注差异！无论一个物种的所有成员所具有的共同特征的遗传基础有多么复杂，自然选择关心的只是个中差异。演化变化就是可识别基因座上的一组有限替换。

更困难的部分将留到下一章讨论。我将以一个稍显离题的话题来结束本章，这可能有助于阐明复制因子或"基因视角"的演化观点。如果我们回溯过去，就会发现这个观点有一个颇吸引人的方面。今天存在频率较高的复制因子，是过去存在的复制因子中一个相对成功的子集。理论上，我体内的一个特定复制因子可以通过祖先的直系加以追溯。这些祖先，以及他们为复制因子提供的环境，可以被视为复制因子"过去的经历"。

从统计学上讲，一个物种中常染色体（autosome）基因片段的过去经历是相似的。它包括片段所在的典型物种躯体经历的时间，这些躯体中大约 50% 是雄性，50% 是雌性，躯体的年龄范围很广，至少到生育年龄；它还包括其他基因座上的“伴侣”基因的随机洗牌。今天存在的基因往往是那些善于在统计上显著的躯体组合条件中生存的基因，它们与统计上显著的伴侣基因结合在一起。正如我们将看到的，正是因为选择作用青睐基因的某些特质，而后者是与其他经历相似选择的基因共同存续所需的，才导致了“共适应基因组”的出现。我将在第 13 章说明，这是对共适应现象的一个更有启发性的解释，而另一种解释，即“共适应基因组才是选择的真正单位”并不合适。

在一个生物体中，可能没有两个基因具有完全相同的过去经历，尽管一对连锁基因的经历可能很接近。而且，除了遇到突变，Y 染色体上的所有基因都会在同一组躯体中共同传播很多代。但是，相比某个基因过去经历的确切性质，人们更感兴趣的是对今天存在的所有基因过去经历的概括。例如，无论我祖先的群体如何参差多变，他们都有一个共同点，那就是他们至少活到了生育年龄，进行异性交配，并且有生育能力。同样的概括就不适用于历史上那些并非我祖先的躯体。提供现有基因过去经历的躯体，是所有曾经存在过的躯体的非随机子集。

今天存在的基因反映了它们过去所经历的一系列环境。这里说的环境，包括基因寓居的躯体所提供的内部环境，也包括外部环境，比如沙漠、森林、海岸、捕食者、寄生虫、社会伙伴等。当然，这并不是因为环境将其特质烙印在基因上——那将是“拉马克主义”（Lamarckism）（见第 9 章）——而是因为今天存在的基因是一个被选择的集合，使它们存活下来的特质反映了生存环境的特质。

我刚才说，一个基因的经历包括在大约 50% 的雄性躯体和 50% 的雌性躯体中所经历的时间，但性染色体上的基因的情况当然并非如此。在哺乳动物中，假设 Y 染色体不进行交换，那么 Y 染色体上的基因只会经历雄性躯体，而 X 染色体上的基因在雌性躯体中度过三分之二的时间，而在雄性躯体中度过其余三分之一时间。在鸟类中，Y 染色体基因只经历雌性躯体，在杜鹃等特殊例子中，我们还可以再多说几句。雌性大杜鹃被划分为不同的“宿主专一类群”（gentes），每个类群寄生于不同种类的宿主（Lack 1968）。显然，每只雌鸟都会记住自己的义亲及其巢穴的特质，成年后便让雏鸟寄生在同一物种上。而雄鸟在选择配偶时似乎不在乎后者所在的类群，它们充当了类群间基因流动的载具。因此，在雌性杜鹃的基因中，常染色体和 X 染色体上的基因可能近期便经历过杜鹃种群中所有的“宿主专一类群”，并有被杜鹃种群中所有类群的义亲“抚养”的经历。但 Y 染色体在很长的世代序列中仅限于经历一个宿主专一类群和一个宿主物种。在知更鸟巢中存在的所有基因中，有一个子集——知更鸟基因和杜鹃 Y 染色体基因（还有知更鸟跳蚤的基因）——已经在这个巢中延续了许多代。而另一个子集——杜鹃常染色体基因和 X 染色体基因——则经历了各种不同的鸟巢。当然，第一个子集只共有它们的部分经历，即一系列的知更鸟巢。在该子集的其他方面，杜鹃的 Y 染色体基因显然与其他杜鹃的基因，而不是与知更鸟的基因有更多的共同经历。但就知更鸟巢中存在的某些特定选择压力而言，杜鹃 Y 染色体基因与知更鸟基因相比杜鹃 Y 染色体基因与杜鹃常染色体基因有更多共同经历。因此，杜鹃 Y 染色体的演化应该反映了它们独特的经历，而其他杜鹃基因在演化中则反映了它们更普遍的经历——一种染色体水平上的基因组内初始“物种形成”（speciation）。事实上，出于这个原因，人们普遍认为，对宿主物种特异的卵拟态基因必然由 Y 染色体携带，而一般寄生适应的基因则可能由任何染色体携带。

我不确定这一事实是否有重要意义，但这种回溯的方式表明，X 染色体其实也有一段特殊的历史。雌性杜鹃常染色体上的基因可能来自父亲，也可能来自母亲，在后一种情况下，它会经历两代相同的宿主物种。雌性杜鹃 X 染色体上的基因必然来自其父，因此不太可能在两代中经历相同的宿主物种。所以，对常染色体基因经历的宿主物种顺序进行“游程检验”（runs test）[1] 将揭示轻微的连贯效应，比 X 染色体上基因的连贯效应大，但比 Y 染色体上基因的小得多。

在任何动物中，染色体的倒位 [2] 部分可能类似于 Y 染色体，无法交换。因此，这一“倒位超基因”[3] 的任何部分的“经历”将一而再，再而三地包含该超基因的其他部分及其产生的表型后果。栖息地选择基因即可位于一个超基因中的任何位置，比如一个让个体选择干燥的局部气候的基因，就会为整个超基因的连续几代提供一致的栖息地“经历”。因此，一个特定的基因可能会持续“经历”干燥的栖息地，其原因与杜鹃 Y 染色体上的基因持续经历草地鹨巢的原因如出一辙。这将在该基因座上提供一致的选择压力，在前一种情景中，这有利于适应干燥栖息地的等位基因，就像在后一种情景中，这种压力将有利于以草地鹨为专一宿主的雌性杜鹃 Y 染色体上对草地鹨卵进行拟态的等位基因一样。这种特定的倒位超基因将倾向于在该物种位于干燥栖息地的世代中被发现，即使该物种基因组的其余部分可能在整个物种可栖息的地理范围内被随机打乱。因此，染色体倒位部分的许多不同基因座可能会适应干燥的气候，类似于基因组内初始物种形成的事件可能会继续上演。我发现，这种回溯基因复制因子过去“经历”的方法很有帮助。

因此，种系复制因子是实际上要么存活、要么灭亡的单位，这一差异构成了自然选择。主动复制因子会对世界产生一定的效应，并影响它们自身的存续机会。成功的主动种系复制因子对世界产生的效应，便是我们所见的适应。DNA 片段可以算作主动种系复制因子。在有性生殖的情况下，如果这些片段要保持自我复制的特性，就不能被定

[1] 亦称“连贯检验”，是验证一组数据是否符合随机分布的统计学检验方法。
[2] 染色体倒位（inversion）指同一条染色体上发生了两次断裂，产生的片段颠倒 180 度后重新连接。
[3] 超基因（supergene）是基因的集合，这些基因相互连锁，作为一个整体在生物体中代代相传。由于染色体倒位会降低基因重组率，因此为超基因的产生提供了得天独厚的条件。

义得太长。而且，如果要视它们为主动的，也不能把它们定义得太短。

如果生物体进行有性生殖，但没有染色体交换，则每条染色体都是一个复制因子，我们就应该说“适应是为了染色体的利益”。如果生物体连性别都没有，那么同样，我们可以把这种无性生物的整个基因组视为复制因子。但生物体本身并不是复制因子。这是出于两个截然不同的原因，不应相互混淆。第一个原因来自本章中提出的论点，而且只适用于有性生殖和减数分裂：减数分裂和性融合使得我们的基因组都不能被算作复制因子，所以我们自己当然也不是复制因子。第二个原因既适用于有性生殖，也适用于无性生殖。这个原因将留到下一章解释。在下一章中，我将继续讨论，既然生物体及其组成的群体不是复制因子，那它们到底“是什么”。

第 6 章

生物体、群体和迷因

复制因子还是载具?

我曾多次把减数分裂的碎片化效应作为不应把有性生殖的生物体视为复制因子的理由，以至于读者很容易将此视为唯一的理由。如果这是真的，那么无性生殖的生物体就应该是真正的复制因子，而如果某种生物的繁殖是无性的，我们就可以合情合理地称其适应是“为了生物体的利益”。但是，减数分裂的碎片化效应并不是否认生物体是真正复制因子的唯一理由。还有一个更根本的原因，它既适用于有性（生殖）生物，也适用于无性（生殖）生物。

将一种生物体视为复制因子，即使是像雌性竹节虫这样的无性生物，也等于违反了获得性特征不可遗传的“中心法则”。竹节虫看起来像一个复制因子，我们可以列出一个由女儿、外孙女、曾外孙女等组成的代际序列，其中每一个都是该序列中前一个的复制品。但是，假设这一链条上的某处出现了缺陷或瑕疵，比如一只竹节虫不幸失去了一条腿。这个瑕疵可能会伴随其一生，但不会传递到链条的下一个环节。影响竹节虫而不影响其基因的错误不会永久存在。现在我们列出一个平行序列，由上述女儿、外孙女和曾外孙女各自的基因组组成。如果一个瑕疵出现在这个平行序列的某处，它将被传递到链条上的所有后续环节。它也可能体现在链条上所有后续环节的个体躯体上，因为在每一代中都存在从基因指向躯体的因果箭头。但并没有从躯体指向基因的因果箭头。竹节虫表型的任何部分都不是复制因子，其作为整体的躯体自然也不是。说“就像基因可以在基因谱系中传递其结构一样，生物体也可以在生物谱系中传递它们的结构”是错误的。

如果我对这一论点有些重复唠叨，我感到很抱歉，但恐怕是由于我之前没有说清楚这一点，才导致了与贝特森不必要的分歧，而这种分歧值得我花点时间来解决。贝特森（1978）指出，发育的遗传决定因素是必要的，但不是充分的。一个基因可能会“编程”某种特定的行为，但未必是“唯一如此做的事物”。他继续写道：

> 道金斯对此全盘接受，但随后又不知所云般地立马把编程者的特殊地位还给了基因。考虑这样一个例子，发育过程中的环境温度对特定表型的表达至关重要。如果温度变化几度，这台生存机器就会被另一台生存机器打败。这难道不会给予必要的温度值与必要的基因同等的地位吗？温度值对于特定表型的表达也是必需的。它也是代际稳定的（在一定范围内）。如果生存机器为它的后代筑巢，这个鸟巢甚至可以传给下一代。事实上，使用道金斯自己的目的论论证风格，人们可以宣称，鸟不过是鸟巢借以构筑自己的手段（Bateson 1978）。

我回复了贝特森，但失之简略，只提到了最后一句关于鸟巢的评论，我（Dawkins 1978a）说：“鸟巢不是真正的复制因子，因为在筑巢过程中发生的（非遗传的）‘突变’，例如偶然加入一根松针而不是通常的草，不会在‘未来世代的鸟巢’中延续下去。同样，蛋白质分子也不是复制因子，信使 RNA 也不是。”贝特森把“鸟是一种基因制造另一种基因的手段”这一句搬了过来，并用“鸟巢”代替了“基因”。这种类比并不成立，因为有一个因果箭头从基因指向鸟类，但没有反向的箭头。一个突变了的基因可能比它未突变的等位基因更好地延续下去。而一个改变了的鸟巢做不到这一点，当然，除非这种改变是由基因的改变所致。不过，在这种情况下，不朽的是基因，而不是鸟巢。鸟巢和鸟一样，都是一种基因制造另一种基因的手段。

贝特森担心，我似乎给行为的基因决定因素赋予了“特殊地位”。他担心，强调基因才是生物体为之服务的实体，而不是相反，会导致过分强调基因的重要性，而不是发育的环境决定因素。我对这个问题的答复是，当我们谈论发育时，对非遗传因素和遗传因素予以同等强调是恰当的。但是，当讨论的是选择单位时，我们需要有不同的侧重点，即强调复制因子的属性。遗传因素凌驾于非遗传因素的特殊地位是实至名归的，原因只有一个：遗传因素会自我复制，包括缺陷瑕疵，但非遗传因素不会。

鸟巢里的温度对一只正在发育的幼鸟的当下生存和发育方式，乃至成年后的长期成功都至关重要，这一点我们举双手赞成。基因产物对发育的生化源头的即刻效应可能确实非常类似于温度变化产生的影响（Waddington 1957）。我们甚至可以把基因的酶产物想象成一个个小小的本生灯，它们选择性地在胚胎发育的生化树分支的关键节点上加热，即通过选择性地控制生化反应速率来控制发育。胚胎学家认为，遗传因素和环境因素之间没有根本的区别，这是没错的；他认为每种因素都是必要的，而不是充分的，这也是正确的。贝特森提出的是胚胎学家的观点，而没有哪位动物行为学家在该领域比他更有发言权。但我所谈论的不是胚胎学。我不关心发育决定因素的对立主张。我谈论的是在演化过程中存续的复制因子，贝特森当然也同意，无论是鸟巢、巢里的温度，还是筑巢的鸟，都不是复制因子。通过实验性地改变其中某个因素，我们很快就能发现它们不是复制因子。这种改变可能会对动物造成严重损害，影响其发育和生存机会，但这种改变不会传递给下一代。而如果对种系中的一个基因进行类似的破坏（突变），这种变化可能影响，也可能不会影响鸟类的发育和生存，但它可以遗传给下一代，也就是说，它可以被复制。

和往常的情况一样，表面上的分歧其实源于双方的误解。我以为，贝特森对“不朽的复制因子”没有给予足够的尊重。贝特森则以为，我对发育过程中相互作用的“复杂因果大联系”没有给予足够的尊重。事实上，我们各自都在合理地强调对生物学的两个主要领域——发育研究和自然选择研究——很重要的考量因素。

因此，生物体不是复制因子，甚至不是复制忠实度很低的原始复制因子（Lewontin 1970a；另参见 Dawkins 1982）。所以，最好不要说适应是为了生物体的利益。那么，更大的单位，如生物群体、物种、物种群落等又如何呢？其中一些较大的分组显然也符合“内部碎片化破坏复制忠实度”的描述。在这种情况下，碎片化的动因不是减数分裂的重组效应，而是迁入和迁出，这些个体进出群体的行动破坏了群体的完整性。正如我在前作中说过的，这些群体就像天上的云彩，或沙漠中的尘暴。它们只是临时的聚合体或联合体。它们在漫长的演化过程中并不稳定。种群可能会延续很长一段时间，但它们会不断地与其他种群融合，因此失去了自己的特性。它们也会受到来自内部的演化变化的影响。一个种群不足以成为自然选择的单位，因为它不是一个足够离散的实体，也不够稳定和一致，不能优先于另一个种群而被“选择”。但是，正如“碎片化”的论点只适用于生物的一个子集，即有性生物一样，上述论点也只适用于群体层次的一个子集——能够进行异种交配的群体，但不适用于生殖隔离的物种。

那么，让我们再来研究一下，“物种”的行为是否足够近似连贯的实体，能够繁殖并产生其他物种，以使其当得起复制因子的称号。请注意，这与盖斯林（1974b）认为物种是“个体”的逻辑主张不同（亦可参见 Hull 1976）。在盖斯林所称的意义上，生物体也是个体，而我希望我已经证明了生物体不是复制因子。那么，物种——或者更准确地说，生殖隔离的基因库——真的符合复制因子的定义吗？

重要的是要记住，仅仅是不朽还不满足复制因子的标准。一个谱系，例如长期不变的腕足类动物海豆芽（*Lingula*）的亲代和子代构成的序列，在同一意义和同一程度上，就像一个基因谱系一样，是无止境的。事实上，对于这个例子，我们也许甚至不需要选择像海豆芽这样的"活化石"。在某种意义上，即使是一个迅速演化的谱系，在地质时期的任何时刻也可被视为一个要么灭绝，要么存在的实体。现在，某些种类的谱系可能比其他的更容易灭绝，于是我们也许能找出灭绝的统计规律。例如，雌性无性生殖的谱系可能比雌性固守有性生殖的谱系更容易或更不容易灭绝（Williams 1975；Maynard Smith 1978a）。有人认为，朝着更大体型演化且演化速率较高的菊石和双壳类谱系［其高速率服从科普法则（Cope's Rule）］相比演化速率慢的谱系，更有可能灭绝（Hallam 1975）。利（1977）[1] 提出了一些关于此类差别化谱系灭绝及其与较低水平选择的关系的精辟观点："当种群内的选择更接近于为了物种的利益时，这些物种就会受到青睐。"自然选择"无论出于何种原因，更偏爱那些基因的选择优势更匹配其对适合度贡献的、演化而来的遗传系统"。赫尔（1980a，b）对谱系的逻辑状态，及其对"复制因子"和"交互因子"（赫尔的命名，即我所说的"载具"）的区分尤为明晰。

差别化谱系灭绝，虽然理论上是选择的一种形式，但其本身不足以产生渐进的演化变化。某些谱系可能成为"幸存者"，但这并不意味着它们就是复制因子。沙粒也是幸存者。石英或金刚石构成的硬沙粒要比由白垩构成的软沙粒更持久。但从来没有人把沙粒的硬度选择

[1] 此处指埃格伯特·贾尔斯·利，生物学家，供职于著名的建在巴拿马的美国史密森热带研究所。

作为某个演化过程的基础。究其根本，是沙粒不能繁殖。一颗沙粒可能长存于世，但它不会繁殖和自我复制。物种或其他生物群体会繁殖吗？它们会复制吗？

亚历山大和博尔贾（Alexander & Borgia 1978）断言它们确实可以，因此它们是真正的复制因子："物种产生了物种，物种会繁殖。"关于把物种，或者更确切地说，把它们的基因库看作可繁殖的复制因子，我能给出的最好例子来自"物种选择"理论，该理论与古生物学的"间断平衡论"颇有渊源（Eldredge & Gould 1972；Stanley 1975，1979；Gould & Eldredge 1977；Gould 1977c，1980a，b；Levinton & Simon 1980）。我将花一些时间来讨论这个理论体系，因为"物种选择"与本章关系密切。我愿意在此花时间讨论的另一个原因是，我认为埃尔德雷奇[1]和古尔德的建言能让生物学普遍受益，但我担心的是，对其所具有的革命性，学界言过其实。古尔德和埃尔德雷奇（1977，p.117）自己也意识到了这种危险，尽管原因有所不同。

我的担忧源于一群神经质的达尔文主义外行批评者日益增长的影响力，他们要么是宗教激进主义者，要么是萧伯纳 / 库斯勒式的拉马克主义者[2]。他们出于与科学无关的原因，急不可耐地想要抓住任何可能被认为是反达尔文主义的东西，尽管他们自己也不能尽解其意。记者往往对那些外行圈子里对达尔文主义的批评之声太过喜闻乐见。作为英国名声最好的日报之一，《卫报》在 1978 年 11 月 21 日刊登了一篇文章，其中充斥着新闻报道式的断章取义，但仍可依稀辨出埃尔

[1] 此处指纳撒尼尔·埃尔德雷奇（Nathaniel Eldredge），美国古生物学家，与古尔德共同提出了间断平衡论。

[2] 萧伯纳是爱尔兰剧作家、思想家、诺贝尔文学奖获得者。萧伯纳对当时盛行的达尔文主义演化论始终心存疑虑，更青睐拉马克主义，并将塞缪尔·巴特勒、叔本华、尼采等人的思想搬运过来，熔铸成他的"创造演化论"，也称生命力理论。萧伯纳主张，人是宇宙间生命力所创造的工具。人类存在的意义在于实现生命力的意图，而不是追求个人目标。而生命的终极目的是超越物质，避免生命物化。这也是人类自我拯救的途径。库斯勒指阿瑟·库斯勒（Arthur Koestler），匈牙利裔英籍作家。他的作品关注政治和哲学问题。库斯勒也反对达尔文主义。道金斯以这两人为例，指代各类不具备基本生物学知识，却反对达尔文演化论的文人式态度。

德雷奇 / 古尔德理论的某种变体，以此作为达尔文主义并不圆满的证据。不出所料，这让一些不可理喻的宗教激进主义者在报纸的读者来信专栏里喜形于色、幸灾乐祸。令人心烦的是，其中一些人还颇有影响力，于是公众很可能会留下这样的印象：即使是“科学家”自己，现在也怀疑达尔文主义。古尔德博士告诉我，《卫报》并没有回复他的抗议信。另一份英国报纸《星期日泰晤士报》（1981 年 3 月 8 日）在一篇名为《挑战达尔文的新线索》的长篇文章中，耸人听闻地夸大了埃尔德雷奇 / 古尔德理论和其他版本的达尔文主义之间的区别。英国广播公司也在差不多同一时间加入战团，由互为竞争对手的两个制作团队制作了两个彼此独立的节目。节目名称分别为《演化论的麻烦》（*The Trouble with Evolution*）和《达尔文错了吗？》（*Did Darwin get it Wrong?*），很难说这两个节目有什么区别，除了一个支持埃尔德雷奇，另一个支持古尔德以外！第二个节目实际上不遗余力地挖掘了一些宗教激进主义者对埃尔德雷奇 / 古尔德理论的评论：毫不奇怪，达尔文主义者内部出现的分歧对他们来说虽难以理解，但也是一大乐事。

学术期刊中也不乏此类新闻报道式的猎奇风格。《科学》（*Science* Vol. 210，pp.883–887，1980）报道了最近一次关于宏观演化的会议，标题是夸张的“受到攻击的演化论”，副标题同样耸人听闻，是“在芝加哥举行的历史性会议挑战了现代综合论长达 40 年的主导地位”（批评可见 Futuyma et al. 1981）。正如梅纳德 · 史密斯在同一次会议上所说的那样，“如果在本不存在智识对立的情况下，你却偏以为有，那你就是在制造障碍，阻隔相互理解”（亦可参见 Maynard Smith 1981）。面对所有这些哗众取宠的宣传，我急于澄清的事实可借用它们自己的一个章节标题阐明：“埃尔德雷奇和古尔德没有说什么，又说了什么”。

间断平衡论认为，演化并不包括连续的平稳变化，其并非“气势恢宏地徐徐铺展而开”，而是断断续续的，在长时间的停滞（stasis）

中间断发生。化石谱系缺乏演化变化不应被认为是“没有数据”，而应被视为一种常态，也是我们真正应该期待看到的，如果我们认真对待我们的现代综合论，特别是其中嵌入的“异域物种形成理论”（allopatric theory of speciation）的话，那么“作为异域物种形成理论的结果，新的化石物种并不起源于它们祖先生活的地方。仅仅通过观察某地的岩柱来追踪某个物种的演化，并期望以此追溯一个谱系的逐渐分化，机会可谓极其渺茫”（Eldredge & Gould 1972，p.94）。当然，通过普通的自然选择（我称之为遗传复制因子选择）进行的微演化仍在继续，但它在很大程度上局限于危机时期的短暂爆发活动，也就是我们所说的“物种形成事件”。这些微演化的爆发通常结束得太快，以至于古生物学家无法对其进行追踪。我们所能看到的只是新物种形成前后的谱系状态。由此可见，物种之间化石记录中的“缺口”，远非达尔文主义者有时所以为的尴尬，而是我们预料之中的结果。

对古生物学证据自然可以进行争论（Gingerich 1976；Gould & Eldredge 1977；Hallam 1978），我也没有资格对此盖棺论定。我曾经从一个非古生物学的方向进行研究——当时我确实对整个埃尔德雷奇 / 古尔德理论一无所知——发现赖特 / 迈尔提出的缓冲基因库会抵抗变化，但偶尔也无法阻挡遗传巨变的想法，与我自己的心仪的理论之一，也就是梅纳德 · 史密斯（1974）的“演化稳定策略”概念，可以说颇为契合：

> 基因库将由一组“演化上稳定的基因”构成，这组基因可被界定为一个不会被任何新的基因入侵的基因库。大多数通过突变、重配或外部迁入而产生的新基因很快就会受到自然选择的惩罚：于是演化上稳定的那组基因得以恢复。偶尔……有一个不稳定的过渡阶段，最终又形成一组新的演化上稳定的基因……一个种群可能有不止一个可选的稳定点，

而且它可能偶尔从一个稳定点切换到另一个稳定点。渐进式演化与其说是一个沿着斜坡稳步向上攀登的过程，不如说是从一个稳定平台到另一个稳定平台的一系列不连续的步伐（Dawkins 1976a，p.93）。

埃尔德雷奇和古尔德重申的关于时间尺度的观点也给我留下了深刻的印象："我们怎么能把 100 万年内增长 10% 的稳步进展视为毫无意义的抽象概念呢？我们身处的这个瞬息万变的世界，能在如此漫长的时间里从无间断地施加如此微小的选择压力吗？"（Gould & Eldredge 1977.）"在化石记录中，渐变论（gradualism）意味着每代变化的速度是如此之慢，以至于我们必须认真考虑在传统模式中，它对自然选择而言是否无法察觉——这些变化只能赋予个体极其短暂的适应优势"（Gould 1980a）。我想可以做如下类比。如果一个软木塞稳定地从大西洋的一侧漂到另一侧，没有偏向或后退，那么我们可以用墨西哥湾流或信风来解释这一现象。如果软木塞漂洋过海所需的时间是一个合适的尺度，比如几周或几个月，这个解释似乎挺合理的。但是，如果软木塞要花 100 万年才能漂过大西洋，且没有偏向或后退，是稳扎稳打一点点漂过去的，那么任何洋流或者信风之类的解释就都不能让人信服了。洋流和信风的移动速度不会那么慢，或者说，假如它们真这么慢，那相应的推力也会非常微弱，以至于软木塞肯定会受到其他向前或向后力量的巨大冲击。如果我们发现一个软木塞以如此缓慢的速度稳定地漂移，我们就必须寻求一种完全不同的解释，一种与我们所观察到的现象的时间尺度相称的解释。顺便说一句，在历史上，围绕这一点还有一个饶有趣味的讽刺性插曲。早期反对达尔文的一个论点是，没有足够的时间来让他所提出的演化数量发生。人们似乎很难想象，选择压力强大到足以在当时被认为短暂的窗口时间内实现所有的演化变化。而埃尔德雷奇和古尔德新近提出的论点却几乎与此截然相反：很难想象有一种选择压力会弱到足以在如此长的时间内维持如此缓慢的单向演化速率！也许我们应该从这一历史性态度转向中吸取教训。这两种论证都诉诸“难以想象”的推理风格，而曾明智地告诫我们不要使用这种风格的正是达尔文本人。

尽管我觉得埃尔德雷奇和古尔德的时间尺度观点有些道理，但我对此的信心并没有他们那么足，因为我确实担心会受制于自身想象力的局限性。毕竟，渐变论者并不真的需要假设存在长期的单向演化。用我那个软木塞的类比来说，如果风很弱，软木塞真需要 100 万年才能穿越大西洋呢？海浪和局部洋流确实可能把它一会儿向前推，一会儿又向后送。但当所有因素加在一起时，软木塞纯统计学意义上的漂移方向可能仍然由那缓慢却不曾间断的风决定。

我还想知道埃尔德雷奇和古尔德是否对“军备竞赛”所带来的可能性给予了足够的重视（第 4 章）。在对他们所攻击的渐变论加以描述时，他们（Eldredge & Gould 1972）写道：“渐进单向变化的假定机制是‘定向选择’（orthoselection），它通常被视为对物理环境的一个或多个特征的单向变化的不断调整。”如果物理环境中的风和洋流在地质时间尺度上也稳定地向同一方向吹拂、流动，那么动物谱系似乎确实有可能很快到达“演化海洋”的彼岸，其速度之快足以令古生物学家们只能望洋兴叹。

但如果把“物理”一词换成“生物”，事情看起来可能就不一样了。如果一个谱系中的每一个微小的适应步骤都会在另一个谱系（比如它的捕食者）中引起逆适应，那么缓慢的定向选择似乎更为合理。种内竞争也是如此，比如，个体的最优体型可能略大于当前种群的体型状态，无论这种当前状态是什么。“在作为整体的种群中，总有一种趋势存在，那就是对略大于平均值的体型的青睐。体型稍大一点的动物在竞争中具有的优势不算大，但从长远来看，在庞大的种群中，这种优势将是决定性的……因此，以这种方式有规律地演化的种群在体型方面总是能很好地适应，因为最优体型始终包含在它们的正常变异范围内，但这种向心选择中的持续不对称会使总体均值缓慢上移。”（Simpson 1953，p.151.）或者按照另一种解释（也许是兼而有之），如果演化趋势真的有间断和台阶，也许这本身就可以用军备竞赛的概念来解释，因为军备竞赛一方的适应性进步和另一方的反应之间存在时间滞后。

不过，让我们暂且先接受间断平衡论，视其为一种振奋人心的，对熟悉现象以不同视角加以审视的方式，并转而审视古尔德和埃尔德雷奇（1977）方程“间断平衡 + 赖特法则 = 物种选择”的另一边。所谓“赖特法则”（并非他自己提出的）是指“物种形成事件产生的一组形态，相对于演化支内的演化趋势方向而言，基本是随机的”（Gould & Eldredge 1977）。例如，赖特法则表明，即使在一组具有亲缘关系的谱系中存在体型愈加庞大的整体趋势，新分支的物种也不存在比它们的亲本物种体型更大的系统性趋势。这与突变的“随机性”很相似，它直接导向了方程等号的右边。如果新物种在主要趋势方面与它们的前物种的差异是随机的，那么主要趋势本身必然是由这些新物种的差异化灭绝所致——用斯坦利（Stanley 1975）[1] 的术语来说，这就是“物种选择”。

古尔德（1980a）认为，“检验赖特法则是宏观演化理论和古生物学的一项主要任务。因为物种选择理论，就其纯粹形式而言依赖于它。例如，我们考虑一个遵从科普法则、体型不断增大的谱系——就说马吧。如果赖特法则成立，新出现的马种与其祖先相比，体型更大或更小的频率没有差别，那么这种体型变大的趋势就是由物种选择推动的。但如果新物种的体型有倾向性地大于它们的祖先，那么我们就根本不需要进行物种选择，因为随机灭绝仍然会产生这种趋

[1] 此处指史蒂文·M. 斯坦利（Steven M. Stanley），美国古生物学家和演化生物学家。他最著名的研究是对化石记录中间断平衡的演化过程进行的实证研究。

势”。古尔德在这里简直就是亲手把“奥卡姆剃刀”交给了他的对手，然后引颈就戮！[1]他本可以轻易宣称，即使他给出的突变类似物（物种形成）[2]是定向的，这种趋势仍然可能被物种选择加强（Levinton & Simon 1980）。威廉斯（1966，p.99）在一次有趣的讨论中（我在关于间断平衡的文献中没有看到有人引用）称，物种选择的一种形式与种内演化的总体趋势相反，也许还会盖过这种趋势。他再次以马为例，指出马类早期化石往往比后期化石更小这一事实：

> 根据这一观察，我们很容易得出这样的结论：至少在大多数时间里，在平均水平上，体型大于平均值的马在与种群内其他马的生殖竞争中有一种优势。因此，第三纪马动物群的组成种群在大多数时间和平均水平上都在往体型更大的方向演化。然而，也有可能，事实恰恰相反。可能在第三纪的任何特定时刻，大多数马的体型都在变小。至于要解释马的体型从长远来看越来越大的趋势，只需再做一个假设，即群体选择有利于这种趋势。因此，虽然只有少数种群演化出了更大的体型，但可能正是这一少数种群造就了 100 万年后的大多数种群。

那些认为古生物学家观察到的一些主要的宏观演化趋势，如类似科普法则（但参见 Hallam 1978）的体型趋势，是基于物种选择的观念，我并不觉得难以相信。此处的物种选择是威廉斯上述段落中所指的意义，且我认为它与埃尔德雷奇和古尔德所指的意义相同。正如我

---

[1] “奥卡姆剃刀”（Occam’s Razor）是由 14 世纪英格兰的逻辑学家、圣方济各会修士奥卡姆的威廉提出的，其大意为累赘而无必要之物必然会被剔除。对于科学家而言，奥卡姆剃刀原理还有一种更为常见的表述形式：当你有两个或多个处于竞争地位的理论能得出同样的结论，那么简单或可证伪的那个更好。道金斯此处引用奥卡姆剃刀，指古尔德既已认为物种形成会造成体型增大的趋势，那等于是将物种选择置于“无用累赘”的境地。

[2] 即对于物种选择理论而言，物种形成的地位相当于突变之于基因选择，都是带来变化的源头。

相信这三位作者都会同意的那样，这与接受群体选择并以此作为个体自我牺牲的解释——一种为了物种的利益而进行的适应——是完全不同的。这里我们讨论的是另一种群体选择模型，在这种模型中，群体并不被视为复制因子，而是复制因子的载具。我稍后会讲到第二种群体选择。与此同时，我认为，相信物种选择的力量可以塑造简单的大趋势，与相信物种选择的力量可以捏合眼睛和大脑等复杂的适应，这两者是有所不同的。

古生物学所强调的主要趋势，即身体的绝对体型或不同部位的相对尺寸的纯粹增加，是重要而有趣的，但最重要的是，它们很简单。如果接受埃尔德雷奇和古尔德的信念，即自然选择是一个可以在许多层次上应用的普遍理论，那么要把一定数量的演化变化捏合在一起，就需要发生最小数量的选择性复制因子淘汰。不管被选择性淘汰的复制因子是基因还是物种，一个简单的演化变化只需要替换少量复制因子。然而，复杂的适应演化需要发生大量的复制因子替换。当我们将基因视为复制因子时，最小的替换周期是一个个体世代，从受精卵到受精卵。它以年、月，或更小的时间单位来衡量。即使在最大的生物体中，这段时间也只有几十年。另一方面，当我们把物种视为复制因子时，替换周期是物种形成事件与物种形成事件的间隔期，可以用几千年、几万年，乃至几十万年来衡量。在任何给定的地质时期，可能发生的选择性物种灭绝比可能发生的选择性等位基因置换要少很多个数量级。

同样，可能只是源于想象力的局限，我虽可以很容易想见物种选择塑造了一个简单的尺寸变化趋势，比如第三纪马腿的伸长，但我却很难想见，如此缓慢的复制因子淘汰能够将一系列适应捏合在一起，比如鲸对水生生活的适应。现在我们可以说，这种对比当然是不公平的。不管鲸的水生适应作为一个整体是多么复杂，难道它们不能被分解成一系列简单的尺寸变化趋势，在身体的不同部位具有不同大小的异速生长常数和体征吗？如果你能接受马腿的一维伸长是物种选择导致的，那为什么不能承认，物种选择可以并行推进一系列同样简单的尺寸变化趋势呢？这一论点在统计学上存在缺陷。我们假设有十个这样的并行趋势，需要指出，“十”这个数量肯定是对鲸的水生适应演化所需适应的高度保守估计。如果赖特法则适用于所有这十个趋势，那么在任何一次物种形成事件中，这十个趋势中的每一个都有可能被向前或向后推动。在任何一次物种形成事件中，所有十个趋势都向前推进的概率是$\frac{1}{2}$的 10 次方，小于千分之一。如果有二十个并行趋势，则任何一个物种形成事件同时向前推进这二十个趋势的概率小于百万分之一。

诚然，即使不是所有十个（或二十个）趋势都会在任何一个选择事件中共同进退，通过物种选择实现复杂的多维适应的可能性依然是存在的。毕竟，对于生物个体的选择性死亡，也可以提出大致相同的批评观点：很难找到一种个体动物在所有不同的测量维度上都是最优的。争论最后回到了周期时间的差异上。我们必须考虑到，在物种选择的情况下，复制因子消亡的周期时间要比在基因选择情况下所需的周期时间长得多，同时还需考虑上述趋势组合问题，才能做出定量判断。我既没有数据，也没有相应的数学能力来进行这种定量判断，尽管我对建立一个适当的无约束力假设所涉及的方法论有模糊的感觉：它可以归于我喜欢思考的“达西 · 汤普森可能用计算机做什么”这一大类题目，并且我已经编写了适当类型的程序（Raup et al. 1973）。我暂时的猜测是，物种选择并不是一种对复杂适应的令人普遍满意的解释。

再想想物种选择论者可能采用的另一种论点。他可能会抗议说，我把我的组合计算建立在鲸演化的十个主要趋势相互独立的假设上，这是不合理的。但我们必须考虑的组合数量肯定会因为不同趋势之间的相关性而大大减少吗？在这里，区分两种不同的相关性来源是很重要的，它们可以被分别称为协同相关性和自适应相关性。协同相关性是胚胎学事实的固有结果。例如，左前腿伸长，但右前腿不变，这几乎不可能发生。任何实现一条腿伸长的突变本质上都有可能同时实现另一条腿的伸长。稍微不太明显的是，前腿和后腿的伸长也可能具有部分相关性。不那么明显的类似情况可能还有不少。

而自适应相关性并不是直接从胚胎学机制中得出的。一个从陆生动物向水生动物转变的谱系很可能需要对其运动系统和呼吸系统均做出改变，而且我们没有明显的理由期望这两者之间存在任何固有的联系。为什么行走用的四肢转变为脚蹼的趋势，与提高肺部吸氧效率的趋势会有内在的关联呢？当然，两种这样的共适应趋势可能作为胚胎学机制的附带结果而相互关联，但这种相关性的正负只在两可之间。我们又回到了之前的组合计算，尽管我们必须谨慎地计算不同的变化维度。

最后，物种选择论者可能会退让，并求助于普通的低层次自然选择，以淘汰共适应不良的变化组合，这样，物种形成事件只会将已经被尝试过并得到证明的组合交给物种选择筛选。但在古尔德看来，这样的“物种选择论者”根本不是物种选择论者！这样等于已经承认，所有引人注目的演化变化都来自等位基因间的选择，而非来自物种间的选择，尽管这些变化可能集中在短暂的爆发期中，并不时地出现停滞进化；也等于承认违背了赖特法则。如果“赖特法则”现在已可肆意违背，那就是我说古尔德“引颈就戮”时想要表达的意思。我还得再说一遍，赖特本人并没有命名该法则。

从间断平衡论发展而来的物种选择理论是一种富有启迪性的思想，它可以很好地解释宏观演化中某些量变的单一维度。那种复杂的多维适应，比如“佩利的钟表”（Paley's watch），或“极端完美复杂的器官”让我颇感兴趣，这种适应似乎需要一种至少像神一样强有力的塑造者才能实现。如果间断平衡论可以用来解释这些多维适应，我会颇为诧异的。复制因子选择——如果其中的复制因子是替代等位基因——可能足够强有力。然而，如果复制因子是“可替代的物种”，我会怀疑它是否足够有力，因为它太慢了。埃尔德雷奇和克拉克拉夫特（Eldredge & Cracraft 1980，p.269）似乎同意：“自然选择的概念（适合度差异，或种群内个体的差异化繁殖）似乎是一种得到证实的种群内现象，并且构成了对适应的起源、维持和可能改变的最佳解释。”如果这确实是“间断平衡论者”和“物种选择论者”的普遍观点，那么我们就很难理解他们为何要大惊小怪了。

为了简单起见，我讨论的物种选择理论是将物种视为复制因子。然而，读者会发现，这有点像把无性生殖的生物体称为复制因子。在本章前面部分，我们看到，有关竹节虫的思想实验迫使我们将复制因子这一名字严格限于描述竹节虫的基因组，而不是竹节虫本身。同样，在物种选择模型中，复制因子不是物种，而是其基因库。现在，有人肯定很想说：“既然如此，为什么不干脆把基因视为复制因子，而不是某个更大的单位，即便是在埃尔德雷奇 / 古尔德模型中也是如此呢？”答案是，如果他们关于基因库是一个共适应单位，可以对变化进行自我平衡缓冲的观点是正确的，那么，就像竹节虫的基因组可以被视为一个单一复制因子一样，基因库也可以。然而，基因库只有在生殖隔离时才有此正当性，就像基因组只有在生物营无性生殖时才能被称为单一复制因子一样。即便如此，这种正当性也是脆弱的。

在本章前面部分，我们确定了一个生物体本身肯定不是复制因子，尽管如果它是无性生殖的，它的基因组可能是复制因子。我们现在已经看到，也许有理由把一个生殖隔离的群体（如一个物种）的基因库视为一个复制因子。如果我们暂且接受这种逻辑，我们可以想象演化是由这种复制因子之间的选择所引导的，但我在上文得出的结论是，这种选择不太可能解释复杂的适应。除了我们在前一章中讨论过的小基因片段之外，还有其他可能当得起复制因子之名的候选者吗？

我以前曾对一种完全非遗传类型的复制因子表达过肯定，这种复制因子只在复杂的、彼此联络沟通的大脑所提供的环境中才能繁盛。我称之为“迷因”（meme，Dawkins 1976a）。不幸的是，与克洛克（Cloak 1975）[1] 不同——但如果我理解正确的话，我与拉姆斯登和威尔逊（Lumsden & Wilson 1980）[2] 倒是所见略同——我对迷因本身作为复制因子及其“表型效应”或称“迷因产品”之间的区别，划分得不够清晰。迷因应被视为存在于大脑中的信息单位（克洛克所说的“i 文化”）。它有一个明确的结构，可以在大脑用来存储信息的任何物理介质中具现化。如果大脑以突触连接模式存储信息，迷因原则上应该作为突触结构的明确模式，并在显微镜下可见。如果大脑以“分散”形式存储信息（Pribram 1974），我们将无法在显微镜载玻片上直接找到迷因，但我仍然希望能将其视为某种存在于大脑中的物理存在。这是为了区别于它的表型效应，即它在外部世界产生的后果（克洛克所说的“m 文化”）。

迷因的表型效应可能以文字、音乐、视觉图像、服装风格、表情或手势、技能（如山雀打开牛奶瓶，或日本猕猴淘洗小麦）的形式存在。它们是脑内迷因的外在和可见（或可听，等等）显现。它们可能会被其他个体的感官感知到，从而可能会在接收者的大脑中留下印记——刻下原始迷因的副本（不一定是精确的）。然后，模因的新副本就可以传播它的表型效应，其结果是，它的更多副本可能会在其他大脑中被刻下。

为了澄清这个类比，先说回作为原型复制因子的 DNA，它对世界的影响有两种重要的类型。第一，它利用复制酶等细胞装置进行自

[1] 此处指小弗兰克·T. 克洛克（Frank T. Cloak Jr），人类学家，在人类文化行为学、生态学和演化方面著述颇丰。

[2] 此处指查尔斯·J. 拉姆斯登（Charles J. Lumsden），多伦多大学医学教授，与 E. O. 威尔逊共同提出了“基因–文化协同演化”概念。两人合著有《基因、心灵与文化》（*Genes, Mind, and Culture*）、《普罗米修斯之火》（*Promethean Fire*）等相关著作。

我复制。第二，它对外部世界产生效应，并以此影响其副本存续的机会。这两种效应中的第一种，可对应迷因使用个体间交流和模仿工具来复制自身的行为。如果个体生活在一个模仿盛行的社会环境中，这就对应一个富含 DNA 复制酶的细胞环境。

但是，DNA 的第二种效应，即通常所说的“表型效应”对应什么呢？迷因的表型效应如何影响其复制的成败？答案和遗传复制因子是一样的。迷因对承载它的人类躯体的行为产生的任何效应，都可能影响这个迷因存续的机会。一个让它所寓居的躯体跳崖的迷因，其命运跟一个让它所在的躯体跳崖的基因并无区别。它会从“迷因库”中被淘汰。但是，正如促进肉体的存续并非遗传复制因子成功的全部，迷因也可以通过许多其他方式在表型上发挥作用，以保全自身。如果迷因的表型效应是一段乐曲，那么它越吸引人，就越有可能被复制。如果它是一种科学思想，它在全球科学家头脑中传播的机会将受它与已经建立的思想主体的兼容性的影响。如果它是一种政治或宗教观念，当它的表型效应之一是使它所在的躯体表现出对新思想和陌生观念的极度不容忍，那么它可能有助于自身的存续。迷因有它自己的复制机会，也有它自己的表型效应，没有理由说一个迷因的成功应该与基因的成功有任何联系。

与我书信往来的许多生物学学者都认为，这是整个迷因理论中最薄弱的一点（Greene 1978；Alexander 1980，p.78；Staddon 1981）。我倒不觉得这有什么问题；或者，更确切地说，我确实看到了问题，但我不认为迷因作为复制因子比基因更成问题。我的社会生物学同行一次又一次地指责我是个背叛者，因为我不同意他们的观点，即一个迷因成功的最终标准必须取决于它对达尔文“适合度”的贡献。他们坚持认为，归根结底，一个“好的迷因”的传播是因为大脑对它的接受度高，而大脑的接受度最终是由（基因的）自然选择决定的。动物模仿其他动物这一事实，最终必须从其达尔文适合度来解释。

但从遗传学的角度来看，达尔文适合度并没有什么神奇之处。没有什么法则将其作为需要加以最大化的基本量优先考虑。适合度只是谈论复制因子存续的一种说法，在此处，我指的是遗传复制因子。如果另一种实体出现，并符合主动种系复制因子的定义，那么这些致力于自身存续的新复制因子变体将趋于增殖。为了保持一致，我们可以发明一种新的“个体适合度”概念，用以衡量个体在传播迷因方面的成效。

当然，“迷因完全依赖于基因，但基因可以独立于迷因而存在和变化”的说法是正确无误的（Bonner 1980）。但这并不意味着评判迷因选择成功的最终标准是基因的存续，也不意味着那些对所在个体基因有利的迷因才是成功的。当然，有时情况确实如此。显然，导致携带个体自杀的迷因有严重的缺点，但不一定是致命的。就像自杀基因有时会通过迂回的途径传播一样（例如，社会性昆虫的职虫，或亲代的牺牲），自杀迷因也可以传播，比如一场极富戏剧性且被广为传颂的殉难，会激励其他人为其深爱的事业献出生命，而这又会激励更多人舍生，凡此种种（Vidal 1955）。

的确，一个迷因存续的相对成功，在很大程度上取决于其所处社会的风气和生物环境，而这种环境肯定会受到种群基因构成的影响。但这也取决于那些在迷因库中已经在数量上占据主流的迷因。“两个等位基因的相对成功取决于其他基因座上的哪些基因主导基因库”，这一观点已经让基因演化论者心满意足，我已经在阐述“共适应基因组”的演化的过程中提到过这一点。基因库的统计结构会营造一种风气或环境，对任何一个基因相对于其等位基因成功与否造成影响。在一种遗传背景下，一个基因可能更受青睐；而在另一种遗传背景下，受青睐的却是其等位基因。例如，如果基因库的主导基因是让动物寻找干燥的栖息地，其建立的选择压力将有利于不渗透的皮肤的基因。但是，如果基因库恰好由寻找潮湿栖息地的基因所主导，那么渗透性强的皮肤的基因，即不渗透皮肤基因的等位基因就会更受青睐。显而易见的一点是，在任何一个基因座上发生的选择都无法独立于其他基因座上的选择。一旦一个谱系开始向一个特定的方向演化，许多基因座就会步调一致，而由此产生的正反馈将倾向于推动谱系朝着同一方向发展，而不顾来自外部世界的压力。对于在任何一个基因座上的等位基因之间施加选择作用的环境而言，一个重要因素是已经在基因库中其他基因座上占主导地位的基因。

类似地，对任何一个迷因的选择而言，一个重要考虑因素是恰好已经主导了迷因库的其他迷因（Wilson 1975）。如果社会已经由纳粹主义的迷因所主导，那么任何新迷因的复制成败都将受到其与现有背景兼容性的影响。社会环境的正反馈将提供一种动力，使基于迷因的演化朝着与基于基因的演化所青睐的方向相异，甚至相反的方向发展。我同意普利亚姆和邓福德（Pulliam & Dunford 1980）[1] 的观点，即文化演化的“源头和法则均来自基因演化，但它有属于自己的推动力”。

当然，基于迷因的选择过程和基于基因的选择过程之间存在显著差异（Cavalli-Sforza & Feldman 1973，1981）。迷因并不沿着线性染色体排列，也不清楚它们是否会占据和竞争彼此离散的“迷因座”，或者它们是否具有可识别的“等位迷因”。推测起来，就像基因的情况一样，我们只能严格地从差异的角度来谈论表型效应，即使我们所指的，只是包含某个迷因的大脑和不包含该迷因的大脑所产生的行为之间的差异。迷因的复制过程可能远没有基因的复制过程那么精确：在每一次复制事件中都可能存在某种“突变”因素，顺便说一下，本章前面部分所讨论的“物种选择”也是如此。迷因可以以一种基因无法做到的方式部分地相互融合。就迷因演化趋势而言，新的“突变”

[1] 分别指美国生态学家 H. 罗纳德·普利亚姆（H. Ronald Pullaim），以及美国演化生物学家克里斯托弗·邓福德（Christopher Dunford）。引文摘自两人合著的探讨生命演化与文化演化的著作《程序性学习：论文化演化》（*Programmed to Learn: An Essay on the Evolution of Culture*）。

可能是“定向的”，而不是随机的。迷因所对应的“魏斯曼遗传学说”没有基因的那么严格：从表型到复制因子之间可能存在“拉马克式”的因果箭头，反之亦然。这些差异可能足以使将迷因的选择与基因的自然选择进行类比的做法变得毫无价值，甚至完全具有误导性。我个人的感觉是，这种类比的主要价值可能不在于帮助我们理解人类文化，而在于提高我们对基因的自然选择的认识。这是我在此冒昧讨论这一话题的唯一原因，因为凭我对现有人类文化相关文献的有限了解，尚不足以为这一领域添砖加瓦。

不管迷因是否被视为与基因相对应的复制因子，本章的第一部分已经确定了生物个体不是复制因子。然而，它们显然是非常重要的功能单位，因此现在有必要论证它们的确切作用。如果生物体不是复制因子，那它们是什么？答案是，它们是复制因子的公共“载具”。所谓载具，是一种复制因子（基因和迷因）为在世间游走迁移使用的实体，是一种属性受其内部复制因子影响的实体，也是一种可被视为用于复制因子传播的复合工具的实体。但在这个意义上，生物个体并不是唯一可以被视为载具的实体。我们所在的世界存在一个实体层层嵌套的层次结构，理论上，载具的概念可以应用于这一层次结构的任何层次。

层次是一个非常重要的概念。化学家认为物质是由大约 100 种不同的原子组成的，它们通过电子相互作用。原子聚集形成了巨大的集合体，后者受各自所在层次的规律支配。因此，在不违背化学定律的情况下，我们发现当考察大块物质时，忽略原子会较为方便。如在解释汽车的工作原理时，我们不会以原子和范德瓦耳斯力作为解释的单位，而更喜欢谈论汽缸和火花塞。这一经验之谈不仅适用于原子和汽缸盖这两个层次。从原子级别以下的基本粒子，到分子和晶体，再到我们的独立感官所能感知的宏观物体，其中便存在一个层次结构。

生命物质在这个复杂的阶梯上又引入了一系列全新的梯级：从

将自己折叠成三级结构的大分子，到细胞内膜和细胞器、细胞、组织、器官、生物体、种群、群落直至生态系统。与之类似的单位嵌套层次结构，是人类制造的复杂人工产品的典范——半导体晶体、晶体管、集成电路、计算机，以及只能用“软件”来表述的嵌入式单位。在每一层次上，这些单位都按照适合于该层次的规律相互作用，而这些规律并不能随意简化为较低层次的规律。

这些表述早已不新鲜，而且是如此显而易见，几乎算得上是老生常谈。但有时，为了证明自己心智健全，我们不得不重复那些陈词滥调！我们如果想强调一种稍微不合常规的层次，就更需如此了。因为这可能会被误认为是对层次观念本身的“还原论式”攻击。在整体论大行其道的今天，还原论已成了一个肮脏的词，而如今人们看待还原论者时，总有一种“高你一等”的自命不凡之感。在谈论个体体内的机制时，我也满怀热忱地遵循整体论方式，并主张用“神经经济学”和“软件”等说法来解释行为，而不是传统的神经生理学概念（Dawkins 1976b）。而且我也赞成在个体发育方面如法炮制。但有时，整体论的说教很容易取代思考，我相信关于选择单位的争论便是一例。

本书所提倡的新魏斯曼遗传学生命观强调，遗传复制因子是解释相关问题的基本单位。我相信，它在功能性和目的性的解释中扮演着类似原子的角色。如果我们希望把适应说成“为了某物的利益”，那么这一“某物”就是主动种系复制因子。这是一小段 DNA，根据“基因”这个词的某些定义，这是一个单一“基因”。但我当然不是在暗示这一小段遗传单位是相互独立的，就像化学家并不会认为原子是独立的一样。像原子一样，基因是高度群聚的。它们通常沿着染色体成串排列，染色体则成组地被包裹于核膜中，外面还有细胞质和细胞膜。细胞通常也不是孤立存在的，而是组成巨大的克隆细胞聚合体，即我们所知的生物体。现在，我们已经阐明了这套熟悉的嵌套层次结构，无须进一步深入了。从功能上讲，基因也是群聚的。它们对身体产生表型效应，但它们不是孤立地起作用。我在本书中反复强调这一点。

我的观点乍一听有点偏还原论的原因是，在选择单位实际存续成败的意义上，我坚持对这一单位的原子论观点；而当涉及它们赖以存续的表型手段的发展时，我又成了一个全心全意的互动主义者：

> 毋庸置疑，如果脱离了基因组中的众多其他基因，甚至所有基因的背景，那么基因的表型效应就是一个毫无意义的概念。然而，不管生物体可能是多么错综复杂，不管我们在认为生物体是一个功能单位这一点上多么一致，我仍然认为称其为选择单位是一种误导。基因对胚胎发育的影响可能相互作用，甚至彼此“混合”，其程度随你想象。但在传递给后代时，它们并没有混合。我并非试图贬低个体表型在演化中的重要性。我只想弄清楚它到底扮演了什么角色。它是保存复制因子的最重要的工具：但它自身不是被保存下来之物（Dawkins 1978a，p.69）。

在这本书中，我用“载具”一词来描述一种完整而连贯的“复制因子保存工具”。

载具是任意一个足够离散，似乎值得命名的单位，其容纳了一组复制因子，并作为一个保存和传播这些复制因子的单位发挥作用。重复一遍，载具不是复制因子。一个复制因子的成功是根据它以副本的形式实现存续的能力来衡量的，而一个载具的成功是根据它传播其内含的复制因子的能力来衡量的。最显著和典型的载具是生物个体，但它可能不是生命层次中唯一适用于这个称呼的层次。在我们可以加以检验的候选载具中，低于生物体层次的有染色体和细胞，高于生物体层次的则有群体和群落。在任何层次上，如果载具被摧毁，其内的所有复制因子都会被摧毁。因此，至少在某种程度上，自然选择将有利于那些可使其载具不易被摧毁的复制因子。原则上，这一点既适用于单个生物体，也适用于生物群体，因为如果一个群体被摧毁，其内含的所有基因也会被摧毁。

然而，载具的存活远非全部。相比那些仅仅保证载具存活的复制因子，那些在各个层次上致力于让载具“繁殖”的竞争复制因子将会获得优势。生物体层次的繁殖是我们所熟悉的，不需要进一步讨论。群体层次的繁殖更成问题。从原则上讲，如果一个群体分出一个“繁殖体”，比如一群年轻的生物体离开原群体去建立一个新的群体，就可以说这个群体已经繁殖了。威尔逊（1975）在关于群体选择的章节（例如他书中的图 5–1）中强调了可能发生选择的嵌套层次结构的思想——用我的术语来说就是载具选择。

此前我已经给出了我对“群体选择”和其他高层次选择持普遍怀疑态度的理由，最近的文献中没有任何东西能诱使我改变想法。但这不是此处的问题所在。此处的重点是，我们必须分清这两种不同的概念单位——复制因子和载具——之间的区别。我认为，理解埃尔德雷奇和古尔德的“物种选择”理论的最佳方式是将物种视为复制因子。但是，大多数通常被称为“群体选择模型”的模型，包括威尔逊（1975）所评述的所有模型和韦德（1978）所评述的大部分模型，都隐含将群体视为载具的倾向。其所讨论的选择的最终结果是基因频率的变化，例如，以牺牲“自私的基因”为代价的“利他基因”的增加。作为（载具）选择过程的结果，实际得以存续（或未能存续）的，仍然是被视为复制因子的基因。

至于群体选择本身，我的一孔之见是，与其说它引发了生物学领域的关注，不如说它带来了理论创新方面的执迷。一家顶尖数学期刊的编辑曾告诉我，一直以来，他都备受那些声称能“化圆为方”[1] 的

[1] “化圆为方”是古希腊三大尺规作图问题之一，如今已被证明在仅用直尺和圆规的前提下不可实现。

精巧论文的烦扰。当某个命题已被证明在现实中是不可能实现的，某些知识分子却会将其视为一种无法抗拒的挑战。对于一些业余发明家来说，永动机也有着类似的魅力。群体选择的情况很难说与之有可比性：它从来没有被证明是不可能的，也永远不可能有此证明。请恕我冒昧，但我还是觉得，群体选择之所以具有持久的浪漫魅力，部分原因正是自温·爱德华兹（1962）使得群体选择论众所周知以来，该理论不断遭受权威抨击。反群体选择论被建制派奉为正统，而正如梅纳德·史密斯（1976a）所指出的，“科学的本质是，一旦一种立场成为正统，它就应该受到批评”。毫无疑问，这是合理的，但梅纳德·史密斯冷淡地继续说道：“不能因为一个立场是正统的，就说它是错误的。”吉尔平（Gilpin 1975）[1]、E. O. 威尔逊（1975）、韦德（1978）、布尔曼和莱维特（Boorman & Levitt 1980）[2]，以及 D. S. 威尔逊（1980，但参见 Grafen 1980 的批评）[3] 对群体选择进行了更为丰富的论述。

我不打算再次陷入“群体选择还是个体选择”之争。这是因为本书的主旨是提请读者注意，当生物个体或群体被视为载具时，整个载具概念的薄弱性。因为即使是最坚定的群体选择论者也会同意，生物个体是一个更为连贯和重要的“选择单位”，所以我将把批评聚焦于我所选出的作为代表性载具的生物个体上，而不是群体上。对个体既如此，对群体的批评自然更加猛烈，这一点不必赘言。

我似乎是自顾自地发明了“载具”这个概念，好把它作为吸引火力的众矢之的。事实并非如此。我只是用载具这个名字来表达一个概念，它正是自然选择的主流正统方法论的基础。我们所公认的是，在某种基本意义上，自然选择作用于基因（或较大的遗传复制因子）的

[1] 此处指迈克尔·E. 吉尔平（Michael E. Gilpin），生态统计学家。
[2] 分别指斯科特·A. 布尔曼（Scott A. Boorman）以及保罗·R. 莱维特（Paul R. Levitt）。两人合著有《利他主义遗传学》（*The Genetics of Altruism*）一书。
[3] 此处指戴维·斯隆·威尔逊（David Sloan Wilson），美国演化生物学家。

差异化存续。但基因并不是无遮无盖的，它们通过躯体（或群体等）发挥作用。尽管选择的终极单位可能确实是遗传复制因子，但离我们更近的选择单位通常被认为是更大的存在，也就是个体生物。因此，迈尔（1963）用了整整一章来证明个体生物的整个基因组的功能一致性。我将在第 13 章详细讨论迈尔的观点。福特（1975, p.185）[1] 轻蔑地写下“自然选择的单位是基因”是个“错误”，“它应该是个体”。古尔德（1977b）说：

> 自然选择只是不能看到基因并直接从中挑选。它必须使用躯体作为中介。基因是隐藏在细胞内的一小段 DNA。自然选择审视的是躯体。它之所以偏爱某些躯体，是因为它们更强壮，保暖性更好，性成熟更早，战斗力更强，或外观更美丽……如果在偏爱更强壮的身体时，自然选择直接作用于某个力量基因，那么道金斯可能是正确的。如果躯体是一张标识基因位置的清晰地图，那么彼此竞争对抗的 DNA 片段就会在躯体外部显示出它们各自的色块，这样一来，自然选择就会直接作用于它们。但躯体并非这样的东西……躯体不能被原子化成不同部分，每个部分都由一个单独的基因构筑。大部分身体部位的构筑都有数以百计的基因参与，基因的作用受限于千变万化的环境：有胚胎期的，也有出生后的，有体内的，也有体外的。

如果这真的是一个好理由，那它所反对的就不仅是“基因是选择单位”的观念，而将是整个孟德尔遗传学体系。拉马克主义的狂热分子 H. G. 坎农（H. G. Cannon）确实曾明白无误地以此攻讦遗传学：

[1] 此处指埃德蒙·布里斯科·福特（Edmund Brisco Ford），英国生态遗传学家，生态遗传学的开创者，以对蝴蝶的研究著称。

“一个有生命的躯体不是孤立之物，也不是达尔文设想的各个部位的集合，就像一个盒子里的许多弹珠（我以前也提到过这一点）。这就是现代遗传学的悲剧。新孟德尔主义假说的拥趸认为，生物体是由众多基因控制的众多性状。比如他们对多基因（polygene）遗传是多么热衷啊，这就是他们荒诞假设的本质。”（Cannon 1959，p.131.）

大多数人会同意，这不是反对孟德尔遗传学的好理由，也不是反对把基因作为选择单位的好理由。古尔德和坎农都犯了一个错误，他们没有把遗传学和胚胎学区分开来。孟德尔主义是一种微粒化的遗传理论，而不是微粒胚胎理论。坎农和古尔德的论点在反对微粒胚胎学和支持混合胚胎学方面是有效的。我自己在这本书的其他地方也给出了类似的论点（例如，第9章“预成论的贫乏”一节中蛋糕的类比）。就基因对表型发育的影响而言，它们确实会混合。但是，正如我已经充分强调的那样，它们在代际复制和重组时并不混合。这一点对遗传学家来说很重要，对研究选择单位者来说也很重要。

古尔德继续写道：

> 所以，身体的部位并不是直接由基因转译而来的，而选择也不会直接作用于部位。它接受或拒绝的是整个生物体，因为各个部位的组合以复杂的方式相互作用，从而产生优势。单个基因为自己的存续而规划其生存路线的情景，与我们所理解的发育遗传学关系不大。道金斯还需要另一个比喻：基因召开核心会议，组成联盟，对加入协约的机会表示尊重，并评估可能的环境。但是，当你把这么多基因融合在一起，并在环境介导下把它们串联在层次行为的链条上时，由此产生的事物正是我们所称的“躯体”。

古尔德在这里已经离真相更进一步了，但真相更为微妙，我希望在第 13 章中对此加以展示。关于这一点，我在前一章中已提到。简而言之，我们打比方说，基因可以聚在一起“召开核心会议”，并组成“联盟”的意义如下：自然选择青睐那些“在其他基因存在时成功，反之其他基因也在它们存在时成功”的基因；因此，基因库中才会出现彼此兼容的基因集。这种说法比“由此产生的事物正是我们所称的‘躯体’”之类的说法更巧妙，也更有用。

当然，基因并不直接对选择可见。显然，它们是根据其表型效应而被选择的，而且只能说它们与数百个其他基因具有一致的表型效应。但本书的主题是，我们不应该自困于一个假设，即那些表型效应只能被认为被拘于彼此分离的躯体（或其他离散的载具）之中。延伸的表型学说认为，我们应将基因（遗传复制因子）的表型效应视为对整个世界产生的效应，至于对其所寓居的生物个体或任何其他载具产生的效应，只是附带的。

第 7 章

自私的黄蜂，还是自私的策略？

这一章是关于实践研究方法的。有些人在理论层面上会接受本书的论点，但他们会反对称，在实践中，实地研究人员把注意力集中在个体优势上更行之有效。他们会说，从理论上讲，将自然界视为复制因子的拼杀战场并无不妥，但在实际研究中，我们理应衡量和比较生物个体的达尔文适合度。在此，我想详细讨论一项具体的研究，以证明事实并非如此。在实践中，相较于对生物个体的成功状况进行比较，对其所采用的“策略”（Maynard Smith 1974）、“程序”或“子程序”在实施此类策略的个体中的平均成功率进行比较通常会更为有用。可供我讨论的研究不在少数，例如关于“最优觅食”的研究（Pyke, Pulliam & Charnov 1977；Krebs 1978），或是帕克（Parker 1978a）[1] 的粪蝇，或是与戴维斯（Davies 1982）[2] 所综述的任何例子相关的研究工作。而在这些研究中，我之所以最后选择了布罗克曼对掘土蜂（泥蜂）的研究，纯粹是因为我对这一研究已经轻车熟路了（Brockmann, Grafen & Dawkins 1979；Brockmann & Dawkins 1979；Dawkins & Brockmann 1980）。

[1] 此处指杰夫·A. 帕克（Geoff A. Parker），英国动物学家。
[2] 此处指尼古拉斯·B. 戴维斯（Nicholas B. Davies），英国行为生态学家。

我使用“程序”一词所要表达的意义，与梅纳德·史密斯使用“策略”一词所要表达的意义完全相同。我之所以在用词上舍“策略”而取“程序”，是因为过往经验告诉我，“策略”一词至少在两个不同的方面容易招致误解（Dawkins 1980）。顺便说一句，根据《牛津英语词典》和标准的美式用法，我更喜欢将这个词拼成“program”而不是“programme”，后者似乎带着一股从19世纪的法国传入的做作感。程序（或策略）是行动的配方，一组概念性的指令，动物似乎会对此表现出“遵循”，就像计算机遵循它的程序一样。计算机程序员用Algol或Fortran等语言编写程序，这些语言看起来很像命令式英语。计算机的机制设置，使其行为就好像是在遵循这些准英语指令一般。在运行之前，程序会由计算机翻译成一组更基本的“机器语言”指令，后者更接近硬件的需要，更不容易被人类理解。在某种意义上，计算机“实际”遵循的是这些机器语言指令，而不是准英语程序。尽管在另一种意义上，两者都被遵循，而在第三种意义上，两者都不被遵循！

一个对一台程序丢失的计算机的行为加以观察和分析的人，原则上有可能重建该程序或其功能对等物。在上一句话中，“或其功能对等物”这个表述至关重要。出于便利，这个人会用某种特定的语言——Algol语言、Fortran语言、流程图、英语的某个严格子集——来编写程序。但是，他没有办法知道这台计算机的程序最初是用哪一种语言编写的。它可能是直接用机器语言编写的，或者是在计算机制造过程中“硬联线”到机器中的。不管是哪种情况，最终的结果都是一样的：计算机执行一些有用的任务，如计算平方根，而人类对待计算机的态度，就好像它是在“遵循”一组用人类易于理解的语言编写的命令式指令。我认为，对于许多目的而言，这种行为机制的“软件解释”与神经生理学家青睐的更为显而易见的“硬件解释”一样有效和有用。

生物学家观察一只动物时采取的立场，有点像工程师观察一台正在运行已丢失程序的计算机。动物的行为似乎是有组织、有目的的，就好像它在遵循一个程序，一个有序的命令式指令序列。动物所遵循的程序实际上并没有“丢失”，因为它从来没有被写出来过。更确切地说，自然选择通过青睐某些突变——这些突变改变了连续数代的生物的神经系统，使其用适当的方式实施行为（并学会改变它们的行为）——拼凑出了一个相当于硬联线的机器代码程序。在这个例子中，“适当”的意思就是适合相关基因的存续和增殖。然而，尽管并没有任何程序被真正编写，但我们还是很容易把动物看作“遵循”一个用某种容易理解的语言（如英语）“写”的程序的实体，就像看待一台运行已丢失程序的计算机一样。然后我们就可以想象，在种群的神经系统中，可能会存在相互“竞争”以获取“计算机运行时间”的替代程序或子程序。不过，如我将要展示的那样，我们必须谨慎地对待这个类比，我们可以把自然选择想象成直接作用于一组替代程序或子程序，并把生物个体视为这些替代程序的临时执行者和传播者。

例如，在一个特定的动物争斗模型中，梅纳德·史密斯（1972，p.19）假设了五种可供选择的“策略”（程序）：

1. 按照惯例进行争斗，如果对手比你强，或者对手提升争斗强度，你就撤退；
2. 开始便提升争斗强度，受伤后才撤退；
3. 开始时遵循惯例，只有在对手提升争斗强度时，你才提升强度；
4. 开始时遵循惯例，只有当对手继续按惯例争斗时，你才提升强度；
5. 开始便提升争斗强度，如果对手也针锋相对，就在受伤之前撤退。

为使计算机有效模拟，我们有必要更严格地定义这五种“策略”，但为了方便人类理解，更可取的方式是采用简单的命令式英语符号。本章的重点是，这五种策略本身（而不是个体动物）被认为是相互竞争的实体。在计算机模拟中，我们为成功策略的“复制”建立了规则（假设采用成功策略的个体会得以繁殖并传递采用相同策略的遗传倾向，但其细节就略去不谈了）。此处的问题关乎策略的成功，而非个体的成功。

更重要的一点是，梅纳德·史密斯只是在一种特殊意义上寻求“最佳”策略。事实上，他在寻求一种 ESS（演化稳定策略）。ESS 已经有了严格的定义（Maynard Smith 1974），但它可以被粗略地概括为一种策略，即在与自身副本竞争时取得成功。这似乎是挑出了一个奇怪的性质，但其逻辑依据是非常有力的。如果一个程序或策略成功了，这意味着它的副本将在实施该程序的群体中变得越来越多，最终几乎成为全体皆有的。因此，它将被自己的副本包围。如果要保持这种普遍性，它就必须在与自己的副本竞争时取得成功，必须在与因突变或入侵而出现的罕见不同策略竞争时取得成功。从这个意义上说，一个无法做到演化上稳定的程序，在这个世界上就不会长存，因此也不用我们费心解释。

梅纳德·史密斯想知道在包含所有五种程序副本的种群中会发生什么。如果这五个程序中有一个占据主导地位，它会保持对所有对手的数量优势吗？他得出结论，程序 3 是一个 ESS：当它恰好在群体中数量非常多时，上文清单中没有其他程序能出其右（实际上，这个具体的例子有一个问题，但我在这里选择忽略它，详见 Dawkins 1980，p.7）。当我们谈论一个程序“做得更好”或“成功”时，我们在理论上衡量其成功程度的指标是将同一程序的副本传递给下一代的能力，而在现实中，这很可能意味着一个成功的程序促进了实施该程序的动物的生存和繁衍。

梅纳德·史密斯、普赖斯和帕克（Maynard Smith & Price 1973；Maynard Smith & Parker 1976）所做的，就是采用博弈论的数学理论，并找出必须对该理论进行修改以适应达尔文主义者目的的关键方面。ESS 的概念就是其获得的结果，这是一种对抗自身副本的相对较好的策略。在提倡 ESS 概念的重要性和解释其在行为学中的广泛适用性方面，我两度为其鼓与呼（Dawkins 1976a，1980），在此我就不再重复。在这里，我的目的是发展这种思维方式与本书主题——关于自然选择在何种层次上起作用的辩论——的相关性。我将首先叙述一项使用 ESS 概念的具体研究。我将给出的所有事实都来自简·布罗克曼博士的实地观察，详细汇报可见别处，我在第 3 章中曾简要提及。在我将该研究与本章的主旨联系起来之前，我必须对研究本身进行简要的介绍。

大金带泥蜂是一种独居的黄蜂，“独居”的意思是其不组成社会群体，也没有不育的工蜂，尽管雌蜂倾向于松散地聚集在一起挖掘巢室。每只雌蜂都自顾自产卵，在产卵之前，其会完成所有确保幼虫成长的准备工作——这种黄蜂并不是“累积式的供食者”。雌蜂会在一个地下巢室中产下一个卵，此前她已在这个巢室中为幼虫储存了食物，也就是被她用螯针麻痹的螽斯（长角蚱蜢）。然后她把巢室封起来，让破卵而出的幼虫自行进食，而她自己则开始建造一个新巢室。一只成年雌蜂的寿命只有夏季的六周左右。如果想要对一只雌蜂的成功程度加以衡量的话，可以用她在这段时间内成功产下并为之准备了充足食物的卵的数量做近似估计。

让我们特别感兴趣的是，这种黄蜂似乎有两种不同的获得巢室的方式。雌蜂要么在地上自己挖巢，要么占据另一只黄蜂已挖好的巢室。我们将这两种行为模式分别称为“挖掘”（digging）和“闯入”（entering）。两种方式殊途同归，那么在这一例子中，它们如何在一个种群中共存呢？其中一个肯定会更成功，如此一来，不那么成功的那个是否应该经过自然选择从种群中淘汰呢？这一幕可能不会发生的大体原因有两个，我将用 ESS 理论的术语来表达：第一，挖掘和闯入可能是一个“条件策略”的两个结果；第二，它们可能在由“频率依赖选择”（frequency-dependent selection）[1] 维持的某些关键频率上同样成功，两者均是“混合 ESS”的一部分（Maynard Smith 1977, 1979）。如果第一种可能性是正确的，所有的黄蜂都将按照相同的条件规则编程：“如果 X 为真，则挖掘，否则闯入。”例如，“如果你碰巧是一只体型较小的黄蜂，就挖掘，否则就用你的优势体型来占领另一只黄蜂的巢室”。我们尚未找到证据证明有这样或任何其他形式的条件程序。相反，我们确信，第二种可能性，即“混合 ESS”，符合事实。

理论上，有两种混合 ESS，或者说是一个连续体的两个极端。第一个极端是平衡多态性。在这种情况下，如果我们还想使用首字母缩写“ESS”，最后的那个“S”应被认为是指称群体的状态（state），而不是个体的策略（strategy）。如果这种可能性成立，就会有两种不同的黄蜂，即挖掘蜂和闯入蜂，它们往往同样成功。如果它们并非同样成功，自然选择就会把不那么成功的一种从种群中淘汰。指望在纯粹巧合之下，挖掘的净成本收益与闯入的净成本收益相平衡，是不切实际的。相反，我们寄希望于频率依赖选择。我们假设了一个挖掘蜂的临界平衡比例 p^*，在这个比例下，两种黄蜂同样成功。如果挖掘蜂在种群中的比例低于临界频率，则挖掘蜂将受到自然选择的青睐，而如果高于临界频率，则闯入蜂将受到青睐。这样，种群组成就会在这一平衡频率附近徘徊。

我们很容易给出合理的理由来解释为什么收益会以这种方式依赖

[1] 也译“依频选择”，指由于生物体承受选择压力，种群中基因型的适合度并非固定不变，而是随着种群中基因型频率的变化而变化的一种选择方式。

于频率。显然，由于新的巢室只有在挖掘蜂进行挖掘时才会存在，因此种群中挖掘蜂的数量越少，闯入蜂之间对巢室的竞争就越激烈，而单只典型闯入蜂的收益就越低。相反，当挖掘蜂数量非常多时，可利用的巢室就会大量出现，于是闯入蜂也往往会随之兴旺繁盛。但是，正如我所说，依频多态性只是一个连续体的一端。现在，让我们转向另一端。

在另一端，个体之间没有多态性。在稳定状态下，所有的黄蜂都遵循同样的程序，但这个程序本身是一种混合物。每只黄蜂都遵从一个指令，“以概率 p 挖掘，以概率 $1–p$ 闯入”，例如，“70% 的情况下挖掘，30% 的情况下闯入”。如果这被视为一个“程序”，我们或许可以将挖掘和闯入称为“子程序”。每只黄蜂都有两个子程序。她被编程，以在每种情景下选择其中一个子程序，特征概率为 p。

尽管这时不存在挖掘蜂和闯入蜂的多态性，但在数学上等价于频率依赖选择的机制仍可维持。其运行方式如下。如前所述，存在一个关键的种群挖掘频率 p^*，在该频率下，闯入将产生与挖掘完全相同的“收益”，于是 p^* 便是演化稳定的挖掘概率。如果这一稳定概率是 0.7，那么那些指示黄蜂遵循不同规则的程序，比如“以 0.75 的概率挖掘”或“以 0.65 的概率挖掘”，效果就不那么好了。存在一整套“混合策略”，其形式均为“以概率 p 挖掘，以概率 $1–p$ 闯入”，其中只有一种是 ESS。

我说过，这两个极端借由一个连续体彼此相连。我的意思是，稳定的种群挖掘频率 p^*（70% 或任意其他概率），可以通过纯个体策略和混合个体策略的大量组合中的任何一种来实现。在种群的个体神经系统中，p 值可能分布广泛，包括存在一些纯粹的挖掘蜂和纯粹的闯入蜂。但是，只要种群中挖掘的总频率等于临界值 p^*，则挖掘和闯入同样成功仍然成立，自然选择就不会在下一代中改变这两个子程序的相对频率，该种群将处于演化稳定状态。它与费希尔（1930a）的性别比例平衡理论的类似性很明显。

让我们从理论设想转向实际情况。布罗克曼的数据最终表明，这些黄蜂在任何简单意义上都不是多态的。这些黄蜂时而挖掘，时而闯入。我们甚至无法检测到个体黄蜂是擅长挖掘还是闯入的任何统计趋势。显然，如果黄蜂种群处于混合演化稳定状态，则其显然远离连续体的多态性末端。至于种群是处在另一端——所有个体都运行着相同的随机程序，还是存在一些更复杂的纯个体程序和混合个体程序的混合，我们不得而知。而本章的中心思想之一就是，出于我们的研究目的，我们无须知道这一点。因为我们并不讨论个体的成功，而是考虑在所有个体中加以平均的子程序的成功，所以我们能够开发并测试一个成功的混合 ESS 模型。这留下了一个问题，即我们关注的黄蜂在这个连续体中的具体位置是哪里？在给出一些相关事实并对模型本身加以概述之后，我将回到这一点上。

当一只黄蜂挖掘一个巢室时，她可能会待在那里并贮存食物，也可能会弃之不用。黄蜂抛弃巢室的原因并不总是显而易见的，其中包括蚂蚁以及其他不受欢迎的外来者的侵入。当一只黄蜂进入另一只黄蜂挖的巢室时，可能原来的主人还在经营这个巢室。在这种情况下，可以说她"加入"了原来的主人之列，两只黄蜂通常会针对同一个巢室"共事"一段时间，各自带着螽斯前来。或者，闯入的黄蜂可能足够幸运，偶然发现了一个被原主人遗弃的巢室，在这种情况下，她就可以独自占有这个巢室。有证据表明，闯入的黄蜂无法区分已经被遗弃的巢室和仍然由原主人占据的巢室。这一事实并不像乍一看那么令人惊讶，因为两只黄蜂大部分时间都在外猎食，所以"共享"一个巢室的黄蜂很少会撞见彼此。相遇时，它们就会进行争斗，无论如何，最后只有一只黄蜂能成功地在处于争夺之中的巢室里产卵。

不管是什么原因导致巢室的原主人放弃该巢室，似乎其困扰通常只是暂时的，而一个被遗弃的巢室就成了一种有吸引力的资源，很快就会被另一只黄蜂利用。一只黄蜂进入一个废弃的巢室，可以为自己节省挖掘一个巢室所需的成本。但另一方面，她也冒着一定风险，那就是她进入的巢室并没有被废弃。它可能仍然由原主人经营，或者可能由另一只捷足先登的黄蜂经营。在这两种情况下，闯入的黄蜂都会面临代价高昂的争斗，而且很可能在投入巨大的准备期结束时，无法在巢室里产卵。

我们开发并测试了一个数学模型（Brockmann, Grafen & Dawkins 1979），该模型区分了在任何特定的筑巢事件中可能降临在黄蜂身上的四种不同的“结果”或命运。

1. 她可能会被迫抛弃巢室，原因诸如被蚂蚁袭击。
2. 她可能直到最后都单独经营这个巢室。
3. 她的巢室可能会有第二只黄蜂加入。
4. 她可能加入已有其他黄蜂经营的巢室。

结果 1 到 3 可能源于挖掘的最初决定。结果 2 到 4 可能源于闯入的最初决定。布罗克曼的数据使我们能够以雌蜂单位时间内产卵的概率来衡量与这四种结果相关的相对“收益”。例如，在新罕布什尔州埃克塞特进行的一项研究中，结果 4“加入”的回报得分为每 100 小时产 0.35 个卵。这个分数是通过对所有情景中以这个结果告终的黄蜂的产卵数进行平均而得到的。为了计算这一分数，我们简单地将“加入已有其他黄蜂经营的巢室”的黄蜂在这一特定情景下产卵的总数加起来，然后除以它们在加入巢室上花费的总时间。一开始单独经营巢室但后来巢室有其他黄蜂加入的黄蜂的相应分数是每 100 小时产 1.06 个卵，而始终单独经营巢室的黄蜂每 100 小时产 1.93 个卵。

如果一只黄蜂可以对自己会遭遇的四种结果中的哪一种加以掌控，她应该“更偏好”直到最后都单独经营，因为这种结果的回报率最高，但她如何实现这一点呢？我们的模型的一个关键假设是，这四种结果与黄蜂可以做出的决定不相对应。一只黄蜂可以“决定”挖掘或闯入，但她无法决定是否会被加入，就像一个人无法决定是否得癌症一样。这些结果取决于个体无法掌控的环境。在这种情况下，它们取决于种群中其他黄蜂的行为。但是，就像从统计学上讲，一个人可以通过决定戒烟来降低患癌症的概率一样，黄蜂的“任务”就是做出唯一她可选择的决定——挖掘或闯入——以最大限度地提高她实现理想结果的机会。更严格地说，我们寻求的是 p 的稳定值，即 p^*。当种群中挖掘决定的概率为 p^* 时，任何突变基因导致个体采用其他值作为概率，都不会被自然选择青睐。

闯入决定导致某些特定结果的概率，例如理想的“单独经营”结果的概率，取决于闯入决定在种群中的总体频率。如果种群中有大量的黄蜂选择闯入，可用的遗弃巢室的数量就会下降，而决定闯入的黄蜂将发现自己处于不利地位，其加入有其他黄蜂经营的巢室的概率会上升。我们的模型使我们能够取任何给定的 p 值，即种群中挖掘决定的总体频率，并预测决定挖掘的个体或决定闯入的个体以四种结果中的每一种告终的概率分别是多少。因此，决定挖掘的黄蜂的平均收益，可以用整个种群中任何给定的挖掘频率和闯入频率来预测。它就是四种结果的总和，即每种结果产生的预期收益，再乘以黄蜂决定挖掘后以该结果告终的概率。与此对等的决定闯入的黄蜂的收益之和，也可以用种群中任何给定的挖掘频率和闯入频率来预测。最后，根据原论文中列出的某些合理的附加假设，我们求解了一个方程，以找到种群挖掘频率。在该频率下，挖掘黄蜂的平均预期收益完全等于闯入黄蜂的平均预期收益。这是我们预测的平衡频率，我们可以将其与在野生种群中观察到的频率进行比较。我们的预期是，真实种群要么处于该平衡频率上，要么处于向平衡频率演化的过程中。该模型还预测了在达到平衡时最终以每一种结果告终的黄蜂的比例，这些数字也可以根据观测数据进行检验。该模型的平衡在理论上是稳定的，因为它预测偏离平衡的偏差将通过自然选择纠正。

布罗克曼研究了两个黄蜂种群，一个在密歇根州，一个在新罕布什尔州。这两个种群的结果并不相同。在密歇根州，该模型未能预测观察到的结果，我们得出结论：由于原始论文中讨论的未知原因，模型完全不适用于密歇根州种群（密歇根州种群现已灭绝的事实可能纯属偶然！）。另一方面，新罕布什尔州的种群与模型的预测令人信服地吻合。模型预测的闯入平衡频率为 0.44，实际观察到的频率为 0.41。该模型还成功预测了新罕布什尔州种群中四种“结果”的出现频率。也许最重要的一点是，挖掘决定产生的平均收益与闯入决定产生的平均收益之间没有显著差异。

现在，终于可以强调我在本书中讲述这个故事所要表达的重点了。我想说的是，如果我们一开始从个体成功的角度考虑，而不是从所有个体的平均策略（程序）成功的角度考虑，就会发现这项研究难以实施。如果混合 ESS 恰好位于这一连续体的平衡多态性末端，那么提出以下问题确实是有意义的。那些挖掘蜂的成功程度是否与闯入蜂的相当？我们会把黄蜂分为挖掘蜂和闯入蜂，并比较这两种类型的个体一生的产卵成功率，预测两者的成功得分应该相等。但正如我们所看到的，这些黄蜂并不具有多态性。每个个体时而挖掘，时而闯入。

有人可能会认为，做到如下的事情很容易。将所有个体分为挖掘概率小于 0.1 的、概率为 0.1 到 0.2 的、概率为 0.2 到 0.3 的、概率为 0.3 到 0.4 的、概率为 0.4 到 0.5 的等等，然后比较不同类别黄蜂一生的繁殖成效。但假设我们真这么做了，ESS 理论到底能预测什么呢？第一个草率的想法是，那些 p 值接近平衡 p^* 的黄蜂应该比其他 p 值的黄蜂拥有更高的成功分：p 值的成功曲线应该在 p^* 处达到峰值。但 p^* 并不是一个最优值（峰值），它是一个演化稳定值。该理论预计，当整个种群达到 p^* 时，挖掘和闯入应该同样成功。因此，在平衡状态下，我们预计黄蜂挖掘的概率与其成功之间没有相关性。如果群体偏离了平衡状态，闯入蜂太多，“最优”选择规则会变成“始终挖掘”（而不是“以 p^* 的概率挖掘”）。如果群体朝另一个方向偏离平衡，那么“最优”策略会是“始终闯入”。如果种群围绕平衡值随机波动，其与性别比例理论的类似性表明，从长远来看，完全采用平衡值 p^* 的遗传倾向，相比采用其他一致值 p 的倾向，会更受青睐（Williams 1979）。但在任何一年中，这种优势都不太可能特别明显。该理论的合理预期是，不同类别的黄蜂之间的成功率应该没有显著差异。

在任何情况下，这种将黄蜂分类的方法都假定黄蜂在挖掘倾向方面存在某种一致的变化。然而，该理论没有给我们特别的理由去指望存在任何此类变化。事实上，我们不应期望黄蜂的挖掘概率会有所变化，而刚刚提及的其与性别比例理论的类似性为我们带来了关于此点的积极依据。与此一致的是，对实际数据进行统计检验后，也没有证据表明个体间挖掘倾向存在差异。即使确实存在一些个体差异，用不同的 p 值来比较个体挖掘和闯入的成功率，也是一种粗略且不够灵敏的方法。这可以通过一个类比来表明。

一位农学家想比较 A 和 B 两种肥料的功效。他准备了十块地，把每一块地分成许多小地块。每个小地块随机施用 A 或 B，然后在所有地的所有小地块上播种小麦。现在，他应该如何比较这两种肥料呢？比较精确的方法，是将所有施用 A 的小地块的产量，与所有施用 B 的小地块的产量进行比较。但还有另一种更粗略的方法。在随机对小地块施用化肥时，十块地中有一些碰巧被施了相对较多的 A，而另一些则碰巧被施了相对较多的 B。这样，农学家就可以绘制出这十块地的总产量与被施用 A 而不是 B 的小地块的比例之间的关系。如果两种肥料在质量上有非常明显的差异，这种方法可能会显示出差异来，但更有可能的是，这种差异将被掩盖。比较十块地的产量的方法只有在地间差异很大的情况下才有效，而且并没有特别的理由让我们预计这种情况会发生。

在这个类比案例中，两种肥料分别代表挖掘和闯入。这些田地则代表黄蜂。小地块则代表每只黄蜂挖掘或闯入的时间段。比较挖掘和闯入的粗略方法是将单只黄蜂一生的成功状况对它们的挖掘倾向比例作图。而我们实际使用的是精确的方法。

我们巨细靡遗地列出了每只黄蜂在与她有关的每个巢室中所花的时间。我们把每只雌蜂的成年期分成连续的、持续时间已知的小时间片段，如果我们关注的黄蜂与某个巢室的联系以挖掘行为开始，那么这一对应时间段就被标为挖掘片段，否则便被标为闯入片段。每一片段的结束都以黄蜂最后一次离开巢室为标志。这一时刻也被视为下一个片段的开始，尽管下一个巢室的地点当时尚未选定。也就是说，在我们的时间计算中，寻找一个新巢室并闯入，或是寻找一个地方挖一个新巢室所花费的时间，均被追溯性地标为在那个新巢室上“花费”的时间。它被与黄蜂随后在贮食、与其他黄蜂争斗、进食、休息等事项上花费的时间一并计算，直到黄蜂最后一次离开这个新巢室为止。

因此，到繁殖季结束时，我们可以把挖掘时间片段的总小时数，以及闯入时间片段的总小时数分别加起来。在新罕布什尔州的研究中，这两个数字分别是 8518.7 小时和 6747.4 小时。这被认为是黄蜂花费或投入的时间，用以获得回报，而回报是用卵的数量来衡量的。在研究期间，整个新罕布什尔州蜂群在挖掘片段结束时，挖掘过相关巢室的黄蜂的产卵总数为 82 个，而闯入巢室片段的对应卵数为 57 个。因此，挖掘子程序的成功率为 82/8518.7 = 0.96 个卵 / 100 小时。而闯入子程序的成功率为 57/6747.4 = 0.84 个卵 / 100 小时。这些成功分是实施这两个子程序的所有个体的平均值。我们并不是计算一只黄蜂一生中产卵的数量——这相当于在类比案例中测量十块地中每一块的小麦产量——而是基于挖掘（或闯入）子程序的每单位“运行时间”来计算产卵的数量。如果我们坚持从个体成功的角度来考量，那么我们在另一个方面就很难进行这种分析。为了对预测平衡状态闯入频率的方程求解，我们必须对四种“结果”（放弃巢室、保持单独经营、加入、被加入）中的每一种的预期收益进行经验估计。我们获得四种结果的收益分数的方法，与我们获得两种策略，即挖掘和闯入的成功分的方法相同。我们对所有个体取平均值，用每种结果中的总卵数除以最终出现这种结果的时间片段的总时间。由于大多数个体在不同的时间中经历了所有四种结果，因此如果我们从个体成功的角度对此加以考量，就无法明晰如何获得对结果收益的必要估计。

请注意时间在计算挖掘和闯入子程序的“成功”（以及每个结果的收益）中的重要作用。挖掘子程序中的总卵数并不能很好地衡量该策略的成功程度，除非它被除以黄蜂在该子程序上所花费的时间。这两个子程序的产卵数可能是相等的，但如果挖掘片段的平均时长是闯入片段的两倍，自然选择可能更倾向于闯入。事实上，挖掘子程序的产卵数比闯入子程序的产卵数多，但相应地，挖掘子程序花的时间更多，因此两者的总体成功率大致相当。还要注意的是，我们并没有具体指出花在挖掘上的额外时间是由于实施挖掘策略的黄蜂数量更多，还是由于每次挖掘持续的时间更长。这两者间的区别对于某些研究目的来说可能很重要，但对于我们进行的这类经济分析来说无所谓。

原始论文（Brockmann，Grafen & Dawkins 1979）明确指出，我们使用的方法依赖于一些假设，这里必须重申。例如，我们假设，黄蜂在任何特定情景下选择的子程序并不影响她在相关时间片段结束后的生存或成功率。如此，我们便假设挖掘的成本完全反映在挖掘片段的时间上，而闯入的成本则反映在闯入片段的时间上。如果挖掘行为带来了一些额外的成本，比如对肢体的磨损、缩短预期寿命的风险，那么我们这个简单的时间成本核算模型就需要修改了。如果是那样，那么挖掘和闯入子程序的成功率就不是用每 100 小时的产卵数来表示，而是用每单位“机会成本”的产卵数来表示了。机会成本仍然可以以时间为单位来衡量，但挖掘时间将不得不以比闯入时间成本更高的“汇率”来等比例放大，因为在挖掘上花费的每一个小时都会缩短个体的预期有效寿命。在这种情形下，尽管困难重重，但以个体成功而非子程序成功的角度进行考量是有必要的。

正是出于这种原因，克拉顿-布罗克等人（Clutton-Brock et al. 1982）[1]雄心勃勃地提出，测量个体雄鹿一生的总繁殖成功率（总繁殖成效）的做法可能不失为明智之举。但在布罗克曼的黄蜂例子中，我们有理由认为我们的假设是正确的，我们有理由忽视个体成功与否，而专注于子程序的成功。因此，被 N. B. 戴维斯在一次演讲中戏称为“牛津方法”（衡量子程序的成功）和“剑桥方法”（衡量个体的成功）的两种方法，在不同的情况下可能都是正确的。我并不是说应该总是使用牛津方法，但它有时是更合适的，仅这一事实就足以驳斥以下说法，即对衡量成本和收益感兴趣的实地研究人员总是必须从“个体”成本和收益的角度考虑问题。

当举行一场计算机国际象棋锦标赛时，外行可能会以为是一台计算机对阵另一台计算机。但更为贴切的形容是，比赛是在不同程序之间展开的。一个好的程序总是能打败一个差的程序，至于它在哪台实体计算机上运行，并没有什么区别。实际上，这两个程序每隔一场比赛就可以交换实体计算机，分别在 IBM 和 ICL 计算机上交替运行，比赛结束时的结果就和一个程序在 IBM 计算机上持续运行，另一个程序在 ICL 计算机上持续运行并无二致。同样，让我们回到本章开头的类比，可以说挖掘子程序在大量不同的实体黄蜂的神经系统中“运行”。其竞争子程序名为“闯入”，它也在许多不同的黄蜂的神经系统中运行，其中的一些实体神经系统也会在其他时刻运行挖掘子

[1] 此处指蒂姆·克拉顿-布罗克（Tim Clutton-Brock），英国动物学家。

程序。就像 IBM 或 ICL 计算机的功能是作为物理媒介，令各种国际象棋程序都可以通过它来各展所长一样，一只个体黄蜂也是物理媒介，子程序通过它来实现特征行为，黄蜂有时运行的是挖掘子程序，有时运行的则是闯入子程序。

正如前文所述，我之所以把挖掘和闯入称为“子程序”，而非“程序”，是因为我们已经用“程序”一词来指代个体的整个生命周期的选择规则。我们可认为一个个体被设定了一个规则，以某种概率 p 选择挖掘或闯入子程序。在多态性的特殊情况下，每个个体要么终生是挖掘蜂，要么终生是闯入蜂，p 值不是 1，就是 0，此时类别程序和子程序是同义词。计算子程序而不是个体的产卵成功率的巧妙之处在于，无论被研究动物处于混合策略连续体的哪个位置，我们采用的步骤都是相同的。在这一连续体的任何位置，我们仍然预测，挖掘子程序在平衡状态下的成功率应该与闯入子程序的成功率相当。

沿着这条思路推至逻辑结论，即认为选择直接作用于“子程序库”中的子程序，是颇为诱人的，但也很有误导性。种群的神经组织，即其“分布式计算机硬件”，被挖掘子程序和闯入子程序各自的众多副本占据。在任何给定时间，运行挖掘子程序副本的比例为 p。p 存在一个临界值，称 p^*，在这个临界值上，两个子程序的成功率相等。如果两者中的任何一个在子程序库中数量过多，自然选择就对它施以惩罚，平衡就会恢复。

这一推论有误导性的原因是，自然选择实际上作用于基因库中等位基因的差异化存续。即使对我们所说的“基因控制”做最天马行空的解释，也不能认为挖掘子程序和闯入子程序是由替代等位基因所控制的。这是因为，即使不考虑其他原因，我们也已看到，黄蜂并没有多态性，而是按照随机规则编程，在任何给定的情景中，在挖掘和闯入中择其一。自然选择必定有利于那些对个体随机程序起作用的基因，特别是控制挖掘概率 p 值的基因。不过，尽管从字面意义上看，这是一种误导，但这种“在神经系统中彼此直接就运行时间进行竞争的子程序”模型，为我们获得正确答案提供了一条有用的捷径。

在子程序的设想库中进行选择的想法，也促使我们考虑另一个时间尺度，在这个时间尺度上可能发生类似于频率依赖选择的选择。在目前的模型中，每天观察到的挖掘子程序的运行副本数量可能会发生变化，因为遵循随机程序的黄蜂个体会将它们的硬件从一个子程序切换到另一个子程序。到目前为止，我已经暗示了以下可能性：一只给定的黄蜂天生就有一种内在的偏好，以某种特征概率进行挖掘，但从理论上讲，黄蜂也有可能配备了监测其所在种群的感官，并据此选择是挖掘还是闯入。在聚焦个体层次的 ESS 术语中，这将被视为一种条件策略，每只黄蜂都遵守以下形式的“条件子句”：“如果你看到周围有大量的闯入，就挖掘，否则就闯入。”更符合实际的可能性是，每只黄蜂都被编程以遵循一条经验法则，比如：“寻找一个巢室并闯入；如果一段时间后，你还没有找到，那就放弃吧，自己挖一个。”我们的证据貌似与这种“条件策略”相悖（Brockmann & Dawkins 1979），但这种理论上的可能性还是饶有趣味的。从目前的观点来看，特别有趣的是以下这一点。我们仍然可以根据“子程序库中子程序之间的选择”这一设想来分析数据，即使在平衡被扰动时导致其恢复的选择过程并不是一个世代时间尺度上的自然选择。这将是一种发育稳定策略（developmentally stable strategy），或称 DSS（Dawkins 1980），而非 ESS，但它们在数学运算上可能是相同的（Harley 1981）。

我必须提醒读者，这种类比推理很难贴切，除非我们能够清楚地看到这种类比的局限性，否则不应沉溺于此。达尔文式选择和行为评估之间存在着真实而重要的区别，就像平衡的多态性和真正的混合演化稳定策略之间存在的区别一样。正如 p 值（个体的挖掘概率）被认为是由自然选择调整的一样，在行为评估模型中，t 值（个体对群体中挖掘频率做出反应的标准）大概也受到自然选择的影响。在子程序库中选择子程序的概念模糊了一些重要的区别，同时也指出了一些重要的相似之处：这种思维方式可谓利弊相联。当我们在现实中遭遇黄蜂分析的困境时，在 A. 格拉芬的影响下，我们摆脱了对个体繁殖成效操心不已的习惯，并转向了一个假想世界。在这个世界里，“挖掘”和“闯入”直接竞争；两者所竞争的，是各自在未来神经系统中的“运行时间”。

本章在全书中是一段插曲，一个题外话。我并未试图证明“子程序”或“策略”是真正的复制因子，是自然选择的真正单位。它们也确实不是。基因和基因组片段才是真正的复制因子。我们可以出于某些目的，设想子程序和策略是复制因子，但当这些目的达到后，我们必须回到现实。自然选择真正具有的作用，是在黄蜂基因库中的等位基因之间进行选择，而这些等位基因会影响单个黄蜂闯入或挖掘的概率。我们只是暂时把这些认识放在一边，出于特定的方法论目的，进入一个“子程序间选择”的假想世界。我们这样做是合理的，因为我们能够对黄蜂做出某些假设，而且已经证明将混合演化稳定策略组合起来的多种方式之间存在数学等价性。

与第 4 章一样，本章的目的是削弱我们对个体中心式目的论的笃定信念。本章中的例子表明，如果我们要实地研究自然选择，衡量个体成功的做法并不总是有用武之地。在接下来的两章中，我们将讨论一些适应的例子。而如果我们仍旧执迷于从个体利益的角度来思考，我们甚至无法理解其本质。

第 8 章

越轨基因和修饰基因

自然选择是复制因子竞相传播的过程。复制因子通过对世界施加表型效应来做到这一点，通常我们可以很方便地将这些表型效应视为聚集在彼此离散的“载具”，如生物个体之中的复制因子的表现。这为正统学说奠定了基础，即每个个体都可以被认为是使一个量最大化的单一主体。这个量便是“适合度”，关于“适合度”的各种概念将在第 10 章中讨论。但是，这种认为个体躯体使一个量最大化的观点依赖于一个假设，即我们指望一个个体内不同基因座上的复制因子表现出“合作”。换句话说，我们必须假设，在任何给定基因座上存续能力最强的等位基因，往往也是对整个基因组最有利的等位基因。事实确实常常如此。例如，一个复制因子通过赋予其所栖身的、代代相继的躯体对一种危险疾病的抵抗力，确保自身的生存和繁殖，从而使它所属的、代代相继的基因组中的所有其他基因受益。但一个基因也可能会为促进自身存续而损害基因组其余大部分基因的存续机会，这种情形不难想见。我遵循亚历山大和博尔贾（1978）的命名，称这种基因为“越轨基因”（outlaw gene）。

我把越轨基因主要分为两类。一类是“等位越轨基因”，这是一种复制因子，被定义为在其基因座上具有正选择系数，但在大多数其他基因座上，选择却倾向于降低该复制因子对这些基因座的效应。一个例子是“分离变相因子”（segregation distorter）或“减数分裂驱动”基因。它通过令自己进入50%以上的配子，而在自身基因座上受到青睐。与此同时，其他基因座上的基因，如果其效应是减少分离变相，则在各自的基因座上受到选择青睐。因此，分离变相因子是一种越轨基因。另一类主要的越轨基因——“横向传播越轨基因”，则不太为人所熟知。这将在下一章讨论。

从这本书想表达的观点来看，在某种意义上，我们认为所有的基因都是潜在的越轨基因，以至于这个术语似乎有点多余。另一方面，也有人会争辩说，首先，在自然界中不太可能发现这类越轨基因，因为在任何给定的基因座上，最具存续能力的等位基因几乎总是最能促进整个生物体生存繁衍的等位基因。其次，继利（1971）之后，许多学者认为，即使越轨基因确实出现了，并且在自然选择中暂时受到青睐，但用亚历山大和博尔贾的话来说，它们也很可能“让自身失效，其程度至少会让它们的数量被基因组中的其他基因超过”。的确，从越轨基因的定义来看，这种情况应该会发生。另有人提出，无论何时出现越轨基因，自然选择都会对许多其他基因座上的修饰基因表现出青睐，以至于越轨基因的表型效应会被抹消，因而了无踪迹。从这种意见可以推导出，越轨基因的存在将是短暂的现象。然而，这并不是说它们可以忽略不计：如果基因组中充斥着越轨基因的抑制基因，那么这本身就是越轨基因的一个重要影响，即使它们最初的表型效应并未显现。我将在后面的章节中讨论修饰基因的相关性。

从某种意义上说，一种“载具”的价值与它所包含的越轨复制因子的数量成反比。离散载具最大化一个单一量——适合度——的想法依赖于一个假设，即该载具所服务的复制因子都能从这一共有载具的相同属性和行为中获益。如果一些复制因子会从载具的行为X中受益，而其他复制因子会从载具的行为Y中受益，那么这一载具相应地就不太可能表现得像一个连贯的单位。它将具有某种人类组织的属性，就像由一个争吵不休、互相扯皮的委员会来管理，无法显示出决断力和目标的一致性。

这里可以将其与群体选择做一下粗略类比。将生物群体作为有效的基因载具这一理论的问题之一是，越轨基因（从群体的角度来看）很可能出现并受到自然选择的青睐。如果我们依据群体选择来假定个体制约因素的演化，那么在一个利他主义的群体中，一个使个体表现得自私的基因就类似于一个越轨基因。这种“越轨基因”的出现几乎是不可避免的，这使许多群体选择建模者的希望破灭。

我会说个体的躯体是一个比群体更能让人信服的基因载具，最重要的原因是，个体体内的越轨复制因子不太可能比它们的等位基因更受青睐。造成这种现象的根本原因是个体生殖机制的烦琐，即汉密尔顿（1975b）所说的“染色体的加伏特舞”（gavotte of chromosomes）[1]。如果所有的复制因子都“知道”它们进入下一代的唯一希望是通过个体生殖的传统瓶颈，那么所有复制因子都会有同样的“核心利益”，为此，它们要让它们共有的躯体存活到生育年龄，成功求偶和生殖，并成功进行亲代抚育。当所有复制因子在这具共有躯体的正常生殖中都有着平等的利益时，开明的利己主义就会遏制越轨行为。

在无性生殖的情况下，利害关系完全对等，因为所有复制因子都有 100% 的机会在它们合力产生的每个子代身上找到自己的身影。当生殖是有性的时，每个复制因子的相应机会只有一半，但减数分裂那种程式化的文雅礼让，即汉密尔顿所说的“加伏特舞”，在很大程度上成功地保证了每个等位基因都有平等的机会从其合作生殖行为的成功中获益。当然，“染色体的加伏特舞”为何如此彬彬有礼，这又是另一个问题了。但这是一个非常重要的问题，我在此加以回避只是因

[1] 加伏特原指法国民间舞曲，后指巴洛克风格的宫廷舞，是一种彬彬有礼的对舞。汉密尔顿以加伏特舞比喻减数分裂中染色体严格有序的行为。

为尚怯于面对。这是关于遗传系统演化的一系列问题之一，不少才智更胜于我者在这些问题上多少都未竟全功（Williams 1975，1980；Maynard Smith 1978a），以至于威廉斯也动容地称其为“演化生物学中迫在眉睫的危机”。我不明白为什么减数分裂是以这种方式进行的，但可以假定它有很多理由。特别是，这种有组织且公平的减数分裂有助于解释一个生物个体各部位的一致性和和谐性。如果以个体所组成的群体作为潜在载具，如果在这一层次上同样有一场展现礼让克制的“生物体的加伏特舞”，并以同样严谨的诚实方式授予个体生殖特权，那么群体选择可能会成为一种更可信的演化理论。但是，除了社会性昆虫这种非常特殊的情况之外，群体的“繁殖”是无秩序的，而且有利于个体的越轨行为。而在特里弗斯和黑尔对社会性昆虫的性别比例冲突进行巧妙分析之后（见第 4 章），即使是这些昆虫群体，也难言完全和谐了。

这种考量提示我们，如果我们想要在作为载具的个体躯体中发现越轨基因，应该首先将目光投向何处。在其他条件相同的情况下，任何成功颠覆减数分裂规则，从而使自己成为配子的概率超过 50% 的复制因子，在自然选择中往往比其等位基因更受青睐。这些基因被遗传学家称为“减数分裂驱动基因”或“分离变相因子”。我已经以它们为例来说明我对越轨基因的定义。

“打败系统的基因”

我将主要引用克劳（Crow 1979）[1] 对分离变相因子的描述，他的语言与本书的精神颇为相合。他的论文名为《违背孟德尔规则的基

[1] 此处指詹姆斯·F. 克劳（James F. Crow），美国群体遗传学家。

因》，文章的结尾是这样的："孟德尔遗传系统只有在对所有基因都严格公平的情况下才能发挥最大效率。然而，该系统一直处于危险之中，因为有些基因会破坏减数分裂过程，使其对自己有利……减数分裂和精子形成过程经过了许多改进，其目的显然是让这种欺骗不太可能发生。然而，一些基因还是成功地打败了这个系统。"

克劳认为，分离变相因子的存在可能比我们通常意识到的要普遍得多，因为遗传学家所用的方法并不能很好地检测到它们，特别是在它们只产生轻微量化效应的情况下。果蝇的 SD 基因得到了尤为详尽的研究，研究揭示了一些有关分离变相的实际机制的线索。"虽然同源染色体在减数分裂期间仍然是成对的，但 SD 染色体可能对它的正常伴侣（兼对手）**做了些手脚**，日后会导致接受正常染色体的精子出现功能障碍……SD 染色体实际上可能会破坏另一条染色体。"（Crow 1979，粗体格式是我加的。）有证据表明，在 SD 杂合个体中，不含 SD 染色体的精子具有异常的、可能有缺陷的尾巴。因此，人们会认为，有缺陷的尾巴是因此类精子中的非 SD 染色体受到某种破坏而产生的。克劳指出，真相不止于此，因为精子已经被证明能够在没有染色体的情况下发育出正常的尾巴。事实上，整个精子的表型似乎通常受父本的二倍体基因型控制，而不是受它自己的单倍体基因型控制（Beatty & Gluecksohn-Waelsch 1972；见下文）。"因此，SD 染色体对其同源体的作用不能被简单地归为使后者的某些功能失效，因为精子发育不需要其任何功能。SD 必定以某种方式诱使其伴侣采取主动破坏行动。"

分离变相因子在罕见情况下会迅猛发展，因为它们的受害者很有可能是等位基因，而不是自身副本。当这种分离变相因子很常见时，其便倾向于纯合发生，因此破坏了自身的副本，使生物体几乎不育。实际情况远比这复杂，但克劳所描述的计算机模拟表明，分离变相因子的稳定比例将维持在大于单独的周期性突变的频率上。有一些证据表明，现实情况确实如此。

要被认定为越轨基因，一个分离变相因子必须对基因组的大多数其他基因造成损害，而不仅仅是对它的等位基因造成损害。分离变相因子可以通过减少个体的配子总数来达到这一效果。即使它们没有这样做，我们也可以设想一个更普遍的原因，即在其他基因座上存在有利于抑制它们的基因（Crow 1979）。论证需要逐步展开。首先，许多基因与其等位基因相比，具有多重多效性。列万廷（1974）甚至认为，“每个基因都会对每个性状造成影响，这是毋庸置疑的事实”。委婉地说，把这称为“毋庸置疑的事实”可能有点感情用事，言过其实，而就我的目的而言，我只需要假设大多数新突变具有几种多效性即可。

现在我们有理由认为，大多数此类多效性将是有害的——突变效应通常是有害的。如果一个基因由于一种有益效应而在自然选择中受到青睐，那是因为其有益效应带来的优势在量上超过了其他效应带来的劣势。通常，我们所说的“有益”和“有害”，是指对整个生物体有益或有害。然而，在分离变相因子的例子中，我们所谈论的有益效应是只对基因有益。它对躯体产生的任何多效性影响，都很可能对整个躯体的生存繁衍有害。因此，总的来说，分离变相因子很可能是越轨基因：因此我们期望自然选择有利于其他基因座上的基因，这些基因的表型效应正是减少分离变相。这就引出了“修饰基因”的话题。

修饰基因

修饰基因理论的经典证明是 R. A. 费希尔对显性演化的解释。费希尔（1930a，但见 Charlesworth 1979 的引用）认为，通过对修饰基因的选择，特定基因的有益效应倾向于成为显性的，而其有害效应倾向于成为隐性的。他指出，显性和隐性不是基因本身的特性，而是它们表型效应的特性。事实上，一个特定的基因可以在一种遗传性状中是显性的，而在另一种遗传性状中是隐性的。基因的表型效应是其自身和环境的共同产物，此处的环境也包括基因组的其余部分。费希尔在 1930 年还不得不对这种基因相互作用的观点加以详细论证，而到了 1958 年，它已经被广泛接受，以至于费希尔在他那本杰作的第二版中可以将其视为理所当然。由此可以推断，显性或隐性，就像任何其他表型效应一样，可以通过对基因组其他位置上的其他基因的选择而自行演化，这就是费希尔显性演化理论的基础。虽然这些“其他基因”被称为修饰基因，但现在我们已经认识到，并不存在与主基因泾渭分明的修饰基因这一单独类别。相反，任何基因都可以作为任何其他基因的表型效应的修饰基因。事实上，任何特定基因的表型效应都可能受到基因组中许多其他基因的修饰，而后者本身可能还具有许多其他主要和次要效应（Mayr 1963）。修饰基因也被用于各种其他理论，例如在梅达沃 / 威廉斯 / 汉密尔顿发展衰老演化理论的过程中发挥作用（Kirkwood & Holliday 1979）。

前文曾提及修饰基因与越轨基因这一主题的相关性。既然任何基因的表型效应都可能受到其他基因座上基因的修饰，而且根据定义，越轨基因会对基因组的其余部分造成损害，我们就应该期望自然选择会有利于那些恰好具有以下效应的基因，即中和越轨基因对整个躯体的有害效应的基因。这样的修饰基因，相比那些不会影响越轨基因效应的等位基因，应更受自然选择青睐。希基和克雷格（Hickey & Craig 1966）研究了传播黄热病的埃及伊蚊（*Aedes aegypti*）的一种性别比例变相基因（见下文），发现了这种变相效应在演化上逐渐减弱的证据，这可以解释为修饰基因选择的结果（尽管他们自己的解释略有不同）。大体上，如果越轨基因确实会唤起对抑制其效应的修饰基因的选择，那么每个越轨基因及其修饰基因之间大概都会有一场军备竞赛。

就像在其他任何军备竞赛中一样（第4章），我们现在要问，是否有任何普遍原因让我们期望一方能够战胜另一方。利（1971，1977）、亚历山大和博尔贾（1978）、库尔兰（Kurland 1977，1980）、哈通（Hartung 1981）等人认为，存在这样一个普遍原因。因为，对于任何一个越轨基因，抑制它的修饰基因可能出现在基因组的任何位置，越轨基因将寡不敌众。正如利（1971）所指出的，“这就好像有一个基因议会：每个基因的行为都符合自己的利益，但如果某个基因的行为伤害了其他基因，其他基因就会联合起来抑制前者……然而，在与分离变相因子紧密相连的基因座上，利用这种‘裙带关系’的好处超过了其害处，于是自然选择倾向于增强变相效应。因此，当一个分离变相因子出现时，如果大多数基因座上的选择有利于对其进行抑制，那么一个物种就必须有多条染色体。正如规模过小的议会可能会被由少数人组成的阴谋集团操纵一样，只有一条染色体的物种很容易成为分离变相因子的牺牲品”（Leigh 1971，p.249）。我还不能对利关于染色体数量的观点做出准确的评价，但他更普遍的观点，即在某种意义上，越轨基因相比其修饰基因可能在数量上“寡不敌众”（Alexander & Borgia 1978，p.458），在我看来是很有可能被证实的。

我认为，在实际情况中，这种“寡不敌众”主要以两种方式实现。第一，如果不同的修饰基因各自导致越轨基因的效应在量上减少，那么几个修饰基因可以叠加、组合发挥作用。第二，如果几个修饰基因中的任何一个就足以中和越轨基因的效应，那么有效中和的机会将随着包含修饰基因的基因座数量的增加而增加。亚历山大和博尔贾关于“寡不敌众”的比喻，以及利关于“议会”中的集体力量的比喻，均可以通过这两种方式中的任何一种或两种来赋予意义。重要的是，不同基因座上的分离变相因子在任何意义上均不能“齐心协力”。它们并非为了某种“普遍的分离变相”的共同目标而奋斗。相反，每个因子都在为自己的利益而进行分离变相，对其他分离变相因子的损害，就和对非分离变相因子的损害一样大。而另一方面，抑制分离变相因子的基因，在某种意义上却可以群策群力。

面对基因议会这个比喻，如果我们漫不经心，它就会有欺骗性，让我们以为它可以有更多可类比性。议会中的人类成员与所有其他人类一样，是高度复杂的计算机器，能够利用预见和措辞进行共谋并达成协议，但基因并不能如此。越轨基因似乎被基因议会中的集体协议抑制，但真正发生的只是，修饰基因在各自基因座上相比其非修饰等位基因，更受自然选择青睐而已。不用说，利和“基因议会”假说的其他支持者都很清楚这一点。现在，我想延伸一下越轨基因的名单。

伴性越轨基因

如果一个分离变相因子出现在一个性染色体上，它就不仅是一个与其余基因组相冲突，并因此受到修饰基因抑制的越轨基因，它还可能附带其他威胁，使整个种群灭绝。这是因为，除了通常有害的副作用，它还会扭曲性别比例，甚至可能将一种性别完全从种群中抹去。在汉密尔顿（1967）进行的一次计算机模拟中，一个具有“驱动 Y”染色体的单一突变雄性——突变作用是导致雄性只会有儿子而不会有女儿——被引入由 1000 个雄性和 1000 个雌性组成的种群中。结果仅十五代，该模式种群就因缺乏雌性而灭绝。类似的效应已经在实验室中得到证实（Lyttle 1977）。希基和克雷格（1966）提出了利用驱动 Y 基因控制具有严重危害的害虫（如传播黄热病的蚊子）的可能性。这是一种透着一丝阴险又不失简练的方法，因为它是如此廉价：所有喷洒害虫防治剂的工作都是由害虫自己和自然选择完成的。这就像是一场“细菌战”，只不过致命的“细菌”不是外来的，而是物种自身基因库中的一个基因。也许，这并不是什么根本的区别（第 9 章）。

X 连锁驱动很可能与 Y 连锁驱动对种群有相同的有害效应，但往往需要更多的世代才能使种群灭绝（Hamilton 1967）。X 染色体上的驱动基因会导致雄性只有女儿，而没有儿子（鸟类、鳞翅目昆虫等除外）。正如我们在第 4 章中看到的，如果单倍体雄性膜翅目昆虫可以影响配偶对子代的养育，他们会更偏爱女儿，而不是儿子，因为雄性不会把自己的基因传给儿子。这种情况下的数学计算类似于 X 连锁驱动的情况，雄性膜翅目昆虫的整个基因组像 X 染色体一样运作（Hamilton 1967，p.481，脚注 18）。

通常情况下，X 染色体相互交换，但不与 Y 染色体交换。由此可知，X 染色体上的所有基因都可以从基因库中驱动 X 基因的存在中获益，该基因扭曲了异配性别中的配子发生，有利于 X 配子，而不利于 Y 配子。在某种意义上，X 染色体上的基因联合起来对抗 Y 染色体上的基因，形成了一种“反连锁群”，原因仅仅是它们没有机会在 Y 染色体上安置自己的副本。在异配性别中抑制 X 连锁减数分裂驱动的修饰基因如果出现在 X 染色体的其他基因座上，则很可能不受待见。可它们如果出现在常染色体上，就会受到青睐。这与常染色体上的分离变相因子的情况不同：在常染色体上，即使在分离变相因子所在染色体的其他基因座上，也可能存在对应的修饰基因，并且选择作用会有利于这些修饰基因对分离变相因子的抑制。因此，从基因库中常染色体部分的角度来看，影响异配性别配子产生的 X 连锁变相因子是一种越轨基因，但从基因库中其余 X 染色体部分的角度来看，它却不是。性染色体上基因之间的这种潜在的“团结”表明，越轨基因的概念可能还失之简单。它勾勒的是一个反叛者站出来孤身对抗基因组其余部分的形象。与此相反，有时我们将此情景想象成相互竞争的基因“帮派”之间的战争，例如 X 染色体基因与其他基因的战争，也许更贴切一些。科斯米德斯和图比（Cosmides &

Tooby 1981）[1] 创造了一个有用的术语“共复制子”（coreplicon），用来描述这样一组基因：它们一起进行复制，因此倾向于为相同的目的而行事。在许多情况下，相邻的共复制子会彼此混同。

由 Y 染色体基因组成的帮派更有可能出现。只要 Y 染色体没有交换，那么很明显，Y 染色体上的所有基因都会从 Y 连锁变相因子的存在中获益，且所获与变相因子基因本身不相上下。汉密尔顿（1967）提出了一个有趣的联想，即对众所周知的 Y 染色体惰性（毛耳似乎是人类唯一明显的 Y 连锁性状）的一种解释是抑制 Y 染色体的修饰基因已经在基因组的其他位置得到了积极选择。由于单个染色体的各种表型效应通常是不一致的，因此修饰基因如何抑制整个染色体的表型活性还不明确。（为什么选择作用不是仅仅抑制驱动基因的效应，而保留其他与 Y 染色体连锁的效应呢？）我想，这可能是因为其实现方式是通过在物理上删除 Y 染色体的大段，或者设法将 Y 染色体从细胞的转录机制中隔离出来。

威伦、斯金纳和恰尔诺夫（Werren、Skinner & Charnov 1981）给出了一个关于驱动复制因子的奇怪例子，这种复制因子可能不是一般意义上的基因。他们研究了寄生蜂丽蝇蛹集金小蜂（*Nasonia vitripennis*），其种群中有一类雄性被称为 Dl，或“无女儿”。这种蜂是单倍体，雄蜂只把基因传给女儿，雄蜂的配偶可能会产下儿子，但这些儿子也是单倍体的，没有父亲。当 Dl 雄性与雌性交配时，它们会使后者产下的子代皆为雄性。大多数雌性与 Dl 雄性交配所产下的儿子本身也是 Dl 雄性。虽然“父亲”并没有将核基因传给“儿子”，但 Dl 因子确实以某种方式从“父亲”传给了“儿子”。Dl 因子传播得十分迅速，就像驱动 Y 染色体一样。目前还不清楚 Dl 因子在物理上是由什么组成的。它肯定不是核遗传物质，从理论上讲，它甚至可

[1] 此处指勒达·科斯米德斯（Leda Cosmides）和约翰·图比（John Tooby），均为演化心理学家，他们共同创立了演化心理学。

能不是由核酸组成的，尽管威伦等人怀疑它可能是细胞质所携带的核酸。从理论上讲，一个 Dl 雄性对其配偶的任何导致她产下 Dl 雄性子代的物理或化学影响，都会像驱动 Y 染色体一样传播，并有资格成为第 5 章所描述的“主动种系复制因子”。它也算得上是一种出类拔萃的越轨基因，因为它以牺牲雄性的所有核基因为代价来传播自己。

自私的精子

除了一些例外情形，一个生物体的所有二倍体细胞在遗传上都是相同的，但它产生的单倍体配子都是不同的。在一次射精过程中，只有一个精子能使卵子受精，因此精子之间存在竞争的可能性。任何在精细胞处于单倍体状态时即可进行表型表达的基因，如果它能提高所在精子的竞争力，就可能比它的等位基因更受青睐。这样的基因不一定是伴性的：它可以位于任何染色体上。如果它是伴性的，就会造成性别比例的偏差，它就是越轨基因了。如果它在常染色体上，它仍然可以达到越轨基因的标准，因为任何分离变相因子成为越轨基因的普遍原因也对其适用：“如果有影响精细胞功能的基因，那么精细胞之间就会存在竞争，提高受精能力的基因将在种群中增加。”如果这样的基因碰巧导致，比如说，肝功能障碍，那只能说太糟糕了；这种基因无论如何都会增加，因为对健康的选择远不如对精细胞间竞争的选择有效（Crow 1979）。当然，并没有什么特别的原因让精子竞争基因导致肝功能障碍，但是，正如我们已经指出的，大多数突变是有害的，所以很可能会产生一些不良的副作用。

为什么克劳断言，对健康的选择远不如对精细胞间竞争的选择有效？在这种基因对健康的影响程度方面，我们不可避免地要在量上进行权衡。但是，撇开这一点不谈，甚至考虑到“只有少数精子可存活”这种可能性尚有争议（Cohen 1977），这个论点似乎仍是有说服力的，因为在射精过程中，精细胞之间的竞争是如此激烈。

亿万个精子，
全都活灵活现：
在这场“大洪水”中，
只有一个可怜的挪亚有望存活。

在以十亿计的失败者中，
也许有机会孕育，
莎士比亚、另一个牛顿，或是一个新的多恩，
但那唯一的成功者造就了我。

这样排挤胜于己者，不可耻吗？
当别人在洪水中挣扎，你却登上了方舟！
这对我们大家都好，你们这些顽固的小人，
你们还是安静地死去吧！

——阿道司·赫胥黎[1]

人们可能会想象，如果一个突变基因在精子的单倍体基因型中进行自我表达，导致精子竞争能力增强，比如尾部改进，或分泌一种该精子本身免疫的杀精剂，这些性状将立即受到巨大的选择压力的青睐，这种选择压力足以压倒二倍体的躯体上最糟糕的有害副作用之外的一切影响。但是，尽管数亿个精子中可能只有一个“有望存活”，但从单个基因的角度来看，计算结果看起来截然不同。如果我们暂时忘记

[1] 阿道司·赫胥黎，英国作家，祖父是生物学家、演化论支持者托马斯·亨利·赫胥黎（Thomas Henry Huxley）。著有传世代表作《美丽新世界》。文中诗句选自他的诗歌《第五首哲学家之歌》。

连锁基团和全新突变，那么无论一个基因在基因库中是多么罕见，只要一个特定雄性在他的二倍体基因型中有这个基因，他的至少 50% 的精子必定包含这个基因。如果一个精子获得了一种具有竞争优势的基因，那么在同一次射精中，50% 的竞争对手将获得相同的基因。只有当突变在单个精子的形成过程中产生时，其产生的选择压力才会达到天文数字。通常情况下，选择压力会更适度，不是几百万比一，而是二比一。如果我们将连锁效应纳入考量，计算就会更加复杂，有利于竞争精子的选择压力将有所增加。

在任何情况下，这一压力已强大到足以让我们预期，如果基因在精子的单倍体基因型中表达自身，则越轨基因将得到青睐，即使其会有损于二倍体父代基因组中的其余基因。至少我们可以说，幸运的是，精子表型实际上通常不受自身单倍体基因型的控制（Beatty & Gluecksohn-Waelsch 1972）。当然，精子表型必定受到某种遗传控制，自然选择也无疑对控制精子表型的基因起了作用，以完善精子的适应性。但这些基因似乎是在父代的二倍体基因型中表达，而不是在精子的单倍体基因型中表达。在精子中，它们只是被动携带而已。

这种基因型的被动性可能是精子缺乏细胞质的直接后果，而基因只能通过细胞质实现表型表达。这是一种近似的解释。不过，至少我们可以带点玩笑性质地把这个主张颠倒过来，得出一种最终的功能性解释：精子之所以被构造得很小，其实就是一种适应，目的正是防止单倍体基因型的表型表达。基于这一假设，我们提出存在一场军备竞赛，一方是（单倍体表达的）基因，以增加精子相对于其他精子的竞争能力，另一方则是在父代的二倍体基因型中进行自我表达的基因，目的是让精子变得更小，以使其无法对自己的单倍体基因型进行表型表达。这个假设并不能解释为什么卵子比精子大，它只是假定异配生殖（anisogamy）是一个基本事实，因此并不追求成为异配生殖起源理论的替代理论（Parker 1978b；Maynard Smith 1978a；Alexander &

Borgia 1979）。此外，正如希文斯基（Sivinski 1980）[1] 在一篇非常有趣的综述中提醒我们的那样，并不是所有的精子都很小。但目前这个解释作为其他解释的附带，仍值得我们加以考虑。这类似于我在前文提及的汉密尔顿（1967）对 Y 染色体惰性的解释。

绿胡子和腋窝

前文讨论的一些越轨基因是现实存在的，而且也为遗传学家所知。而我下面要谈到的一些越轨基因，老实说是极不可能存在的。我并不觉得这有什么不妥。我把它们看作思想实验。它们在帮助我直接思考现实方面所发挥的作用，就像物理学家想象“一列火车以接近光速的速度行驶的情景”所起的作用一样。

因此，本着这种思想实验的精神，不妨想象一下 Y 染色体上有一个基因，它让其拥有者杀死自己的女儿，并把她们喂给他的儿子。这显然是 Y 染色体驱动效应的“行为版本”。如果这个基因出现了，它将倾向于以同样的原因传播，且在同样的意义上，它将是一个越轨基因，因为它的表型效应将损害雄性的其他基因。这时，在除 Y 染色体以外的任何染色体上，倾向于降低这一“杀女基因”表型效应的修饰基因相比其等位基因将更受青睐。在某种意义上，这种越轨基因是用雄性子代的性别作为方便的标签来表明其是否存在的：所有的儿子都被标记为基因的明确拥有者，而所有的女儿则都被标记为基因的明确非拥有者。

对 X 染色体也可做类似的讨论。汉密尔顿（1972，p.201）指出，在正常的二倍体物种中，同配性别的 X 染色体上的一个基因有四分

[1] 此处指约翰·希文斯基（John Z. Sivinski），美国昆虫学家。

之三的概率与其同配性别的一母同胞的一个基因是同源相同基因。因此，人类姐妹间的“X染色体亲缘关系”与膜翅目昆虫姐妹间的整体亲缘关系一样高，高于人类姐妹间的整体亲缘关系。汉密尔顿甚至开始琢磨，X染色体效应是否可以解释这样一个事实：鸟类巢中的帮手通常看起来是雏鸟的哥哥，而不是姐姐（在鸟类中，雄性为同配性别）。他指出，鸟类的X染色体上的基因约占整个基因组的10%，因此这种“兄弟情谊”的遗传基础存在于X染色体上也并非全无可能。如果是这样的话，令这种兄弟情谊受青睐的选择压力，可能与汉密尔顿先前提出的膜翅目昆虫的“姐妹情谊”所受的选择压力是同一种。也许值得注意的是，正如叙伦和路克斯（Syren & Luyckx 1977）[1]所指出的，在一些白蚁，也就是唯一实现完全真社会性的非单倍二倍体群体中，“大约一半的基因组以连锁群的形式与性染色体保持关联”（Lacy 1980）。

威克勒（Wickler 1977）在评论惠特尼（Whitney 1976）[2]对汉密尔顿的X染色体观点的重拾时指出，Y染色体的效应可能比X染色体的更强，但Y染色体在基因组中所占的比例通常并不高。在任何情况下，“伴性利他主义”必然是有“性别歧视”的：个体在性染色体的影响下应倾向于对同性的近亲，而不是对异性表现出偏爱。以无性别倾向的同胞抚育为目标的基因并非越轨基因。

关于性染色体上越轨基因的思想实验的价值并不在于它的合理性——和汉密尔顿一样，我不认为它有多合理——而在于它使我们专注于这种“歧视”的重要性。另一个个体的性别被用来作为一个标签，以辨别它是不是遗传特征已知的某一类个体中的一员。在普通的亲缘选择理论中，亲缘关系（或者更确切地说，亲缘关系的某种近似相关，

[1] 分别指罗伯特·M. 叙伦（Robert M. Syren）和彼得·路克斯（Peter Luykx），均为定量生物学家。

[2] 此处指格雷德·惠特尼（Glayde Whitney），美国心理学家、行为学家，因发表“黑人天生智力不如白人”的言论而颇受争议。

例如是否和自己同在一个巢中）被用作一个标签，表明其共有一个基因的概率高于平均水平。从Y染色体上基因的角度来看，其兄弟姐妹的性别就是一个标签，表明与其共有基因的确定性和不共有基因的确定性之间的差异。

顺便说一句，要注意，在处理这样的情况时，个体适合度的概念，甚至是通常理解的广义适合度的概念都是无能为力的。一般计算广义适合度会利用亲缘系数，而亲缘系数指一对亲属拥有特定的同源相同基因的概率。假如相关基因没有更好的方法来“识别”自己在其他个体中的副本，这就不失为一个很好的近似方法。然而，如果一个基因位于性染色体上，并且可以以亲属的性别作为标签，那么它对一个亲属拥有一个自身副本的概率的最佳“估计”，将比亲缘系数提供的估计更准确。就其最普遍的形式而言，基因似乎能“识别”其他个体身上自己的副本存在与否的原理被称为“绿胡子效应”（Dawkins 1976a，p.96；Hamilton 1964b，p.25之后）。绿胡子或所谓“识别性等位基因”在一些文献中被描述为越轨基因（Alexander & Borgia 1978；Alexander 1980），因此，它们应该在本章中被讨论。即使正如我们将看到的，它们作为越轨基因的地位尚需详加审视（Ridley & Grafen 1981）。

“绿胡子效应”以一种具有不切实际的假设性，但却颇具启发性的方式，将“基因自我识别”的原理简化为最基本的要素。假设一个基因具有两种多效性。其中一个效应就是给个体贴上一个显眼的标签——“绿胡子”。另一个效应则是赋予该个体一种倾向，即对贴有这个标签者表现出利他主义的行为。这样的基因如果出现，很容易受到自然选择的青睐，尽管它很容易受到一种突变的影响，即贴上标签，但并不表现利他行为的突变。

基因并不是有自我意识的小恶魔，能够在其他个体中识别出自己的副本，并采取相应的行动。绿胡子效应的唯一产生途径是偶发多效性。必须出现一种恰好有两种互补效应的突变：既要给个体贴上“绿胡子”的标签，又要对被贴上标签的个体表现出利他主义的倾向。我一直认为，这种多效性的偶然结合太合人心意了，不似真实情况。汉密尔顿（Hamilton 1964b，p.25）也指出，这个观点有其不可信之处，但他接着写道：“人们也可能会对选型交配（assortative mating）的演化提出完全相同的先验式反对意见。尽管选型交配的优势不明显，但其显然已经独立演化出了许多次”。在此有必要粗略审视一下这种偶发多效性与选型交配的对比，就当前目的而言，我说的选型交配指的是个体倾向于与基因相似的个体交配，即同征择偶。

为什么绿胡子效应看似比选型交配更牵强？这不仅仅是因为人们明确知道选型交配会发生。我提出另一个原因：当我们想到选型交配时，暗含的假设便是，“自我检视”是促进这种效应的一种手段。如果黑色个体更喜欢与黑色个体交配，而白色个体更喜欢与白色个体交配，我们并不觉得这很难相信，因为我们默认每个个体都能感知自己的颜色。每个个体，无论肤色如何，都被认为遵循着同样的规则：检视你自己（或你自己的家庭成员），然后选择一个相同颜色的配偶。这一原则并没有让我们觉得过于牵强，因为它并不要求两种特定的效应——颜色和行为偏好——是由同一基因多效性控制的。如果与相似的配偶交配具有普遍优势，那么无论要去识别的性状的确切性质如何，自然选择都会倾向于这种自我检视规则。这种性状不一定是肤色。任何显著且多变的性状都适用于相同的行为规则。不需要假设牵强附会的多效性。

那么，同样的机制是否也适用于绿胡子效应呢？动物是否会遵循这样的行为规则：“检视你自己，并对其他与你相似的个体表现出利他行为”？答案是，它们可能会，但这不是绿胡子效应的真实例子。相反，我称之为“腋窝效应”（armpit effect）。在该范式的假设例子中，动物应该闻自己的腋窝，并对其他有类似气味的个体表现出利他主义倾向。之所以选择一个如此“有味道”的名字，是因为对警犬的试验表明，把手帕放在人类腋下后再让警犬嗅，警犬可以分辨出任何两个人的汗液，除了单卵双胎（Kalmus 1955）。这表明，汗液分子中基因标记的丰富性极强。根据单卵双胎的试验结果，有人可能会猜想，警犬可以被训练嗅出成对人类之间的亲缘系数。例如，如果让它们嗅一个罪犯的兄弟，它们就可以追踪该罪犯。也许警犬确实能做到这一点，但此处的“腋窝效应”只是一个通称，指的是一种动物通过检视自己或已知近亲，从而偏爱与自己气味相似或具有其他可以感知到的相似之处的个体。

“绿胡子效应”与“腋窝自检效应”的本质区别如下。腋窝自检行为规则将让某个体发现在某些方面与自己相似的其他个体，这种相似性也许表现在许多方面，但它不会让该个体能够明确识别其他个体是否拥有介导这一行为规则本身的基因副本。腋窝规则可能提供了一种绝佳方法，以辨别真正的亲属和非亲属，或者判断一对兄弟是亲兄弟还是异母或异父的兄弟。这一点可能是非常重要的，它可能为有利于自我检视行为的选择提供了基础，但这种选择其实就是传统的、常见的亲缘选择。自我检视规则的功能纯粹是一种亲缘识别装置，类似于“对在你自己的巢中长大的个体表现出利他主义”这样的规则。

“绿胡子效应”则完全不同。在这种效应中，重要的一点是一个基因（或紧密的连锁群）编程并专门识别自身的副本。“绿胡子效应”不是一种亲缘识别机制。相反，亲缘识别和“绿胡子”识别这两种方式是非此即彼的，均可让基因表现得似乎是在不公平地偏爱自己的副本。

回到汉密尔顿所论述的与选型交配的比较，我们可以看到，这种比较并没有真正为我们提供有说服力的依据，以乐观看待“绿胡子效应”的合理性。选型交配更可能涉及自我检视。不管出于什么原因，如果喜欢与自己相似者交配是一种普遍优势，那么选择就会倾向于腋窝行为的类似规则：检视自己，然后选择一个与你相似的配偶。这将达到预期的结果——远交和近交之间的最佳平衡（Bateson 1983）或实现其他任何优势——而不管个体之间差异特征的确切性质如何。

选型交配并不是汉密尔顿所做的唯一类比。另一个例子是，身披保护色的飞蛾会选择栖息在与自身颜色相匹配的背景上。凯特尔韦尔（Kettlewell 1955）[1] 让深色的黑化型桦尺蛾和浅色的典型桦尺蛾自由选择是栖息在深色的背景上还是浅色的背景上。结果是，飞蛾选择与自己身体颜色相匹配的背景在统计学上有显著趋势。这可能是由于基因多效性（或者决定颜色的基因与选择背景的基因紧密连锁）。如果事实果真如此，正如萨金特（Sargent 1969a）[2] 所相信的那样，那么通过其与"绿胡子效应"的类比，也许能让我们对后者内在合理性的疑虑有所消减。然而，凯特尔韦尔却认为，飞蛾是通过更简单的"对比冲突"机制实现这种匹配的。他认为飞蛾可以看到自己身体的一小部分，然后会四处移动，直到观察到自己身体和背景之间的对比度达到最小。人们很容易相信，自然选择可能会青睐这种对比度最小化行为规则的遗传基础，因为它会自动与任何身体颜色相契合，包括新变异的颜色。当然，这类似于"腋窝自检效应"，且出于同样的原因，具有合理性。

萨金特（1969a）的直觉判断与凯特尔韦尔的不同。他对自检理论表示怀疑，认为这两个变种的背景偏好在基因上存在差异。他没有关于桦尺蛾本身的证据，但他在其他飞蛾物种上做了一些巧妙的实验。例如，他选择了一个深色物种的成员和一个浅色物种的成员，并对其眼周的茸毛进行了涂色，试图"欺骗"飞蛾选择与茸毛所涂颜色相匹配的背景。结果这些飞蛾仍固执地选择与其基因决定的外观相匹配的

[1] 此处指亨利·伯纳德·戴维斯·凯特尔韦尔（Henry Bernard Davis Kettlewell），英国昆虫学家，专攻蛾类研究。
[2] 此处指西奥多·D. 萨金特（Theodore D. Sargent），美国昆虫学家。

背景（Sargent 1968）。然而，不幸的是，这个有趣的结果是在两个不同的物种中得到的，而不是在一个物种的深色和浅色变种中。

在另一个用二态种半翅刺尺蛾（*Phigalia titea*）做的实验中，萨金特（1969a）根本没有得到凯特尔韦尔用桦尺蛾得到的结果。半翅刺尺蛾的个体，无论是深色的还是浅色的变种，都选择栖息于浅色的背景上，这可能是该物种浅色祖先形态的合适背景。我们现在需要的是有人重复萨金特的关键实验，即在飞蛾自己可见的身体部位进行涂色，但使用的须是像桦尺蛾这样的二态种，且已知其会表现出特定的背景选择行为。根据凯特尔韦尔的理论，被涂成黑色的飞蛾会选择深色的背景，而被涂成浅色的飞蛾会选择浅色的背景，无论它们在基因上是黑化型还是典型。而强调纯粹遗传的理论则会预测，黑化型飞蛾会选择深色背景，典型飞蛾会选择浅色背景，无论它们身上涂的是什么颜色。

如果后一种理论被证明是正确的，那么这个结果会有助于我们接受绿胡子理论吗？也许能让我们稍稍宽心吧，因为这表明形态特征和对类似形态特征的行为识别能够在基因上紧密联系在一起，或者能够迅速实现这一点。不过，在此必须牢记的是，在飞蛾保护色的例子中，没有迹象表明我们正在和一个越轨基因打交道。如果有两种基因，一种控制体色，另一种控制背景选择行为，两者都能从第三种适当基因的存在中获益，那这两种基因在任何意义上都不是越轨基因。如果这两个基因一开始就有不那么紧密的关联，那么选择就会倾向于使其越来越紧密地连锁。目前尚不清楚，选择是否同样有利于“绿胡子基因”和“绿胡子识别基因”之间的紧密连锁。似乎这些效应之间的联系在一开始就只能靠运气。

“绿胡子效应”其实就是一个自私的基因在其他个体中寻找自己的副本，而不管这些个体在总体上共有基因的可能性如何。绿胡子基因“标记”自身的副本，因此它似乎违背了基因组其余部分的利益。

它让个体付出辛劳成本，却是为其他个体的利益服务，而这些个体除了该基因本身之外，并不太可能与原个体共有基因。在这个意义上，它似乎算是一个越轨基因。这就是亚历山大和博尔贾（1978）称其为越轨基因的原因，也是他们怀疑绿胡子基因存在的原因之一。

但实际上，如果绿胡子基因真的出现了，它们是不是越轨基因这一点并不那么显而易见。里德利和格拉芬（1981）提醒我们注意以下几点。我们对越轨基因的定义提及它会激发其他基因座上的修饰基因，后者往往会抑制前者的表型效应。乍一看似乎很清楚，绿胡子基因确实会激发抑制性的修饰基因，因为在被原个体特别照护的（无亲缘关系的）绿胡子个体内存在修饰基因副本的可能性很低。但是，我们也不能忘记，如果一个修饰基因对绿胡子基因的表型表达有任何影响，那么它本身很可能也在一个长有绿胡子的躯体中，因此它所处的位置能使它从其他绿胡子个体那里获得利他性帮助。此外，由于其他长着绿胡子的慷慨个体不太可能与潜在修饰基因所在的躯体是亲属，后者的副本并不会感受到前者实施利他行为所付出的成本。因此，有理由认为，其他基因座上的潜在修饰基因在与绿胡子基因共有一个躯体时将会受益，而不是受损。对此，有一点尚无法反驳，那就是向其他绿胡子个体付出的利他行为成本可能超过从其他绿胡子个体那里获得的利他行为收益：如果事实如此，那么一开始就不存在绿胡子基因传播的问题。里德利和格拉芬观点的本质是，如果绿胡子基因具备在种群中传播所需的全部条件（这是不太可能的），那么这种情况的成本和收益将有利于那些对绿胡子效应有所增强而不是减弱的修饰基因。

在评估这一观点时，一切都取决于我们所说的绿胡子表型的确切性质。如果将整个多效性双表型——绿胡子和对绿胡子个体的利他行为——视为一个整体，修饰基因只能将其作为一个整体来抑制或增强，那么里德利和格拉芬关于绿胡子基因并非越轨基因的观点无疑是正确的。但是，诚如他们自己强调的那样，如果一种修饰基因能够将两种表型效应分开对待，在不抑制绿胡子特征本身的同时抑制绿胡子基因的利他表型，那它肯定会受到选择的青睐。第三种可能性是一种特例，绿胡子基因导致亲代优待那些碰巧拥有识别特征的子代。这样的基因类似于减数分裂驱动基因，将是一个真正的越轨基因。

不管我们对里德利和格拉芬关于“绿胡子效应”的观点作何感想，有一点是明确的，那就是那些介导了对近亲的利他行为，并受到传统亲缘选择压力青睐的基因，绝对不是越轨基因。基因组中的所有基因从亲缘利他行为中获益的概率在统计学上是相同的，因为所有基因在受益个体中存在的概率在统计学上是相同的。在某种意义上，一个“亲缘选择基因”虽然只为自身利益行事，但它也对其基因组中的其他基因有利。因此，不会有选择青睐抑制它的修饰基因。腋窝自检基因是亲缘识别基因的一个特例，同样也不是越轨基因。

我一直对绿胡子效应的合理性持否定态度。我之前提及的基于性染色体的偏好假设，是绿胡子效应的一个特例，也许是最不可信的一个。我在家庭内部偏好的背景下讨论了这个问题：年长的同胞应该根据共享性染色体的概率来区别对待它们的弟弟妹妹，性别本身被用作标签（即“绿胡子”）。这并非完全不可能，因为如果Y染色体不进行交换，我们可以假设存在一个完整的“绿胡子染色体”，而不是单个的多效性绿胡子“基因”。性别偏好（也译“性偏好”“性徇私”）的遗传基础只需出现在相关性染色体上的任意位置，这就足够了。有人可能会针对染色体的任意实质部分提出类似的论点，比如说，该部分因为倒位而不进行交换。因此，可以想象我们有望在将来的某一天发现某种真正的绿胡子效应。

我怀疑，目前所有疑似“绿胡子效应”的例子，事实上都是“腋窝自检效应”的不同版本。吴等人（Wu et al. 1980）将豚尾猕猴（*Macaca nemestrina*）置于一个选择装置中，使它们必须选择坐在两个同伴中的一个旁边。在每个案例中，研究人员提供的两个同伴中有一个是实验对象同父异母的兄弟姐妹，另一个是无亲缘关系的对照个体。结果是猕猴个体更多地选择坐在同父异母的同胞身旁，而不是坐在没有亲缘关系的对照个体旁边，这具有统计学上的显著性。请注意，这里的同父异母同胞在母系上没有血缘关系：这意味着它们不可能识别出从母亲那里获得的气味。不管猴子们在识别什么，它们都来自共同的父亲，这在某种意义上表明，它们认出了共有基因的识别标志。我的猜想是，猴子在识别亲属和自身可感知特征的相似之处。吴等人也持同样的观点。

格林伯格（Greenberg 1979）研究了一种原始社会性蜂类，即风神隧蜂（*Lasioglossum zephyrum*）。（Seger 1980 在"蜜蜂有绿色的刚毛吗？"这个很有画面感的标题下参考了格林伯格的这一文献。）吴等人以猕猴对蹲坐伙伴的选择作为行为分析对象，而格林伯格则以守卫工蜂对另一只寻求进入蜂巢的工蜂是加以接受还是拒绝的决定为对象。他以一只工蜂被接受的概率对她与守卫的亲缘系数作图。此图不仅显示出极好的正相关，且这条线的斜率几乎恰好是 1，所以守卫接纳陌生工蜂的概率大约"等于"两者的亲缘系数！格林伯格的证据使他相信，"因此，遗传成分存在于蜂类产生的气味中，而显然不存在于感知系统中"（p.1096）。用我的术语来说，格林伯格的表述相当于说他在处理的是腋窝效应，而不是绿胡子效应。当然，正如格林伯格所认为的那样，蜜蜂可能会检视它们已经熟悉的亲属，而不会嗅自己的"腋窝"（Hölldobler & Michener 1980）。但从本质上讲，这仍然是腋窝效应的一个例子，而不是绿胡子效应。在这种情况下，毫无疑问，基因并未越轨。林森梅尔（Linsenmair 1972）[1] 的一项尤为巧妙的研究得出了类似的结论，该研究是关于社会性昆虫沙漠鼠妇（*Hemilepistus reaumuri*）家族特有的化学"徽章"的。类似地，贝特

[1] 此处指 K. 爱德华·林森梅尔（K. Eduard Linsenmair），德国动物学家与生态学家。

森（1983）提供了有趣的证据，证明日本鹌鹑利用习得的视觉线索区分它们的“表兄弟姐妹”和亲兄弟姐妹，以及关系更远的亲属。

瓦尔德曼和阿德勒（Waldman & Adler 1979）[1] 研究了蝌蚪是否优先与其兄弟姐妹建立联系。研究人员将两群蝌蚪分别进行彩色标记，让它们在水箱中自由游动；然后将网格放入水箱中，每只蝌蚪被限于十六个隔间中的一个。蝌蚪与兄弟姐妹的关系比与非兄弟姐妹的关系更密切，这在统计学上显著。也许不尽如人意的是，该实验设计并没有排除基因决定的“栖息地选择”可能产生的混淆效应。比方说，如果基因决定了蝌蚪倾向于簇拥在水箱的边缘而不是中间，那么有血缘关系的蝌蚪可能最终会出现在水箱的相同位置。因此，该实验并没有明确地证明蝌蚪是能够识别亲属，还是具有与亲属相关联的偏好，但对于许多理论目的来说，这并不重要。作者在介绍他们的论文时提及费希尔（1930a）关于警戒态（aposematism）演化的亲缘选择理论，在这个理论中，亲缘个体就是得聚在一起。至于它们聚在一起是因为共同的栖息地偏好，还是因为真正具备亲属识别能力，是无所谓的。然而，就我们的当前目的而言，值得注意的是，如果进一步的实验证实了蝌蚪的“偶然栖息地选择”的规律，那么将排除“腋窝”理论的可能，但不会排除“绿胡子”理论的可能。

谢尔曼（1979）在一个关于社会性昆虫染色体数量的巧妙理论中引用了遗传偏好的概念。他提出的证据表明，真社会性昆虫往往比它们在系统发生上最接近的非社会性亲缘物种具有更高的染色体数量。西格（Seger 1980）独立地发现了这种效应，并用自己的理论来对其加以解释。这种效应的证据有些模棱两可，也许使用现代比较研究法的学者所开发的统计方法进行的严格分析能令其受益（例如 Harvey & Mace 1982）。但我在这里关心的不是这种效应本身的真实性，而是

[1] 分别指布鲁斯·瓦尔德曼（Bruce Waldman）和克莱格·阿德勒（Kraig Adler），均为美国动物行为学家。

谢尔曼解释这种效应的理论。他正确地指出，高染色体数量往往会减少兄弟姐妹之间共有基因的比例差异。举一个极端的例子，如果一个物种只有一对染色体，没有交换，那么任何一对亲兄弟姐妹共有（同源相同）的基因要么是全部，要么完全没有，要么是一半的基因，三种情况下共有基因的平均比例为 50%。如果物种有数百条染色体，那么兄弟姐妹之间共有（同源相同）的基因数量将狭窄地分布在大约 50% 的平均水平上。交换使这个问题复杂化，但一个物种的染色体数量越多，兄弟姐妹之间的遗传差异就小，这仍然是事实。

由此可以得出结论，如果社会性昆虫的职虫希望对那些碰巧与自己共有最多基因的同胞给予优待，那么若该物种的染色体数量较少，而不是较多，它们就更容易做到这一点。职虫的这种优待区分会有损于女王的适合度，因为女王"更希望"其子代得到更公平的对待。因此，谢尔曼认为，在社会性昆虫中，高染色体数实际上是一种适应，以使"子代"的生殖利益更接近于它们母亲的生殖利益。顺便说一下，我们不应忘记，职虫们的意见并不一致。每只职虫都可能对长得与自己相似的弟弟妹妹表现出偏爱，但其他职虫往往会抵制她的这种偏爱，原因与女王对其抵制的原因相同。此处对待职虫，不能像特里弗斯和黑尔（1976）在性别比例冲突理论中那样，将其视为与女王对立的整齐划一的群体。

谢尔曼很公允地列出了其假说的三个弱点，但该假说还有两个更严重的问题。第一，除非我们小心翼翼地对其进一步加以限定，否则这个假说似乎过分接近于被我称为"第 11 个误解"（Dawkins 1979a）或"黑桃 A 谬误"（第 10 章）的谬论。谢尔曼假设同种个体之间的合作程度与"它们共有的等位基因的平均比例"有关，而（我的重点是）他应该从他们共有的"以合作为目标"的基因的概率来考虑这个问题（亦可参见 Partridge & Nunney 1977）。若是后一个假设，他的假说按照目前所表达的形式，是行不通的（Seger 1980）。谢尔曼可以通过引用“腋窝自我识别”效应，以使他的假设免于这种批评。我就不详细说明这个论点了，因为我怀疑谢尔曼已经接受了。（关键在于腋窝效应可以在亲属间使用弱连锁，而绿胡子效应则需要多效性或连锁不平衡。如果职虫们先检视自己，然后对繁殖虫同胞中那些特征与前者自认为拥有的特征相同者表现出偏爱（偏好），那么普通的连锁效应就变得非常重要，谢尔曼的假设就可以摆脱“黑桃A谬误”。顺便说一句，这样也可回避谢尔曼自己提出的第一个反对意见，即这个假设“依赖于某种等位基因的存在，这种等位基因使其携带者能够识别它们的等位基因”，而“这样的识别等位基因从未被发现过”，言下之意是这是难以置信的。谢尔曼可以把他的假设与腋窝效应而不是绿胡子效应联系起来，让事情变得更简单。）

谢尔曼假设的第二个难理解之处是经梅纳德·史密斯（私人通信）提醒注意到的。以“腋窝”版本理论为例，可以想象，职虫们会在选择作用下对自己进行检视，并对那些具有相同个体特征的繁殖虫同胞表现出偏爱。如果可能的话，女王也会在选择作用下抑制这种偏爱，比如通过信息素操纵。但是，为了被选择垂青，女王的任何此类举动都必须在突变发生时立即产生效应。这种突变真会增加女王的染色体数量吗？并不会。染色体数量的增加会改变职虫偏爱的选择压力，许多代之后，它可能会产生一种在总体上对女王有利的演化变化。但这对最初产生突变的女王并无帮助，她的职虫仍会遵循自己的基因编程，对选择压力的变化一无所知。选择压力的变化需在更长的时间尺度上产生影响。不能指望某只女王会为了未来女王的长远利益而进行“人工选择”！这一假说要摆脱这种反对意见，就需要指出，高染色体数并不是一种有利于女王操纵职虫的适应，而是一种预适应。那些由于其他原因而碰巧拥有高染色体数的群体最有可能演化出真社会性。谢尔曼提到了这个版本的假说，但他认为，相比“更积极的女王操纵”版本，没有理由对该版本更加青睐。总之，谢尔曼的假设在理论上是站得住脚的，前提是它以预适应而不是适应，用腋窝效应而不是绿胡子效应进行表述。

绿胡子效应可能不太可信，但却很有启发性。研究亲缘选择的学者如果首先能理解这种假设的绿胡子效应，然后根据与“绿胡子理论”的异同来研究亲缘选择理论，就不太可能落入亲缘选择理论带来的众多看似机会诱人实则引人犯错的陷阱之中（Dawkins 1979a）。由于对绿胡子模型已烂熟于心，他得以相信，对亲属的利他行为本身并不是目的，动物们也并不是神秘地遵循一些实地工作者也不理解的巧妙数学运算来实践这种行为。相反，亲缘关系只是提供了一种方式，使得基因可以表现得好像它们可以识别并偏好其他个体中自己的副本。汉密尔顿本人（Hamilton 1975a，pp.140–141）强调了这一点：“我们应认为亲缘关系只是接受利他者的基因型正回归的一种方式，而且……正是这种正回归对利他行为至关重要。因此，广义适合度概念比‘亲缘选择’更为普遍。”

汉密尔顿在这里使用了他之前所述的“广义适合度的延伸意义”（Hamilton 1964b，p.25）。传统意义上的广义适合度，也就是汉密尔顿自己详细的数学计算所基于的意义，无法处理绿胡子效应，实际上，它也无法被用来处理减数分裂驱动基因等越轨基因。这是因为这种适合度与生物个体作为“载具”或“最大化实体”的理念紧密相连。越轨基因要求我们将其视为自私的最大化实体，它们构成了反对“自私的生物体”范式的强大武器。没有什么比汉密尔顿对费希尔性别比例理论（Hamilton 1967）的巧妙延伸更能说明这一点了。

绿胡子的思想实验还在其他方面具有启发意义。任何把基因看作分子实体的人都有可能被诸如以下段落的文字误导：“自私的基因是什么？它不仅仅是 DNA 的单个有形片段……它是某个具体 DNA 片段的所有复制品，分布在整个世界之中……它是一种分布式实体，同时存在于许多不同的个体中……一种基因或许能够帮助其他个体中的自身复制品。”整个亲缘选择理论都建立在这个普遍的前提之上，然而，如果认为基因副本之所以会互相帮助，是因为这些副本本身是相同的分子，那就太过神秘主义了，而且是错误的。绿胡子思想实验有助于解释这一点。黑猩猩和大猩猩是如此相似，以至于从物理角度看，一个物种的基因在分子细节上可能与另一个物种的基因一般无二。这种分子上的同质性是否足以让我们相信，选择作用会让一个物种的基因“识别”其他物种中该基因的副本，并向它们伸出援助之手？答案是否定的，尽管在分子层次上武断地套用“自私的基因”推理可能会让我们得出相反的答案。

基因层次上的自然选择涉及等位基因之间对共有基因库中特定染色体位置的竞争。黑猩猩基因库中的绿胡子基因和它的任何等位基因都不能成为大猩猩染色体上某个基因座的候选基因。因此，它对大猩猩基因库中结构相同的“同类”的命运漠不关心。（它可能不会对大猩猩基因库中与其表型相同的同类的命运无动于衷，但这与分子同质性无关。）就目前的争论而言，从某种重要意义上讲，黑猩猩的基因和大猩猩的基因并不是彼此的副本。他们只是在恰好具有相同的分子结构这一微不足道的意义上可被称为彼此的副本。在无心无识而又机械呆板的自然选择法则之下，我们没理由期待这些基因会对其分子副本施以援手，仅仅因为它们是自己分子意义上的副本。

相反，我们可能更有理由期望看到基因在一个物种基因库中，在自身基因座上协助分子结构不同的等位基因，只要两者具有相同的表型效应。一个基因座上的表型中性突变改变了其分子同质性，但不会削弱任何有利于基因互助的选择。“绿胡子利他主义”仍然可以增加种群中“绿胡子”表型的发生率，即使这种基因所协助的其他基因在分子意义上并不是前者的严格副本。我们感兴趣的是表型的发生率，而不是 DNA 分子构型的发生率。如果有读者认为最后一句话与我的基本论点相矛盾，那我一定是没有把我的基本论点表达清楚！

让我用绿胡子来做一个更有启发性的思想实验，以阐明互惠利他主义理论。我之前称绿胡子效应是不可信的，除了在性染色体的特殊例子中。但还有另一种特例，可以想象其在现实中存在一些对应情形。想象一个基因编程的行为规则："如果你看到另一个个体在实施利他行为，记住这个事件，如果有机会，就在未来对该个体表现出利他行为"（Dawkins 1976a，p.96）。这可能被称为"利他行为认知效应"。用霍尔丹（1955）的跳入河中救溺水者的例子来说，我所假设的基因可能会借此传播，因为它实际上是在识别自己的副本。事实上，这是一种绿胡子基因。它没有使用偶发的多效性识别性状（如绿胡子），而是使用了一个非偶发的性状：利他主义自我拯救的行为模式。救援者倾向于只拯救那些曾拯救过别人的人，所以基因倾向于保存自己的副本（撇开系统如何启动等问题）。我在这里提出这个假设的例子，是为了强调它与另外两个表面上相似的例子的区别。第一个是霍尔丹自己阐述的拯救近亲的例子；多亏了汉密尔顿，我们现在对该例子已经颇为了解。第二个是互惠利他主义的例子（Trivers 1971）。在真正的互惠利他主义和我现在讨论的假定利他主义认知案例之间，如有任何雷同之处，都纯属巧合（Rothstein 1981）。然而，这种雷同有时会让互惠利他主义理论学者也陷入混淆，这就是为什么我要用绿胡子理论来消除混淆。

在真正的互惠利他主义中，"利他主义者"在未来会从其利他行为的个体受益者的存在中获益。即使两者并不共有基因，即使它们分属不同的物种，这种效应也会起作用（与 Rothstein 1981 的观点相反），就像特里弗斯关于清洁鱼与其"客户"之间的互惠主义例子一样。介导这种互惠利他行为的基因，为基因组其他部分带来的益处不亚于它们自己获得的益处，而且它们显然不是越轨基因。它们受到普通的、熟悉的自然选择的青睐，但有些人（例如 Sahlins 1977，pp.85–87）似乎难以理解这一原理，这显然是因为他们忽视了选择的频率依赖性质，以及由此而来的相应需求：用博弈论的术语对此问题加以思考（Dawkins 1976a，pp.197–201；Axelrod and Hamilton 1981）。而利他行为认知效应虽然表面上与此相似，但本质上是不同的。利他行为认知个体无须对它所做的善举要求惠及自身的回报。他只需识别对任何对象所施的善举，然后挑出利他主义者，以使自己日后也能从中受惠。

从个体适合度最大化的角度出发，是不可能对越轨基因做出合理解释的。这就是我在本书中着重指出这些基因的原因。在本章的开头，我将越轨基因分为“等位越轨基因”和“横向传播越轨基因”。到目前为止，我们所考虑的所有例子中的越轨基因都是等位基因：它们在自己的基因座上比其等位基因更受青睐，却被其他基因座上的修饰基因阻碍。现在我将转向阐述横向传播越轨基因。这都是些堪称无法无天的越轨基因，完全罔顾了在一个基因座的范围内进行等位基因竞争的规则。它们扩散到其他基因座，甚至通过扩大基因组为自己创造新的基因座。我们可以在“自私的 DNA”这一标题下对其进行合宜的讨论，这是最近在《自然》杂志上颇受瞩目的一个流行语，也将是下一章第一部分的主题。

第9章

自私的DNA、跳跃基因，还有对拉马克主义的恐惧

这一章会显得有点杂乱，因为它汇集了我短暂而鲁莽地进入分子和细胞生物学、免疫学以及胚胎学等远离我深耕领域的腹地时所获得的战果。还好我的这种尝试是短暂的，若是持续更久，会让我显得更加鲁莽无谋。至于这种鲁莽，我虽不欲多做辩解，但也许确实情有可原，因为先前一次同样鲁莽的突进让我产生了一个想法，以至于如今一些分子生物学家须以“自私的DNA”的名义对此加以认真对待。

自私的DNA

> ……生物体中DNA的数量似乎超过了构建这些生物体所严格需要的数量：很大一部分DNA从未被转译为蛋白质。从生物个体的角度来看，这似乎是一个悖论。如果DNA的“目的”是监督身体的建造，那么发现大量DNA竟未司此职实在令人惊讶。生物学家正绞尽脑汁想弄清楚这些多余的DNA是做什么的。但从自私的基因本身的角度来看，这并不

> 矛盾。DNA 的真正“目的”就是生存，不增一分，也不减一分。解释多余 DNA 最简单的方法是将其看作一个寄生虫，或者充其量是一个无害但亦无用的“乘客”，只是搭上了由其他 DNA 创造的生存机器的便车（Dawkins 1976a，p.47）。

分子生物学家在《自然》杂志上同时发表的两篇令人振奋的论文进一步发展并更充分地阐述了这一观点（Doolittle & Sapienza 1980；Orgel & Crick 1980）。这些论文在《自然》杂志（专题文集，Vol. 285，pp.617–620 & Vol. 288，pp.645–648）和其他各处（如 BBC 广播）引发了广泛的讨论。当然，这一观点与本书的主旨是高度一致的。

事实如下。不同生物的 DNA 总量差异很大，这种差异在系统发生方面没有明显意义。这就是所谓的“C 值悖论”。“蝾螈所需要的完全不同的基因的数量是人类的 20 倍，这似乎令人难以置信”（Orgel & Crick 1980）。同样令人难以置信的是，北美西部的蝾螈比东部的同类蝾螈需要更多的 DNA。真核生物基因组中有很大一部分 DNA 从未被转译过。这种“垃圾 DNA”可能位于顺反子之间，在这种情况下，它被称为“间隔 DNA”（spacer DNA），或者它可能由顺反子内未表达的“内含子”组成，与顺反子的表达部分，即“外显子”穿插排列（Crick 1979）。就遗传密码而言，这些明显多余的 DNA 可能在不同程度上是重复且毫无意义的。有些可能永远不会被转录成 RNA。其他部分可能被转录成 RNA，但在 RNA 被翻译成氨基酸序列之前就被“剪除”了。无论以哪种方式，它都不会被表型表达，如果我们所说的表型表达是指通过控制蛋白质合成的正统途径进行的话（Doolittle & Sapienza 1980）。

然而，这并不意味着所谓的垃圾 DNA 不受自然选择的影响。人们对它提出了各种各样的“功能”假设，这里的“功能”指的是对生物体的适应性益处。多余的 DNA 的“功能”可能“只是分隔基因”

（Cohen 1977，p.172）。即使一段 DNA 本身没有被转录，它也可以通过占据基因之间的空间来增加基因之间的交换频率，这也是一种表型表达。因此，间隔 DNA 可能在某种意义上因其对交换频率的影响而受到自然选择的青睐。然而，将一段间隔 DNA 按照传统说法描述为“以给定重组率为目标的基因”并不合宜。要当得起基因这个称谓，这段 DNA 必须相较其等位基因对重组率有所影响。我们说特定长度的间隔 DNA“有等位基因”是有意义的，这里的等位基因就是指在种群中其他染色体上占据相同位置的不同序列。但是，由于间隔基因的表型效应仅仅是间隔 DNA 的长度延伸带来的结果，如果给定“基因座”上的所有等位基因都具有相同的长度，那么它们势必具有相同的“表型表达”。如果多余 DNA 的“功能”是“分隔基因”，那么此处“功能”一词的用法就不同寻常了。其中涉及的自然选择过程就不是一个基因座上等位基因之间的普通自然选择。相反，它是遗传系统的一个特征——基因之间距离——的延续。

非表达 DNA 另一个可能的“功能”是由卡弗利尔–史密斯（Cavalier-Smith 1978）[1] 提出的。他的理论在他的论文标题中得到了概括：“核骨架 DNA 对核体积的控制，对细胞体积和细胞生长速度的选择，以及 DNA C 值悖论的解决”。他认为，“*K* 选择”（K-selection）生物比“*r* 选择”（r-selection）生物需要更大的细胞，而改变每个细胞的 DNA 总量是控制细胞大小的好方法。他断言，“在强 *r* 选择、小细胞和低 C 值之间，在 *K* 选择、大细胞和高 C 值之间，均存在良好的相关性”。考虑到定量比较调查固有的难点，在统计上检验这种相关性将是颇为有趣的（Harvey & Mace 1982）。这种 *r*/*K* 区分本身似乎也在生态学家中引起了广泛的怀疑，原因我一直不太清楚，有时他们自己也不太清楚。这是一个经常被使用的概念，但

[1] 此处指汤玛斯·卡弗利尔–史密斯（Thomas Cavalier-Smith），英国演化生物学家，主要贡献在于提出生物分类八界系统的构想。

使用者几乎总是会就此给出仪式性的致歉，就好像是知识分子版本的“摸木头走好运”[1]。在进行严格的相关性测试之前，我们还需要一些表明一个物种在 *r*/*K* 连续体中所处位置的客观指标。

在等待支持或反对卡弗利尔-史密斯假说的进一步证据出现时，在当前背景下需要注意的是，这些假说是在传统模式下提出的，它们基于这样一种观点：DNA，就像生物体的其他方面一样，之所以受到选择，是因为对生物体有好处。“自私的 DNA”假说是基于这一假设的反转：表型性状之所以存在，是因为它们帮助 DNA 自我复制，如果 DNA 能找到更快、更简单的方法，绕过传统的表型表达来复制自己，它就会在选择作用下这样做。虽然《自然》杂志的编辑（Vol. 285，p.604，1980）将其描述为“稍稍令人震惊”，但“自私的 DNA”理论在某种程度上是革命性的。但是，一旦我们深刻认识到这个基本事实，即生物体是 DNA 的工具，而不是相反，“自私的 DNA”的观点就变得令人信服，甚至显而易见。

活细胞，尤其是真核生物的细胞核，充满了核酸复制和重组的活跃机制。DNA 聚合酶可轻易催化任何 DNA 的复制，不管这些 DNA 作为遗传密码是否有意义。将一段 DNA“剪除”，或是将其他 DNA 片段“接入”，也是细胞器官正常功能的一部分，因为每当出现交换或其他类型的重组事件时，这些情况就会发生。倒位和其他易位如此容易发生这一事实进一步证明，从基因组的一个部分切出一段 DNA 并将其拼接到另一个部分并非难事。可复制性和“可剪接性”似乎是 DNA 在其细胞机制的自然环境中最显著的特征（Richmond 1979）。

既然这种环境所在多有，既然为 DNA 复制和剪接而建立的细胞工厂已然存在，那么自然选择就将青睐那些能够利用这种环境为自己服务的 DNA 变体，这几乎毫无悬念。在这种情况下，优势仅仅意味

[1] “摸木头”（touch wood）是一种西方迷信，即认为触碰或敲击树木及木制品可以给自己带来好运。道金斯以此来调侃生物学家对 *r*/*K* 选择理论的态度。

着在种系中多复制几次。任何种类的DNA，只要其特性恰好使其易于复制，那它就会自然而然地在世界中日益普遍。

这些特性可能是什么？矛盾的是，我们最熟悉的DNA分子用以确保自身未来的方法，却是更为间接、复杂和迂回的方法。这些方法就是它们对躯体的表型效应，在近端通过控制蛋白质合成实现，在远端则通过控制生物形态、生理和行为的胚胎发育实现。但也有更直接、更简单的方式，让不同种类的DNA以牺牲竞争对手的品种为代价进行传播。如今愈加明显的事实是，除了大而有序的染色体和它们之间彬彬有礼的“加伏特舞”之外，细胞也是一大帮鱼龙混杂的DNA和RNA片段的家园。这些片段跻身细胞之中，只为利用细胞器所提供的完美环境。

根据大小和性质的不同，这些复制旅途中的“旅伴”有不同的名字：质粒（plasmid）、附加体（episome）[1]、插入序列、细胞质基因组（plasmon）[2]、病毒粒子（virion）[3]、转座子、复制子、病毒等等。它们是应该被视为脱离染色体秩序的叛逆者，还是被视为来自外部的入侵寄生虫，似乎已愈加不重要了。作为一个类比，我们可以把一个池塘或一片森林看作一个具有一定结构，甚至具有一定稳定性的群落。但其结构和稳定性是在参与者不断更替的情况下得以保持的。个体不断地迁入又迁出，新的出生，旧的死亡。有一种流动性，在群落组成部分之间跳跃，因此试图区分“真正的”群落成员与外部入侵者变得毫无意义。基因组也是如此。它不是一个静态的结构，而是一个流动的群落。“跳跃基因”会移入或移出基因组（Cohen 1976）。

自然界中可能的宿主范围是如此之大，至少对于转化

[1] 也译“游离基因”，是能插入寄生细胞连续的染色体之中，也能以自主实体形式存在的一种遗传因子。
[2] 对细胞质中的基因的总称，与核基因相对的概念。
[3] 也译“毒粒”“病毒体”，指结构完整、具有侵染性的单个病毒。

> DNA 和质粒，如 RP4 来说是如此之大，以至于人们觉得至少在革兰氏阴性菌中，所有种群可能都是相互联系的。众所周知，细菌 DNA 可以在广大不同的宿主物种中表达……从简单的谱系图的角度来看待细菌的演化可能确实是不可能的；相反，一个具有汇聚和发散节点的网络可能是更恰当的比喻（Broda 1979，p.140）。

一些学者还推测，该网络并不局限于细菌演化（例如 Margulis 1976）。

> 有大量证据表明，生物的演化并不局限于归属其物种基因库的基因。更合理的观点是，在演化的时间尺度上，生物圈的整个基因库对所有生物而言都是可用的，而演化之所以呈现出剧烈的骤变和明显的间断期，实际是因为涉及采用部分或全部外源基因组的事件本身极为罕见。因此，生物体和基因组可被视为生物圈中的隔室，基因一般以不同的速度在这些隔室之间循环，如果有足够的优势，单个基因和操纵子便可被纳入其中（Jeon & Danielli 1971）。

“基因工程”或基因操作技术的迅猛发展表明，包括我们人类在内的真核生物可能也无法与这种设想中的基因传播绝缘。在英国，基因操作的法律定义是“将在细胞外以任何方式产生的核酸分子插入任何病毒、细菌质粒或其他载体系统中，形成可遗传物质的新组合，以使它们融入宿主生物体。在宿主生物体中，它们虽非自然发生，但能够继续增殖”（Old & Primrose 1980，p.1）。当然，人类基因工程师在这个游戏中还是初学者。他们只是在学习并利用“自然基因工程师”——那些在选择作用下以出入基因组为谋生手段的病毒和质粒——的专业技能而已。

也许自然基因工程最伟大的杰作就是与真核生物有性生殖相关的复杂操作：减数分裂、交换和受精。我们最重要的两位现代演化论者，均未能就这种不同寻常的过程对生物个体的益处给出令他们自己满意的解释（Williams 1975；Maynard Smith 1978a）。正如梅纳德·史密斯（1978a，p.113）和威廉斯（1979）均指出的那样，这可能是我们不得不将关注焦点从生物个体转移到真正的复制因子上的一个领域，即便没有其他领域需要如此。当我们试图解决减数分裂成本的悖论时，也许我们不应担心有性生殖如何对生物体有所助益，而是应该寻找真正导致减数分裂发生的细胞内动因，也就是减数分裂的复制"工程师"。这些假想的工程师，即可能位于染色体内部或外部的核酸片段，必须迫使生物体进行减数分裂，而这一过程所带来的副产物就是它们自身的成功复制。在细菌中，重组是通过一个单独的 DNA 片段或所谓"性因子"（sex factor，也译"致育因子"）来实现的。在旧的教科书中，它被视为细菌自身适应机制的一部分，但它其实更应被视为一个为自身利益而工作的复制基因工程师。在动物中，中心粒（centriole）[1] 被认为是具有自身 DNA 的自我复制实体，就像线粒体一样，尽管与线粒体只能母系遗传不同，它们通常在雄性和雌性细胞系中均可传递。尽管目前认为染色体是被无情自私的中心粒或其他微型"基因工程师"生拉硬拽进第二次分裂后期（后期Ⅱ）的想法只被当作笑谈，但过去更奇怪的想法如今已经变得司空见惯。毕竟，到目前为止，正统理论还未能消除关于减数分裂成本的悖论。

奥格尔和克里克（1980）对多变 C 值的悖论，以及试图解释这一悖论的自私的 DNA 理论所做的评价如出一辙："乍一看，重要的事实是如此奇怪，以至于只有一个多少有点标新立异的想法才能解

[1] 一种位于动物、某些藻类和菌类细胞中的圆筒状细胞器。一般认为动物细胞中的中心粒与细胞分裂步骤，如纺锤体的形成、染色体的后期运动、分裂沟的形成都有密切的关系。

释它们。”通过结合事实和天马行空式的推断，我试图搭建一个舞台，既为了让“自私的DNA”这一概念可以不那么引人注目地登台，也为了给“自私的DNA”的登台勾勒出舞台背景，这并非刻意标新立异，但几乎是不可避免的。那些没有被转译成蛋白质的DNA，如果它们的密码子被翻译出来，就会变成毫无意义的乱码，不过它们的可复制性、可剪接性以及抵抗细胞机制的“除错”程序对其进行检出和删除的能力可能会有所不同。因此，“基因组内选择”会导致某些类型的无意义或未转录的DNA数量增加，它们散落在染色体各处，使染色体杂乱不堪。得到翻译的DNA也可能受到这种选择的影响，不过在这种情况下，由于常规的表型效应所带来的更强大的压力，基因组内的选择压力可能会被前者淹没，无论其是积极的还是消极的。

这种常规选择导致复制因子相对于其等位基因在种群染色体特定基因座上的频率发生变化。而自私的DNA的基因组内选择则是另一种选择。这里我们讨论的不是等位基因在基因库中一个基因座上的相对成功，而是某些类型的DNA在不同基因座上的可传播性或新基因座的创造。此外，自私的DNA的选择并不局限于个体世代的时间尺度；它可以在发育身体的种系中任何有丝分裂的过程中选择性地增加。

在常规选择中，选择所作用的变异，究其根本是通过突变产生的，但我们通常认为这是在一个有序基因座系统的限制下发生的突变：这种突变在一个指定的基因座上产生一个变异基因。因此，我们才有可能认为选择是在这样一个离散基因座上的等位基因之间进行的。然而，更广义的突变包括：遗传系统中更激进的变化，较小的变化，如倒位，较大的变化，如染色体数目或倍数性的变化，从有性向无性的变化，或者相反。这些广义的突变“改变了游戏规则”，但在各种意义上，它们仍然受制于自然选择。自私的DNA的基因组内选择属于非常规类型的选择，不涉及在离散基因座上的等位基因之间的选择。

自私的DNA因其“横向”传播的能力，也就是将自己复制到基因组其他位置的新基因座上的能力而被选择。它不会通过损害特定等位基因来传播，就像飞蛾的黑化基因在工业地区的传播以损害它所在基因座上的等位基因的利益实现。正是这一点令其作为一个“横向传播的越轨基因”，与“等位越轨基因”相区分，后者是前一章的主题。基因横向传播到新的基因座就像病毒在人群中的扩散，或者像癌细胞在躯体中的扩散。奥格尔和克里克确实把这种无功能复制因子的扩散称为“基因组的癌症”。

至于自私的DNA究竟有哪些特质可能被选择偏爱，如果我是一个分子生物学家，也许就能对此加以详细预测。然而，即使不是分子生物学家，我们也可以推测出它们大致可分为两大类：一类是易于复制和插入的特质，另一类是使细胞防御机制难以找到并摧毁它们的特质。就像杜鹃卵通过模仿巢中原有的宿主卵来寻求保护一样，自私的DNA也可能会演化出模仿的特质，“以使它更像普通的DNA，如此一来，也许它就不那么容易被去除”（Orgel & Crick 1980）。就像要充分了解杜鹃的适应，可能需要了解宿主的感知系统一样，如果要充分领悟自私的DNA适应的细节，也需要详细了解DNA聚合酶是如何工作的、剪除和剪接是如何发生的，以及DNA分子“校对”过程中究竟发生了什么。虽然要全面了解这些问题，只能依靠细致的研究工作（分子生物学家曾在这类研究工作中取得骄人成就），但是，即便分子生物学家认识到DNA不是为了细胞的利益，而是为了其自身的利益而行事，我们也不能对这种思想转变能为其研究带来怎样的助益抱有过高期望。如果在某种程度上将复制、剪接和校对机制视为残酷军备竞赛的产物，可能会对此有更好的理解。这一点可以用类比来凸显。

想象火星是一个乌托邦，那里的人们彼此完全信任，和睦相处，自私和欺骗都不存在。现在想象一下，一位来自火星的科学家试图理解人类生活和科技。假设他研究了我们的一个大型数据处理中心——一台电子计算机及其相关的复制、编辑和纠错机制。如果他假设——这一点对他自己的社会来说很自然——这种机制是为公共福祉而设计的，那他对人类的理解可能谬以千里。例如，纠错装置显然是为了对抗不可避免也并无恶意可言的热力学第二定律而设计的。但电子计算机的某些方面仍令人费解。他无法理解复杂而昂贵的安全保护系统，也就是计算机用户必须输入的密码和代码。如果我们的火星朋友对军用电子通信系统进行调查，他可能会判断其目的是快速有效地传输有用的信息。如此一来，他可能会困惑不解，为何这个系统要以一种晦涩难解的方式对信息进行编码，甚至不惜为此付出如此多的不便和代价呢？这难道不是荒唐可笑的低效行为吗？我们这位火星朋友是在一个相互信任的乌托邦中长大的，因此他可能需要一种颠覆性的洞察力才能明白，只有当你意识到人类彼此并不信任，一些人的所作所为就是违背其他人的最大利益时，人类的许多技术才有意义。在希望从通信系统获得非法信息者与不希望他们获得这些信息者之间，存在着一场斗争。人类的许多技术都是军备竞赛的产物，因此只能在这一情境下加以理解。

尽管分子生物学家已取得了惊人的成就，但是否有可能迄今为止，他们也像研究其他层次的生物学家一样，处于与我们这位火星朋友相似的视角呢？由于假设细胞中的分子机制是为生物体的利益而运转的，他们的做法可谓舍近求远。如果他们现在能够持一种更加愤世嫉俗的观点，并认可存在一种可能性，即从其他分子的角度来看，一些分子可能不怀好意，他们就可能离真相更进一步。显然，当他们对病毒和其他入侵细胞的寄生者若有所思时，其实这种观点已经悄然而生了。现在所需要做的就是用同样愤世嫉俗的眼光来审视细胞“自身”的 DNA。正因为他们开始这样做，我才会觉得，相比卡弗利尔-史密斯（1980）、多弗（Dover 1980）等人的反对意见，杜利特尔、萨皮恩扎、奥格尔和克里克的论文是如此令人振奋，尽管这些反对者在他们提出的具体观点上可能是正确的。奥格尔和克里克总结得很好：

> 简而言之，我们可以认为，在染色体的DNA中，存在一种分子间的、利用自然选择过程的生存斗争。我们没有理由相信这种斗争可能比任何其他层次的演化更简单或更容易预测。从根本上说，自私的DNA的存在是可能的，因为DNA是一种很容易复制的分子，而且自私的DNA处在一个DNA复制必然发生的环境中。因此，它有机会颠覆这些基本机制，以达到自己的目的。

自私的DNA在哪种意义上属于越轨基因？它之所以是越轨基因，是因为没有它，生物体会过得更好。也许它浪费了细胞内的空间和分子原料，也许它浪费了复制和校对机制宝贵的运行时间。无论在何种情况下，我们都可以预计，选择将倾向于从基因组中消除自私的DNA。我们可以区分两种“反自私的DNA”的选择。第一种，选择可能有利于积极的适应，使生物体摆脱自私的DNA。例如，可以将目前已发现的校对原理加以延伸。可以对长序列进行检查，以寻求其“意义”，如果发现不合格，就将其剪除。特别是高度重复的DNA，可以通过其统计一致性来识别。这些积极的适应就是我在上述关于军备竞赛、“拟态”等问题的讨论中所想到的。我们在这里谈论的是反自私的DNA机制的演化，它可能像昆虫的反捕食者适应一样复杂与特化。

然而，还有第二种选择可以对抗自私的DNA，这种选择要简单粗暴得多。根据定义，任何一个生物体，如果它的自私的DNA碰巧被随机删除了一部分，就会成为一个突变体。这种缺失本身就是一种突变，拥有它的生物体会从中受益，并因此受到自然选择的青睐，原因大概是它们可以免受自私的DNA所带来的空间、物质和时间上的浪费。在其他条件相同的情况下，突变体的繁殖速度会比“野生型”的个体快，因此基因库里该DNA的缺失会更普遍。请注意，我现在不是在谈论有利于删除自私的DNA的能力的选择，那是前一段的主题。在这一段，我们认识到，删除本身，即自私的DNA的“缺失”，本身就是一个复制实体（复制缺失！），并且可以被选择青睐。

人们很容易将体细胞突变归为越轨行为，其导致突变细胞比躯体的非突变细胞增殖更快，最终损害躯体本身。但是，尽管有一种准达尔文式选择可以在癌症肿瘤中进行，且凯恩斯（Cairns 1975）就身体适应如何遏止这种体内选择的问题所做的巧妙研究引人注目，但是我认为在此处应用越轨基因的概念并无助益。也就是说，除非相关的突变基因以某种方式成功地无限增殖，否则应用这一概念并无帮助。如果这些突变基因可以通过类似病毒的载体传播，比如通过空气，或者通过某种方式进入细胞核种系之中来实现无限增殖，在这两种情况下，它们都有资格成为第5章中定义的“种系复制因子”，而越轨基因的头衔也算恰如其分。

最近有一种令人吃惊的观点认为，体细胞选择的受益基因确实可能潜入种系，但在这种情况下，它们不会癌变，也不一定是越轨基因。我之所以要提到这项工作，是因为它已经被宣传吹捧为所谓的“拉马克”演化论的复兴者。由于本书所采用的理论立场可以被公允地描述为“极端魏斯曼主义”，我必然会认为任何拉马克主义的真正复兴都是在削弱我的立场，因此，有必要对此进行讨论。

对拉马克主义的恐慌

我之所以用“恐慌”这个词，是因为坦率地说，我能想到的最能摧毁我世界观的事情，就是有人证明我们需要回归传统上那种被认为是拉马克式的演化论。这是为数不多的我难以接受的意外事件之一，真要发生这种事，我宁愿吃掉自己的帽子。因此，对以斯蒂尔（Steele 1979）[1] 以及高辛斯基和斯蒂尔（Gorczynski & Steele 1980，1981）的名义提出的一些主张给予充分和公平的“聆讯”，就显得愈加重要了。在斯蒂尔（1979）的著作在英国出版之前，伦敦的《星期日泰晤士报》（1980 年 7 月 13 日）刊登了一篇整版文章，介绍他的想法及其进行的“似乎能挑战达尔文主义并复兴拉马克主义的惊人实验”。BBC 也在至少两个电视节目和几个广播节目中对这一结果进行了类似的宣传：正如我们所见，“科学”记者们总是竖起耳朵，无比热衷于搜罗任何听起来像是对达尔文演化论构成挑战的东西。没有哪位科学家能像彼得·梅达沃爵士那样，通过亲自上阵迫使我们如他那般认真对待斯蒂尔的工作。有人引述他的话说，他对重复这项工作的必要性持谨慎态度，并总结道：“我不知道结果会怎样，但我希望斯蒂尔是对的。”（引自《星期日泰晤士报》。）

自然，任何科学家都希望真相会大白于天下，不管这个真相是什么。但是，科学家也有权在他内心深处对终极真相的面目抱有一份自己的期望——在头脑中经历革命必然是痛苦的——我承认，我自己的期望最初与梅达沃爵士的并不一致！我曾经怀疑他的想法是否真的能与那些被归于他的言论相一致，直到我回想起他的话——这句话总是让我有点困惑——“现代演化论的主要缺陷在于它缺乏一个完整的变异理论，也就是说，缺乏演化的候选理论，缺乏供选择取用的遗传变异的形式。因此，对于演化的进程，即生物体为了存续而采取日益复杂的解决办法的趋势，我们并没有令人信服的解释”（Medawar 1967）。梅达沃是最近努力尝试重复斯蒂尔的发现却失败的人之一（Brent et

[1] 此处指爱德华·J. 斯蒂尔（Edward J. Steele），澳大利亚免疫生物学家，主要研究方向是抗体可变基因的体细胞和种系演化的分子机制。

al. 1981)。

想想我将得出结论，我现在对斯蒂尔的理论已能够泰然处之，或者说我对该理论在现实中得到支持的前景愈加不看好（Brent et al. 1981；McLaren et al. 1981），因为我如今意识到，在最具深度和广度的意义上，这仍是一个达尔文式的理论，一个达尔文主义理论的变式，而且就像跳跃基因理论一样，特别契合本书的论点，因为它所强调的，并非生物个体层次上的选择。声称它挑战了达尔文主义的说法，虽说可以原谅，但终究只是一种新闻记者的幸灾乐祸而已，只要以我认为合理的理解方式来理解达尔文主义，就可以得到如此结论。至于斯蒂尔的理论本身，即使事实并不支持它，它也对我们颇有裨益，例如它使我们加强对达尔文主义的认识。我没有资格评价斯蒂尔及其批评者各自实验的技术细节（Howard 1981 给出了一个很好的评价），我将集中讨论他的理论的影响，如果事实最终支持这一理论的话。

斯蒂尔将伯内特（Burnet 1969）[1] 的克隆选择学说、特明（Temin 1974）[2] 的前病毒理论，以及他自己对魏斯曼种系神圣性的批判这三者结合了起来。从伯内特那里，他得到了体细胞突变导致躯体细胞间遗传多样性的想法。体内发生的自然选择以牺牲不成功的细胞变种为代价，确保躯体被成功的细胞变种占据。伯内特原先将这一想法局限于免疫系统里一类特殊的细胞中，所谓“成功”不过意味着成功地中和了入侵的抗原，但斯蒂尔将其推广到其他细胞。从特明那里，他得到了 RNA 病毒作为细胞间信使的想法。这些病毒在一个细胞中转录基因，将信息携带到另一个细胞中，并使用逆转录酶将其逆转录

[1] 此处指弗兰克·麦克法兰·伯内特（Frank Macfarlane Burnet），澳大利亚内科医生、免疫学家，提出了获得性免疫耐受性的理论，并因此和梅达沃共同获得了 1960 年的诺贝尔生理学或医学奖。他所提出的“克隆选择学说”解释了抗体形成的问题，此外也比较满意地解答了抗原识别、免疫耐受、自身免疫和同种移植排斥等现象，扩大了免疫学的视野，成为免疫遗传学中的一个重要学说。

[2] 此处指霍华德·马丁·特明（Howard Martin Temin），美国遗传学家和病毒学家。由于发现 RNA 逆转录酶而与戴维·巴尔的摩（David Baltimore）、罗纳托·杜尔贝科（Renato Dulbecco）一起获得 1975 年的诺贝尔生理学或医学奖。

回第二个细胞中的DNA。

斯蒂尔借用了特明的理论，但更强调种系细胞作为逆转录遗传信息的受体。他明智地将他的大部分讨论局限在免疫系统中，尽管他的理论野心更大。他引用了四项关于兔子“独特型”（idiotypy）的研究。如果被注射了某种外来物质，不同的兔子会产生不同的抗体。即使基因相同的克隆成员被注射了相同的抗原，每个个体也会有自己与众不同的“独特型”。既然这些兔子在基因上确实是相同的，那么它们独特型的差异一定是由环境或偶然性的差异造成的。根据正统理论，这种差异不应该是遗传的。在其引用的四项研究中，有一项给出了令人惊讶的结果。实验证明，兔子的独特型可以遗传给其子代，虽然其克隆并不共有这种独特型。斯蒂尔强调，在这项研究中，亲代兔子在交配产生子代之前就接触了这种抗原。在另外三项研究中，亲代则在交配后被注射抗原，而子代没有继承它们的独特型。如果独特型是作为“不可侵犯的种质”的一部分遗传的，那么兔子在注射前还是注射后交配应该没有任何区别。

斯蒂尔对此的解释基于伯内特的理论。体细胞突变在免疫细胞群体中产生了遗传多样性。克隆选择会青睐那些能较理想地破坏抗原的细胞的遗传变种，它们的数量会变得非常多。任何抗原问题都有不止一种解决方案，而选择过程的最终结果在每只兔子身上各不相同。现在，特明的前病毒开始介入其中。它们在免疫细胞中转录随机的基因样本。因为携带成功抗体基因的细胞数量多于其他细胞，所以这些成功的基因在统计上最有可能被转录。前病毒将这些基因运送到生殖细胞，潜入种系染色体中，并将这些基因留在那里。它们在实施这个行为时，可能会剪掉该基因座上的现有占据者。因此，下一代兔子能够直接受益于其亲代的免疫经验，而不必亲自接触相关抗原，也无须对由此而来的选择性生物体死亡进行极其缓慢且代价巨大的干预。

真正令人印象深刻的证据是在斯蒂尔的理论已定型并发表之后

才出现的，这是科学以哲学家所期许的方式发展的一个出人意表的例子。高辛斯基和斯蒂尔（1980）通过小鼠的父代研究了免疫耐受的遗传。他们使用经典梅达沃法的极高剂量版本，将幼鼠暴露在另一种小鼠品系的细胞中，从而使它们成年后能够耐受来自同一供体品系的后续移植。然后，他们对这些获得耐受性的雄性进行繁殖，并得出结论，大约一半的子代遗传了它们的耐受性，而这些子代在幼鼠期并没有接触过外来抗原。而且，这种效应似乎还延续到了孙代。

经证实，我们在此获得了后天性状遗传的初步证据。高辛斯基和斯蒂尔对他们的实验，以及最近报道的延伸实验（Gorczynski & Steele 1981）的简要讨论，与斯蒂尔对上述兔子实验的解释相似。这两个例子的主要区别是：第一，兔子可以遗传母系细胞质中的某种物质，而小鼠不能；第二，兔子被认为遗传了获得性免疫，而小鼠被认为遗传了获得性耐受性。这些差异可能很重要（Brent et al. 1981），但我不想过多地讨论它们，因为我不打算评估实验结果本身。总之，我将集中探讨的问题是，斯蒂尔是否真的提出了“对达尔文主义的拉马克式挑战”。

这里有一些历史要点需要先澄清一下。获得性状的遗传并不是拉马克自己所强调的理论特点，而且，与斯蒂尔所称（1979，p.6）相反，这一思想并非起源于拉马克：他只是继承了他那个时代的传统智慧，并将其他原则，如“奋力求存”和“用进废退”嫁接其上而已。斯蒂尔的病毒似乎更容易让人想起达尔文的泛生论概念“泛子”（gemmule），而不是拉马克的任何假说。但我提到历史只是为了跳出它的束缚。我们以“达尔文主义”所指称的理论，认为种系是对外隔绝的，其中发生的不定向变异，由其表型后果的选择所决定。而我们以“拉马克主义”所指称的理论，认为种系并非对外隔绝，环境所决定的改进行为可能直接塑造它。斯蒂尔的理论从这个意义上说是拉马克主义的，且反达尔文主义的吗？

通过继承亲代获得的独特型，兔子无疑会从中受益。它们会在与瘟疫的免疫之战中赢得先手，这种瘟疫是其亲代已遭遇的，也是它们自己可能遭遇的。因此，这是一种定向的、适应性的变化。但这真的是由环境决定的吗？如果抗体的形成是根据某种“指导性”理论进行的，那么答案将是肯定的。环境以抗原蛋白分子的形式，直接在亲代兔子体内塑造抗体分子。如果这些兔子的后代遗传了产生相同抗体的偏好，那我们可以说这是正统拉马克主义。但根据拉马克的理论，抗体蛋白质的构象必须以某种方式反向翻译成核苷酸代码。而斯蒂尔（p.36）坚持认为，没有证据表明存在这种反向翻译，只有从 RNA 到 DNA 的逆转录。他并没有提出任何违反克里克中心法则的意见，尽管其他人大可如此认为（我将在之后更普遍的背景下再讨论这一点）。

斯蒂尔假说的本质是，适应性改善是通过对最初随机变异的选择而产生的。如果我们认为选择的单位是复制因子，而不是生物体，那么这个理论就是如假包换的达尔文理论。它甚至不是对达尔文主义的模糊拟仿，比如“迷因”理论，或者普林格尔（Pringle 1951）[1] 那套学习源于对神经元耦合振子集群中振荡频率库选择的理论。斯蒂尔的复制因子就是细胞核中的 DNA 分子。它们可不仅仅是达尔文主义复制因子的类似物，它们就是这种复制因子本身。我在第 5 章中概述的自然选择原理不需要修改就可以直接套用到斯蒂尔的理论中。只有当我们从生物个体的层次加以考虑时，斯蒂尔理论才貌似有一些“环境特征烙印于种系之上”的拉马克主义味道。他声称生物体所获得的性状是遗传的，这话不假。但如果我们从更低层次的遗传复制因子的视角来看，很明显，适应是通过选择，而不是“指令”来实现的（见下文）。这不过是恰好发生在生物体内部的选择而已。斯蒂尔（1979，

[1] 此处指约翰·威廉·萨顿·普林格尔（John William Sutton Pringle），英国动物学家。所谓“神经元振子”，是一种在外界刺激驱动下或内部参数发生改变时产生节律性电活动的神经元。普林格尔的理论将神经元振子的耦合振荡频率与学习过程结合起来。

p.43）自己对此也并无异议，他写道："这在很大程度上取决于达尔文自然选择的基本原则。"

尽管斯蒂尔公开表示自己所取得的成功应归功于阿瑟·库斯勒，但对于那些反达尔文主义者来说，这套理论并不能给予他们些许慰藉。反达尔主义者通常不是生物学家，他们对达尔文主义的反感从根本上说是由一个被称为"盲目随机"的怪物引起的[1]。或者说，在对自然选择的认识上，他们将这个怪物视为冷酷死神的孪生兄弟，它作为我们这些高贵人类的唯一第一因，对我们加以无情的嘲弄，并"通过盲目地饿死和谋杀所有没有足够的幸运以在这场争夺猪食的斗争中生存下来的事物"，对万事万物肆意蹂躏（Shaw 1921）[2]。即使斯蒂尔被证明是对的，萧伯纳的亡魂也不会发出胜利的笑声！萧伯纳笔下的生命意志强烈地反对达尔文主义将演化视为"一连串意外组成的篇章"："它似乎很简单，因为起先你并不了解它的全部内涵。但等到你恍然大悟，你的心会陷入绝望的深渊。那个理论讲的是一种丑陋的宿命论，美与智慧、力量与目的、荣誉与抱负都遭到骇人听闻的贬抑。"对此我得说，如果我们真的把情感置于真理之前，我也总能发现自然选择有一种鼓舞人心的诗意，即使其无比朴实而又冷冽，也可显现出"生命观中的宏伟壮丽"（Darwin 1859）。我在这里要说的是，如果你对所谓的"盲目随机"耿耿于怀，就不要指望斯蒂尔的理论能让你解脱。但是，对斯蒂尔理论的正确理解可有助于证明，"盲目随机"其实并非萧伯纳、坎农（1959）、库斯勒（1967）等人所认为的达尔文

[1] 道金斯认为，萧伯纳和库斯勒等人之所以反对达尔文主义，是因为他们误认为达尔文所说的自然选择是一个"盲目随机"的过程，也就是所谓"给一只猴子足够时间，它也能在打字机上敲出莎士比亚全集"。而道金斯坚持这并非达尔文演化论的本意，他在《盲眼钟表匠》中对此有更多论述。

[2] 此处及下文均引自萧伯纳的剧作《千岁人》（*Back to Methuselah*，也译《回到玛士撒拉时代》），这是萧伯纳以《圣经》为原型构建的讨论人类命运的鸿篇巨制，也是萧伯纳为宣扬自己的"创造演化论"而创作的第二部剧本（第一部为《人与超人》），萧伯纳在剧中表达了自己对达尔文演化论强调的"物竞天择，适者生存"所体现的偶然性的怀疑，并归纳出自己的信仰，即创造演化论。

主义的要义——我的这种想法可能不算奢望。

因此，斯蒂尔的理论只是达尔文主义的一个版本。根据伯内特的理论，这些经受选择作用的细胞是主动复制因子，即细胞中的体细胞的突变基因的载具。它们是主动复制因子，但它们是种系复制因子吗？我的意思简单来说就是，如果斯蒂尔对伯内特理论的补充是正确的，那答案就是肯定的。它们不属于我们传统上认为的种系，但这一见解的逻辑蕴涵表明，我们以前只是错误地认识了种系的真正含义。根据定义，“体细胞”中的任何基因，只要能够作为候选基因被原病毒运送到生殖细胞，就是种系复制因子。斯蒂尔的书也许该改名叫《延伸的种系》（*The Extended Germ-line*）！对于这套理论，新魏斯曼遗传学者们非但不会坐立不安，反而会觉得它对自己非常有利。

考虑到这一点，以下事实也许就不那么具有讽刺意味了——斯蒂尔显然不知道，与他的理论颇为相似的那套东西早在1894年就已被包括魏斯曼本人在内的所有人采纳了。以下描述摘自里德利的著述（1982；Maynard Smith 1980也提到了这个先例）。魏斯曼从鲁（Roux）[1]那里发展了一个想法，他称之为“内选择”（intra-selection）。我引用里德利的原文：“鲁认为，一个生物体的各部分之间存在争夺食物的斗争，就像生物体之间为生存而斗争一样……鲁的理论是，身体各部分之间的斗争，加上获得性状的遗传，便足以解释适应。”如果我们用“克隆”代替文中的“身体部分”，就能得到斯蒂尔的理论。不过，意料之中的是，魏斯曼并没有对鲁的假设，即字面意义上的“获得性状的遗传”全盘接受。相反，在他的“配子选择”（germinal selection）理论中，他引出了后来被称为“鲍德温效应”（Baldwin Effect）的伪拉马克主义原理（魏斯曼并不是唯一一个在鲍德温之前有此想法的人）。我将在下文讨论魏斯曼在解释共适应时使用的内选

[1] 此处指威廉·鲁（Wilhelm Roux），德国胚胎学家。

择理论，因为它与斯蒂尔自己的一项研究非常相似。

斯蒂尔并未冒险远离自己的免疫学领域，但他希望其理论能应用到其他领域，特别是神经系统，以及被称为“学习”的适应性改善机制中。“如果［该假说］对演化适应过程有普遍的适用性，它也就**必然**能够解释大脑和中枢神经系统神经元网络的适应潜力。”（Steele 1979，p.49，他予以相当惊人的强调。）不过，他似乎对大脑中可被选择的东西是什么还缺乏概念，如果能对他有帮助的话，我可以把自己的“选择性神经元死亡作为一种可能的记忆机制”理论（Dawkins 1971）免费送给他。

但是，克隆选择理论真有可能应用于免疫系统之外的领域吗？它是局限于免疫系统的特殊环境之中，还是可与那条古老的拉马克主义“用进废退”原则挂上钩呢？铁匠的手臂[1]能够欣然拥抱克隆选择吗？肌肉锻炼带来的适应性变化能遗传吗？我对此大为怀疑。铁匠手臂里的条件并不适合自然选择发挥作用，自然选择不太可能青睐那些在有氧环境中茁壮成长的细胞更甚于那些喜欢厌氧生化环境的细胞，然后再把成功的基因逆转录到种系中恰当的染色体的基因座上。但即使此类事情在免疫系统之外是可能的，也面临一个重大的理论困难。

问题是这样的。在克隆选择中取得成功的特质，必然是那些使细胞优于同一躯体内竞争细胞的特质。这些特质未必与躯体的整体利益相关，且我们对越轨基因的讨论已表明，它们甚至很可能与躯体的整体利益发生冲突。事实上，在我看来，伯内特理论本身有一点不太令人满意，那就是其核心的选择过程是“人为刻意”的。根据假设，那些产生中和入侵抗原的抗体的细胞会以牺牲其他细胞为代价进行增殖。但这种增殖并不是由于其具有任何内在的细胞优势；相反，那些没有冒着生命危险去抑制抗原，反而自私地把任务留给其同僚的细胞，从

[1] “铁匠的手臂”是拉马克主义的一个典型例子。拉马克认为，生物经常使用的器官会逐渐发达，如铁匠的手臂较粗，并且铁匠能将自己手臂粗壮的特征传给后代，也就是后天获得性状的遗传。

表面上看，应该有内在优势。这一理论必须引入一种武断而又十分大度的选择规则，这种规则似乎是自上而下强加的，只是为了让那些对整个躯体有益的细胞能够增多。这就好像是身为人类的养狗者故意选择了那些表现出利他英雄主义的狗，以应对危险一样。养狗者也许能做到这一点，但自然选择做不到。纯粹的克隆选择应该偏爱自私的细胞，而这些细胞的行为与整个躯体的最佳利益相冲突。

用我在第 6 章中的观点表述的话，根据伯内特理论，细胞层次的载具选择很可能与生物体层次的载具选择发生冲突。当然，这并不会让我有所困扰，因为我并不认为生物体是最优秀的载具；这只会让我在“我已知的越轨基因”的名单上又加一条而已；和跳跃基因以及自私的 DNA 一样，这是复制因子实现增殖的另一种巧妙途径。但这个冲突应该会让斯蒂尔这样的人有所担忧，因为他将克隆选择视为产生身体适应的一种补充手段。

问题远不止于此。就躯体的其他部分而言，问题不仅仅在于克隆选择的基因往往是越轨基因。斯蒂尔认为，克隆选择可以加速演化。传统的达尔文主义演化是通过个体成功的差异来推进的，在其他条件相同的情况下，其速度将受到个体世代时间的限制。克隆选择则受到细胞生成时间的限制，这可能比前者要小两个数量级。这就是为什么它被认为可能加速了演化，但在我最后一章的论述中，这带来了一个棘手的难题。像眼睛这样复杂的多细胞器官是否成功，在眼睛开始运转之前是无法判断的。细胞选择并不能改善眼睛的设计，因为所有的选择事件都发生在胚胎的尚未具备功能的眼睛中。胚胎的眼睛是闭着的，直到细胞选择（如果存在的话）完成之后才会看到图像。对此的一般观点是，如果我们关注的适应必须在多细胞合作的缓慢规模上发展，细胞选择就不能实现其所标榜的演化加速。

斯蒂尔有一个关于共适应的观点。正如里德利（1982）所详尽记述的那样，多维共适应是早期达尔文主义者的一大难题。例如，再以眼睛为例，J. J. 墨菲（J. J. Murphy）说过：“毫不夸张地说，为了改善眼睛这样的器官，必须同时以十种不同的方式改进才行。”（Ridley，于 1866 年引用。）可能有的读者还记得，在第 6 章谈到鲸的演化时，我出于不同目的也使用了类似的前提。原教旨主义演说家仍然将眼睛视为他们反对达尔文主义最有力的案例之一。顺便提一下，《星期日泰晤士报》（1980 年 7 月 13 日）和《卫报》（1978 年 11 月 21 日）都提出过关于眼睛的争论点，好像这是一个新问题一样。《卫报》还信誓旦旦地表示，据说有一位著名的哲学家（！）正在为这个问题殚精竭虑。斯蒂尔最初似乎是因为对共适应问题产生了焦虑，才被拉马克主义吸引的，他相信他的克隆选择理论原则上可以缓解这种困境，如果其确实存在的话。

让我们利用课堂上另一个时常被敲打的反面例子——长颈鹿的脖子，来对此加以阐述。首先用传统的达尔文术语来讨论它。延长祖先颈部的突变可能对椎骨起作用，但即使对于一个外行观察者来说，指望同样的突变也会同时拉长动脉、静脉、神经等等，似乎太过不切实际。实际上，这是不是一种奢望，取决于胚胎学的细节，我们应该学会更多地了解这些细节：在发育早期起作用的突变很容易同时产生所有这些平行效应。不过，现在让我们继续讨论这个问题。下一步要说的是，很难想象一个拥有细长椎骨的变异长颈鹿能够利用它在树顶觅食的优势，因为它的神经、血管等对它的脖子来说太短了。根据粗浅的理解，传统的达尔文式选择要发生，必须等待一个足够幸运的个体同时结合所有必要的共适应突变。这就是克隆选择可以施以援手之处。一个主要的突变，比如椎骨的延长，为颈部的选择作用创造了条件，那些可以在该环境中茁壮成长的细胞克隆便会被选择青睐。也许细长的椎骨在颈部提供了一个过度拉伸、高度紧张的环境，只有细长的细胞才能在那里繁荣兴旺。如果这些细胞之间存在遗传变异，“以拉长细胞为目标”的基因就会存活下来，并遗传给长颈鹿的后代。我论述这一点时多少有点戏谑，但我想，一个更复杂的解释版本也可以从克隆选择理论中推导出来。

我说过，在这一点上，我得说回魏斯曼，因为他也看到了体内选择作为共适应问题解决方案所发挥的作用。魏斯曼认为，“内选择”——躯体内部各部分之间的选择性斗争——“将确保生物体内部的所有部分都具有最佳的相互比例”（Ridley 1982）。“如果我没记错的话，被达尔文称为‘相关性’（correlation），并被视为演化中一个重要因素的现象，在很大程度上是一种内选择的效应。”（Weismann，Ridley 引用。）如前所述，和鲁不同，魏斯曼并不认为内选择所选定的变种可以直接遗传。相反，“在每个单独的个体中，必要的适应将通过内选择暂时完成……这样就会争取到时间，直到在一代又一代的过程中，通过不断选择那些主要构成彼此最为相合的种质，便可以达到最大程度的和谐”。我觉得魏斯曼版本的“鲍德温效应”理论比斯蒂尔的拉马克主义更可信，作为对共适应的解释同样圆满。

我在这一节的标题中使用了“恐慌”这个词，甚至说拉马克主义的真正复兴将摧毁我的世界观。然而，读者现在可能会觉得这种说法是在故弄玄虚，就像一个人明明知道他的帽子是用美味的米纸做的，却夸张地威胁要吃掉他的帽子一样。拉马克主义的狂热信徒可能会抱怨，达尔文主义者的最后一招就是，如果无法质疑令他尴尬的实验结果，那就声称这些结果是他自己的；他赋予自己的理论极其灵活的特性，以至于没有实验结果可以证伪。我对这种批评很敏感，必须予以答复。我必须证明我威胁要吃掉的那顶帽子真的粗糙生硬、难以下咽。所以，如果斯蒂尔的拉马克主义真的是一种伪装的达尔文主义，那么哪种拉马克主义不是呢？

关键问题是适应程度（也译“适应力”）的起源。古尔德（1979）提出过一个相关的观点，他说获得性状的遗传，就其本身而言，并不是拉马克主义的，“拉马克学说是一种**定向**变异理论”（强调部分是我加的）。我把适应程度起源理论分为两类。为了避免陷入拉马克和达尔文到底各自说过什么的历史枝节纠缠中，我不再称它们为"拉马克主义"和"达尔文主义"。相反，我将借用免疫学用词，称之为"指导理论"和"选择理论"。正如扬（1957）、洛伦茨（1966）等人所强调的那样，我们认识到适应程度是生物体与环境之间的信息匹配。一种能很好地适应环境的动物可以被视为体现了关于它所处环境的信息，就像一把钥匙体现了用来打开的锁的信息一样。据说，有一种善于伪装的动物会把它所处环境的图像呈现在自己的背上。

洛伦茨区分了解释生物体与环境之间这种契合起源的两种理论，但他的两种理论（自然选择和强化学习）都是我所说的选择理论的分支。最初的变异库（基因突变或自发行为）受到某种选择过程（自然选择或奖励 / 惩罚）的影响，最终的结果是只有契合环境这把"锁"的变异保留了下来。因此，适应程度通过选择而得到改善。指导理论则与此截然不同。选择理论下的钥匙制造者从大量随机的钥匙库开始，在锁中尝试所有的钥匙，并丢弃那些不契合的钥匙，而指导理论下的钥匙制造者只是简单地为锁制作蜡印模，并直接制造出一把好用的钥匙。以指导方式进行伪装的动物之所以像它所处的环境，是因为环境直接把自身的外观印刻在了动物身上，就像大象身披泥土尘埃后融入背景一样。据说，法国人的嘴最终会永久变形，变成适合发法语元音的形状。果真如此的话，这就是一种指导性适应。变色龙表现出的背景相似性可能也是如此，当然，这种适应性地改变颜色的能力也可能是一种选择性适应。生理学上的适应性变化，比如被我们称为环境适应和训练、运动效果、用进废退的现象，可能都是指导性的。复杂而精细的适应性契合可以通过教学来实现，就像学习一种特定的人类语言一样。而如前所述，在斯蒂尔的理论中，适应程度显然不是来自指导，而是来自选择，即遗传复制因子选择。如果有人证明基因遗传不仅是一种"获得性状"，而且是一种指导性的后天适应，那我的世界观将被真正颠覆。原因在于，指导性后天适应的遗传将违反胚胎学的“中心法则”。

预成论的贫乏

有意思的是，我对中心法则不可侵犯性的信仰并非教条主义的！[1]它是以理性为基础的。在这里，我必须谨慎地区分两种形式的中心法则，即分子遗传学的中心法则和胚胎学的中心法则。第一种便是克里克所表述的：遗传信息可以从核酸翻译成蛋白质，但不能从蛋白质翻译成核酸。正如斯蒂尔自己小心翼翼地指出的那样，他的理论并没有违反这一法则。他利用了从 RNA 到 DNA 的逆转录，而不是从蛋白质到 RNA 的反向翻译。我不是分子生物学家，因此无法判断，如果这种反向翻译被发现，那么分子生物学的理论大厦将在多大程度上被撼动。在我看来，从原则上讲，这并非全无可能的，因为无论是从核酸到蛋白质，还是从蛋白质到核酸的翻译，都只是一个简单的查字典过程，只比 DNA/RNA 转录稍微复杂一点。在这两种情况下，两种代码之间都有一对一的映射。一个人或一台计算机只要有相应的解码字典，就能把蛋白质翻译成 RNA，我不明白大自然为什么不能允许其实现。这一中心法则的不可逆性可能有一个很好的理论原因，也可能只是一个尚未被违反的经验法则。我不需要追究这个问题，因为，在任何情况下，一个好的理论案例都可以被用来证明，另一种中心法则，即胚胎学的中心法则并未被违背。这一法则认为，生物体的宏观形态和行为在某种意义上可能是由基因编码的，但这种编码是不可逆的。如果说克里克的中心法则指出，蛋白质不能被翻译回 DNA，

[1] “中心法则”的英文为“central dogma”，直译便是“中心教条”。

那么胚胎学的中心法则则指出，身体形态和行为不能被翻译回蛋白质。

如果你在做日光浴时把手放在胸前，你那被晒黑的身体上就会留下一个白手印。这个手印就是一个获得性的性状。为了使它被遗传，“泛子”或 RNA 病毒，再或任何假设的反向翻译媒介，都必须扫描这个手印的宏观轮廓，并将其翻译成 DNA 的分子结构，后者对基因编程形成类似的手印而言是必需的。正是这种迹象违反了胚胎学的中心法则。

胚胎学的中心法则并非必然遵循常识而来。相反，其表达了拒绝预成论发育观的逻辑蕴涵。事实上，我认为，表观遗传学的发育观点和达尔文的适应观点之间，以及预成论和拉马克的适应观点之间，存在着密切的联系。你可以相信拉马克式（即“指导性的”）适应遗传，但前提是你得接受胚胎学的预成论观点。如果发育是预成的，如果 DNA 真的是一份“身体的蓝图”，是一个外显的“小人”，那反向发育——窥镜胚胎学——将是可能的。

但是，教科书中关于基因蓝图的比喻具有严重的误导性，因为它暗示了身体部分和基因组部分之间的一一映射。通过审视一幢房子，我们可以重建一份蓝图，其他人可以根据这份蓝图，使用与原先房子相同的建筑技术建造一模一样的房子。从蓝图指向房子的信息箭头是可逆的。蓝图中的线条和房子中砖墙的相对规格是可以转换的，只需通过一些简单的缩放规则。从蓝图到房子，你需要把所有的尺寸都乘以一个数，比如说 20。而从房子到蓝图，你则需要把所有的尺寸都除以 20。如果房子由于某种原因加入了某个新的特征，比如加了一间西厢房，我们可以写下一个简单的自动程序，将西厢房按比例缩小的图添加到原蓝图中。如果基因组是一份从基因型到表型一一映射的蓝图，那么就不难想象，在晒黑的胸部留下的白手印，可以映射到它自身的某种微型基因投影上，从而被遗传下来。

但这与我们现在所了解的发育机制大相径庭。从任何意义上讲，基因组都不是躯体的比例模型。它是一套指令，如果按照正确的顺序，在适当的条件下忠实地遵循指令，就会形成一个躯体。我之前用蛋糕做过比喻。当你做蛋糕的时候，在某种意义上，你可以说你是在把配方“翻译”成蛋糕。但这是一个不可逆转的过程。你不能通过解剖蛋糕来重建原来的配方。从配方上的文字到蛋糕上的碎屑，不存在一一对应的、可逆的映射。这并不是说一个熟练的糕点师不能实现一种还算凑合的逆向过程，也就是拿一个蛋糕给他品尝，把这个蛋糕的味道和特质与他过去对蛋糕和配方的经验相匹配，然后重构一张配方。但这将是一种心理选择过程，而不是从蛋糕到配方的翻译［巴洛（1961）在神经系统的背景下，对可逆和不可逆代码之间的差异进行了很好的探讨］。

一个蛋糕是遵循一系列指令的结果，如什么时候混合各种原料，什么时候加热，等等。说蛋糕本身就是那些被翻译成另一种代码媒介的指令是不对的。它不像把配方从法语翻译成英语，后者原则上是可逆的（不过多少有一些细微差别）。一个躯体也是遵循一系列指令的结果，只不过这些指令不是什么时候加热，而是什么时候用酶加速特定的化学反应。如果胚胎发育过程在适当的环境中正确启动，最终结果将是一个发育良好的成年躯体，其许多属性将被解释为其基因带来的结果。但你不可能通过检查一个人的躯体来重构他的基因组，就像你不可能通过解码莎士比亚的作品集来重构他本人一样。坎农和古尔德在第157—158页的错误论点对胚胎学很适用。

让我换一种方式来解释这件事。如果一个人特别胖，可能有很多原因。他可能有一种遗传倾向，能把食物代谢得特别彻底，或者他可能就是吃多了。摄入过量食物导致的最终结果可能与特定基因导致的最终结果相同。在这两种情况下，这个人都很胖。但这两种动因产生相同效应的途径完全不同。对于一个自己胡吃海塞导致肥胖的人来说，如果他的后天肥胖能遗传给他的孩子，那一定存在某种机制来感知他的肥胖，然后定位一个“肥胖基因”，并使其发生突变。但是，这种肥胖基因是如何被定位的呢？从基因性质上看，没有任何内在标记可以使它被识别为肥胖基因。它的肥胖效应只是表观遗传发育漫长而复杂的展开（伸展、解折叠）序列的结果。原则上，识别“肥胖基因”的唯一方法，就是允许它在正常的发育过程中发挥作用，而这意味着发育是正常且正向的。

这就是为什么躯体的适应可以通过选择来实现。基因会在发育过程中发挥正常作用。其发育结果——表型效应——便是对这些基因的存续机会的反馈，结果是基因频率在后代中朝着适应的方向变化。是适应的选择理论，而不是指导理论，可以与以下事实吻合：一个基因与其表型效应之间的关系不是基因的内在特性，而是该基因与许多其他基因、众多外部因素相互作用所产生的正向发育结果的特性。

通过来自环境的指导，生物个体可能对环境产生复杂的适应。在许多情况下，这确实会发生。但是，如果按照表观遗传而非预成论胚胎学的假设，期望如此复杂的适应可以通过某种未定向变异选择以外的方式，翻译成遗传密码的媒介，那就是对我所有理性观念的严重违背。

还有其他一些看起来像是来自环境的、真正的拉马克式“指导”得到遗传的例子。在纤毛虫皮层中出现的非基因异常，甚至是手术引起的异常，都可以直接遗传。索恩本（Sonneborn）[1] 等人已经证明了这一点。根据邦纳的说法，他们切下了草履虫皮层的一小部分，并将其倒转。“结果是，草履虫基体纵列的一部分，其中的精细结构和细节都与表面的其他部分呈 180° 的倒转。这种反常的动基列现在成了遗传的；它似乎已在后代中永久固定（已经传承了 800 代）。”（Bonner 1974，p.180.）这种遗传似乎是非基因的，显然也是非核的。

[1] 此处指特雷西·莫顿·索恩本（Tracy Morton Sonneborn），美国动物学家、草履虫研究专家。

“皮层是由大分子组成的，它们以特定的模式组合，而且……这种模式，即使在受干扰状态下，也是直接遗传的……我们面对的是一个巨大且极其复杂的皮层，它的组合模式是皮质大分子的一种特性，不直接受细胞核控制。经过相当长的一段时间和大量的细胞周期，其演化出了一种表面结构。这种结构本身具有这样的特性：它的直接形态与细胞核无关；但同时，我们假设，它完全依赖于细胞核来合成其特定形状的组成构件。”（Bonner 1974.）

就像斯蒂尔的研究一样，我们是否认为这是获得性状的遗传，取决于我们对种系的定义。如果我们把注意力集中于个体的躯体，其皮层的外科手术损伤显然是一种获得性状，与细胞核种系无关。另一方面，如果我们着眼于潜在的复制因子——在这种情况下，也许就是纤毛的基体——这种现象就属于复制因子增殖的一般范畴。假设皮层中的大分子结构是真正的复制因子，通过手术旋转皮层的一部分就类似于切除染色体的一部分，将其颠倒，然后再放回去。这种倒位自然是可遗传的，因为它是种系的一部分。草履虫皮层的组成似乎有自己的种系，不过其中特别值得注意的一点是，这种种系所传递的信息似乎不是在核酸中编码的。我们应该明确地预测，自然选择会直接作用于这种非基因种系，塑造表面结构，以符合表面复制单元本身的适应性利益。如果这些表面复制因子与核基因的利益之间存在任何冲突，那么这类冲突如何解决应该是一个令人着迷的研究课题。

这绝不是非核遗传的唯一例子。我们已越来越明了，非核基因，无论是在如线粒体这样的细胞器内，还是散于细胞质之中，都对表型有着显著影响（Grun 1976）。我本来打算在书中加入名为“自私的细胞质基因”的章节，讨论作用于细胞质复制因子的选择的预期后果，及其与核基因冲突的可能结果。然而，我才以“自私的线粒体”这个题目写了寥寥几笔（现在放到了第 12 章），就收到了两篇论文（Eberhard 1980；Cosmides & Tooby 1981），它们已经把我想说的话都说了，甚至连我没想说的也说了。仅举一个例子，“卵细胞的线粒体通过迁移聚集在细胞核周围，以便于将其包含在裸子植物落叶松（*Larix*）和黄杉（*Pseudotsuga*）原胚的‘新细胞质’中……这可能是由于线粒体互相竞争以求被纳入胚芽的结果”（Eberhard 1980, p.238）。与其大量重复论文的内容，我宁愿简单明了地建议读者参考这两篇优秀的论文。我只想补充一点，这两篇论文都是很好的例子，且我相信，只要复制因子取代生物个体，成为我们思考自然选择的基本概念单位，这种讨论将变得司空见惯。即便没有千里眼，我们也可以预见一个蓬勃发展的新学科——例如“原核生物社会生物学”——的兴起。

这两篇论文的作者，无论是埃伯哈德还是科斯米德斯和图比，都没有明确对基因视角的生命观加以正当化或记录，他们只是简单地假设“最近这种将基因视为选择单位的转变，再加上对不同基因遗传模式的认识，使得寄生、共生、冲突、合作和共同演化的概念——这些概念之前都是以生物体整体为参照发展起来的——转而与生物体内部的基因息息相关”（Cosmides & Tooby）。对这些论文，我只能说它们已有了一丝“后变革时期”常规科学的味道（Kuhn 1970）。

第 10 章

五重适合度之痛

读者可能会注意到，到目前为止，我们几乎没有提到“适合度”。这是我有意为之。我对这个词尚有疑虑，但我一直按兵不动。本书的前几章均以不同的方式致力于揭露生物个体在争夺“最适子”这一头衔方面暴露出的缺陷。适应可以说正是为最适子这一单位的利益而行事的。生态学家和动物行为学家通常使用的“适合度”一词，是一种措辞上的花招，一种设计出来的手段，以使人们能够将个体作为适应的受益者，而非作为真正的复制因子加以讨论。因此，这个词是我试图反对的立场的一种言语符号。更重要的是，这个词很容易让人混淆，因为它有很多不同的用法。因此，在本书的批评性部分行将结束时，讨论一下“适合度”的问题还是很适合的。

在华莱士（Wallace 1866）的力促下，达尔文（1866）采纳了赫伯特·斯宾塞（Herbert Spencer 1864）[1] 提出的“适者生存”这一说法。华莱士的观点在今天看来很有吸引力，我也忍不住要对他的话详加引用一番：

---

[1] 赫伯特·斯宾塞，英国哲学家、社会学家、教育家，他所提出的一套学说把演化理论应用在社会学上，尤其是教育及阶级斗争方面，因此被誉为“社会达尔文主义之父”。“适者生存”的格言最早便是由他提出的。

我亲爱的达尔文，我一再被一个事实震惊，那就是许多聪明人完全看不清或根本看不到“自然选择”的自我运行和必然影响，以至于我不得不得出这样的结论：这个术语本身，以及你解释它的方式，无论对我们中的许多人来说多么明白易懂、优美华丽，仍不足以给广大博物学家群体留下深刻的印象……在雅内[1]最近关于“当代唯物主义”的著作中……他认为你的弱点在于你没有看到“思想和指导对于自然选择的作用是至关重要的”。同样的反对意见已经被你的主要对手多次提及，我自己在对谈中也经常听到有人这样说。我想，这几乎完全是因为你选择了“自然选择”这个术语，并不断地把它的影响与人类的选择进行比较，也因为你如此频繁地对自然进行拟人化表述，比如“选择”“偏爱”“只追求物种的利益”等等。对少数人来说，这是启迪的明灯，但对多数人来说，这显然成了他们理解上的绊脚石。因此，我由衷地向你建议，在你的伟大作品中，以及在《物种起源》的任何未来版本中，都尽可能完全回避这种误解的源头（如果现在还不太晚的话）。我认为，只需采用斯宾塞的术语，即“适者生存”（他对这个术语的喜爱通常胜过“自然选择”），就可以毫不费力且行之有效地达成这一目的。这个术语是对事实的直白表述，而“自然选择”则是一种隐喻式的表达，而且在某种程度上是间接的和不恰当的，因为，即使把自然拟人化[也有待商榷]，与其说“她”是在选择特殊的变异，不如说是在消灭最不适宜的……（摘自华莱士和达尔文的通信）

[1] 此处指保罗·雅内（Paul Janet），法国哲学家和作家。

如今我们似乎很难相信有人会以华莱士所指出的方式被误导，但扬（1971）提供了充分的证据，证实达尔文的同时代人经常有此类误会。即使在今天，这种困惑也并非不存在，比如“自私的基因”这个流行短语也一样让不少人摸不着头脑，例如“这是一个巧妙的理论，但颇有些牵强附会。没有理由将复杂的自私情绪归咎于分子”（Bethell 1978），“基因不会自私或无私，就像原子不能嫉妒，大象不能抽象，饼干不能以目的论一样”（Midgley 1979；见 Dawkins 1981 的回复）。

达尔文（1866）对华莱士的信印象深刻，他觉得这封信的主旨“清晰易懂”，于是他决心把“适者生存”纳入自己的作品中，尽管他告诫称，“‘自然选择’这个术语现在已在国内外被广泛使用，我怀疑它是否能被放弃，尽管它的缺点不少，但试图放弃它总归让我感到遗憾。它是否会被拒用，如今必定取决于‘适者生存’这个术语是否会被接纳”（看来达尔文对“迷因”原则也是了然于胸），“随着时间的推移，这个词会变得越来越明白易懂，反对使用它的声音也会越来越弱。至于雅内先生，他是一位玄学家，他这样的绅士往往过度敏锐，以至于我觉得他们常常会误解普通老百姓”。

华莱士和达尔文都没有预见到的是，“适者生存”相比“自然选择”注定会产生更严重的困惑与混淆。一个熟悉的例子是，一代又一代的业余哲学家（甚至是专业哲学家）以近乎令人怜悯的热忱前仆后继地（是否也因为过度敏锐，以至于误解了普通老百姓？）试图证明自然选择理论是一个毫无价值的同义反复[1]（另一个有趣的变体说法则称，它是不可证伪的，因此是错误的！）。事实上，同义反复的错觉完全源于“适者生存”这个措辞，而不是自然选择理论本身。这类争论是措辞方式喧宾夺主的一个典型例子，在这方面，它类似于安瑟

[1] 同义反复的本义是指用不同的形式来重复表达同一个含义的修辞手法，在此处指一种不科学的定义或阐述概念的方式。

伦对上帝存在的本体论证明。就像上帝一样，自然选择是一个太过宏大的理论，不能用文字游戏来简单证明或反驳。毕竟，关于我们为何存在的问题，上帝和自然选择是唯二可行的理论解答。

认为适者生存是同义反复的观点简单来说有以下几点。自然选择被定义为“适者生存”，而“适者”本身被定义为“存活下来者”。因此，整个达尔文主义就是一个不可证伪的同义反复，我们实在不必再为其操心。幸运的是，对于这种滑稽可笑的要小聪明之举，已有几位权威人士进行了驳斥（Maynard Smith 1969；Stebbins 1977；Alexander 1980），所以我就无须多费唇舌了。不过，我会把这个同义反复的想法记在我自己关于适合度概念所带来的混淆的列表上。

正如我说过的，这一章旨在表明，适合度是一个非常棘手的概念，只要有可能，对其加以摒弃也许能让我们更好地表述想法。要证实这一点，我将指出生物学家至少在五种不同的意义上使用这个词。第一个也是最古老的意思，是最接近日常用法的意思。

适合度第一义

当斯宾塞、华莱士和达尔文最初使用“适合度”这个术语时，任何人都不会指责这是一种同义反复。我将称此最初用法为适合度［1］。它没有精确的技术含义，“适者”也并不是指那些存活下来者。适合度大致是指生存繁衍的能力，但它并没有被定义为“繁殖成效”的精确同义词，并以此进行衡量。它有一系列特定的含义，这取决于人们正在加以研究的生命的特定方面。如果研究对象是碾碎植物类食物的效率，那么适者就是那些牙齿最硬或下颌肌肉最有力的个体。在不同的语境中，适者会被认为是那些眼睛最敏锐、腿部肌肉最强壮、耳朵最灵敏、反应最敏捷的个体。上面这些以及其他数不胜数的能力，本该在一代又一代的传递中不断提升，而自然选择影响了这种提升。“适者生存”是对这些特定提升的一般描述。这一点都不同义反复。

直到后来，“适合度”才被用作专业术语。生物学家认为，他们需要一个词来描述这种由于自然选择而趋于最大化的假设量。他们本可以选择“选择性潜力”或“生存能力”之类的词，或干脆用个“W”指代，但事实上，他们选择了“适合度”。他们的这种做法相当于什么呢？就是让他们所寻求的定义必须“不惜一切代价使‘适者生存’成为一种同义反复”。他们正是据此重新定义了适合度。

但是，同义反复并不是达尔文主义本身的特性，而仅仅是我们有时用来描述它的用语的特性。如果我说，一列平均时速为120英里的火车到达目的地所需的时间是一列时速60英里的火车的一半，我用同义反复叙述的事实并不妨碍火车运行，也不妨碍我们提出有意义的问题：是什么使一列火车比另一列更快？它是否有更大的发动机、更优质的燃料、更完美的流线型外形，还是其他什么特性？速度的概念就是以这样一种方式来定义的，这种方式使得上面的陈述成为重言式真命题。正是这一点使速度的概念变得有用。正如梅纳德·史密斯（1969）所言：“当然，达尔文主义包含了同义反复的特征，但任何包含两行代数的科学理论都是如此。”当汉密尔顿（1975a）谈到“适者生存”时，他说，“对这个小短语本身的同义反复进行指控似乎不太公平”，他的语气算是相当温和。考虑到“适合度”被重新定义的目的，“适者生存”便不得不成为一个同义反复短语。

从一种特殊的技术意义上重新定义“适合度”，除了让一些较真的哲学家大做文章之外，也许并无大碍，但不幸的是，它的确切技术含义也是千差万别，这造成了更严重的后果，使一些生物学家对此亦感到困惑不已。在这个词的各种技术含义中，最精确和无可挑剔的是群体遗传学家所采用的含义。

适合度第二义

对于群体遗传学家来说，适合度是一种可操作的度量，依据一个测量程序准确地定义。这个词实际上并不被用于描述一个完整的生物个体，而是被用于描述通常位于单个基因座上的基因型。一个基因型，比如 Aa，其适合度 W 可以被定义为 1–*s*，其中 *s* 是针对基因型的选择系数（Falconer 1960）。它可以被视为将一个典型的 Aa 基因型个体的所有其他变异都平均后，该个体预计将产生的达到生育年龄的后代数量的衡量。它通常是相对于一个特定基因型在该基因座上的对应适合度来表达的，后者可以被任意定义为 1。然后，在该基因座上，相对于适合度较低的基因型，可称自然选择倾向于有利于更高适合度的基因型。我把群体遗传学家提出的特殊术语定义称为适合度［2］。当我们说棕色眼睛的个体比蓝色眼睛的个体更适合时，我们所用的定义就是适合度［2］。我们假设个体之间的所有其他变异都被平均了，实际上，我们是将“适合度”一词应用于描述单个基因座上的两个基因型。

适合度第三义

但是，当群体遗传学家对基因型频率和基因频率的变化表现出直接兴趣时，动物行为学家和生态学家却将整个生物体视为一个似乎在最大化“某物”的综合系统。适合度［3］，或称“经典适合度”（classical fitness），是一个个体生物的属性，通常表现为生存和生殖的产物。它是衡量个体繁殖成效，或者说个体将基因传递给后代的成效的尺度。例如，如第 7 章所述，克拉顿–布罗克等人（1982）正在对胡姆岛上的马鹿种群进行长期研究，他们的部分目标是比较已确定的个体雄鹿和雌鹿的终生总繁殖成效，即适合度［3］。

请注意个体的适合度［3］和基因型的适合度［2］之间的区别。棕色眼睛基因型的测得适合度［2］将有助于促进恰好拥有棕色眼睛的个体的适合度［3］，但该个体所有其他基因座上的基因型的相应适合度［2］也有此作用。因此，一个基因型在一个基因座上的适合度［2］，可以被看作拥有该基因型的所有个体的适合度［3］的平均值。而个体的适合度［3］可以被看作受该个体所有基因座上基因型的平均适合度［2］的影响（Falconer 1960）。

一个基因型在一个基因座上的适合度［2］是很容易测量的，因为每个基因型，如AA、Aa等，在一个种群的连续世代中出现的次数是可计数的。但一个生物体的适合度［3］却并非如此。你无法计算一个生物体在连续世代中出现过多少次，因为它只出现一次。一个生物体的适合度［3］通常是用它所生下并抚育到成年的后代的数量来衡量的，但这种方法的有效性存在一些争议。威廉斯（1966）在批评梅达沃（1960）时提出了一个问题，后者曾说："'适合度'的遗传学用法是对普通用法的极端弱化：实际上，它是一种以后代为货币来定价生物体禀赋，或者说以净生殖性能来表示其禀赋的系统。这是对生物体作为商品的遗传评估，而不是对其性质或品质的陈述。"威廉斯担心这是一种回顾性的定义，只适用于已经存在的特定个体。它使人联想到一种对特定动物祖先的身后评估，而不是一种对可预期的一般成功品质加以评估的方法。"我对梅达沃观点的主要批评是，它将注意力集中在一个相当琐碎的问题上，即生物体实际上在多大程度上实现了生殖存续。生物学的核心问题不是生存本身，而是为生存而进行的设计。"（Williams 1966，p.158.）在某种意义上，威廉斯是在追求变为同义反复前的适合度［1］所具备的优点，对于他的个人偏爱，他自有不少话可说。但事实是，在梅达沃所描述的意义上，适合度［3］已经被生物学家广泛使用。梅达沃的文章是写给非专业人士看的，肯定是为了让他们能够理解标准的生物学术语，同时避免与这个词常见的“运动健身”之意相混淆。

适合度的概念甚至能迷惑那些杰出的生物学家，例如埃默森（Emerson 1960）对沃丁顿（Waddington 1957）的误解。沃丁顿曾经在生殖存续或适合度［3］的意义上使用“生存”这个词：“生存当然不仅意味着单个个体的躯体耐久性……那个‘生存’得最好的个体会留下最多的后代。”埃默森引用了这句话，然后继续说道：“关于这一论点的关键数据很难找到，在这一点得到证实或反驳之前，很可能需要进行大量新的研究。”但这一次，这种“需要更多研究”之类的空口白话可谓完全不合时宜。当我们谈论定义的问题时，实证研究对我们并无裨益。沃丁顿明确地从一种特殊的意义上定义了“生存”（即适合度［3］的含义），而不是让一个事实命题服从于经验验证或证伪。然而，埃默森显然认为沃丁顿是在挑衅性地声称，那些具有最高生存能力的个体往往也是拥有最多后代的个体。他未能把握适合度［3］的专业概念，这可以从同一篇论文的另一段引文中看出：“将哺乳动物子宫和乳腺的演化……作为物竞天择的结果来加以解释是极其困难的。”与他所领导的颇有影响力的芝加哥学派（Allee，Emerson et al. 1949）的观点一致，埃默森将此作为支持群体选择的论据。对他来说，乳腺和子宫是以物种延续为目标的适应。

正确使用适合度［3］概念的学者承认，它只能作为一个粗略的近似值来加以衡量。如果以出生的子代数量来衡量，就忽略了幼年期死亡率，也没有考虑到亲代的抚育因素。如果以达到生育年龄的子代数量来衡量，则忽略了成年子代自身繁殖成效的差异。如果以孙代的数量来衡量，则又忽略了……凡此种种，永无止境。在理想情况下，我们可能会计算出在非常多代之后存活后代的相对数量。但是，这样一个“理想”的尺度有一个奇怪的性质，那就是，如果按照其逻辑结论，它只能取两个值；这是一个全有或全无的衡量标准。如果我们展望足够遥远的未来，可以说要么我将没有后代，要么所有活着的人都将是我的后代（Fisher 1930a）。如果我是生活在100万年前的某个特定男性个体的后裔，那么几乎可以肯定，你也是他的后裔。任何特定的亡故已久的个体的适合度，如果以今天的后代数来衡量，要么是零，要么是全部。威廉斯大概会说，如果这是一个问题，那只对那些希望衡量特定个体的实际繁殖成效的人来说是个问题。另一方面，如果我们感兴趣的正是某种特质，也就是通常倾向于使个体最终成为世代祖先的特质，那么该问题就不成问题了。但无论如何，适合度［3］这个概念在生物学上还有一个更怪异的缺点，它导致了“适合度”这个专业术语的两种新用法的发展。

适合度第四义

汉密尔顿（1964a，b）在两篇我们现在看来标志着演化论历史转折点的论文中，让我们意识到经典适合度［3］作为一种对某个生物体繁殖成效的衡量尺度，具有一个重要的缺陷。与单纯的个体存续不同，繁殖成效之所以重要，是因为后者是基因传递成效的衡量尺度。我们放眼四顾，所见的生物皆是其祖先的后代，它们继承了那些祖先个体的某些属性，是这些属性令其成为后世个体的祖先，而不是就此断绝。如果一种生物体存在，它就势必含有一长串成功祖先的基因。一个生物体的适合度［3］是它作为祖先所取得的成功，或者，根据侧重不同，也可说是它作为祖先取得成功的能力。但汉密尔顿抓住了此前仅在费希尔（1930a）和霍尔丹（1955）的只言片语中被粗略提及的核心要义，那就是，无论个体本身是否成为其后代的祖先，自然选择都会青睐那些使个体的基因得以传递的器官和行为。一个帮助其兄弟成为祖先的个体，可能因此确保基因库中那个“以兄弟互助为目标”的基因得以存续。汉密尔顿发现，亲代抚育其实只是对极有可能含有“抚育基因”的近亲加以抚育的一种特例。经典适合度［3］，即繁殖成效，太过狭隘了。它必须被延伸为“广义适合度”，我在这里称其为适合度［4］。

有时我们假设，个体的广义适合度就是其自身的适合度［3］加上每个兄弟的适合度［3］的一半，再加上每个堂表兄弟的适合度［3］的八分之一，以此类推（例如 Bygott et al. 1979）。巴拉什（1980）明确地将其定义为“个体适合度（繁殖成效）和个体亲属的繁殖成效的总和，每个亲属的分数都随着亲缘关系的疏远而按比例降低”。这不是一个可加以使用的实用衡量尺度，而且，正如韦斯特-埃伯哈德（1975）强调的那样，这不是汉密尔顿提供给我们的衡量尺度。其不实用的原因可以用多种方式来说明。一种说法是，它允许子代被计数多次，就好像它们存在过很多次（Grafen 1979）。还有，如果一组兄弟中的一个有了子代，根据这种定义，所有其他兄弟的广义适合度将立即上升一个相同的档次，而不管它们中的哪一个是否真的为喂养年幼子代动过手指。事实上，按照该理论，如果有一个兄弟此刻尚未出生，而它的大侄子已经出生了，则前者的广义适合度会因后者的出生而增加。此外，这个后来的兄弟可能因流产而未能降生，而根据这种错误的观点，它仍然可以通过它哥哥的后代获得可观的“广义适合度”。按照归谬法，它甚至不需要被怀上，但仍然可以有很高的“广义适合度”！

汉密尔顿无疑洞察到了这种谬误，因此他的广义适合度概念更加微妙。一个生物体的广义适合度不是它自己的属性，而是其行为或其产生的影响的属性。广义适合度是根据个体自身的繁殖成效、它对亲属繁殖成效的影响来计算的，每一项都用适当的亲缘系数来进行权衡。举个例子，如果我的兄弟移民澳大利亚，那么无论如何，我都不会对他的繁殖成效产生影响，我的广义适合度不会在他的孩子每次诞生时上升！

现在，假定原因的“影响”只能通过与其他假定原因的比较来衡量，或者通过与这种原因缺席时的情况进行比较来衡量。因此，我们不能在任何绝对意义上考虑个体 A 对其亲属的生存繁衍的影响。我们可以比较它选择行动 X 而不是行动 Y 的影响，或者我们可以把它一生一系列行为的影响与一个假设一生完全不作为的情形——就好像它从未被怀上过一样——进行比较。后一种用法通常是指一个生物个体的广义适合度。

关键是，如果以某种方式衡量的话，广义适合度并不是一个生物体的绝对属性，而经典适合度［3］在理论上却是如此。广义适合度具有三重属性：一个我们感兴趣的生物体、一个或一组我们感兴趣的行为，以及一组可供比较的替代行为。因此，我们希望衡量的不是生物体 I 的绝对广义适合度，而是其行为 X 与其行为 Y 相比，对 I 的广义适合度的影响。如果行为 X 被视为 I 的生活史，那么行为 Y 就可以被视为一个 I 不存在的假设世界中的对应生活史。因此，如此定义一个生物体的广义适合度，可以使其不受远在另一个大陆，从未谋面也谈不上影响的亲属的繁殖成效的影响。

那种错误的观点，即认为一个生物体的广义适合度是它在世界各地所有曾经活过和将会降世的近亲繁殖成效的加权总和的想法，是极其普遍的。虽然汉密尔顿不该对他的追随者所犯的错误负责，但这种错误观念可能是许多人在应对广义适合度概念时遇到如此大困难的原因之一，也可能正是出于这一原因，我们在未来某个时候不得不放弃这一概念。适合度还有第五个含义，它是为了规避广义适合度这一特殊困境而设计的，但其本身也同样有难解之处。

适合度第五义

适合度［5］是奥洛夫（Orlove 1975，1979）所说意义上的“个体适合度”（personal fitness）。它可被认为是一种反向看待广义适合度的方式。广义适合度［4］关注的是我们感兴趣的个体对其亲属的适合度［3］的影响，而个体适合度［5］关注的是个体的亲属对该个体适合度［3］的影响。一个个体的适合度［3］是对其后代数量的某种度量。但汉密尔顿的逻辑告诉我们，我们可预期一个个体相比自己可抚育的后代数，最终会有更多的后代，因为他的亲属会帮助他抚育一些后代。一只动物的适合度［5］可以被简单地描述为“与其适合度［3］相同，但不要忘记其中必须包含它由于亲属的援手而获得的额外后代数”。

在实践中，使用个体适合度［5］而不是广义适合度［4］的优势在于，我们最终只需简单地计算其后代的数量，并且没有某个子代被错误地计算多次的风险。某个给定子代只是其亲代适合度［5］的一部分。而在广义适合度［4］中，它可能与某些不确定数量的叔伯婶姨或兄弟姐妹具有对应关系，结果导致被多次计算的风险（Grafen 1979；Hines & Maynard Smith 1979）。

如果使用得当，广义适合度［4］和个体适合度［5］的结果是一样的。两者都是重大的理论成就，其发明者都应广受赞誉。独具特色的是，汉密尔顿自己在同一篇论文中其实不动声色地同时发明了这两个词，他从一个词转换到另一个词的速度之快，日后少说也让另一位作者挠头不已（Cassidy 1978，p.581）。汉密尔顿（1964a）将适合度［5］命名为“邻近调节适合度”（neighbour-modulated fitness）。他认为这一概念的使用虽然正确，但会很笨拙，不实用，因此他引入了广义适合度［4］，以作为一种更易于掌握的替代方法。梅纳德·史密斯（1982）同意广义适合度［4］通常比邻近调节适合度［5］更易用，他通过在一个特定的假设示例中轮流使用这两种方法来说明这一点。

请注意，这两种适合度，就像“经典”适合度［3］一样，都与将生物个体作为“最大化主体”的想法紧密相连。我把广义适合度描述为“生物个体的一种属性，只有当真正最大化的是基因的存续时，这一属性看似才能最大化”（Dawkins 1978a），只能说是半开玩笑的说法。（可以将这一说法推广到其他“载具”。比如，一个群体选择论者可以把他自己的广义适合度版本描述为“群体的一种属性，只有当真正最大化的是基因的存续时，这一属性看似才能最大化”！）

事实上，从历史角度看，我把广义适合度的概念视为一种最后关头“破釜沉舟”式的挽救手段，一种试图保全生物个体的相应地位——作为我们思考自然选择时认为其施加作用的层次所在——的尝试。汉密尔顿（1964a，b）关于广义适合度的论文隐含的精神正是基因选择论。1963 年，在这些论文问世之前的一篇简短的笔记中，他明确地写道：“尽管有‘适者生存’的原则，但决定基因 G 是否会传播的最终标准，不是行为是否有利于行为者，而是其是否有利于基因 G。”汉密尔顿与威廉斯（1966）一起，可以被公认为现代行为和生态研究领域基因选择论的奠基人之一：

> 在自然选择中，如果一个基因的复制品（复型）的总和在整个基因库中所占的比例越来越大，那么这个基因就是受到青睐的。我们将要关注的是基因会影响其携带者的社会行为的猜想，所以让我们试着暂时赋予基因一些智力和一定的选择自由，从而使讨论更加生动活泼。想象一个基因正在考虑增加其复制品数量的问题，并想象它可以在以下两者之间做出选择：一种是引起其携带者 A 的纯粹自利行为（导致 A 繁殖更多），另一种是引起某种程度上有利于其亲属 B 的“无私”行为（Hamilton 1972）。

汉密尔顿一度运用这套“智能基因”模型，但后来明确地放弃了它，转而支持个体对其基因副本加以传播带来的广义适合度效应。而本书欲传达的主旨之一是，如果他坚持自己的“智能基因”模型，可能会有更大成就。如果可以假设生物个体是为了它们所有基因的总体利益而行事，那么我们是从“基因为确保其存续而行事”的角度考虑，还是从“个体为最大化它们的广义适合度而行事”的角度考虑，就无关紧要了。我怀疑汉密尔顿之所以如此抉择，是因为将个体作为生物斗争的主体让他感到更自在，或者他推测他的大多数同事还没有准备好摒弃这种以个体为主体的做法。但是，在汉密尔顿及其追随者以广义适合度［4］（或个体适合度［5］）加以表述的所有辉煌的理论成就中，我实在想不出有哪一条不能更简单地从他先前那套“‘智能基因’为了自身目的而操纵躯体”的模型中推导而出（Charnov 1977）。

在个体层次思考自然选择问题表面上很有吸引力，因为与基因不同，个体有神经系统和四肢，这使它们能够以明显的方式实现“某物”的最大化。因此，随之而来的问题自然是，在理论上，它们有望最大化的量是什么，而广义适合度就是答案。但这一概念之所以如此危险，是因为它实际上也是一种隐喻。个体并不会真正有意识地努力最大化任何东西，只是它们的行为“好像”是在最大化某物。这背后的逻辑，和我们说“基因好像有智力”时是一模一样的。基因操纵着世界，好像在努力使自身存续最大化。它们并没有真正“努力”，但我的观点是，就这方面而言，个体和基因并无区别。无论是个体还是基因，都不曾努力去最大化任何东西。或者，更确切地说，个体可能会努力争取一些东西，但那会是一小块食物、一个有吸引力的雌性，或一块理想的领地，而不会是广义适合度。对我们来说，在某种程度上将个体看作为了最大化适合度而行事有其用处，因此我们也可以以完全相同的态度，将基因看作为了最大化其自身存续而努力。不同之处在于，我们可认为基因在努力最大化的量（副本的存续），相较于个体的对应量（适合度）要简单得多，也更容易在模型中加以处理。我再重复一遍，如果我们以“单个动物最大化某物”的方式进行思考，就会陷入让自己晕头转向的严重风险之中，因为我们可能会忘记我们是在说“好像如此”，还是在谈论动物真的在有意识地努力实现某个目标。由于任何理智的生物学家都无法想象 DNA 分子会有意识地争取任何东西，因此当我们谈论基因最大化行为的主体时，这种混淆的危险就不应存在。

我认为，从个体努力最大化某物的角度来思考，会导致彻头彻尾的错误，而从基因努力最大化某物的角度来思考则不会。所谓彻头彻尾的错误指的是这样一类结论，其提出者经过进一步反思后，也会承认结论是错误的。我之前的论文（1978a）中有标题为“困惑”（Confusion）的一节，该小节讨论了这些错误，另一篇论文《对于亲缘选择的十二个误解》（1979a，尤见于第 5、6、7 和 11 个误解）也记录了这些错误。这些论文从已发表的文献中摘出了详细的错例。我认为这些错误都是由停留在“个体层次”的思维方式造成的。这里没有必要再对此进行赘述，我只举一个例子，不提其具体名称，就以“黑桃 A 谬误”为题。

两个亲属，比如祖父和孙子之间的亲缘系数，可以看作两个不同但相等的值。它通常表示为祖父的基因组预计与孙子的基因组同源相同的平均比例。它也代表祖父的一个指定基因与孙子的一个基因同源相同的概率。因为两者在数字上是相同的，所以我们参照哪个来进行思考似乎并不重要。尽管概率度量在逻辑上更合适，但似乎这两种度量都可以用来思考祖父“应该”为孙子付出多少“利他行为”的问题。但当我们思考方差和均值时，这种差别其实很重要。

一些人指出，亲代和子代之间基因组重叠的比例恰好等于亲缘系数，而对于所有其他亲属而言，亲缘系数只能给出平均数字；实际共有的基因组部分可能更多，也可能更少。因此可以说，亲缘系数对于亲子关系是“精确的”，但对于所有其他亲缘关系则是“概率的”。但是，这种亲子关系的独特性只在我们从共有基因组比例的角度考虑时才适用。相反，如果我们从共有特定基因的概率来考虑，亲子关系就像其他任何亲缘关系一样，是“概率的”。

这可能仍被认为无关紧要，事实上，在我们被诱导得出错误的结论之前，这确实并不重要。文献中得出的一个错误结论是，亲代面临养育自己的子代和养育一个与自己子代年龄完全相同（并且具有完全相同的平均亲缘系数）的血亲同辈的选择时，应该会倾向于养育自己的子代，这纯粹是因为其与前者的遗传亲缘关系是“确定无疑的”，而对后者则是一种“赌博投机”。但只有共有基因组的“比例”是确定无疑的。亲代的某个特定基因，在这个例子中是利他主义基因，与子代中一个基因同源相同的概率，就和该基因与兄弟姐妹的一个基因同源相同的概率相同。

下一个诱人的想法是，动物可能会试图利用一些线索来估计某个特定的亲属是否恰好与自己共有许多基因。其中的推理可以用时下流行的主观比喻来方便地表达：“平均来说，我所有的兄弟都和我共有一半的基因组，但我的一些兄弟与我共有一半以上，另一些则不到一半。如果我能找出哪些兄弟和我共有一半以上的基因，我就能对他们表现出偏爱，从而使我的基因受益。兄弟 A 的头发颜色、眼睛颜色和其他几个特征都像我，而兄弟 B 一点也不像我。所以，A 可能和我共有更多的基因。所以我应该抚育 A，而不是 B。”

以上这段独白应该是出自一只个体动物之口。可当我们让类似的独白宣之于汉密尔顿构想的“智能基因”之口时，谬误很快显现出来了。一个“以抚育兄弟为目标”的基因说：“兄弟 A 显然继承了我那些位于‘头发颜色部门’和‘眼睛颜色部门’的基因‘同事’，但我为什么要关心它们呢？关键问题是，A 或 B 是否继承了**我**的副本？头发颜色和眼睛颜色并不能说明这一点，除非我恰好与这些基因连锁。”因此，连锁在这里是重要的，它无论对于“确定无疑”的亲子关系，还是对于任何“概率”的亲缘关系而言，都同样重要。

这种谬误之所以被称为“黑桃 A 谬误”，是因为有如下类比。假设我很想知道你手上的 13 张牌中是否有黑桃 A。如果我没有掌握任何信息，我知道你有黑桃 A 的概率是$\frac{13}{52}$，也就是$\frac{1}{4}$。这是我对概率的第一个猜测。如果有人悄悄告诉我，你的黑桃牌很好，我就有理由向上修正我对你有黑桃 A 的概率的初步估计。如果我被告知你有黑桃 K、Q、J、10、8、6、5、4、3 和 2，我会正确地得出结论，你的黑桃牌非常强。但是，只要牌局没有出千，而我因这番估计就把赌注押在你有黑桃 A 上，那我就是个傻瓜了！（实际上，这个类比在这里有点不公平，因为在上述牌面下，你得到黑桃 A 的概率是$\frac{3}{42}$，大大低于之前的$\frac{1}{4}$。）在生物学的例子中，我们可以假设，抛开连锁不谈，对兄弟眼睛颜色的了解无论如何都不能告诉我们，他是否拥有“兄弟利他主义”的特定基因。

我们并没有理由认为，那些提出生物学版本的“黑桃 A 谬误”的理论家是糟糕的赌徒。让他们出错的不是概率理论，而是他们的生物学假设。特别是，他们假设一个生物个体，作为一个连贯的实体，会为它体内所有基因副本的利益行事。这就好像是说一只动物会“关心”它的眼睛颜色基因、头发颜色基因等副本的存续一样。那还不如假设只有“以关心为目标”的基因才会关心，而它们也只关心自己的副本。

我必须强调的是，我并不是说从广义适应度方法中产生这种错误是不可避免的。我想说的是，对于着眼于个体层次最大化，又不够谨慎的思考者来说，这种假设会成为陷阱，而对于着眼于基因层次最大化的思考者来说，无论粗心还是谨慎，这种假设均无大碍。甚至汉密尔顿也犯了一个错误，后来他自己也指出来了，而我把这个错误归因于其立足于个体层次的思考方式。

问题出现在汉密尔顿对膜翅目昆虫家族的亲缘系数 r 的计算中。众所周知，他明智地利用了膜翅目昆虫单倍二倍体性别决定系统产生

奇怪的 r 值，特别是姐妹间 r 值为$\frac{3}{4}$的诡异事实。但是，不妨考虑一下一只雌虫和她父代之间的关系。雌虫的基因组中有一半与她父代的基因组是同源相同的：两者基因组的“重叠比例”是$\frac{1}{2}$，因此汉密尔顿正确地将$\frac{1}{2}$作为雌虫与其父代之间的关系系数。但当我们从另一个角度看待同一种关系时，问题就来了。一只雄虫和他女儿之间的亲缘系数是多少？人们自然希望它是自反的，也是$\frac{1}{2}$，但问题就出在这儿。因为雄虫是单倍体，所以他的基因总数只有他女儿的一半。那么，我们如何计算“重叠”部分，即共有基因的比例呢？我们是否可以说，雄虫的基因组与他女儿的一半基因组重叠，因此 $r=\frac{1}{2}$？还是说，雄虫的每一个基因都能在他女儿身上找到，因此 $r=1$？

汉密尔顿最初给出的数字是$\frac{1}{2}$，但在 1971 年，他改变了主意，又给出了 1。1964 年，他曾试图解决计算单倍体和二倍体基因型重叠比例的难题，办法就是武断地将雄虫视为一种名义上的二倍体。“关于雄虫的亲缘关系计算，是通过假设每只雄虫均携带一个‘密码’基因来组成他的二倍体对来确定的，一个‘密码’永远不会与另一个‘密码’同源相同。”（Hamilton 1964b.）当时，他认识到这个程序“在某种意义上是武断的，因为其他一些基本的母子和父女关系的值会给出一个同样连贯的系统”。后来，他宣称这种计算方法肯定是错误的，并在他的经典论文再版的附录中，给出了计算单倍二倍体系统中 r 值的正确规则（Hamilton 1971b）。他修改后的计算方法是，将雄虫与其女儿之间的 r 值设为 1（而非$\frac{1}{2}$），将雄虫与其兄弟之间的 r 值设为$\frac{1}{2}$（而非$\frac{1}{4}$）。在此之前，克罗泽（Crozier 1970）[1] 独立地修正了这一错误。

而如果我们自始至终都立足于自私的基因最大化其存续，而不是从自私的个体最大化其广义适合度的角度来思考，这个问题就根本不

[1] 此处指罗西特·H. 克罗泽（Rossiter H. Crozier），澳大利亚遗传学家，他开创了利用遗传标记研究社会性昆虫的先河，对社会演化理论做出了重要的贡献。

会出现，也无须提出武断草率的“名义二倍体”方法。试想一只雄性膜翅目昆虫体内的“智能基因”正在“盘算”对一个女儿的利他行为。它确信这个女儿的身体里有一个自己的副本。它并不“关心”她的基因组包含的基因是不是它当前所在的雄虫躯体所包含基因的两倍。它对她的另一半基因组直接无视，只确信当这个女儿繁殖后代，即为它当前所寓居的雄虫诞下孙代时，它——智能基因本身——有 50% 的机会将其副本纳入每个孙代的躯体。对于这样一个居于单倍体雄虫体内的智能基因来说，一个孙代和一个普通二倍体系统下产生的后代一样有价值。出于同样的原因，一个女儿的价值是一个正常的二倍体系统下产生的女儿的两倍。从智能基因的角度来看，父女之间的亲缘系数确实是 1，而不是$\frac{1}{2}$。

现在从另一个角度来看这种关系。智能基因对汉密尔顿最初给出的雌虫与其父代的亲缘系数（$\frac{1}{2}$）表示赞同。想象一个基因存在于雌虫体内，并盘算着要对该雌虫的父代采取利他行为。这个基因知道，它来自自身所在的雌虫的父代或母代的机会是相等的。那么，从它的角度来看，它现在所寓居的躯体与两个亲代躯体中的任何一个之间的亲缘系数都是$\frac{1}{2}$。

同样的推理在兄弟姐妹关系中导出了类似的非自反性。一个雌虫体内的基因认为该雌虫的姐妹有$\frac{3}{4}$的机会包含自身副本，而其兄弟则有$\frac{1}{4}$的机会。不过，一个雄虫体内的基因在观察该雄虫的姐妹时，发现她有$\frac{1}{2}$的机会包含自身的一个副本，而并非汉密尔顿最初的“密码基因”（“名义二倍体”）方法所给出的数值。

我认为有一点我们得承认，如果汉密尔顿在计算这些亲缘系数时使用他自己的“智能基因”思想实验，而不是将个体视为最大化某物的主体，他会一上来就得到正确答案。如果这些错误只是简单的计算失误，那么在原作者指出它们之后还要再加以讨论的做法显然有点迂腐。但它们并不是计算失误，而是基于一个具有高度指导性的概念错误。我之前引用的论文中的数个“对于亲缘选择的误解”也是如此。

在本章中，我试图说明，适合度作为一个专业术语，其概念是令人困惑的。它之所以令人困惑，是因为它会导致公认的错误，比如汉密尔顿最初对单倍二倍体亲缘系数的计算，还有我在《对于亲缘选择的十二个误解》一文中列举的数个误解。它令人困惑，还因为它会让哲学家认为整个自然选择理论就是同义反复。它甚至令生物学家都感到困惑，因为它至少有五种不同的含义，其中许多含义彼此混淆。

正如我们所看到的，埃默森混淆了适合度［3］和适合度［1］。我现在举一个适合度［3］和适合度［2］相混淆的例子。威尔逊（1975）给出了社会生物学家所需的术语表。在“适合度”的名目下，他给我们带来了“遗传适合度”。我们于是转向“遗传适合度”这一词条，发现它被定义为“相对于其他基因型，一个群体中的一个基因型对下一代的贡献”。显然，这个“适合度”是在群体遗传学家的适合度［2］的意义上使用的。但是，如果我们在这个术语表中查找“广义适合度”，就会发现以下解释：“一个个体自身的适合度加上它对直系后代以外亲属的适合度的所有影响的总和。”在这里，“个体自身的适合度”必然是经典适合度［3］（因为它适用于个体），而不是遗传适合度（适合度［2］），可后者是该术语表中唯一定义的“适合度”。因此，该术语表是不完整的，因为其混淆了位于一个基因座上的基因型的适合度（适合度［2］）和个体的繁殖成效（适合度［3］）。

有人好像嫌我列出的五种含义不够令人困惑似的，竟然还要对该词的含义加以延伸。出于对生物学“进展”的兴趣，索迪（Thoday 1953）[1]开始寻求一种针对长期谱系的“适合度”，并将其定义为谱系延续极长时间（如108代）的概率，它由诸如“遗传灵活性”等“生物”因素（Williams 1966）促成。索迪的适合度不在我列出的

[1] 此处指约翰·马里恩·索迪（John Marion Thoday），英国遗传学家。

五个适合度含义之列。再者，群体遗传学家的适合度［2］其实已非常明晰和有用，但许多群体遗传学家出于只有他们自己知道的原因，对另一个量非常感兴趣，这个量被称为种群的平均适合度。在“个体适合度”的一般概念中，布朗（Brown 1975；Brown & Brown 1981）[1]还希望区分“直接适合度”和“间接适合度”。直接适合度就是我所说的适合度［3］。间接适合度可以被表示为适合度［4］减去适合度［3］，也就是说，它是广义适合度的构成中，来自旁系亲属生殖，而非直系后代生殖的那部分（我假设孙代也被算在直接构成部分中，尽管这个决定比较草率）。布朗本人对这些术语的含义自然一清二楚，但我相信它们绝对会让其他人如堕五里雾中。例如，它们似乎增加了一种观点的分量［不是布朗所持的观点，而是其他一些作者的观点，这群人数量之多令人沮丧，如格兰特（Grant 1978），以及一些论述鸟类“巢中帮手”的作者］，即与“个体选择”（“适合度的直接构成”）相比，“亲缘选择”（“间接构成”）显得不那么简约，我之前已经充分批评过这种观点（Dawkins 1976a，1978a，1979a）。

读者可能对我在此列出的“适合度”的五个乃至更多的不同含义感到困惑和恼火。这一章写起来令我很痛苦，我也知道这一章读起来并不容易。对于一位糟糕的作家而言，怪他的写作主题不讨喜大概是最后的自我开脱手段，但我真的认为，在这种情况下，适合度的概念本身才是造成痛苦的根源。除了群体遗传学家所用的适合度［2］之外，应用于生物个体的适合度概念已经变得勉强又做作了。在汉密尔顿的革命之前，在我们的世界中所遍布的是一心一意维持自身生存繁衍的生物个体。在那个时代，人们很自然地从个体的层次来衡量这类行为成功与否。汉密尔顿改变了这一切，但不幸的是，他既没有真正贯彻自己的思想，以得到合乎逻辑的结论，也没有把生物个体从“实

[1] 此处指杰拉姆·L. 布朗（Jerram L. Brown），美国生物学家、遗传学家。

现最大化的名义主体”的神坛上请下来，而是绞尽脑汁地设计了一种方法，以挽救个体作为这种“名义主体”的岌岌可危的地位。他本可以坚持说：基因存续才是最重要的，让我们来看看一个基因为了令自己的副本增殖必须做些什么。可实际上，他却说：基因存续才是最重要的；那么，我们必须对“个体必须做些什么”的旧观念做哪些改变（力求改变程度最小），才能使“个体作为行动单位”的观念得以保留？这一问题的答案便是广义适合度，其在技术上是正确的，但错综复杂，易招致误解。接下来我将尽量不再提及“适合度”一词，我相信这会使本书便于阅读。在接下来的三章，我将致力于发展延伸的表型理论本身。

第 11 章

动物造物的遗传演化

“基因的表型效应”到底是什么意思？

对分子生物学一知半解者可能会给出一种答案。每个基因编码一个蛋白质链的合成。在“近端”意义上，蛋白质就是它的表型效应。其更深远的影响，如眼睛的颜色或行为，则是蛋白质作为一种酶所产生的作用。然而，这样一个简单的解释经不起深入推敲。任何可能的原因产生的“效应”只能通过与另外至少一个可选原因产生的“效应”进行比较被赋予意义，即使这种比较是隐而不显的。把蓝色眼睛说成特定基因 G_1 的“效应”，这是完全不严谨的。如果我们这么说了，我们实际上在暗指至少可能存在一种替代等位基因，可称之为 G_2，以及至少一种替代表型 P_2，比如在这个例子中，替代表型可以是棕色眼睛。我们的言下之意是针对一对基因 $\{G_1，G_2\}$ 和一对可区分的表型 $\{P_1，P_2\}$，在一个以非系统方式恒定或变化的环境中，它们之间的关系的促成是随机的。上一句话中的“环境”应包括所有其他基因座上的基因，P_1 或 P_2 的表达必须以这些基因的存在为前提。我们要说的是，从统计趋势来看，携带 G_1 的个体比携带 G_2 的个体更有可能表现出 P_1（而不是 P_2）。当然，没必要要求 P_1 总是与 G_1 相关联，也没必要要求 G_1 总是导致 P_1：在逻辑教科书之外的现实世界中，

“必要”和“充分”的简单概念通常必定被统计学上的等同结果取代。

这种坚持认为表型不是由基因引起的，而仅仅可说表型差异是由基因差异引起的主张（Jensen 1961；Hinde 1975），似乎削弱了基因决定论的概念，以至于它不再有吸引力。情况远非如此，至少如果我们感兴趣的主题是自然选择的话，因为自然选择也涉及差异（见第2章）。自然选择就是一些等位基因超越其可替代品的过程，而它们实现这一目标的手段就是它们的表型效应。由此可见，我们可以认为，表型效应总是相对于其替代表型效应而存在的。

我们习惯上所说的这种差异，似乎总是指个体或其他离散的“载具”之间的差异。接下来三章的目的是表明，我们可以将表型差异的概念从离散载具的束缚中完全解放出来，这就是“延伸的表型”这个标题的含义。我将说明，基于遗传学术语的一般逻辑，我们不可避免地推出这样一个结论，即基因可以说具有延伸的表型效应，这种效应的表达并不局限于任何特定载具层次。我将效仿一篇早先发表的论文（Dawkins 1978a），对延伸的表型的推导采取循序渐进的方式，从“普通”表型效应的常规例子开始，逐渐向外延展表型的概念，以使其具有逻辑连续性，并易于接受。动物造物由遗传决定的想法是一个非常有教学意义的中间例子，这将是本章的主题。

但首先，让我们来考虑一个基因A，它的直接分子效应是合成一种黑色蛋白质，这种蛋白质能直接把动物的皮肤染成黑色。从分子生物学家的简单观点来看，该基因唯一的近端效应就是合成这种黑色蛋白质。但是，基因A就是“以变黑为目标”吗？我想说的是，就定义而言，这取决于种群的变化情况。假设A有一个不能合成黑色色素的等位基因A'，那么A'纯合子个体往往是白色的。在这种情况下，A确实是一个我所称意义上的“以变黑为目标”的基因。但也有可能种群中发生的所有肤色变化都是由于一个完全不同的基因座上基因B的变化。B的直接生化效应是合成一种蛋白质，这种蛋白质不是一种黑色色素，而是一种酶，其间接效应之一（与其等位基因 B' 相比）是在某种程度上促进 A 在皮肤细胞中合成黑色色素。

可以肯定的是，基因 A，其蛋白质产物是黑色色素，是一个个体肤色变黑的必要条件：而成千上万的其他基因也是如此，即使仅仅因为它们是个体得以存在的必要条件。但我不会把 A 称为黑色基因，除非种群中的一些非黑色变异是由于缺乏 A 造成的。如果所有的个体无一例外都有基因 A，而个体肤色不是黑色的唯一原因是他们有基因 B' 而不是基因 B，我们就可以说基因 B 是黑色基因，而基因 A 不是。如果影响黑肤色需要两个基因座都有变异，我们将 A 和 B 都称为黑色基因。这里所要表述的观点是，A 和 B 都有可能被称为黑色基因，这取决于种群中存在的替代选择。将 A 与黑色色素分子的产生联系起来的因果链很短，而由 B 延伸出的因果链则漫长曲折，但这一事实无关紧要。整体动物生物学家观察到的大多数基因效应，以及动物行为学家观察到的所有基因效应，都是漫长而曲折的。

我的一位遗传学家同事认为，实际上并没有“行为遗传性状”，因为迄今为止发现的所有这类性状都被证明是更基本的形态或生理效应的“副产物”。但是，他所认为的遗传性状，不管是形态的、生理的，还是行为的，如果不是某种更基本存在的“副产物”，又会是什么呢？如果我们仔细思考这个问题，就会发现除了蛋白质分子以外，所有的遗传效应都是“副产物”。

回到黑色皮肤的例子，将 B 之类的基因与其黑色皮肤表型联系起来的因果链甚至可能涉及一种行为联系。假设 A 只在有阳光的情况下才能合成黑色色素，并且假设 B 的作用是使个体寻求阳光，而 B' 则使个体寻求背阴之处。携带 B 的个体会比携带 B' 的个体肤色更黑，因为前者在阳光下的时间更长。根据现有的术语使用惯例，基因 B 仍然是一个“以变黑为目标”的基因，即使其因果链只涉及内部生物化学反应，而不是一个“外部”行为循环，在这一点上也没什么差别。事实上，从纯粹意义上说，遗传学家不需要关心从基因到表型效应的详细途径。严格地说，一位关心这些有趣问题的遗传学家大概还挂着胚胎学家的头衔。纯粹的遗传学家关注的是最终产物，特别是等位基因对最终产物影响的差异。自然选择的关注点与此完全相同，因为自然选择"对结果起作用"（Lehrman 1970）。至此，我们可以得出阶段性结论，即我们已经习惯了表型效应通过漫长而迂回的因果关系链与它们的基因相连，因此，表型概念的进一步延伸不应让我们感到不可置信。本章通过观察动物造物作为基因的表型表达的例子，迈出了这种进一步延伸的第一步。

汉塞尔（Hansell 1984）曾回顾了动物造物这一迷人的主题。他指出，此类造物为具有一般行为学重要性的几个原理提供了有用的案例研究。而在本章中，我使用动物造物的例子来解释另一个原理，即延伸的表型。假设有一种叫作石蛾的昆虫物种，它的幼虫石蚕会从河底拣选石头来给自己建造鞘壳。我们可以观察到，该物种包含两种所造鞘壳颜色截然不同的幼虫，两种鞘壳分别是暗色和亮色。通过育种实验，我们确定了"暗色鞘壳"和"亮色鞘壳"这两种特征的繁育符合简单的孟德尔法则，即暗色鞘壳相对于亮色鞘壳呈显性。原则上，通过分析重组数据，应该有可能发现决定鞘壳颜色的基因在染色体上的位置。当然，这只是假设。就我所知，目前还没有任何关于石蚕鞘壳的遗传学研究，而且相关实验很难进行，因为石蛾很难在人工环境中繁殖（M. H. Hansell，私人通信）。但我的观点是，如果能够克服这些实际困难，那么若鞘壳的颜色确实如我的思想实验所阐明的，是一个简单的孟德尔性状，也没有人会为此感到惊讶。[事实上，颜色是一个有点尴尬的例子，因为石蚕的视力很差，它们在选择石头时几乎肯定会忽略视觉线索。我在举例时之所以没有使用更符合现实的特征，如石头的形状（Hansell），而是坚持使用颜色，只是为了方便与上面讨论的黑色色素进行类比。]

这一结果的有趣之处是，鞘壳的颜色是由幼虫从河床上选择的石头的颜色决定的，而不是由一种黑色色素的生化合成决定的。决定鞘壳颜色的基因必须通过选择石头的行为机制起作用，也许是通过眼睛。任何动物行为学家都同意这一点。本章所补充的是一个合乎逻辑的观点：一旦我们接受了构建行为的基因的存在，现有术语的规则就意味着动物造物本身应该被视为动物基因表型表达的一部分。石头在生物体的身体之外，但从逻辑上讲，称这样的基因“以鞘壳颜色为目标”，就像称前文假定的基因 B“以肤色为目标”一样。尽管 B 是通过调节寻求阳光的行为起作用的，但它确实是一种以肤色为目标的基因，就像称白化病基因是以肤色为目标的基因一样。这三种情况的逻辑都是相同的。至此我们已经迈出了第一步，将基因表型效应的概念延伸到个体躯体之外。这一步并不难迈出，因为认识到即使是正常的“体内”表型效应也可能通过漫长曲折、遍布分歧甚至并不直接相连的因果链才能与基因表达相联系，我们对“表型须局限于体内”的执念也就不那么强烈了。现在，让我们再往外迈几步。

严格地说，石蚕的鞘壳不是它那由细胞组成的躯体的一部分，但确实紧紧地围绕着躯体。如果把躯体看作基因的载具或生存机器，就很容易把石制鞘壳看作一种额外的保护墙，从功能上说是这一载具的外部部分。它只是碰巧由石头而非几丁质（也译“甲壳质”）构成。现在想象一只蜘蛛盘坐在蛛网的中心。如果把她看作一个基因载具，那么她的网并不像石蚕的鞘壳那样可明显被看作载具的一部分，因为当她转身时，网不会随着她一起转动。但这种区别显然无足轻重。在极其现实的意义上，她的网就是她躯体的临时功能延伸，是她掠食器官有效捕获区域的巨大延伸。

重申一次，我并不了解对蜘蛛网形态的基因分析情况，但从原则上讲，构想这样的分析并不困难。众所周知，单个蜘蛛有其坚持的织网风格，这种风格会贯彻在她所织的每一张蛛网中。例如，研究人员观察了一只雌性的丽楚蛛（*Zygiella-x-notata*）所织的100多张网，发现所有的网都缺失特定的同心环（Witt，Reed & Peakall 1968）。如果观察到的此类单个蜘蛛的独特风格最终被证明是有遗传基础的，任何熟悉行为遗传学文献（例如 Manning 1971）的人都不会感到惊讶。事实上，我们既然相信蜘蛛网的有效形状是通过自然选择演化而来的，我们就必然也会相信，至少在过去，蜘蛛网发生的变化一定曾受到基因的影响（第2章）。就像石蚕的鞘壳一样，基因一定是通过生物体的构建行为发挥作用的，而在此之前的胚胎发育阶段，其可能是通过神经解剖构造，再之前则可能是通过细胞膜生化机制发挥作用。无论基因在胚胎构造路径中发挥作用的细节如何，从行为到织网的这额外的一小步，相比行为效应产生前那些深藏于神经胚胎构造迷宫中的众多因果步骤，没有什么不可想象的。

任谁都能理解形态差异的遗传控制。如今，形态的遗传控制和行为的遗传控制在原则上没有区别这一点已鲜有人不能理解，因此我们也不太可能被诸如“严格地说，基因遗传的是大脑（而不是行为）”之类的不恰当说法误导。当然，这里的重点是，如果大脑在某种意义上是遗传的，那么行为可能在完全相同的意义上也是遗传的。如果我们反对称行为为遗传的，就像有些人看似有理有据地所宣称的那样，那么为了保持一致，我们也必须反对称大脑为遗传的。而如果我们判定形态和行为都可以遗传，那么再要对“石蚕的鞘壳颜色和蛛网的形状是遗传的”这种说法加以反对，就没有合适理由了。从行为到延伸的表型的额外一步——在这种情况下，是石制鞘壳或蛛网——在概念上和从形态到行为的步骤一样，是可以忽略不计的。

从这本书的观点来看，动物造物就像任何其他受基因影响的表型产物一样，可以被视为一种表型工具。通过这种工具，基因便可能将自己置入下一代中。一个基因可以通过在雄性极乐鸟的尾巴上装饰一根对异性具有吸引力的蓝色羽毛来做到这一点，或者可以通过让雄性园丁鸟用鸟喙压碎蓝色浆果，然后用其色素来装饰它的求偶亭来做到这一点。这两个例子的细节可能不同，但从基因的角度来看，效果是如出一辙的。与等位基因相比，具有性吸引力表型效应的基因会更受青睐，至于这些表型效应是“常规的”还是“延伸的”，则无关紧要。一个有趣的观察佐证了这一点：那些能够建造特别华丽的求偶亭的园丁鸟物种，其羽毛往往相对单调无光彩，而那些拥有相对亮丽羽毛的园丁鸟物种建造的求偶亭往往不那么精致壮观（Gilliard 1963）。这就好像有些物种已经把适应带来的负担从躯体表型转移到了延伸的表型。

到目前为止，我们一直在考虑的表型效应只延伸到离起始基因不远之处，但原则上，基因所施加的表型手段没有理由不将其效应延伸到更大的范围外。河狸将水坝建在其巢穴附近，但水坝所造成的影响可能是河水淹没数千平方米的土地。从河狸的角度合理推测，筑坝所形成的小湖带来的好处，最可能是它增加了河狸在水中移动的距离，在水中移动比在陆地上移动更安全，更容易运输木材。一只生活在河边的河狸，很快就会将活动距离内的河岸上可作为食物的树种消耗一空。通过在河流上建造水坝，河狸营造了一条漫长的湖岸线，可以安全方便地觅食，而不必在陆地上进行漫长而艰难的跋涉。如果这种解释是正确的，这个湖就可以被看作一个巨大的延伸的表型，以某种类似于蛛网的方式扩大了河狸的觅食范围。就像蛛网的例子一样，没有人做过河狸水坝的遗传学研究，但我们无须如此，也可以说服自己，把水坝及其形成的湖泊作为河狸基因表型表达的一部分的想法是正确的。我们只要接受河狸水坝一定是经由达尔文的自然选择演化而来的，就足够了：只有当水坝在基因控制下发生变化时，这一切才会发生（第2章）。

只是通过谈论几个动物造物的例子，我们就把基因表型表达的概念范围推到了数千米之外。但现在，我们遇到了一个复杂的问题。河狸水坝通常是集多个个体之力才能完成的工程。河狸夫妇通常会协力工作，一个家族连续几代河狸可能会继承维护和扩展“传统”水坝群的责任，水坝群可能由六座以上水坝组成，呈梯级向下游延伸，其间可能还有几条“运河”。现在，要主张石蚕的鞘壳或蜘蛛的网是建造它的单个个体基因的延伸的表型并不困难，但是，我们该如何理解一对动物或一个动物家族共同构建的造物呢？更有甚者，想象一下由一群罗盘白蚁建造的白蚁丘吧，墓碑般的厚重板状构造还只是同一区域内众多同样巨大的蚁丘中的一座，它们都被精确地建成南北走向，并且其高度足以使建造者本身相形见绌，就像高耸的摩天大楼使一个人显得无比渺小一样（von Frisch 1975）。这样一座蚁丘是由大约100万只白蚁建造的，它们按照年龄被划分成不同的群体，就像中世纪的泥瓦匠一样，可以在一座大教堂中工作一辈子，却从没能遇到过那些最终能够完成这座教堂的同事。支持“个体是选择单位”的人可能会问，白蚁丘究竟应该是谁的延伸的表型？有这种疑问也是情有可原的。

如果说这种似乎使延伸的表型的观念变得复杂的想法毫无道理，那我只能指出，“传统”表型理论其实始终有着完全相同的问题。我们完全习惯于这样一种观点，即一个特定的表型实体，比如一个器官或一种行为模式，受到大量基因的影响，这些基因的效应以彼此叠加的或更复杂的方式相互作用。人在特定年龄时的身高受到多个基因座上的基因的影响，这些基因不仅彼此相互作用，也与饮食和其他环境因素相互作用。毫无疑问，在特定的时间段，白蚁丘的高度也受到许多环境因素和许多基因的控制，它们相互间的效应或彼此叠加，或彼此调整。只不过，偶然的是，在白蚁丘的例子中，体内基因效应的“近端”舞台恰好散布在大量工蚁的细胞中。

如果我们质疑，认为这不算近端效应，那也可以说，影响我身高的基因同样会以散布在众多独立细胞中的方式起作用。我的躯体中充满了基因，这些基因恰好同一地分布在我的许多体细胞中。每个基因都在细胞层次上发挥作用，只有少数基因在所有细胞中表达自身。所有这些对细胞的效应叠加起来，再加上来自环境的类似影响，其结果便可以用我的身高来衡量。同样，一座白蚁丘也充斥着基因。这些基因也分布在大量细胞的细胞核中。只不过，这些细胞碰巧并不像我身体里的细胞那样，是一个紧凑的单元，但即使在这方面，两者的区别也不是很大。白蚁相对于彼此的移动自然比人体器官更频繁，但人体细胞在体内快速移动以完成其任务的情况也不鲜见，例如吞噬细胞追捕并吞噬寄生微生物。一个更重要的区别（对白蚁丘而言如此，但对由众多克隆个体建造的珊瑚礁而言并非如此）是，白蚁丘中的细胞聚集成的是基因异质体：每只白蚁都是细胞克隆，但与巢中所有其他个体的克隆不同。然而，这只是一个相对复杂的问题。从根本上讲，可以认为这是一些基因与它们各自的等位基因相比，对共同的表型（蚁丘）产生了相辅相成的定量效应。它们通过控制工蚁体内细胞的化学成分，从而控制工蚁的行为来实现这一点。不管这些细胞是像人体一样被组织成一个大的同质克隆，还是像白蚁丘一样被组织成一个众多异质克隆的集合，其原理都是相同的。真正复杂的一点在于，白蚁躯体本身就是一个“群落”，它的遗传复制因子的很大一部分包含在与其共生的原生动物或细菌中，这些且让我留待后文解说。

那么，白蚁丘的遗传特征会是什么样子呢？假设我们要对澳大利亚草原上的罗盘白蚁丘进行“种群调查”，对一些性状特征进行打分，如蚁丘颜色、基底长宽比或一些内部结构特征——因为白蚁丘本身就像具有复杂“器官”结构的躯体。我们如何对这种群体制造的表型进行遗传学研究？我们不能指望找到简单显性的普通孟德尔遗传特征。正如前面提到的，一个明显的复杂之处在于，在任何一个白蚁丘中工作的个体的基因型各不相同。然而，在一个普通蚁群的大部分存在时间中，其所有的工蚁都是同胞，是建立该蚁群的最初的白蚁配偶（虫偶）的后代。与其亲代一样，工蚁也是二倍体。我们可以假设，蚁王的两组基因和蚁后的两组基因在数百万工蚁的身体中是排列有序的。因此，在某种意义上，工蚁群体的“基因型”可以被看作一个单一的四倍体基因型，由最初创建蚁巢的白蚁配偶所贡献的所有基因组成。由于种种原因，实际情况并没有那么简单；例如，在较老的蚁群中经常出现次级繁殖蚁，如果原来的一对蚁王蚁后中有一个死亡，这些次级繁殖蚁就可能会承担前者的全部繁殖功能。这意味着建造蚁丘后期部分的工蚁可能不是启动这项工程的工蚁的兄弟姐妹，而是它们的侄子侄女（顺带一提，它们可能是近亲繁殖，而且相当统一——Hamilton 1972；Bartz 1979）。这些后来的繁殖蚁仍然从最初的创始配偶引入的“四倍体”基因中获得基因，但它们的后代会打乱这些原始基因的一个特定子集。因此，“蚁丘遗传学家”可以关注的问题之一是，在初级繁殖蚁被次级繁殖蚁取代后，蚁丘的建造细节是否出现突然的变化。

现在，撇开次级繁殖蚁带来的问题，让我们把假定的遗传学研究局限于更年轻的蚁群中，这些蚁群的工蚁完全由同胞组成。在蚁丘彼此不同的特征中，一些可能主要由一个基因座上的基因控制，而另一些可能由多个基因座上的基因控制。这与普通的二倍体遗传没有什么不同，但我们的新的准四倍体遗传现在引入了一些复杂性。假设选择建筑所用泥浆颜色的行为机制因基因而异。（同样，这里选择颜色是为了和之前的思想实验一脉相承。白蚁很少使用视觉，避免此类视觉特征会更符合现实。如有必要，我们可以假设这种选择是以化学方法做出的，泥浆的颜色只是碰巧与其化学诱因相关。这很有启发性，因为它再次强调了这样一个事实，即我们给表型性状贴标签的方式只是为自身方便而随意为之。）为简单起见，假设选择泥浆的工蚁个体的二倍体基因型影响了其对泥浆的选择，在一个符合孟德尔遗传规律的单一基因座上，选择深色泥浆相对于选择浅色泥浆呈显性。那么，由部分偏好深色的工蚁和部分偏好浅色的工蚁组成的蚁群所建造的蚁丘，将由深色和浅色泥浆混合而成，其总体颜色可能介于两者之间。当然，这种简单的基因假设极不可能为真。它们相当于我们在解释基本的传统遗传时常做的简化假设，我在这里用它们来类比性地解释“延伸遗传学”这门学科的工作原理。

基于这些假设，我们可以写下预期的延伸的表型——仅考虑泥浆颜色的选择，而泥浆颜色由各种可能的蚁巢创始配偶基因型之间的杂交产生。例如，所有由杂合子蚁王和杂合子蚁后建立的蚁群，偏爱深色的工蚁和偏爱浅色的工蚁的比例都会是 3∶1。由此产生的延伸的表型将是一个由三份深色泥浆和一份浅色泥浆混合组成的蚁丘，因此其颜色接近深色，但不完全是深色。如果对泥浆颜色的选择受到多个基因座上的基因的影响，那么蚁群的“四倍体基因型”可能会以一种叠加方式影响延伸的表型。蚁群的巨大规模将使其成为一个统计平均手段，使整个蚁丘成为蚁王蚁后基因的延伸的表型表达，通过数百万只工蚁的行为显现出来，每只工蚁都含有这些基因的不同二倍体样本。

对我们来说，泥浆颜色是一个易于选择的特征，因为泥浆本身以一种简单的叠加方式混合：混合深色加浅色泥浆，你就会得到卡其色泥浆。因此，我们很容易推断出蚁丘呈现的颜色是以下假设的结果：假设每只工蚁都按照自己的方式选择偏爱的颜色（或与颜色有关的化学物质），这种偏好由它们自身的二倍体基因型决定。但是，我们对体现整个蚁丘形态的特征，比如说基底长宽比，又能有什么说法呢？就其本身而言，这类特征不是任何一只工蚁可以决定的。每一只工蚁都势必遵循一套行为规则，这些规则将成千上万的个体叠加在一起，形成了一个有着规则形状和规定尺寸的蚁丘。同样，这个困难我们并不陌生，它也出现在一个普通二倍体多细胞体的胚胎发育过程中。胚胎学家仍在努力解决这类问题，而且这类问题非常棘手。这似乎确与白蚁丘的“发育”有一些相似之处。例如，传统胚胎学家经常诉诸化学梯度的概念，而在大白蚁（*Macrotermes*）中，有证据表明，蚁丘王台的形状和大小是由蚁后身体周围的信息素梯度决定的（Bruinsma & Leuthold 1977）。发育中的胚胎中的每个细胞都表现得好像“知道”它在体内应处的位置，并且实现适合该身体部位的形态和生理功能（Wolpert 1970）。

有时，突变的效应很容易在细胞层次上演绎。例如，影响皮肤色素沉着的突变对每个皮肤细胞都有相当明显的局部效应。但其他基因突变会以极端的方式影响复杂的性状。著名的例子是果蝇的“同源异形”（homeotic）突变体，比如在本该长有触角的位置上长出了一条完整且形态发育良好的腿。一个单一基因的改变能在表型中造成如此重大而有序的变化，其所致的机能障碍势必在层级控制链中处于相当高的位置。举例来说，如果一个步兵失去理智，他只会独自陷入狂乱而已；但是，如果一个将军失去理智，整个军队就会实施大规模的疯狂行为——比如说，攻击盟友，而不是敌人——而这支军队中的每一个士兵都正常且理智地服从命令，他的个人行为与一个由理智的将军指挥的军队中的士兵没有什么区别。

可以推测，在一个庞大蚁丘的小小一隅工作的一只白蚁，其处境与正在发育的胚胎中的一个细胞相仿，或者类似于一个不知疲倦地服从命令，却不知道这些命令在更宏大的计划中的目的为何的士兵。在单只白蚁的神经系统中，可不会有什么“完成后蚁丘的全貌”之类的东西（Wilson 1971，p.228）。每只工蚁都配备了一个装满行为规则的“小工具箱”，他 / 她可能会受到当前已完成工作所产生的局部刺激物的刺激来选择一项行为，至于这些工作是他 / 她完成的，还是其他工蚁完成的，并无区别——刺激来自工蚁附近局部蚁丘的当前状态［这就是所谓“共识主动性（stigmergie）[1], Grassé 1959］。就我的目的而言，行为规则究竟是什么并不重要，但它们可能是这样的：“如果

[1] “共识主动性”是由法国生物学家皮埃尔–保罗·格拉塞（Pierre-Paul Grassé）发明的概念，用来解释白蚁的筑巢行为，是一种社会网络中生物个体自治的信息协调机制。

你碰到一堆泥巴，上面有某种信息素，那就在上面再放一团泥巴。”这些规则的重要之处在于，它们只具有局部效应。整个蚁丘的宏伟设计，只是遵循渺小规则数千次、数万次所产生的结果的总和（Hansell 1984）。特别值得关注的是那些会确定全局属性（如罗盘白蚁丘的基底长度）的局部规则。地面上的工蚁如何“知道”它们已经到达了蚁丘平面图的边界？也许这就像肝边缘的细胞“知道”它们不在肝中间一样。在任何情况下，无论局部的行为规则是如何决定白蚁丘的整体形状和大小的，它们都可能受到整个种群的遗传变异的影响。就像身体形态的任何特征一样，罗盘白蚁丘的形状和大小也都是由自然选择演化而来的，这是完全合理的，而且实际上几乎是必然的。这只能通过对工蚁个体在局部水平上的建筑行为起作用的突变选择来实现。

现在，我们的特殊问题出现了，这个问题并不会出现在多细胞体的普通胚胎发育中，也不会出现在混合浅色和深色泥浆的例子中。与多细胞体内的细胞不同，工蚁的基因并不相同。在深色泥浆和浅色泥浆的例子中，我们很容易假设具有基因异质性的工蚁大军可以通过简单地将泥浆混合而建造蚁丘，无非是造成蚁丘颜色深浅的差异而已。但是，现在我们要面对的问题是蚁丘的整体形状，而这样一个具有基因异质性的工蚁群体，却要遵循影响整个蚁丘形状的单一行为规则，这可能会产生一些诡异的结果。与我们上文中那个简化的孟德尔式泥浆选择模型类似，一个蚁群中可能包含两种工蚁，它们倾向于不同规则，并以不同规则来确定蚁丘边界，它们的比例为 3∶1。不难想象，这样一个双峰分布的蚁群可能会造出一个奇形怪状的，有着两面外壁，当中还有一道壕沟的蚁丘！更有可能的情况是，个体遵守的规则将包括一类条款，允许少数群体根据多数群体的决定“随大流”，这样一来，蚁丘就只会有一面界限分明的外壁。这可能与林道尔（1961）观察到的蜂群“民主地”选择新蜂巢巢址的方式类似。

侦察蜂会让蜂群留在一棵树上，然后自己寻找适合筑巢的新地点，比如空心的树。每只侦察蜂返回后在蜂群面前跳舞，用著名的“冯·弗里希码”（von Frisch code）来向蜂群指明她刚刚调查过的候选地点的方向和距离。舞蹈的“活力”程度表明了每只侦察蜂对各自地点优点的评估结果。一些蜜蜂被舞蹈动员并飞出去亲自检查某个地点，如果她们“同意”选址于此，她们也会在飞回来后用舞蹈“以示支持”。几个小时后，侦察蜂们组成了几个“党派”，每个党派都“主张”一个不同的候选位置。最后，随着多数派的舞蹈获得了大多数个体的拥戴，少数派的“意见”变得日益非主流化。当一个候选地点取得压倒性多数支持时，整个蜂群就会起飞，飞到那里建立新家园。

林道尔观察了 19 个不同的蜂群，其中只有两个未能很快达成共识。我引用他对其中一个的描述：

> 在第一个例子中，两组信使展开了竞争：一组要在西北方向筑巢，另一组则要前往东北方向。两组都不愿让步。蜂群最终飞走了，我几乎不敢相信自己的眼睛——它试图自我分裂。一半想飞往西北，另一半则想飞往东北。显然，每一组侦察蜂都想把蜂群诱往它们自己选择的筑巢地点。但这种分裂自然是不可能的，因为蜂王只有一只，于是蜂群就在空中展开了一场引人注目的拉锯战，一次发生在西北方向 100 米处，另一次则在东北方向 150 米处。半小时后，蜂群最终又聚集到了原先的位置。两组侦查蜂立刻又开始跳舞，直到第二天，东北组才终于让步了；它们结束了舞蹈，因此蜂群就前往西北方向的筑巢地点达成了一致（Lindauer 1961，p.43）。

这里的叙述并没有表明这两个蜜蜂子群体在基因上有差异，尽管这种差异可能存在。对于我所提出的观点来说，这个例子所显示的要点是，每个个体都遵循局部的行为规则，而这些规则带来的共同效应通常会导致协调的群体行为。其中显然包括有利于多数的“争端”解决规则。白蚁丘外壁优先定址上的分歧，可能与林道尔笔下蜜蜂筑巢地点的分歧一样严重（群体存续很重要，因为它对基因存续的效应导致个体去解决争端）。作为一个行得通的假设，我们可能预期白蚁的基因异质性引起的争端将通过类似的规则来解决。通过这种方式，尽管其由基因异质的工蚁所构建，但延伸的表型仍可以呈现出单一规则的形状。

本章对动物造物的分析，乍一看似乎很容易受到归谬法的攻击。有人可能会问，难道动物对世界的每一种影响都是一种延伸的表型吗？蛎鹬在泥地里留下的足迹呢？绵羊在草地上踩出的小径呢？去年的牛粪堆培育出的茂密草丛呢？毫无疑问，鸽巢是一种动物造物，但在收集树枝的过程中，鸽子也改变了树枝原先所在位置的地表外观。如果这个巢被称为延伸的表型，为什么我们不应该同样如此称呼树枝曾经所在，如今却光秃秃的地面呢？

要回答这个问题，我们必须首先回顾一下我们对基因的表型表达感兴趣的根本原因。本书所关注的原因如下。从根本上说，我们是对自然选择感兴趣，因此对基因等复制实体的差异化存续感兴趣。基因相对于其等位基因是受青睐还是遭厌弃，是它们对世界施加的表型效应所产生的结果。这些表型效应中的一些可能是其他表型效应的偶然结果，并且与相关基因的存续机会无关，无论以哪种方式。改变蛎鹬足部形状的基因突变无疑会因此影响蛎鹬能否成功传播这一基因。例如，这种改变可能会略微降低这种鸟陷入泥浆的风险，但同时，当它在坚实的地面上奔跑时，又会略微减慢它的速度。这些效应很可能与自然选择直接相关。但是，这种突变也会对留在泥地里的鸟类足迹的形状产生影响——按理说，这也算是一种延伸的表型效应。如果其对相关基因的传播成效没有影响（Williams 1966，pp.12–13）——这种情况完全可能出现——那么研究自然选择的学者便不必对它青眼有加，在延伸的表型的题目下对其加以讨论也没有意义，尽管这样做在形式上并无不妥。另一方面，如果足迹的改变确实影响了蛎鹬的生存，比如让捕食者更难追踪这种鸟，我便会将其视为基因的延伸的表型的一部分。基因的表型效应，无论是在细胞内生化机制层次、身体形态层次，还是在延伸的表型层次，都是基因将自己置入下一代的潜在手段，抑或是阻碍它们如此做的障碍。偶然的副作用无论作为手段还是障碍都并不始终有效，我们也不必烦恼是否该把它们视为基因的表型表达，无论是在传统的还是延伸的表型层次上。

不幸的是，这一章不得不建立在相当的假设性之上。有关动物构建行为的遗传学研究（例如 Dilger 1962）并不多见，但我们没有理由认为“动物造物遗传学”在原则上该与一般行为遗传学有任何不同（Hansell 1984）。延伸的表型的概念仍然非常陌生，以至于就算将白蚁丘作为一种表型来研究实际上很容易做到，遗传学家可能也不会立即付诸行动——何况这其实并不那么容易。然而，如果我们认可河狸水坝和白蚁丘是由达尔文式演化所造就的，就至少得承认这样一个遗传学分支的理论有效性。谁能怀疑，如果白蚁丘有大量的化石遗留，我们就会在这些化石中观察到与我们在古脊椎动物学骨骼研究中发现的任何趋势一样平稳（或间断！）的层级演化趋势呢（Schmidt 1955；Hansell 1984）？

请允许我再做一个推测，以引导我们进入下一章。我先前所描述的意思，就好像白蚁丘里的基因全都封闭在白蚁躯体中的细胞核里。对延伸的表型所施加的“胚胎学”力量被假定来自个体白蚁的基因。然而，先前关于“军备竞赛和操纵行为”的章节提醒我们应该以另一种方式看待它。如果我们能从白蚁丘中提取出其包含的所有 DNA，也许有四分之一的 DNA 根本就不是来自白蚁的细胞核。每只白蚁的体重中也有相似比例的部分是由其内脏中共生的消化纤维素的微生物——鞭毛虫或细菌组成的。这些共生体完全依赖白蚁，白蚁也依赖它们。这些共生体基因的近端表型效力是通过在共生体细胞质中合成蛋白质来发挥的。但是，就像白蚁的基因超越了包裹它们的细胞，控制整个白蚁躯体的发育，进而控制蚁丘的发展一样，这些共生体基因在选择作用下对其周围环境施加表型效力，不也几乎是一种必然吗？难道其中就不能包括对白蚁的细胞和躯体、白蚁的行为甚至白蚁丘施加表型效力吗？沿着这些线索，是否可以将等翅目昆虫真社会性的演化解释为一种微观共生体的适应，而不是白蚁本身的适应？

本章探讨了延伸的表型的概念，首先是单个个体的基因所表达的延伸的表型，然后是彼此不同但亲缘关系密切的众多个体，即一个亲缘群体的基因所表达的延伸的表型。这一论点的逻辑延伸现在似乎迫使我们思考一种可能性，即一个延伸的表型可能由远亲个体、不同物种甚至来自不同界的个体的基因所共同操纵，它们彼此甚至未必是合作关系。这就是我们向外迈出下一步的方向。

第 12 章

寄生虫基因的宿主表型

让我们简要盘点一下，在这番向外进军的过程中，我们已经取得了哪些进展。基因的表型表达可以延伸到基因发挥其直接生化影响的细胞外，以影响整个多细胞体的总体特征。这不算什么惊人之论，我们对基因的表型表达可延伸到这一范围的观念已经习以为常了。

在前一章中，我们又向前迈出了一小步，将表型延伸到了动物造物，这些造物是由受遗传变异影响的个体的行为所构建的，例如石蚕的鞘壳。接下来，我们看到，一个延伸的表型可在多个个体的基因的共同影响下构建起来。河狸水坝和白蚁丘是由不止一个个体的行为共同建造的。一只河狸个体的基因突变可能会在这种共同动物造物的表型变化中显现出来。如果该造物的表型变化对新基因复制的成功有影响，那么自然选择便将或积极或消极地改变类似造物在未来继续存在的概率。基因的延伸的表型效应，比如水坝高度的增加，对动物生存机会的影响与具有常规表型效应的基因（比如尾巴长度的增加）所带来的影响完全相同。水坝是几只河狸建造行为的共同产物这一事实并没有改变总体原则：倾向于让河狸建造高坝的基因本身通常也倾向于获得高坝带来的收益（或遭受损失），即使每座水坝都可能是由几只河狸共同建造的。如果在同一水坝上进行构建的两只河狸具有不同的水坝高度基因，那么由此产生的延伸的表型将反映基因的相互作用，就像躯体反映基因的相互作用一样。可能存在上位效应（epistasis）、修饰基因，甚至显性和隐性遗传等“延伸遗传学”的类似概念。

最后，在上一章的末尾，我们看到“共同造就”特定延伸的表型性状的基因可能来自不同的物种，它们甚至来自不同的门和不同的界。本章将进一步提出两个观点。其一，延伸到体外的表型不一定是无生命的造物：它们本身可以由活组织构成。其二，延伸的表型上若存在“共同的”遗传影响，那么这些共同的影响可能是相互冲突的，而非相互合作的。我们要讨论的是寄生虫与其宿主之间的关系。我将证明，认为寄生虫基因在宿主躯体和行为中具有表型表达的观点是合乎逻辑的。

石蚕栖身于自己建造的石制鞘壳里。因此，把这种鞘壳看作基因载具的外壁，或是生存机器的外壳似乎是恰如其分的。把蜗牛壳看作蜗牛基因的表型表达的一部分更容易，因为尽管蜗牛壳是无机的和“死的”，但构成它的化学物质是由蜗牛细胞直接分泌的。如果是蜗牛细胞中的基因影响了壳的厚度，那么壳的厚度的变化就可被称为“遗传的”，否则，就被称为“环境的”。但也有研究报道称，寄生有吸虫的蜗牛的壳比未被寄生的蜗牛的壳更厚（Cheng 1973）。从蜗牛遗传的角度来看，外壳的这种变化是受“环境”控制的——吸虫是蜗牛的环境的一部分——但从吸虫遗传的角度来看，外壳很可能是受遗传控制的：它确实可能是一种吸虫的演化适应。外壳变厚也有可能是蜗牛的一种病理反应，是感染寄生虫导致的一种不明显的副产物。但是，让我来探讨一下这是一种吸虫适应的可能性吧，因为这是一个有趣的想法，可以用于进一步的讨论。

如果我们认为蜗牛壳的变化部分源于蜗牛基因的表型表达，我们可能会认可以下意义上的最优壳厚度概念。无论是那些使壳太厚的蜗牛基因，还是那些使壳太薄的蜗牛基因，自然选择都可能会加以惩罚。

薄壳不能提供足够的保护。因此，以薄壳为目标的基因危及了它们的种系副本，这在自然选择中是不利的。很厚的壳可能会最大程度地保护蜗牛（及其体内的以超厚壳为目标的种系基因），但制造厚壳的额外成本在其他方面影响了蜗牛的成功存续。以“躯体经济学”的观点来看，那些用来制造超厚的壳和用来负担额外体重的资源，不如用来制造更大的性腺。因此，继续推进这个假设的例子，以超厚壳为目标的基因将倾向于在其所在躯体中导致一些补偿性的劣势，例如相对较小的性腺，因此它们不会很有效地被传递给下一代。事实上，即使壳的厚度和性腺的大小之间没有此消彼长的关系，也一定会有某种类似的权衡存在，并在一个中间厚度上达成妥协。倾向于使蜗牛壳太厚或太薄的基因在蜗牛基因库中都不会繁盛。

但整个论点的前提是，唯一能控制壳厚度变化的基因是蜗牛的基因。根据定义，那些从蜗牛的角度来看是环境因素的一些致病因素，从另一个角度来看，比如从吸虫的角度来看，是否就变成了遗传因素呢？假设我们采纳上述意见，即某些吸虫基因能够通过对蜗牛生理机能的影响，从而对蜗牛壳的厚度产生影响。如果蜗牛壳的厚度影响了这些吸虫基因的复制成效，自然选择必然会影响它们在吸虫基因库中相对于其等位基因的频率。因此，蜗牛壳厚度的变化至少在一定程度上可以被认为是对吸虫基因有利的潜在适应。

现在，从吸虫基因的角度来看，最优壳厚度不太可能与蜗牛基因所认为的最优壳厚度相同。例如，蜗牛基因会因为它们对蜗牛生殖和生存的有益效应而被选择，而（除非在特殊情况下，我们马上会讨论）吸虫基因可能重视蜗牛的生存，但却根本不重视蜗牛的生殖。因此，在蜗牛生存需求和生殖需求之间不可避免的权衡中，蜗牛基因会在选择作用下产生最优的折中，而吸虫基因则会在选择作用下贬抑蜗牛的生殖基础，以有利于蜗牛生存，从而使蜗牛壳变厚。各位应该还记得，被寄生蜗牛的壳变厚是我们开始讨论时所观察到的现象。

行文至此，可能会有人反对说，虽然吸虫与它自己的蜗牛宿主的生殖没有直接的利害关系，但新一代蜗牛的产生与吸虫确实有利害关系。这是事实，但在我们用这一事实来预测选择作用将青睐那些强化蜗牛生殖的吸虫适应之前，我们必须非常谨慎。我们要问的问题是，假定以牺牲蜗牛生存为代价来帮助蜗牛生殖的基因在吸虫基因库中占主导地位，这时选择是否会倾向于以下吸虫基因呢？这些“自私的”基因会牺牲特定蜗牛宿主的生殖，甚至以寄生的方式阉割蜗牛，只为延长宿主的寿命，从而促进自己的生存繁衍。除非在特殊情况下，否则答案必然是肯定的；这种罕见的基因会侵入吸虫基因库，因为它将有大量现成的新生蜗牛可利用，而这些新生蜗牛之所以得来全不费功夫，是因为当前吸虫种群“积极”促成，因为这一种群中的大多数吸虫具有某种“公益精神”，以促进蜗牛生殖为己任。换句话说，以牺牲蜗牛的生存为代价来支持蜗牛生殖并不是吸虫的演化稳定策略。那些成功地将蜗牛的资源投入从生殖转移到生存的吸虫基因将在吸虫基因库中受到青睐。因此，认为在被寄生的蜗牛身上观察到的壳的额外增厚是一种吸虫的适应，这是完全合理的。

基于这一假设，蜗牛壳表型就是一种共有的表型，受吸虫基因和蜗牛基因的影响，就像河狸水坝是多个河狸个体的基因共有的表型一样。那么根据该假设，蜗牛壳的最优厚度有两种：较厚的吸虫最优厚度和较薄的蜗牛最优厚度。在被寄生蜗牛中观察到的壳厚度可能介于两个最优值之间，因为蜗牛基因和吸虫基因都处于施加效力的位置，而且它们在彼此相反的方向上发力。

至于没有寄生虫的蜗牛，可以预期它们的外壳会体现蜗牛最优厚度，因为它们体内没有施加效力的吸虫基因。然而，这种预测失之简单。如果整个蜗牛种群有很高的吸虫感染发生率，其基因库可能会包含倾向于抵消吸虫基因增厚效应的基因。这将导致未受感染的蜗牛具有过度补偿的表型，它们的壳甚至会比蜗牛最优厚度还要薄。因此，我预测，在没有吸虫的地区，蜗牛壳的厚度应该介于有吸虫感染地区中受感染蜗牛壳厚度和未受感染蜗牛壳厚度之间。我不知道有什么证据能支持这一预测，但它会很有趣。请注意，这个预测并不依赖于任何关于蜗牛“胜出”或吸虫“胜出”的刻意假设。它假设蜗牛基因和吸虫基因对蜗牛表型都有一定的影响。无论这种影响力的定量细节如何，都可以推断出相应的预测。

从某种意义上说，吸虫生活在蜗牛壳里，与蜗牛生活在蜗牛壳里，石蚕生活在它们的石制鞘壳里相比，差别并不大。既然接受了石蚕鞘壳的形状和颜色可被视为石蚕基因的表型表达这一观点，那么接受蜗牛壳的形状和颜色是蜗牛体内吸虫基因的表型表达这一观点也就不那么困难了。如果我们异想天开一番，想象一个吸虫基因、一个蜗牛基因与一个石蚕基因正拥有智能似的聚在一起讨论如何建造坚硬的外壁来保护自己，我怀疑这场对话是否会提到以下事实：吸虫是寄生虫，而石蚕和蜗牛不是。它们将讨论的是吸虫基因和蜗牛基因推荐的分泌碳酸钙的方式，与石蚕基因所推荐的收集石块搭建的方式之间的优劣。它们可能会或多或少提及以下事实，即如果选择分泌碳酸钙的方式，其中有一种方便经济的办法涉及对蜗牛的使用。但是，从基因的视角来看，我怀疑寄生的概念会显得无关紧要。这三种基因可能都认为自己是寄生的，或者都是利用类似的施力手段来影响它们各自的世界，以让自己存续下去。在蜗牛基因和吸虫基因看来，蜗牛的活细胞也不过是外部世界中可供操纵的有用物体，就像石蚕基因眼中位于河底的石头一样。

我所选用的示例，即对“无机”的蜗牛壳进行的讨论，可谓与前一章中石制鞘壳和其他无生命造物的话题一脉相承。通过这种讨论，我以步步为营的方式在不知不觉间再度延伸了表型的概念，并以这种策略让我的假设仍然是可以置信的。但现在是时候从无机迈进到有机，探讨一下活蜗牛身上的触角了。彩蚴吸虫属（*Leucochloridium*）的吸虫会侵入蜗牛的触角，我们可以透过蜗牛皮肤看到它们明显的脉动。威克勒（1968）认为，这往往会使鸟类（吸虫生命周期中的下一个宿主）误把触角当成某种昆虫而咬断。这个例子中有趣的一点是，吸虫似乎也能操纵蜗牛的行为，无论这是因为蜗牛的眼睛就长在触角的顶端，还是因为吸虫通过一些更间接的生理途径，设法改变了蜗牛对光线的趋避行为。在受感染的蜗牛中，正常的负趋光性被正寻光性取代。这会让蜗牛前往开阔地带，在那里，它们更有可能被鸟类吞食，而这对吸虫有利。

再说一次，如果这被认为是一种寄生性的适应——它确实被广泛认为是寄生性的适应（Wickler 1968；Holmes & Bethel 1972）——我们便不得不假设在寄生虫基因库中存在影响宿主行为的基因，因为所有的达尔文式适应都是借由基因选择演化而来的。根据定义，这些基因就是“以蜗牛行为为目标”的基因，而蜗牛行为则须被视为吸虫基因表型表达的一部分。

也就是说，一个生物体细胞中的基因可以对另一个生物体的活体产生延伸的表型影响；在这个例子中，就是寄生虫的基因在宿主的行为中获得了表型表达。寄生生物学文献中有很多有趣的例子，现在通常被解释为寄生虫对宿主的适应性操纵（例如 Holmes & Bethel 1972；Love 1980）。可以肯定的是，寄生生物学家并不总是会做出这样明确的解释。例如，有一篇关于甲壳纲生物遭寄生阉割的重要综述（Reinhard 1956）对寄生虫阉割宿主的精确生理途径进行了详细的信息整理和推测，但几乎没有讨论为什么它们可能在选择作用下这样做，或者阉割是否只是寄生的偶然副产物。最近的一篇综述（Baudoin 1975）从寄生虫个体的角度广泛考虑了寄生虫阉割的功能意义，这可能是科学界风向变化的一个有趣迹象。其作者博杜安[1]

[1] 此处指马里奥·约格·博杜安（Mario Jorge Baudoin），玻利维亚生物学家、环保主义者。

总结道："这篇论文的主要论点是：（1）寄生阉割可以被视为寄生虫的适应；（2）这种适应带来的优势是宿主生殖尝试减少的结果；这反过来增加了宿主的存活率，增加了宿主的生长和 / 或增加了寄生虫可用的能量，从而增加了寄生虫的达尔文适合度。"这与我刚才在讨论寄生虫引起蜗牛壳变厚时所遵循的论点不谋而合。再一次，只要我们相信寄生阉割是一种寄生虫适应，那么这在逻辑上就意味着必然存在，或至少曾经存在"以改变宿主的生理机能为目标"的寄生虫基因。寄生阉割的症状，如性别变化、体型增大或其他，都能被合理地视为寄生虫基因的延伸的表型表现。

针对博杜安所解释的现象，还有另一种替代解释，那就是宿主生理和行为的变化不是寄生虫的适应，而只是感染的不明病理副产物。以寄生藤壶蟹奴（*Sacculina*）为例（尽管在成体阶段，它看起来更像一种真菌）。可以说，蟹奴并没有直接受益于其螃蟹宿主的阉割本身。蟹奴从宿主的全身吸取营养，作为吞噬生殖腺组织的副作用，螃蟹表现出被阉割的症状。然而，为了支持适应假说，博杜安指出，在某些情况下，寄生虫通过合成宿主激素来实现阉割，这肯定是一种特定的适应，而不是无谓的副产物。即使在某些情况下，阉割最初是吞噬生殖腺组织的副产物，我仍怀疑自然选择随后会作用于寄生虫，并以有利于寄生虫的方式，改变它们对宿主生理影响的细节。蟹奴大概可以选择让它的根状分支首先侵入螃蟹身体的哪个部位。自然选择肯定会青睐以下蟹奴基因，这些基因使蟹奴在侵入螃蟹赖以生存的重要器官之前，先侵入其生殖腺组织。让我们把这种论点运用到更详细的层面上，由于生殖腺的破坏对螃蟹的生理、结构和行为有多重而复杂的影响，我们完全有理由猜测，选择会作用于寄生虫，使它们对阉割技术进行微调，从而增加它们从最初阉割带来的偶然后果中所获的收益。我相信，许多现代寄生生物学家会同意这种看法（P. O. Lawrence，私人通信）。我所要补充的是一个合乎逻辑的观点：既然我们普遍认为寄生阉割是一种适应，那就意味着被修饰的宿主表型是寄生虫基因的延伸的表型的一部分。

寄生虫经常阻碍宿主的生长，这很容易被视为感染的副产物，且毫无意义。因此，我们更感兴趣的是那些寄生虫促进宿主生长的罕见情况，我已经提到了蜗牛壳变厚的例子。程（1973，p.22）[1] 在描述这类案例时，写了一句发人深省的话："尽管人们通常认为寄生虫对宿主有害，会导致能量损失和健康状况恶化，但也有已知实例表明，寄生虫的出现实际上会促进宿主的生长。"但程在这里的语气听起来更像是一位医学博士，而不是达尔文主义生物学家。如果"有害"是根据宿主繁殖成效而不是其生存和"健康"来定义的，那么出于我在先前关于蜗牛壳的讨论中给出的原因，促进生长确实可能对宿主有害。自然选择大概会偏爱最优的宿主体型，如果某种寄生虫使宿主在任何方向上偏离这一体型，就可能损害宿主的繁殖成效，即使它同时有利于宿主的生存。程所举的所有促进生长的例子都可以很容易地理解为寄生虫诱导的资源转换，即从对宿主生殖的投资（与寄生虫无利益关系）转向对宿主自身生长和生存的投资，而宿主自身的生长、生存对寄生虫而言利益攸关（我们必须再次警惕群体选择主义者的辩解，即新一代宿主的存在对寄生虫整个"物种"很重要）。

被曼氏迭宫绦虫（*Spirometra mansanoides*）幼虫感染的小鼠比未感染的小鼠生长得更快。研究表明，绦虫通过分泌一种类似老鼠生长激素的物质来达到这一目的。更引人注目的是，拟谷盗属（*Tribolium*）甲虫的幼虫在被小孢子虫（*Nosema*）感染后，通常不能蜕变成成虫。相反，它们会继续生长，通过多达 6 次的额外的幼虫蜕皮过程，最终成长为巨型幼虫，体重是非寄生对照组的两倍多。有证据表明，这种甲虫的优先投入方向发生从生殖到个体生长的重大转变，

[1] 此处指托马斯·C. 程（Thomas C. Cheng），美国寄生生物学家，著有《普通寄生生物学》（*General Parasitology*）。

是由于寄生的原生动物合成了保幼激素或类似物。同样，这种情况引人注目，因为正如已经提到的甲壳类动物寄生阉割的情况一样，它使得“无意义的副产物”理论几乎站不住脚。保幼激素是一种特殊的分子，通常由昆虫合成，而不是原生动物。寄生原生动物合成昆虫激素的过程被认为是一种特殊的、相当复杂的适应过程。小孢子虫合成保幼激素的能力的演化定然是通过对小孢子虫基因库中的基因进行选择而实现的。令这些基因在小孢子虫基因库中得以存续的表型效应是一种延伸的表型效应，其在甲虫体内显现出来。

在此，个体利益与群体利益的问题再次以尖锐的形式出现。与甲虫幼虫相比，小孢子虫作为原生动物是如此之小，以至于单个原生动物本身无法聚集足够剂量的激素来影响甲虫。激素的制造必须借由大量原生动物个体的集体努力来实现。它对甲虫体内的所有寄生虫个体都有利，但每个个体都必须付出一些代价，为群体的化学合成“事业”贡献自己的微薄之力。如果这些原生动物个体在遗传上是异质的，想象一下会发生什么。假设大多数原生动物会通过合作来合成激素。这时如果一个个体拥有一种稀有基因，使它可以选择不参与集体努力，那么它就可以节省合成的成本。这样的节省，无论对这一个体，还是对让它选择退出的自私的基因来说，都有立竿见影的收益。失去了它对群体合成工作的贡献，它自己和它的对手承受的伤害是一样的。不管怎样，它的退出对团队生产能力造成的损失微不足道，而这对它自己来说却是很大的节省。因此，除非在特殊条件下，否则与遗传上的竞争对手共同参与合作性的群体激素合成并不是一种演化稳定策略。因此，我们势必会做出预测，在某只给定的甲虫中，会发现所有的小孢子虫都是近亲，很可能是相同的克隆。我不知道有什么直接的证据，但这种预期与典型的小孢子虫生命周期是一致的。

博杜安恰当地强调了涉及寄生阉割的类似观点。他的相关著作中有一节题为“同一宿主中阉割者的亲缘关系”，其中写道：“寄生阉割几乎总是由单个寄生虫或它们的直系子代实施的……寄生阉割通常由单一基因型或亲缘关系极近的基因型实施。蜗牛的囊蚴感染是例外……然而，在这些情况下，寄生阉割可能是偶然的。”博杜安充分意识到以下事实的重要性：“阉割者在个体宿主中的这种遗传关系，使我们所观察到的效应足以用个体基因型层次上的自然选择来加以解释。”

关于寄生虫操纵宿主的行为，可以举出许多有趣的例子。对于线虫幼虫来说，它们需要从昆虫宿主体内挣脱出来，进入成年后生活的水体中，“寄生虫生活中的一个主要困难是回到水中。因此，特别令人感兴趣的一点是，这种寄生虫似乎会影响宿主的行为，并‘怂恿’宿主返回水中。其实现这一目的的机制尚不清楚，但有足够的独立报告证明，寄生虫确实会影响宿主，而且往往会导致宿主自杀……其中一份耸人听闻的报告描述了一只受感染的蜜蜂在飞过一个水池时，在距离水面尚有大约 6 英尺（1 英尺约合 0.3 米）的情况下，径直栽入水中的情形。在蜜蜂撞入水中后，其体内的戈尔迪乌斯线虫立即脱离宿主，游到水里，而身受重伤的蜜蜂则被留在那里等死”（Croll 1966）。

如果寄生虫的生命周期涉及一个中间宿主，它们必须从中间宿主转移到终宿主。这些寄生虫经常操纵中间宿主的行为，使其更有可能被终宿主吃掉。我们之前已经看到了一个例子，就是蜗牛触角中的彩蚴吸虫。霍姆斯和贝瑟尔（Holmes & Bethel 1972）回顾了许多例子，他们自己也为我们提供了最彻底的研究案例之一（Bethel & Holmes 1973）。他们研究了两种棘头类蠕虫，奇异多形棘头虫（*Polymorphus paradoxus*）和马氏多形棘头虫（*P. marilis*）。两者都以淡水“虾”（实际上是一种端足类动物）湖泊钩虾（*Gammarus lacustris*）作为中间宿主，都以鸭子作为终宿主。不过，奇异多形棘头虫专门寄生绿头鸭，这是一种在水面游泳的鸭子，而马氏多形棘头虫专门寄生潜水鸭。那么，在理想情况下，前者可能会通过让它的虾宿主游到水面来获益，在那里，它们更可能会被绿头鸭吃掉，而后者则可能通过让它的虾宿主避开水面来获益。

未受感染的湖泊钩虾倾向于避光，并待在湖底附近。贝瑟尔和霍姆斯注意到，感染了奇异多形棘头虫感染性棘头体的钩虾的行为会产生显著差异。它们会紧贴水面，顽强地附着在水面植物上，甚至附着在研究人员的腿毛上。这种紧贴水面的行为会使它们容易受到涉水野鸭的捕食，也容易受到麝鼠的捕食，而麝鼠正是奇异多形棘头虫的另一种终宿主。贝瑟尔和霍姆斯认为，被感染的钩虾依附在水草上的习性使其特别容易受到麝鼠的捕食，后者会收集漂浮在水面上的植物，并将其带回巢穴吃掉。

实验室测试证实，感染了奇异多形棘头虫感染性棘头体的钩虾会趋向水箱中亮灯的那一半，也会积极地接近光源。这与未受感染的钩虾表现出的行为截然相反。顺便说一句，受感染的钩虾并不会像克劳顿和布卢姆（Crowden & Broom 1980）给出的类比案例中的鱼那样，通常因为受感染而生病，所以被动地漂浮到水面上。这些钩虾会主动进食，通常会离开水面以捕食，但当它们捕捉到猎物时，就会立即把猎物带到水面上进食，而正常的钩虾则会把猎物带到水底。当它们在水中受到惊吓时，不会像正常钩虾那样潜入水底，而是游向水面。

然而，被另一种马氏多形棘头虫感染的钩虾不会紧挨水面。在实验室测试中，它们肯定会选择鱼缸里亮的那一半，而不是暗的那一半，但它们并没有积极地接近光源：它们随机地分布在亮灯的那一半鱼缸中，而不是聚集在水面。受到惊吓时，它们会潜到水底，而不是游向水面。贝瑟尔和霍姆斯认为，这两种寄生虫以不同的方式改变了它们中间宿主的行为，从而使钩虾更容易被它们的终宿主——水面捕食者和潜水捕食者——捕食。

最近发表的一篇论文（Bethel & Holmes 1977）部分证实了这一

假设。实验室里圈养的绿头鸭和麝鼠捕食感染了奇异多形棘头虫的钩虾比例高于未感染的钩虾。不过，感染了马氏多形棘头虫的钩虾并不比未感染的钩虾更常被捕食。显然，有必要针对潜水捕食者进行相应实验，在这种情况下，可以预测感染了马氏多形棘头虫感染性棘头体的虾将相对更易遭到捕食。这个实验似乎还没有人做过。

让我们暂时接受贝瑟尔和霍姆斯的假设，并用延伸的表型的措辞对其重新表述一番。钩虾行为的改变被认为是棘头类寄生虫的一种适应。如果这是通过自然选择产生的，那么在这一蠕虫的基因库中，必然存在“以钩虾行为为目标”的遗传变异；否则，自然选择也难为无米之炊。因此，我们可以称蠕虫基因在钩虾躯体中有表型表达，就像我们习惯于称人类基因在人体中有表型表达一样。

枝双腔吸虫（*Dicrocoelium dendriticum*，又称“脑虫”）的例子经常被引用为寄生虫操纵中间宿主以增加其被终宿主捕食的机会的另一个巧妙例子（Wickler 1976；Love 1980）。其终宿主是绵羊之类的有蹄类动物，中间宿主起先是蜗牛，然后是蚂蚁。这种吸虫的正常生命周期需要蚂蚁被羊意外吞食。其尾蚴达到这一目的的方式似乎类似于上面提到的彩蚴吸虫。通过钻入宿主的食道下神经节，这种被恰如其分地命名为“脑虫”的蠕虫改变了蚂蚁的行为。当天气变冷时，未被感染的蚂蚁通常会退回巢中，而被感染的蚂蚁会爬到草茎的顶部，用颚咬住植物，保持不动，好像睡着了一样。在这里，它们很容易被蠕虫的终宿主吃掉。正午时分，被感染的蚂蚁也像正常的蚂蚁一样，会从草茎上撤退，以避免死于高温——这对寄生虫不利——但它会在凉爽的午后重新回到草茎顶部（Love 1980）。威克勒（1976）说，在感染一只特定蚂蚁的大约 50 只尾蚴中，只有一只钻入了蚂蚁的大脑，并在这个过程中死亡：“它为了其他尾蚴的利益牺牲了自己。”威克勒因此合乎情理地预测，蚂蚁身上的尾蚴群是一个多胚胎克隆。

一个更精妙复杂的例子是冠瘿病，这是少数已知的植物癌症之一

（Kerr 1978；Schell et al. 1979）。对于一种癌症而言，其特殊之处在于病症由一种农杆菌属（*Agrobacterium*）细菌诱发。这些细菌只有在自身含有 Ti 质粒（一种较小的环状的染色体外 DNA）时才会在植物中诱发癌症。Ti 质粒可以被认为是一种自主复制因子（第 9 章），尽管和任何其他 DNA 复制因子一样，它的成功离不开在其他 DNA 复制因子（在本例中是宿主的复制因子）的影响下构建起来的细胞机制。Ti 基因从细菌转移到植物细胞，被感染的植物细胞被诱导，不受控制地增殖，这就是为什么这种情形被称为癌症。Ti 基因还会导致植物细胞合成大量被称为"冠瘿碱"（opines）的物质，植物通常不会制造这种物质，也不能利用这种物质。有趣之处在于，在富含冠瘿碱的环境中，感染 Ti 的细菌比未感染的细菌能更好地生存繁衍。这是因为 Ti 质粒为细菌提供了一组基因，使细菌能够将冠瘿碱作为能量和化学物质的来源。Ti 质粒几乎可以被认为会进行有利于被感染细菌，从而有利于自身复制的实用的"人工选择"。正如克尔（Kerr）[1] 所说，冠瘿碱还可以作为细菌的"催情剂"，促进细菌结合，从而促进质粒转移。

克尔（1978）总结道："这是生物演化的一个非常巧妙的例子，它甚至展示了细菌基因中明显的利他行为……从细菌转移到植物的 DNA 是没有前途的；当植物细胞死亡时，它也随之消亡。然而，通过改变植物细胞来产生冠瘿碱，它确保了（1）在细菌细胞中优先选择相同 DNA，（2）将该 DNA 转移到其他细菌细胞中。它展示的是基因层次，而非生物体层次的演化，后者可能只是基因的携带者。"（这样的说法在我听来自然十分悦耳，但我希望克尔能原谅我在此对他称"可能只是"基因的携带者时所持的毫无理由的谨慎态度公开表达一下我的诧异之情。这有点像说"眼睛可能是灵魂的窗户"或"啊，

[1] 此处指艾伦·克尔（Allen Kerr），澳大利亚植物病理学家。

我的爱人可能像一朵红玫瑰”。这可能是期刊编辑干的好事！）克尔继续说道：“在许多（但不是所有）宿主经自然诱导产生的冠瘿中，很少有细菌能在其中存活……乍一看，致病性似乎没有带来任何生物学上的优势。只有当我们将宿主产生的冠瘿碱及其对瘿表面细菌的影响纳入考量时，致病性基因的强大选择优势才会变得清晰起来。”

迈尔（1963，pp.196–197）讨论了植物为昆虫制造虫瘿[1]的现象，其措辞与我的论点很契合，以至于我几乎可以不加评论地逐字引用他的话：

> 为什么……一种植物要把虫瘿打造成其天敌昆虫的完美住所呢？实际上，我们在这里处理的是两种选择压力。一方面，选择对造瘿昆虫种群起作用，并青睐那些能分泌相应化学物质诱导虫瘿产生，从而最大限度地保护年轻幼虫的昆虫个体。显然，这对造瘿昆虫来说是生死攸关的问题，因此构成了非常大的选择压力。在大多数情况下，对植物的相反选择压力是相当小的，因为长几个虫瘿对植物宿主生存能力的影响微乎其微。这种情况下的“妥协”都是对造瘿昆虫有利的。造瘿昆虫密度过高的情况通常会被与植物宿主无关的密度依赖因子阻止。

迈尔在这里援引了“生命 / 晚餐原则”的等效概念来解释为什么植物不对昆虫的肆意操纵发起反击。我必须补充的只有一点。如果迈尔是对的，即虫瘿是昆虫而不是植物的一种适应，那么它只能通过昆虫基因库中基因的自然选择来演化。从逻辑上讲，我们必须把这些基因视为在植物组织中有表型表达的基因，就像昆虫的其他一些基因，

[1] 虫瘿是植物组织遭受昆虫等生物取食或产卵刺激后，细胞加速分裂和异常分化而长成的畸形瘤状物或突起。

比如眼睛颜色的基因，可以说在昆虫组织中有表型表达一样。

和我一起讨论延伸的表型学说的同事反复提出同样有趣的推测。我们感冒时打喷嚏是出于偶然，还是病毒为了增加感染另一个宿主的机会而加以操纵的结果？性病会增加性欲吗，即使只是通过引起瘙痒而使人心生渴望，就像西班牙苍蝇水这样的催情药的效果？狂犬病毒感染的行为症状是否会增加病毒传播的机会（Bacon & Macdonald 1980）？“当狗得了狂犬病，它的脾性会迅速变化。它通常会在一两天内更加亲人，并开始舔它所接触的人。这是一种危险的做法，因为病毒已经存在于它的唾液中。很快，它就变得焦躁不安，四处游荡，对任何挡道者都准备咬上一口”（引自《大英百科全书》1977年版）。即使是非食肉动物，也会被狂犬病毒驱使而做出恶毒的咬人行为。有记录显示，有人曾被通常无害的食果蝙蝠咬伤而感染狂犬病毒。啃咬在传播这种唾液传播病毒时具有显而易见的威力，“焦躁不安地四处游荡”很可能更有效地传播病毒（Hamilton & May 1977）。廉价航空旅行的广泛普及对人类疾病的传播产生了巨大的影响，这是显而易见的：那我们要不要琢磨一下“旅行癖”这个短语是否不仅仅是一种比喻呢？

读者可能会像我一样，觉得这种猜测实属牵强附会。它们只是对可能发生的情况的轻松调侃（亦可参见 Ewald 1980，他提醒读者注意这种思维的医学意义）。我真正需要确定的是，在某些例子中，宿主的症状可以被合理地视为寄生适应，例如由原生动物合成的保幼激素引起的“彼得潘综合征”[1]。鉴于这种寄生虫适应的公认性，我想得出的结论是无可争议的。如果宿主的行为或生理是一种寄生虫适应，那么一定有（曾经有）寄生虫基因“以修饰宿主为目标”，因此对宿主的修饰是这些寄生虫基因的表型表达的一部分。“延伸的表型”延

[1] 彼得潘综合征是一种心理疾病，指成年人拒绝长大，渴望回归到孩童时代的心态。此处喻指甲虫保持幼虫形态的现象。

伸到这些基因所在的细胞外，延伸到其他生物体的活组织。

蟹奴基因与螃蟹躯体的关系，和石蚕基因与石头的关系从原则上说没有区别，和人的基因与人类皮肤的关系也没有实质区别。这是我打算在这一章中阐明的第一点。关于它有一个推论，我已经在第 4 章中用其他术语强调过，即个体的行为可能并不总是可以被解释为旨在最大化其自身的遗传利益：它可能最大化其他个体的遗传利益，在这个例子中就是最大化体内寄生虫的遗传利益。在下一章中，我们将更进一步，设想一个个体的某些属性可能被视为其他个体中基因的表型表达，而这些个体未必是前者体内的寄生虫。

本章阐明的第二点是，与任何给定的延伸的表型性状有关的基因，它们之间可能是冲突的，而不是作用一致的。我可以用上面所举的任何一个例子来说明，但我只需举一个，即蜗牛壳因吸虫的作用而变厚的例子。我会用稍微不同的措辞来重述这个故事的要点。一位研究蜗牛遗传学的学者和一位研究吸虫遗传学的学者可能都看到了相同的表型变异，即蜗牛壳厚度的变异。蜗牛遗传学家会区分这种变异中的遗传组成和环境组成，方法是将亲代蜗牛和子代蜗牛的壳的厚度进行关联。吸虫遗传学家也会独立于前者地将观察到的相同变异划分为遗传组成和环境组成，在他的视角下，他会将含有特定吸虫的蜗牛的壳的厚度与含有这些吸虫子代的蜗牛的壳的厚度相关联。就蜗牛遗传学家而言，吸虫的贡献是他所说的“环境”变异的一部分。相反，对于吸虫遗传学家来说，由蜗牛基因引起的变异才是“环境”变异。

而一个“延伸遗传学家”则会承认遗传变异的两个来源。他要担心的是两者间相互作用的形式——是叠加的，倍增的，还是“上位效应”的？诸如此类——但蜗牛遗传学家和吸虫遗传学家从原理上说对这种担忧并不陌生。在任何生物体中，不同的基因会影响相同的表型性状，其相互作用的形式对一个正常基因组中的基因构成的问题，和对一个“延伸的”基因组中的基因构成的问题并无不同。蜗牛基因效应与吸虫基因效应之间的相互作用，原则上和一个蜗牛基因效应与另一个蜗牛基因效应之间的相互作用没有区别。

然而，也许有人会说，这两者之间不是有一个相当重要的区别吗？蜗牛基因与蜗牛基因可能以叠加、倍增或其他方式相互作用，但它们在本质上不是有着相同的利益吗？它们在过去之所以被选择青睐，是因为它们都为同一个目标而努力，那就是它们所栖身的蜗牛的生存繁衍。吸虫基因和吸虫基因也是为了同一个目标努力，那就是吸虫的繁殖成效。但是，蜗牛基因和吸虫基因在本质上并没有相同的利益。前者被选择青睐以促进蜗牛生殖，后者则为促进吸虫生殖。

上一段的说法不无道理，但重要的是要弄清楚这个道理到底何在。并没有某种显著的“工会精神”将吸虫基因联合起来，以对抗蜗牛基因工会。沿用这种无伤大雅的拟人手法，可以说每个基因只与其同一基因座上的等位基因争斗，也只有在对它与自己的等位基因进行的自私争斗有所助益的情况下，它才会与其他基因座上的基因“联合”。一个吸虫基因可能以这种方式与其他吸虫基因“联合”，但同样，如果方便行事的话，它也可能与特定的蜗牛基因联合。如果说，在实际情况中蜗牛基因在选择作用下相互合作，对抗一群与其对立的吸虫基因确系事实，那原因也只是蜗牛基因倾向于同其他蜗牛基因一起从相同的事件中获益而已。而吸虫基因会从其他事件中获益。为什么蜗牛的基因能够从相同的事件中获益，而吸虫基因能够从不同的事件中获益？真正的原因很简单：所有蜗牛的基因都以相同的途径进入下一代——蜗牛的配子，而所有的吸虫基因都必须通过与前者不同的途径，即吸虫尾蚴，才能进入下一代。正是这一事实将蜗牛基因“联合”起来对抗吸虫基因，反之亦然。如果寄生虫基因需要通过宿主的配子传递离开宿主的身体，情况可能会大不相同。在这种情况下，宿主基因和寄生虫基因的利益可能不完全相同，但与吸虫和蜗牛的例子中的情况相比要接近得多。

因此，从延伸的表型的生命观来看，寄生虫将其基因从给定的宿主传播到新宿主的方法具有至关重要的意义。如果寄生虫的遗传出路与宿主的相同，即宿主的配子或孢子，那么寄生虫和宿主基因的“利益”之间的冲突就相对较小。例如，两者会在宿主的最优壳厚度上达成“一致”。两者都将在选择作用下，不仅致力于宿主的生存，而且致力于其生殖以及随之而来的一切。这可能包括宿主在求偶过程中的成功；甚至，如果寄生虫渴望被宿主自己的后代“继承”，那么这种合作也将包括宿主在亲代抚育中的成功。在这种情况下，寄生虫和宿主的利益可能会非常一致，以至于我们可能很难发现寄生虫单独存在。显然，寄生生物学家和“共生生物学家”对研究这种与宿主关系非常密切的寄生虫或共生体大有兴趣，这些共生体既关心宿主配子的成功，也关心宿主躯体的存续。一些地衣可能是这方面的潜在候选例子，昆虫的细菌内共生体也是如此，它们是经生殖传播的，在某些情况下似乎会影响宿主的性别比例（Peleg & Norris 1972）。

线粒体、叶绿体和其他具有自身复制 DNA 的细胞器也可能是这方面研究的上佳候选对象。里士满和史密斯（Richmond & Smith 1979）所编的题为《作为栖息地的细胞》（*The Cell as a Habitat*）的研讨会论文集对将细胞器和微生物视为栖息于细胞生态中的半自主共生体的观念进行了引人入胜的描述。史密斯所作引言（Smith 1979）的结语特别令人难忘，也特别贴切：“在无生命的栖息地，一个生物体要么存在，要么不存在。而在细胞栖息地中，一个入侵的生物体则可能逐渐分离消散，并慢慢地融入整个背景之中，以至于只有一些残迹才能暴露出它过往的存在。的确，这让人想起了爱丽丝在奇境中与柴郡猫[1]的相遇。当她看着它时，‘它消失得非常缓慢，从尾巴尖开始消失，然后一直到看不到它的笑脸，那张笑脸在它的身体消失后好久，

[1] 著名儿童文学作品《爱丽丝漫游仙境》中的角色，形象是一只咧着嘴笑的猫，拥有能凭空出现和消失的能力。

还停留了一会儿’。”马古利斯（Margulis 1976）[1] 还对笑脸消失的所有程度做了一次有趣的调查。

里士满（1979）写的那一篇也非常契合当前的论点：“按照惯例，细胞是生物功能的单位。另一种与本次研讨会颇为契合的观点是，细胞是能够复制 DNA 的最小单位……这种观点将 DNA 置于生物学的中心。因此，根据这一观点，DNA 并不被单纯视为一种遗传手段，只为确保由其所部分构成的生物体的长期存续而存在。相反，其强调细胞的主要作用是最大化生物圈中 DNA 的数量和多样性。”我捎带说一句，最后这句话不怎么有道理。“最大化生物圈中 DNA 的数量和多样性”不是任何人或任何事物所关心的。相反，每一小段 DNA 都是因其实现“自身”存续和复制最大化的能力而被选择青睐的。里士满接着说道：“如果细胞被认为是复制 DNA 的一个单位，那么除了复制细胞本身所需的 DNA 外，它还可以携带其他 DNA；分子寄生、共生和互惠共生也可能发生在 DNA 层次，就像发生在生物学的更高组织层次中一样。”这让我们又回到了“自私的 DNA”的概念，这是第 9 章的主题。

推测线粒体、叶绿体和其他携带 DNA 的细胞器是否起源于寄生原核生物（prokaryotes）是饶有趣味的（Margulis 1970，1981）。但是，尽管这作为一个历史问题很重要，但它与我目前关心的问题无关。我在这里感兴趣的是线粒体 DNA 是否可能与核 DNA 具有相同的表型目的，或者它是否可能与核 DNA 相冲突。这不应取决于线粒体的历史起源，而应取决于它们目前传播 DNA 的方法。线粒体基因通过卵细胞质从一个多细胞动物体内传递到下一代体内。雌性自身核基因眼中的最优雌性表型，很可能与线粒体 DNA 眼中的最优雌性表型非常相似。她的成功生存、生殖和养育后代对这两者均有益。至

[1] 此处指林恩·亚历山大·马古利斯（Lynn Alexander Margulis），美国生物学家。马古利斯是有关真核生物起源的理论，也是现今生物学所普遍接受的“内共生学说”的主要建构者。

少，就雌性后代而言，这是事实。线粒体大概不“希望”自己所寓居的躯体产下儿子：就线粒体后裔而言，雄性躯体代表了谱系的尽头。所有现存的线粒体，其祖先“生命”的绝大多数时间都在雌性体内度过，它们可能倾向于拥有在雌性体内持续存在的条件。在鸟类中，线粒体 DNA 的利益将与 Y 染色体 DNA 的利益非常相似，而与常染色体和 X 染色体 DNA 的利益略有不同。如果线粒体 DNA 可以在哺乳动物的卵子中发挥表型效力，那么它是否会疯狂地抗拒携带 Y 染色体的精子的“死亡之吻”呢？也许这种想象并不那么荒诞不经（Eberhard 1980；Cosmides & Tooby 1981）。但无论如何，即便线粒体 DNA 和核 DNA 的利益并不总是相同，它们也是非常接近的，肯定比吸虫 DNA 和蜗牛 DNA 的利益要近得多。

本节所传递的信息如下。蜗牛基因与吸虫基因之间的冲突，相比前者与位于不同基因座上的其他蜗牛基因的冲突更为严重，这一事实所导出的结论并不像我们先前以为的那么显而易见。这仅仅是因为蜗牛细胞核中的任何两个基因都必须使用相同的路径从现在的躯体进入未来世代。其当前所在的蜗牛能否成功地制造配子、受精，并确保由此产生的后代的生存繁衍，对这两个基因而言都有同样的利害关系。吸虫基因与蜗牛基因在对共同表型的影响上存在冲突，原因很简单：它们的共同命运仅限于未来的一小段时间内，它们的共同动机仅限于当前宿主的生命，而不会延续到后者的配子和子代中。

线粒体的例子在该论点中的作用是说明寄生虫基因和宿主基因至少在一定程度上共有相同的配子命运的情况。如果核基因与其他基因座上的核基因不冲突，那只是因为减数分裂是公平无偏的：减数分裂通常不会偏向某些基因座，也不会偏向某些等位基因，而是小心翼翼地将每个二倍体中的任一基因随机置于每个配子中。当然，也有一些具有启发性的例外，对于我所要阐述的主题来说，这些例外非常重要，所以关于越轨基因和自私的 DNA 的那两章的主要内容均围绕此展开。

这里给出的一个重要信息是，复制实体倾向于相互对抗的程度，取决于它们从一个载具“换乘”另一载具时所采用方法的差异度。

回到本章的主题上来，寄生关系和共生关系可以根据不同的目的以各种方式进行分类。寄生生物学家和医生提出的分类方法对他们的目的而言无疑是有用的，但我想根据基因效力的概念提出一种特殊的分类方法。应该记住，从这个分类的角度来看，同一个细胞核中的不同基因之间，甚至是同一染色体上的不同基因之间的正常关系，也只是寄生或共生关系这个连续体中的一个极端而已。

我的分类的第一个维度已经强调过了。它涉及宿主排出寄生虫方法的相似或相异程度，以及宿主基因和寄生虫基因的传播。一种极端情况是寄生虫利用宿主的繁殖体进行繁殖。对于这样的寄生虫，寄生虫眼中的最优宿主表型可能与宿主自身基因眼中的最优表型相吻合。这并不是说宿主基因不“情愿”完全摆脱寄生虫，而是说两者都对大量产生相同繁殖体有兴趣，都对发展一种有利于大量产生相同繁殖体的表型感兴趣，比如恰当的喙长、翅膀的形状、求偶行为、窝的大小等等，甚至可以穷极至生物表型各方面的细节。

另一种极端情况是，寄生虫的基因并非通过宿主的繁殖体传递，而是通过宿主呼出的气或宿主的尸体传递。在这种情况下，寄生虫视角下的最优宿主表型可能与宿主自身基因视角下的最优表型大相径庭。由此显现出的表型将是一种双方妥协的结果。因此，这是宿主–寄生虫关系分类的一个维度。我称它为“繁殖体重叠”维度。

分类的第二个维度涉及宿主发育过程中寄生虫基因的作用时间。一个基因，无论是宿主基因还是寄生虫基因，如果它在宿主胚胎发育的早期起作用，则相比在晚期起作用的情况，可以对最终的宿主表型产生更根本的影响。如果突变在宿主胚胎发育的早期便发挥作用，就可以通过单个突变（在宿主或寄生虫基因组中）实现像双头发育这样的剧烈变化。而较晚起作用的突变（同样在宿主或寄生虫基因组中）——一种直到宿主成年才开始发挥作用的突变——则可能只会产生微小的效应，因为那时宿主躯体的总体结构早就确定了。因此，在宿主成年后进入宿主体内的寄生虫，相比那些发育早期进入宿主体内的寄生虫，更不可能对宿主的表型产生根本影响。不过也有一些值得注意的例外，比如前面提到的甲壳类动物的寄生阉割。

宿主-寄生虫关系分类的第三个维度涉及两者从所谓“亲密无间”到“敬而远之”的连续体。所有基因发挥作用的主要途径都是充当蛋白质合成的模板。因此，基因体现其效力的首要场所是细胞，特别是基因所在的细胞核周围的细胞质。信使 RNA 通过核膜，介导细胞质生化机制的遗传控制。因此基因的表型表达首先体现在它对细胞质生化机制的影响上。这随即又影响了整个细胞的形态和结构，以及它与邻近细胞的化学和物理相互作用的特质。这些又会影响多细胞组织的形成，进而影响发育中的身体中各种组织的分化。最后呈现出的是整个生物体的属性，大体解剖学[1]家和动物行为学家在他们各自的研究层次上将其确定为基因的表型表达。

当寄生虫基因与宿主基因对相同的宿主表型特征发挥共同效力时，两种效力的汇合可能发生在刚才所描述的那根链条的任何一环上。蜗牛基因，以及寄生在蜗牛身上的吸虫的基因，在细胞甚至组织水平上各自发挥效力。它们对各自所在细胞的细胞质化学机制的影响是彼此独立的，因为它们不共有细胞。它们对组织形成的影响也是判然有别的，因为蜗牛组织并没有被吸虫组织无孔不入式地渗透，这与地衣中的藻类和真菌组织彼此混同为一的状况不同。蜗牛基因和吸虫基因对器官系统发育，甚至整个生物体的影响也同样泾渭分明，因为所有的吸虫细胞都聚集在一起，而不是分散在蜗牛细胞之间。如果吸虫基因要影响蜗牛壳的厚度，它们首先得与其他吸虫基因合作，形成一个

[1] 解剖学可分为大体解剖学和显微解剖学两部分。大体解剖学是借助解剖器械切割尸体，用肉眼观察各器官、系统的形态和结构的科学。

完整的吸虫。

其他寄生虫和共生体则会更密切地渗透到宿主的系统中。最极端的情况便是质粒和其他 DNA 片段，正如我们在第 9 章中所见，它们实际上插入宿主染色体中。很难想象还有比这更亲密的寄生了。“自私的 DNA”本身已不能用多么亲密来形容了，事实上，我们可能永远不知道我们的基因中有多少是起源于插入的质粒，不管这些基因对我们而言是“垃圾”还是“有用的”。从本书的论点来看，我们“自己”的基因和寄生或共生的插入序列似乎没有什么重要的区别。它们是冲突还是合作，将不取决于它们的历史渊源，而取决于它们现在所处，并能从中获益的环境。

病毒有自己的蛋白质外壳，但它们将 DNA 插入宿主细胞。因此，它们能够在相当密切的程度上影响宿主的细胞化学机制，即使还不能像宿主染色体中的插入序列那般密切。细胞质中的胞内寄生虫，也可以被认为是处于一个能对宿主表型施加相当大效力的位置之上。

有些寄生虫不是在细胞层次，而是在组织层次上渗透宿主。例如蟹奴以及许多真菌和植物寄生虫，它们的细胞和宿主细胞是不同的，但寄生虫通过复杂而精细的“根须”入侵宿主的组织。寄生细菌和原生动物的独立细胞也能以同样无孔不入的方式渗透到宿主组织中。与细胞内寄生虫相比，这种“组织寄生虫”的渗透程度虽较低，但在影响器官发育和总体表型形态、行为方面仍居于强势地位。其他体内寄生虫，如我们刚才讨论的吸虫，并不将它们的组织与宿主的组织相混同，而是保持自身组织的独立性，只在整个生物体的层次上发挥效力。

但我们尚未到达这一连续体另一端的极限。并不是所有的寄生生物都生活在宿主体内。一些寄生生物甚至很少与宿主接触。杜鹃和吸虫在寄生这一意义上并无分别。两者都是针对整个生物体的寄生生物，而不是组织寄生生物或细胞内寄生生物。如果说吸虫基因在蜗牛体内具有表型表达，那么就没有道理认为杜鹃基因在园林莺体内不具有表型表达。两者的区别只是手段不同，而且比细胞内寄生生物和组织寄生生物之间的区别要小得多。这种实用手段的区别在于，杜鹃并不生活在园林莺的体内，因此很少有机会操纵宿主的内部生化机制。它必须依靠其他媒介进行操纵，例如声波和光波。正如我们在第 4 章中讨论的那样，它用到的是杜鹃雏鸟那张极为鲜明的大嘴，通过视觉效应将其控制力植入园林莺的神经系统之中。它还以极为响亮的乞食叫声，通过听觉效应控制园林莺的神经系统。杜鹃基因在对宿主表型施加其发育效力时，必须依赖于“远距离作用”。

远距离遗传作用的概念将我们关于延伸的表型的观念推向了逻辑的顶点。这就是我们在下一章必须加以讨论的。

第 13 章

远距离作用

蜗牛壳上的螺纹要么左旋，要么右旋。通常一个物种中所有个体的螺纹都以同样的方向旋转，但也会有一些多态物种。在太平洋岛屿上有一种缝线树蜗牛（*Partula suturalis*），一些当地种群是右旋螺纹，一些则是左旋螺纹，还有一些种群的螺纹是左旋和右旋以不同比例混合。因此，对螺纹方向进行遗传学研究（Murray & Clarke 1966）是可行的。当来自右旋种群的蜗牛与来自左旋种群的蜗牛杂交时，每个子代的螺纹方向都与它的“母亲”（即提供卵子的亲代，蜗牛是雌雄同体）一致。这可能被认为是一种非遗传的母体影响。但当默里和克拉克将 F_1 代蜗牛杂交时，他们得到了一个奇怪的结果。无论亲本中的任何一方的螺纹方向如何，所有子代的螺纹都是左旋。他们对该结果的解释是，螺纹方向是由基因决定的，左旋偏向性对右旋偏向性呈显性，但动物的表型不是由自身的基因型控制，而是由其母亲的基因型控制。因此，F_1 代个体表现出由其母亲的基因型决定的表型，尽管它们都含有相同的杂合基因型，因为它们是由两个纯系交配产生的。同样，F_1 代结合产下的 F_2 代都显现出与 F_1 基因型相称的表型——均为左旋，因为左旋是显性的，而 F_1 基因型是杂合的。F_2 代的潜在基因型可能以经典的孟德尔比例 3 : 1 分离，但这并没有在它们的表型中，而是在它们后代的表型中显现出来。

请注意，是母亲的基因型，而不是她的表型，控制着她子代的表型。F_1 个体本身是左旋或右旋的比例相同，但都具有相同的杂合基因型，因此都产生了左旋子代。此前研究人员在淡水椎实螺（*Limnaea peregra*）中也观察到了类似的结果，尽管在这一例子中，右旋为显性。遗传学家早就对其他类似的“母体效应”（maternal effects）[1] 有所了解。正如福特（1975）所说：“我们在此处观察到简单的孟德尔遗传，其表达却不断延迟一代。”出现这种现象可能是由于决定该表型性状的胚胎学事件发生在发育早期，因此在受精卵开始制造自己的信使 RNA 之前，会受到来自卵细胞质的母体信使 RNA 的影响。蜗牛的螺纹方向是由螺旋卵裂的初始方向决定的，而这在胚胎自身的 DNA 开始工作之前就发生了（Cohen 1977）。

这种效应为我们在第 4 章中讨论过的那种亲代（母体）对子代的操纵提供了一个特殊的研究机会。更笼统地说，这是基因“远距离作用”的一个特殊例子。它以一种特别清晰和简单的方式展示，基因的效力可以超出它栖身的细胞所在躯体的边界（Haldane 1932b）。当然，我们不能指望所有远距离的遗传作用都能像蜗牛的例子那样以孟德尔式的优雅方式显现出来。在传统遗传学的经典教科书上作为范例的孟德尔式主基因也只是现实的冰山一角。以此类推，我们也可以猜测在多基因“延伸遗传学”中，远距离作用十分普遍，但基因的效应是复杂且相互影响的，因此很难加以区分。如同在传统遗传学中一样，我们未必要通过遗传学实验来推断变异的遗传影响。一旦我们确信某种特定特征是达尔文式适应，这本身就等于让我们确信这种特征的变异一定曾经有过遗传基础。如果没有，选择就不可能在种群中保持有利的适应。

[1] 指子一代的某些表型受其母亲的基因型控制的现象。

有一种现象看起来像是一种适应，在某种意义上，它涉及远距离作用，这就是“布鲁斯效应”（Bruce Effect）。一只刚刚与雄性小鼠交配的雌性小鼠，会由于暴露在另一只雄性小鼠的化学影响下而导致妊娠终止。这种效应似乎也发生在自然界中各式各样的家鼠和田鼠身上。施瓦格迈耶（Schwagmeyer 1980）[1] 考量了关于布鲁斯效应的适应意义的三个主要假设，但为了迎合此处的论点，我在这里不主张施瓦格迈耶归于我的假设，即布鲁斯效应代表了一种雌性适应。相反，我将从雄性的角度来看待这个问题，并简单地假设第二个雄性会由此获益，方法便是通过终止雌性妊娠，从而排除其雄性竞争对手的后代，同时使雌性迅速进入发情期，这样他自己就可以与她进行交配。

上一段，我用第 4 章的语言，即个体操纵的语言表述了这个假设。但是，它同样可以很恰当地用延伸的表型和遗传的远距离作用的语言来加以表达。雄性小鼠的基因在雌性体内产生表型表达，就像蜗牛母亲的基因在孩子体内有表型表达一样。在蜗牛的例子中，远距离作用的媒介被认为是母体的信使 RNA。而在小鼠的例子中，它显然是一种雄性信息素。而我的论点是，这两种情况并无本质区别。

试想一下，一个“延伸遗传学家”会如何探讨布鲁斯效应的遗传演化。在雄性小鼠体内出现了一个突变基因，并在与其接触的雌性小鼠体内产生表型表达。该基因对其最终表型的作用路径是漫长而复杂的，但在这一点上未必一定超过基因在体内的遗传作用路径。在传统的体内遗传学中，从基因到观察到的表型的因果链可能有许多环节。第一个环节始终是 RNA，第二个则是蛋白质。生物化学家可能会在这第二个环节中检测到他感兴趣的表型。而生理学家或解剖学家则只有经历了更多环节之后，才会找出他们感兴趣的表型。他们并不会对链条中这些早期环节的细节多加关注，而是视其为理所当然。研究完

[1] 此处指帕特里夏·L. 施瓦格迈耶（Patricia L. Schwagmeyer），美国行为生态学家。

整生物体的遗传学家觉得育种试验足以让他们观察这一链条的最后一环（至少对他们来说是这样）：眼睛颜色、头发卷曲度，凡此种种，不一而足。行为遗传学家则着眼于更远的环节——小鼠的华尔兹舞[1]、刺鱼的爬行癖、蜜蜂的卫生行为等等。他随意地选择某种行为模式作为链条的最后一环，但他知道突变体的异常行为是由异常的神经解剖学或异常的内分泌生理学现象引起的。他心知肚明，他本可以用显微镜观察神经系统来检测突变体，但他更喜欢观察行为（Brenner 1974）。他只是武断地把观察到的行为视为因果链条的最后一环。无论遗传学家选择将链条中的哪一环视为其感兴趣的"表型"，他都知道这个决定不过是随意为之。他可以选择一个较早的阶段，也可以选择一个较晚的阶段。因此，一位研究布鲁斯效应的遗传学者可以用生化方法测定雄性信息素，以检测其变异情况，从而为他的遗传学研究奠定基础。或者，他可以进一步沿着链条向前追溯，最终找到相关基因的直接多肽产物。又或者，他也可以往链条后面看看。

雄性信息素之后的环节是什么？其已在雄性躯体之外。这条因果链跨越了一段空间，延伸到了雌性躯体之中。它在雌性躯体中也延伸了许多环节，同样，我们的遗传学家在此也不必为细节而烦恼。为了方便起见，他选择在该基因导致雌性妊娠终止这一环节上结束他的概念链。这就是他发现的最容易测定的表型基因产物，也是他作为自然适应研究学者直接关注的表型。根据这一假设，雌性小鼠流产是雄性小鼠基因的表型效应。

那么，"延伸遗传学家"将如何诠释布鲁斯效应的演化呢？这种存在于雄性体内，并在雌性体内具有导致流产的表型效应的突变基因，在自然选择中比其等位基因更受青睐。它之所以受到青睐，是因为它往往会出现在雌性前一次妊娠终止后再次受孕所生的子代体内。但是，

[1] "华尔兹小鼠"是一种经过纯育后在遗传组成上几乎同源的品系，会实施类似华尔兹舞蹈的转圈行为，故有此名。该品系还会自发肿瘤，常被用作遗传工程的实验对象。

按照第 4 章中描述的惯例，我们现在猜测，雌性不可能对这种操纵逆来顺受，一场军备竞赛可能会就此展开。以个体优势的表达方式叙述，就是自然选择倾向于那些抵抗雄性信息素操纵的突变雌性。“延伸遗传学家”会如何看待这种抵抗？他们可以调用修饰基因的概念。

再一次，我们首先求助于传统的体内遗传学，以给自己点明一个原则，然后将该原则引入延伸遗传学领域。在体内遗传学中，我们对任何特定表型性状的变化会受到一个以上的基因影响的观念习以为常。有时候，我们会指定一个基因座对某性状具有“主要”效应，而其他基因座具有“修饰”效应，这是一种方便之举。也有时候，没有一个基因座的效应可以凌驾于其他基因座之上，令其足以被称为“主要的”。所有的基因都可以被认为是对彼此的效应进行修饰的存在。在《越轨基因和修饰基因》一章中，我们看到两个具有相同表型性状的基因座可能会遭受相互冲突的选择压力。最终的结果可能是双方僵持不下、彼此妥协，也可能是某一方彻底胜利。要点在于，传统的体内遗传学已经习惯于认为，对具有相同表型特征的不同基因座上的基因，自然选择会对其施加相反方向的压力。

让我们将这一经验应用于延伸遗传学领域。我们感兴趣的表型特征是雌性小鼠的流产。毫无疑问，与之相关的基因包括雌性体内的一组基因，以及雄性体内的另一组基因。在雄性基因的情形中，因果链中的环节包括远距离的信息素作用，这可能使雄性基因所施加的影响貌似非常间接。但在雌性基因的情形中，因果链可能同样拐弯抹角，尽管其被局限在雌性体内。它们可能利用了雌性血液中流动的各种化学分泌物，而雄性基因还利用了空气中流动的化学分泌物。问题的关键在于，通过漫长而间接的因果关系链，这两组基因具有相同的表型特征，即雌性的流产，而且任何一组基因都可以被视为另一组基因的修饰基因，就像同一组基因中的部分基因可以被视为同组基因中其他基因的修饰基因一样。

雄性基因影响雌性表型。雌性基因也影响雌性表型，同时还对雄性基因的影响进行修饰。据我们所知，雌性基因通过反操纵影响雄性表型。在这种情况下，我们预计雄性基因中也会出现对修饰基因的选择。

整个叙事可以用第 4 章的语言，即个体操纵的语言来表述。延伸遗传学的语言并不会因此添一分正确性。这只是讲述同一事物的另一种方式而已，就好像内克尔立方体的一次翻转。至于喜欢新观点还是老观点，则由读者自行决定。我认为，延伸遗传学家讲述布鲁斯效应的方式比传统遗传学家的更优雅、更简洁。这两位遗传学家都有可能面临一个从基因型延伸至表型的极其漫长而复杂的因果链。两位学者都承认，他们在选择这条链中的哪一环作为感兴趣的表型特征时，只是随意做出决定——而之前的环节则由胚胎学家承包。传统遗传学家还做出了更为武断的决定：在因果链到达躯体边界时便将其斩断。

基因影响蛋白质，蛋白质影响 X，X 影响 Y，Y 影响 Z，Z……则影响其感兴趣的表型特征。但传统遗传学家对“表型效应”的定义是，所有这些 X、Y 和 Z 必须都局限在一个个体的体壁内。而延伸遗传学家则认为，这种界限划分属于一刀切，他很乐意让这些 X、Y 和 Z 跨越一个个体躯体和另一个个体躯体之间的鸿沟。传统遗传学家在弥合体内细胞间壁垒方面可谓游刃有余。例如，人类的红细胞没有细胞核，必须在其他细胞中表达基因的表型。既然如此，在必要的时候，我们为什么不能设想在不同躯体的细胞之间亦可架起桥梁呢？那何时才是“必要的时候”呢？只要我们觉得这样设想方便就行，而这往往是在传统描述中被视为“一个生物体似乎在操纵另一个”的情况。事实上，延伸遗传学家会很十分乐意重写整个第 4 章，将自己的目光始终聚焦于内克尔立方体的新面向之上。此处就请恕我不能为读者重写了，虽然这会是个有趣的任务。关于远距离遗传作用，我不会堆砌示例，而是希望更宽泛地讨论这个概念及其产生的问题。

在关于军备竞赛和操纵行为的一章中，我曾写到，一种生物的四肢可能会为另一种生物的基因谋利，我补充说，这个想法在本书后面的部分展开才会有充分的意义。我的意思是，其意义可以体现在远距离遗传作用之中。那么，当我们说雌性的肌肉为雄性的基因谋利，抑或亲代的四肢为其子代的基因谋利，又或者园林莺的“四肢”为杜鹃的基因谋利时，到底意味着什么？我们应该记得，自私的生物体的“中心原理”声称，动物的行为倾向于最大化其自身的（广义）适合度。我们已了解，谈论一个个体的行为是为了最大化其广义适合度，就相当于谈论单个或多个基因“以最大化其存续的行为模式为目标”。我们现在还看到，在完全相同的意义上，我们既然可以说一个基因“以某种行为模式为目标”，那自然也可以说一个基因“以另一个生物体的某种行为模式（或其他表型特征）为目标”。将这三段论述合而为一，我们就得到了延伸的表型的“中心原理”：**动物的行为倾向于最大化“以此行为为目标”的基因的存续，无论这些基因是否恰好存在于表现该行为的特定动物体内。**

表型能延伸到多远？是否存在作用距离的限制？是否有一个明确的界限？是否有一个平方反比定律？我能想到的最远作用距离是数英里，就是河狸湖泊的极远边界与以这些生物的存续为目标，并表现出适应的基因之间相隔的距离。如果河狸湖泊也可以有化石留存，那么当我们按时间顺序排列这些化石时，大概会看到湖泊规模逐渐扩大的趋势。这种规模的扩大无疑是自然选择产生的一种适应，在这种情况下，我们势必推断这种演化趋势是由等位基因的替代引起的。就延伸的表型而论，便是较大湖泊的等位基因取代了较小湖泊的等位基因。以同样的一套措辞，也可说河狸自身携带的基因，其表型表达与基因本身相隔数英里。

为什么不可以是数百英里、数千英里呢？一只驻留在英国的体外寄生虫，会不会通过给一只燕子注入某种“药物”，令后者在到达非洲后行为受到影响？燕子在非洲产生的后果，能否被视为这只英国寄生虫基因的表型表达？延伸的表型的逻辑似乎支持这一观点，但我认为，这在现实中是不太可能的，至少如果我们将表型表达作为一种适应来讨论的话是如此。上述设想和河狸水坝的例子，存在一个关键的实际区别。河狸身上的某种能扩大湖泊规模的基因相比其等位基因，可以通过这一湖泊直接受益。而导致湖泊变小的等位基因不太可能存续，这是规模较小的湖泊表型带来的直接后果。然而，我们很难想见一只英国体外寄生虫的基因如何损害其在英国的等位基因，并从其非洲表型表达的直接结果中令自己受益。非洲可能太过遥远了，以至于基因导致的行为的后果无法反馈并影响其本身的利益。

出于同样的原因，当河狸湖泊的规模超过一定界限，就很难把这种规模的进一步扩增视为适应。原因在于，当湖泊超过了一定的规模后，除了水坝的建造者之外，其他河狸也会同前者一样，从规模的每一次扩大中受益。一个大湖对该地区的所有河狸都会有好处，无论是它们亲自创造了这个湖泊，还是只是发现并利用了湖泊。同样，即使某只英国动物的某个基因可以在非洲产生某种表型效应，并且直接有利于该基因“自身”所在动物的存续，其他同类的英国动物几乎肯定也会同样从中受益。我们不能忘记，自然选择完全是关乎**相对**成功的。

不可否认，我们可以说某种基因具有特定的表型表达，即使基因本身的存续不受这种表型表达的影响。从这个意义上说，位于英国的一个基因可能确实在一个遥远的大陆上有表型表达，它在那里产生的结果并不会反馈到英国基因库中，基因的成功与否也不依赖遥远大陆上的表型表达。但我已经说过，在延伸的表型的领域里，这不是一种可取的说法。就像我用泥地中的足迹作为足部形状基因的表型表达的例子一样，我只打算在相关特征可能对相应基因的复制成效产生积极或消极影响时，才使用这套延伸的表型的措辞。

将一个基因的表型表达延伸到另一个大陆的做法虽然缺乏合理

性，但如果我要以此构建一个思想实验的话，这种做法说不定也有用武之地。比如说，燕子每年都会飞回同一个巢。如此一来，一只在英国燕子巢里休眠的体外寄生虫，便会预料到去非洲的是哪只燕子，回来的还是哪只燕子。如果这种寄生虫能改变燕子在非洲的行为，它可能真的会从燕子返回英国的结果中受益。例如，假设寄生虫需要一种罕见的微量元素，这种元素在英国无处可寻，但却存在于一种特定的非洲苍蝇的脂肪中。燕子通常对这种苍蝇没有偏好，但这种寄生虫在燕子前往非洲之前给它注射了一种“药物”，从而改变了它的饮食偏好，进而增加了它进食此类苍蝇的可能性。当燕子返回英国时，它的身体中已含有足够的微量元素，使在原巢中等待的单个寄生虫（或其后代）以损害该寄生虫物种中的其他竞争对手的方式来获益。只有在这样的情况下，我才会说一个大陆上的基因在另一个大陆上有表型表达。

不过这类讨论有一种风险，我最好先为读者打好预防针，那就是这种将适应的探讨延伸至全球范围的做法，可能会使读者联想到“生态网络”这一当下流行的意象，其中最极端的呈现形式是洛夫洛克（Lovelock 1979）的盖娅（以希腊大地女神的名字命名）假说[1]。我所描述的表型影响的连锁网络，与在《生态学家》（*The Ecologist*）这样的流行生态学文献期刊上和洛夫洛克的书中大行其道的“相互依赖和共生之网”，表面上确有相似之处。但这一类比极具误导性。由于支持洛夫洛克的盖娅假说的科学家远不止马古利斯（1981）一个，而且梅兰比（Mellanby 1979）[2] 还大肆赞扬这一假说为天才的想法，我实在不好置若罔闻。为此我不得不偏离主题稍许，以澄清一点，即延伸的表型与这一假说并不存在任何联系。

---

[1] 此处指詹姆斯·洛夫洛克（James Lovelock），英国天文学家、环境学家，盖娅假说的提出者。在他的盖娅假说中，地球被视为一个“超级生物体”。

[2] 此处指肯尼斯·梅兰比（Kenneth Mellanby），英国生态学家和昆虫学家，主要成就是使人们注意到杀虫剂对环境的影响。

洛夫洛克将内稳态自我调节视为生物体的特有活动之一，这很正确。他据此提出了一个大胆的假设，即整个地球相当于一个单一生物体。托马斯（Thomas 1974）[1]曾把世界比作一个活细胞，这大概可以当成作者一时诗兴大发，而洛夫洛克显然对他的“地球 / 生物体类比”异常认真，甚至用了一整本书来描述这个想法。当他说地球相当于生物体时，并不是打比方，而是真的指其字面含义。他对大气性质的解释在他的思想中颇具代表性。地球大气的含氧量比其他类似的行星要高得多。长期以来，人们普遍认为，地球含氧量高几乎完全是由绿色植物造成的。大多数人会认为氧气是植物活动的副产物，对我们这些需要呼吸氧气的动物来说是一种幸运（也许的确如此，要知道我们之所以在选择作用下呼吸氧气，部分原因是氧气太过充足）。而洛夫洛克走得更远，他认为植物生产氧气是“地球生物体”，或称“盖娅”的一种适应：植物生产氧气是“因为”它对整体生命体有益。

他对其他含量较低的气体进行了同样的论证：

> 那么，甲烷的作用是什么？它与氧气有什么关系？一个显著的功能是维持生命所起源的厌氧区域的完整性（p.73）。
>
> 另一种令人困惑的大气气体是氧化亚氮……我们可以肯定，高效的生物圈不太可能浪费制造这种奇怪气体所需的能量，除非它有某种有用的功能。我想到了两种可能的用途（p.74）。
>
> 另一种在土壤和海洋中大量产生并释放到空气中的含氮气体是氨……和甲烷一样，生物圈生产氨需要消耗大量能量，而氨现在完全是由生物产生的。其功能几乎可以肯定是控制环境的酸度（p.77）。

[1] 此处指刘易斯·托马斯（Lewis Thomas），美国医学家、生物学家，也是著名的科学散文作家。文中比喻引自其作品《细胞生命的礼赞》。

如果洛夫洛克探究为了产生地球所谓的适应，其所需要的自然选择过程到底发生在哪个层次，盖娅假说中的致命缺陷就会立即暴露无遗。个体内稳态适应之所以会演化，是因为内稳态机制得到改善的个体，相比内稳态机制不佳的个体，能更有效地传递基因。为了让这个地球 / 生物体类比更加严谨，必定有一组竞争对手盖娅，她们大概位于不同星球上。生物圈如果不能发展出对其行星大气的有效的内稳态调节，就会趋于灭绝。按照这个思路，宇宙中将充斥着死亡的行星，它们的内稳态调节系统都失灵了，而少数实现良好调节的行星则零星点缀其间，地球便是其中之一。然而，即使真有这种匪夷所思的情景，也不足以导致洛夫洛克提出的那种行星适应的演化。除此以外，我们还必须假设存在某种生殖形式，即成功的行星能在新的行星上产生其生命形式的副本。

当然，我并不是说洛夫洛克会相信事实如上一段所述。他肯定会和我一样，认为这种行星间选择的想法是荒谬的。显然，他只是没有看到他的假设中包含的隐藏假设，至少我认为存在这样的隐藏假设。他可能会否认这些隐藏假设的存在，并坚持认为盖娅可以通过达尔文选择的一般过程在一个星球上演化出她的全球性适应。我非常怀疑对这样一个选择过程建模是否可行：它会面临“群体选择”的所有糟糕困境。例如，如果假设植物是为了生物圈的利益而制造氧气，不妨想象一下，一种突变植物节省了自己制造氧气的成本。显然，它会比那些更热心公益的同类更为茁壮繁盛，而热心公益的基因很快就会消失殆尽。若有人反驳称，氧气的生产不需要成本，也是没用的：如果没有成本，那么关于植物生产氧气的最朴素的解释将是科学界无法反驳的，即氧气是植物为自己谋私利时产生的副产物。我不否认，也许有一天会有人提出一个可行的盖娅演化模型（可能沿着下文的“模型2”的路线），尽管我个人对此表示怀疑。但如果洛夫洛克心中确有这样一个模型，他也没能提出。事实上，他觉得在这一点上，没什么好为难的。

盖娅假说是某种理念的极端形式，出于对过往时光的缅怀，我会称这种理念为“BBC 法则”，尽管现在的 BBC 早已不复昨日光景。BBC 因其出色的自然摄影而备受赞誉，它通常会将这些令人钦佩的视觉图像与严肃的评论联系在一起。虽然如今情况已有所变化，但多年来，这些评论所传达的主旨几乎被流行“生态学”提升到了宗教信仰的高度。有一种名为“自然平衡”的存在，其如同一台精巧绝伦的机器，植物、食草动物、食肉动物、寄生虫和食腐动物都在其中各司其职，为全体生物的利益服务。唯一威胁到这个精致的“生态瓷器店”的，是“人类进步”这头麻木不仁的公牛及其所操控的无情推土机……凡此种种。这个世界需要任劳任怨、勤勤恳恳的屎壳郎和其他食腐动物，若不是它们作为这个世界的清洁工，一直致力于无私奉献，世界早就……凡此种种。食草动物需要它们的捕食者，若非如此，它们的数量将会失控，并让它们有灭绝之虞，就像人类的数量一样，除非……凡此种种。BBC 法则通常用一种“生命网络”或“网状物”的诗性语言来加以表达。整个世界是一张精心编织的相互关系之网，这张网是花费了成千上万年时间才建立起来的，如果我们把它撕毁了，人类就会遭遇灭顶之灾……诸如此类。

毫无疑问，BBC 法则所引出的道德训诫自有其价值，但这并不意味着其理论基础坚实可靠。其缺陷一如我在叙述盖娅假说时所揭示的那般。也许确实有一张关系之网，但构成它的微小节点所秉持的是自私原则。那些为促进整个生态系统的福祉而付出成本的实体，相比那些利用富有公益精神的同类为自己谋利，并且对整体福祉一毛不拔的竞争对手，往往更难以成功地自我繁殖。哈定（Hardin 1968）[1] 以他所提出的令人难忘的短语“公地悲剧”（The tragedy of the

[1] 此处指加勒特·哈定（Garrit Hadin），英国生态学家。

commons）总结了这个问题，最近他（1978）又提出了“人善被人欺”（Nice guys finish last）这一格言。

我之所以在此提到 BBC 法则和盖娅假说，是因为我自己关于延伸的表型和远距离作用的表述可能听起来颇似电视上的“生态学家”所描述的生生不息的延伸之网。为了强调这种差异，就让我借用这种纪录片旁白式的叙事，但以一种迥然不同的方式，来解释延伸的表型和远距离遗传作用的观念。

种系染色体中的基因座是一种竞争激烈的不动产。参与这场竞争的便是等位复制因子。世界上大多数复制因子都是通过击败所有可用的替代等位基因而为自身赢得一席之地的。它们取得胜利、令对手败北的武器，是各自的表型结果。这些表型结果通常被认为局限于复制因子周围的一个小区域，其边界由复制因子所在细胞所属生物个体的体壁所定义。但是，鉴于基因对表型的因果影响的本质，以这种武断的方式限制其影响范围毫无道理，就像认为这种影响仅限于细胞内生化机制一样没道理。我们必须把每一个复制因子看作对整个世界产生影响的一个“场”的中心。因果影响从复制因子辐射出去，但其效力不会遵循任何简单的数学定律而随着距离衰减。它会沿着可用的途径，向任何可及之处传播，无论远近。这些途径可以是细胞内生化机制的，可以是细胞间化学和物理相互作用的，也可以是身体形态和生理的。通过各种物理和化学介质，它辐射出个体的躯体范围，触及外部世界的实体。这些实体可以是无生命的造物，甚至可以是其他生物活体。

正如每个基因都是对世界产生影响的辐射场的发散中心一样，每个表型特征都是来自生物个体体内和体外众多基因的影响的收敛中心。整个生物圈——表面上确实如 BBC 法则所说那般紧密无间——整个动植物的物质世界，实则是由一个错综复杂的遗传影响场的网络，一个表型效力的网络。我几乎能听到电视上的旁白：“想象一下，我们被缩小到一个线粒体大小，并身处人类受精卵核膜外的一个有利位置。

我们看见数以百万计的信使 RNA 分子从细胞核涌入细胞质，以执行各自表型效力的任务。现在，我们的体型被放大到发育中的小鸡胚胎肢芽的一个细胞大小。感受一下化学诱导剂沿着其轴向梯度平缓扩散的情景吧！现在我们再恢复成正常体型，矗立在春天拂晓的树林中，周围鸟语环绕。那是雄鸟的鸣管发出的声音，而在其催动下，整个树林中的雌鸟的卵巢开始膨胀隆起。这种影响在空气中以压力波的形式传播，而不像在细胞质中以分子的形式传播，但其原理是相通的。在这场从小人国到大人国的奇妙思想之旅所揭示的三个层次上，你都有幸身处无数复制因子效力环环相扣的场域之中。"

读者想必明白，我要批评的是 BBC 法则所传递的信息，而不是它的修辞手法！不过，更为内敛的修辞通常会更为雄辩。恩斯特·迈尔是生物学写作中擅长内敛修辞的大师。他关于"基因型的统一性"（Mayr 1963）的章节经常被我在讨论中引用，作为与我基于复制因子的观点截然相反的对立面。可另一方面，我却发现自己对那一章中的几乎每个字都无比赞同，这让我不得不认为自己一定是在哪里产生了什么误解。

赖特（1980）那篇关于"基因和生物体选择"的同样雄辩的文章也是如此。这篇文章声称要否定我所持的基因选择观点，但我发现自己对其几乎没有什么异议。我认为这是一篇有价值的论文，尽管它表面上的目的是攻击"关于自然选择……基因才是单位，而不是个体或群体"这一观点。赖特在文中总结道："生物选择，而不仅仅是基因选择的可能性，足以应对达尔文所遭遇的针对自然选择理论的任何一种严重异议。"他把"基因选择"观点归于威廉斯、梅纳德·史密斯和我，并认为其肇始于 R. A. 费希尔，我认为这是正确的。所有这一切可能会使他对来自梅达沃（1981）的以下赞誉之词感到有些困惑："然而，现代综合论中最重要的单一创新是一个新概念，即我们最好将经历演化的种群视为某种基本复制单位——基因——的种群，而不是个体动物或细胞的种群。休厄尔·赖特……是这种新思维方式的主要革新者——在这一点上，R. A. 费希尔这个同样重要但相比前者始终略逊一筹的人物恐怕会有一番‘既生瑜，何生亮’的感叹。”

在本章的剩余部分，我希望表明，那种可以被当作幼稚的原子论和还原论加以攻讦的“基因选择论”版本，实则是一个被当作靶子的稻草人；这并非我所提倡的观点；而且，如果我们正确理解基因，即承认它们之所以得到选择，是基于它们与基因库中其他基因合作的能力，那么我们就此得出的基因选择理论，即使是赖特和迈尔也会认为它与他们自己的观点完全相容。而且我要说，其不仅完全相容，而且更真实、更清晰地表达了他们的观点。我将引用迈尔那一章摘要中的关键段落（pp.295–296），说明它们如何与延伸的表型的世界相得益彰。

> 表型是所有基因和谐地相互作用的产物。基因型是一个“生理团队”，在这个团队中，基因致力于根据发育所需数量和发育时间，精心设计其化学“基因产物”，从而在最大程度上提升适合度（Mayr 1963）。

一个延伸的表型特征是许多基因相互作用的产物，这些基因的影响来自生物体的内部和外部。其相互作用未必是和谐的，但躯体内部的基因相互作用也不一定是和谐的，正如我们在第 8 章中看到的那样。那些影响汇聚于某一特定表型性状的基因只在某种特殊且微妙的意义上可以算是一个“生理团队”，无论是迈尔所指的传统体内相互作用，还是延伸的相互作用，都是如此。

我以前曾试图用赛艇队的比喻（Dawkins 1976a，pp.91–92），以及近视者和正常视力者之间合作的比喻（Dawkins 1980，pp.22–24）来表达这种特殊的意义。这个原则也可以被称为“杰克·斯普拉特原则”（Jack Sprat principle）[1]。两个口味互补的人，比如一个喜欢肥肉，一个喜欢瘦肉，或者两个技能互补的人，比如一个会种小麦，一个会碾磨小麦，会自然而然地形成和谐的伙伴关系，而且我们可以把这类伙伴关系视为一个更高阶的单位。一个有趣的问题是这些和谐的单位是如何产生的。我想对选择过程的两种模式做一个大致的区分，在理论上，这两种模式都可以导致和谐的合作和互补。

第一个模型在更高阶单位的层次上实施选择：在更高阶单位的集合种群（metapopulation）[2] 中，和谐的单位优于不和谐的单位。我认为盖娅假说中隐含的便是第一个模型的某种版本——在盖娅假说的情形中，是在行星之间进行选择。还是让我们将目光转回地球。第一个模型可能表明，成员技能互补的动物群体，就好像既包括种小麦的农民又包括碾磨小麦的磨坊主的群体，比起单独的农民群体或单独的磨坊主群体，会生存得更好。第二个模型让我觉得更为可信。它不需要假定存在某种群体的集合种群。这与群体遗传学家所说的频率依赖选择有关。选择是在较低的层次上进行的，也就是一个和谐复合体各个组成部分的层次。如果种群内的此类组成部分恰好与种群中经常出现的其他组成部分和谐相处，那么它们就会受到选择的青睐。在磨坊主占主导地位的群体中，个体农民会繁荣昌盛，而在农民占主导地位的群体中，成为磨坊主好处多多。

这两种模型都会导致迈尔所说的和谐与合作的结果。但我担心，对和谐的思考往往会导致生物学家不自觉地按照第一种模型思考，却忘记了第二种模型的合理性。躯体内的基因正是如此，就像社群中的农民和磨坊主一样。基因型可能是一个“生理团队”，但我们不必相

[1] 杰克·斯普拉特是英国儿歌集《鹅妈妈童谣》里一首童谣中的人物，童谣写道，杰克·斯普拉特不吃肥肉，其妻不吃瘦肉，他们十分和谐，餐餐“光盘”。道金斯以此喻指不同基因间的互补合作。

[2] 集合种群，也译“异质种群”“元种群”，是生态学家理查德·莱文斯（Richard Levins）于 20 世纪 60 年代最先明确提出的生态学名词。指由空间上互相隔离，但功能上又有联系的若干局域种群通过扩散和定居而组成的种群。

信，这个团队本身必然就是作为一个和谐的单位，相较于不那么和谐的竞争单位而被选择青睐。相反，每个基因之所以被选择，是因为它在自身所处的环境中繁盛，而它所在的环境必然也包括在基因库中同样繁盛一时的其他基因。具有互补“技能”的基因会在彼此存在时繁荣发展。

这种互补性对基因来说意味着什么？如果有两个基因，其中任意一个相对于其等位基因的存活率在种群中另一个基因丰富时可以得到提升，那么这两个基因就可以被称为互补的。这种彼此互助的现象之所以出现，最明显的原因是这两种基因在它们碰巧共存的个体体内发挥着互补的作用。举例来说，具有生物学意义的化学物质的合成往往取决于生化途径中的一系列步骤，每一个步骤都由一种特定的酶介导。这些酶中的任何一种的有用性都有赖于这条反应链中其他酶的存在。一个基因库如果富含某一特定反应链中除一种酶以外的所有酶的基因，就会产生有利于补上这一缺失环节的基因的选择压力。如果有多种途径可以获得相同的生化最终产物，选择可能会根据初始条件而倾向于其中一种途径（而不是两种）。与其将两种可选途径视为选择的单位（模型 1），不如按照以下思路来考量（模型 2）：选择将青睐那些制造特定酶的基因，因为在该途径中制造其他酶的基因已经在基因库中十分充足了。

但我们不必停留在生化层面。想象一下，一种飞蛾翅膀上有条纹，这让它看上去就像树皮上的沟纹一样。一些个体具有横向条纹，而不同区域的另一些个体具有纵向条纹，这种差异是由单个遗传基因座决定的。显然，只有当飞蛾栖停在树上时，其条纹与树皮纹路方向一致，才能很好地伪装（Sargent 1969b）。假设一些飞蛾是垂直栖停的，而另一些则是水平栖停的，这一行为差异由第二个基因座控制。一个观察者发现，凑巧的是，在一个区域中，所有的飞蛾都有纵向条纹，并且垂直地栖停，而在另一个区域中，所有的飞蛾都有横向条纹，并且水平地栖停。因此，我们可以说，在这两个区域，决定条纹方向的基因和决定栖停方向的基因之间存在着“和谐合作”。那么，这种和谐是如何产生的?

我们再次用到先前的两个模型。模型1认为，不和谐的基因组合——具有垂直栖停行为的横条纹飞蛾，或具有水平栖停行为的纵条纹飞蛾——都消失了，只留下和谐的基因组合。模型1在基因组合之间进行选择。另一方面，模型2则在基因的较低层次上实施选择。不管出于什么原因，如果某一特定区域的基因库恰好已经被横条纹基因主导，这将自动在控制行为的基因座上产生一个有利于水平栖停基因的选择压力。这反过来会产生选择压力，增加横条纹基因在条纹基因座上的优势，后者又会强化有利于水平栖停基因的选择。因此，种群性状将迅速收敛于演化稳定的组合，即横条纹 / 水平栖停。相反，一组不同的起始条件会导致种群收敛于另一种演化稳定状态，即纵条纹 / 垂直栖停。两个基因座上的任何给定的起始频率组合均将在经历选择后收敛于两个稳定状态中的一个。

只有当合作基因对或基因集合特别可能位于同一躯体之中时，模型1才适用，例如，它们在一条染色体上紧密连接成一个“超基因”的情况。它们可能确实以这样的连锁来实现（Ford 1975），但模型2的有趣之处在于，它使我们能够在未假定此类连锁存在的情况下阐明和谐基因复合体的演化。在模型2中，合作基因可能位于不同的染色体上，此时频率依赖选择仍然会导致整个种群被一些基因，也就是那些能够与种群中其他基因和谐互动的基因主导，这是演化趋于任何一种演化稳定状态所带来的结果（Lawlor & Maynard Smith 1976）。原则上，同样的推理也适用于三个基因座的集合（假设后翼的条纹与前翼的条纹由不同的基因座控制），再到四个基因座……直至n个基因座。如果我们试图建立这一相互作用模型的细节，其数学演算会十分困难，但这与我想要阐明的观点无关。我想说的是，大体有两种方式可以实现和谐合作。一种方法是通过选择使和谐复合体胜过不和谐复合体。另一种方法则是，在种群中，复合体的独立部分在与它们碰巧可以和谐相处的其他部分一同存在时会受到青睐。

在使用模型 2 解释迈尔所设想的体内基因和谐状态之后，我们现在将其推广到身体之间的“延伸的”基因间相互作用。我们下面将讨论的是远距离遗传相互作用，而不是远距离表型作用，后者是本章前面部分的主题。这并不算是一个难题，因为自费希尔（1930a）提出性别比例理论起，频率依赖选择已经被广泛地应用于身体间的相互作用。为什么种群的性别比例是平衡的？模型 1 会说，这是因为性别比例不平衡的种群已经灭绝了。费希尔自己的假设当然是模型 2 的一个版本。如果一个种群恰好有不平衡的性别比例，那么该种群内的选择会青睐那些倾向于恢复性别比例平衡的基因，而没有必要像模型 1 那样假设存在多个种群组成的“集合种群”。

其他频率依赖优势的例子已为遗传学家所熟知（例如 Clarke 1979），我之前也就这些例子与围绕“和谐合作”所发生的争议之间的相关性进行过讨论（Dawkins 1980，pp.22–24）。这里我想强调的一点是，从每个复制实体的角度来看，其在基因组内实现的和谐、合作和互补的关系，与不同基因组中各个基因之间的关系相比并无原则性差异。垂直栖停基因在一个刚好富含纵条纹基因的基因库中会更受青睐，反之亦然。此处，就像酶反应链的生化例子一样，这种合作发生在躯体内部：基因库富含纵条纹基因这一事实的意义在于，任何决定栖停行为的基因在统计学上都有可能存在于产生纵条纹的躯体中。我建议，我们应该首先设想特定基因是在基因库中出现频度较高的其他基因的背景下被选择的，然后再去区分某种显著的基因间相互作用是发生在体内还是发生在不同躯体之间。

威克勒（1968）在他关于动物拟态的精彩综述中指出，个体有时似乎会合作，以实现拟态相似。他讲述了柯尼希（Koenig）的一项动物观察发现：一开始，水族箱里有一只海葵；第二天，水族箱里的海葵变成了两只，每只都是原来的一半大；到了第三天，原来那只大海葵竟然恢复了原状。这种不可思议的情景促使柯尼希对此进行了详细的调研，结果他发现，所谓“海葵”，实际上是由许多协作的环节动物蠕虫拼凑而成的“赝品”。每条蠕虫构成了一条触手，它们在水底沙地中围成一个圈。鱼似乎也被这个骗局蒙蔽了，就像一开始观察到这一现象的柯尼希，鱼群对假海葵敬而远之，好像它是真的一样。每条蠕虫可能都是通过加入这一合作形成的拟态集团来免受鱼类捕食者的伤害。我认为在这里，“形成拟态集团的蠕虫群相比不形成拟态集团的蠕虫群更受选择青睐”的说法对解释这一现象并无助益。相反，只是参与形成拟态集团的个体，在该种群中更受青睐而已。

有多种昆虫擅长合作模仿花序，每一个个体都能模仿花序中的一朵花，因此在它们独立模仿出以假乱真的完整花序之前，形成彼此合作的群体是必要的。“在东非，可以找到一种特殊的植物，它有着极其美丽的花序……每朵花大约半厘米高，像金雀花或羽扇豆的花一样围绕着垂直的茎排列。有经验的植物学家会以为这是某种火梓属（*Tinnaea*）或胡麻属（*Sesamopteris*）的植物，可当他们摘下‘花’后，会发现自己手上突然间只剩下一根空空如也的茎。花朵并没有掉下来——而是飞走了！这些‘花’其实由蝉组成，要么是格氏伊蛾蜡蝉（*Ityraea gregorii*），要么是黑跗蛾蜡蝉（*Oyarina nigritarsus*）。”（Wickler 1968，p.61.）

为了以这个例子展开我的论点，我需要做一些详细的假设。由于这些特定蝉种所承受的选择压力的细节尚不清楚，因此最保险的办法莫过于我自己杜撰一种假想中的蝉，认为它基本上具有与上述两种蝉相同的群体拟态技巧。我假设，我的这一蝉种有两种颜色的变种，分别是粉色和蓝色，这两种变种模仿了两种不同花色的羽扇豆花。可以认为粉色羽扇豆花和蓝色羽扇豆花在整个蝉种活动范围内同样充足，但在任何一个局部地区，所有的蝉都要么是粉色，要么是蓝色。于是，“合作”发生了，个体聚集在植物茎尖附近，就像一个羽扇豆的花序。它是“和谐的”，因为不会出现杂色集簇（我认为杂色集簇极有可能被捕食者发现是假冒的，因为真正的羽扇豆没有双色花序）。

下面是对通过模型 2 的频率依赖选择来实现这种和谐的解释。在任何一个特定的地区，历史上的偶然事件决定了最初大多数蝉要么都偏爱粉色，要么都偏爱蓝色。在一个恰好以粉色蝉为主的地区，蓝色蝉就受到了惩罚。而在一个恰好以蓝色蝉为主的地区，受到惩罚的则是粉色蝉。在这两种情况下，仅仅是作为少数就会不受偏爱，因为根据机会法则，相比多数派的成员，少数派的成员更可能因为自身参与而把一个集簇的颜色弄混。在基因层次上，我们可以说，粉色基因在以粉色基因为主的基因库中更受偏爱，而蓝色基因在以蓝色基因为主的基因库中更受欢迎。

我们现在设想存在另一种昆虫，比如毛虫，它大得足以模仿整个羽扇豆花序，而不是一朵花。毛虫身体的每一节都可以模仿花序上不同的花朵。每个体节的颜色由不同的基因座控制，有粉色和蓝色可选。全蓝色或全粉色的毛虫比杂色的毛虫更成功，因为捕食者依旧明白，不存在杂色的羽扇豆花序。没有理论解释为什么双色毛虫不应该出现，但假设其不出现是由于选择的结果：在任何一个地区，当地的毛虫要么全是粉色，要么全是蓝色。我们又迎来了“和谐合作”的局面。

这种和谐合作是如何实现的？根据定义，只有当负责不同体节颜色的基因在一个超基因中紧密连锁时，模型 1 才适用。多色的超基因会受到惩罚，而使全粉或者全蓝的超基因获益。然而，在当前这个假设的物种中，相关基因散布于不同染色体上，因此我们必须应用模型 2。在任何特定的区域，一旦一种颜色开始在大多数基因座上占主导地位，选择就会增加这种颜色在所有基因座上出现的频率。在某一特定区域，如果除一个基因座外的其余基因座都以粉色基因为主，那么这个孤零零的蓝色基因座很快就会在选择作用下变得与其他基因座相一致。就像我所假想的蝉所遇到的情况一样，不同区域的历史偶然事件会自然而然地构建选择压力，以青睐两种演化稳定状态中的任一种。

这个思想实验所揭示的重点是，模型 2 无论在个体之间，还是在个体内部，都同样适用。无论是在毛虫还是在蝉的例子中，粉色基因在以粉色基因为主的基因库中更受偏爱，而蓝色基因在以蓝色基因为主的基因库中更受欢迎。在毛虫的例子中，其原因是每个基因如果和其他产生与自己相同颜色的基因共有一个身体，就会从中受益。而在蝉的例子中，其原因是每个基因所在的躯体如果遇到另一个携带与自己颜色相同的基因的躯体，就会从中受益。在毛虫的例子中，合作基因在同一个体体内占据不同的基因座。而在蝉的例子中，合作基因在不同个体中占据相同的基因座。我的目的，是通过展示远距离的基因相互作用与个体体内的基因相互作用在原则上并无二致，来缩小这两种基因相互作用之间的概念差距。

继续我对迈尔的一系列引用：

> 共适应选择的结果，是一个和谐融洽的基因复合体。基因的共同作用可以发生在染色体、细胞核、细胞、组织、器官乃至整个生物体的众多层次上。

读者现在自不难猜测迈尔的这一列表将如何延伸。不同生物体中基因之间的共同作用，与同一生物体中基因之间的共同作用并没有本质区别。每个基因都在其他基因的表型结果所塑造的世界中发挥作用。“其他基因”中的一些与该基因是同一基因组的成员；另外一些则是处于其他躯体，与该基因在同一基因库中运作；还有一些可能分属不同的基因库、不同的物种，甚至不同的门。

> 生理相互作用的功能机制的本质对演化论者来说只是次要问题，他们主要关注的是其最终产物，即表型的生存能力。

迈尔再次一针见血，但他所谓的“表型”不是终极的：它可以延伸到个体躯体之外。

> 许多机制倾向于在量和质两方面维持基因库的现状。遗传多样性的下限是由杂合性的频率优势决定的……其上限则是由如下事实决定的，即只有那些能够和谐地“共适应”的基因才能被融为一体。没有一个基因具有固定的选择价值；同一基因可能在一种遗传背景下具有很高的适合度，而在另一种遗传背景下几乎是致命的。

这段话可谓精辟，但要记住，“遗传背景”既包括同一生物体中的基因，也包括其他生物体中的基因。

> 基因库中所有基因密切相互依赖的结果是产生紧密的内聚力。基因频率若是改变，或是基因库中添加了任何其他基因，就会对整体基因型产生影响，从而间接影响其他基因的选择价值。

迈尔本人的侧重现在也有了微妙的偏转，开始更多地讨论共适应基因库，而不是共适应的个体基因组。这是朝着正确方向迈出的一大步，但我们还必须再迈出一步。迈尔在这里谈论的是一个基因库中所有基因之间的相互作用，而不管它们碰巧位于哪个躯体之中。然而，延伸的表型学说最终要求我们承认，不同基因库、不同门，甚至不同界的基因之间也存在同样的相互作用。

让我们再次考量同一基因库中的一对基因相互作用的方式，更具体地说，是基因库中每个基因的频率对另一个基因的存续前景的影响。第一种方式，也是我怀疑迈尔主要考虑的一种方式，就是共有同一个躯体。基因 A 的存续前景受到基因 B 在种群中的频率的影响，因为 B 的频率会影响 A 与 B 共有一个身体的概率。决定飞蛾翅膀纹路方向和栖停方向的基因座之间的相互作用就是一个例子。我所设想的具有羽扇豆花序拟态的毛虫也是如此。对在合成某种有用物质的特定途径中，其连续阶段所必需的一对编码酶的基因而言也是如此。可以把这种类型的基因相互作用称为“体内”相互作用。

基因 B 在种群中的频率影响基因 A 的存续前景的第二种方式是“体间”相互作用。这里的关键影响在于，A 所在的任何躯体遇到 B 所在的另一个躯体的概率。我所设想的蝉就是一个例子。费希尔的性别比例理论也是如此。正如我所强调的，本章的目的之一是尽量弥合两种基因相互作用——体内相互作用和体间相互作用——之间的差异。

但现在让我们想想不同基因库，或者说不同物种的基因之间的相互作用。可以想见，物种间的基因相互作用和物种内个体间的基因相互作用几乎没有分别。在这两种情况下，相互作用的基因都不共有一个躯体。在这两种情况下，各个基因在自身基因库中的存续前景可能都取决于另一个基因出现的频率。让我再次用羽扇豆花序的思想实验来阐明这一点。假设有一种甲虫像蝉一样具有多态性。在一些地区，蝉和甲虫这两个物种的粉色形态均占主导地位，而在其他地区，两个物种的蓝色形态占主导地位。这两个物种的体型不同。它们会在伪装花序上进行“合作”，体型较小的蝉倾向于停在茎尖附近，那里可能会开小花，而体型较大的甲虫倾向于停在每个假花序的底部附近。甲虫 / 蝉的联合“花序”能比单纯由甲虫或单纯由蝉组成的“花序”更有效地愚弄鸟类。

和之前一样，模型 2 的频率依赖选择使演化趋向于两种演化稳定状态之一，除了现在涉及的是两个物种。如果历史偶然事件导致一个区域以粉色形态为主（无论哪个物种），两个物种内部的选择都会倾向于粉色形态，而不是蓝色形态，反之亦然。如果这种甲虫物种是最近才被引入蝉物种已大量繁殖的区域，那么甲虫物种的选择方向将取决于当地优势蝉物种的颜色。因此，在两个不同的基因库中，即两个非杂交繁殖物种的基因库中，基因之间也将存在频率依赖的相互作用。在模仿羽扇豆的花序时，蝉可能会与蜘蛛或蜗牛合作，这种合作就像蝉与甲虫或其他种的蝉合作一样有效。模型 2 既适用于个体间和个体内部，也适用于不同物种以及不同门之间。

甚至在不同界之间也是如此。考虑一下亚麻（*Linum usitissimum*）和亚麻锈菌（*Melampsora lini*）之间的相互作用吧，尽管这两者的相互作用是一种对抗，而非合作。“这本质上是一种一对一的匹配，亚麻中的特定等位基因赋予了前者对锈菌中特定等位基因的抗性。这种‘基因对基因’的系统之后在许多其他植物物种中被发现……由于该遗传系统的特殊性质，‘基因对基因’相互作用的模型不是根据生态参数来制定的。这是一个不需要提及表型就能理解物种间遗传相互作用的例子。‘基因对基因’系统的模型必然具有种间频率依赖性。”（Slatkin & Maynard Smith 1979，pp.255–256.）

和其他章节一样，我在本章中使用了思想实验来帮助我进行清晰解释。如果你觉得它们太牵强附会，那就让我再举一个威克勒提出的真实的蝉的例子，它的行为模式和我所杜撰出来的任何生物一样牵强附会。和格氏伊蛾蜡蝉一样，黑带伊蛾蜡蝉（*Ityraea nigrocincta*）也“参照”类似羽扇豆的花序进行合作拟态，但它“还另有特异之处，即两个性别都有两种形态，一种是绿色的，另一种是黄色的。两种形态的蝉可能聚在一起，绿色形态的倾向于停在茎的顶部，特别是在垂直的茎上，而黄色形态的在其下方，结果便是打造了一个足以以假乱真的‘花序’，因为真正花序的花通常从基部向顶端逐渐开放，所以当基部被开放的花朵覆盖时，顶端还是绿色的花苞”（Wickler 1968）。

在这三章中，我对基因的表型表达的概念逐步进行延伸。我们首先认识到，即使在体内，基因对表型的控制距离也有不同程度之分。对于一个核基因来说，控制它所在细胞的形状大概比控制其他细胞形状或细胞所在的整个躯体的形态要简单。然而，我们习惯性地把这三者混为一谈，称它们都是表型的遗传控制。我提出的论点是将表型的概念稍加延伸，至基因当前所在躯体之外，这一步迈得其实不算大。然而，这是一个不太为人所知的概念，我试图逐步展开这个想法，先是对无生命的造物，再到控制宿主行为的体内寄生虫。从体内寄生虫出发，我们又通过杜鹃的寄生行为转而探讨了远距离作用。从理论上讲，远距离遗传作用可能包括相同或不同物种个体之间的几乎所有相互作用。生命世界可以被看作一个由相互关联的复制因子效力场所组成的网络。

对这一网络进行细节理解所需的数学原理构想超出了我的能力范围。我隐约窥见的情景是，处在一个“演化空间”中的表型性状，被选择作用下的复制因子“拉向”不同的方向。我所提出的方法的精髓是，对特定表型特征进行“拉拽”的复制因子，既包括来自体外的，也包括位于体内的。有些复制因子显然会比其他的更有力，所以力的箭头会有不同的大小量级和方向。根据推测，军备竞赛理论——稀有敌人效应、生命 / 晚餐原则等——将在这些量级的分配中发挥突出作用。纯粹的物理接近性可能也会有所作用：在其他条件相同的情况下，基因似乎更有可能对邻近而非遥远的表型性状施加更大的影响。作为这方面的一个重要特例，细胞在量上可能受到该细胞内基因更有力的影响，而不是其他细胞内基因的影响。这同样适用于躯体的情况。但这些都只是数量上的影响，需要与军备竞赛理论中的其他考量因素进行权衡。有时，比如说由于稀有敌人效应，其他躯体的基因可能比某具躯体“自身”的基因在其表型的特定方面发挥更大的效力。我有一种预感，事实将证明，几乎所有的表型性状都带有内部和外部复制因子效力彼此妥协的痕迹。

当然，针对一个特定的表型性状，许多选择压力彼此之间存在冲突与妥协的想法在普通生物学中也不鲜见。例如，我们经常说鸟尾巴的大小是空气动力学的需要和性吸引力的需要之间的妥协。我不知道什么样的数学方法适用于描述这种体内的冲突和妥协，但无论是何种方法，都应该对其推而广之，以处理远距离遗传作用和延伸的表型的类似问题。

可惜我在数学领域十分驽钝，远称不上游刃有余。而对于那些在野外研究动物的人，我也得说些什么。延伸的表型学说会对我们实际看待动物的方式产生什么影响？大多数严谨的野外生物学家现在都认同以下理论，即动物的行为恰似为了最大化其体内所有基因的存续机会，这要归功于汉密尔顿。我将这一论述加以修订，得出了延伸的表型的新“中心原理”：动物的行为倾向于最大化“以此行为为目标”的基因的存续，无论这些基因是否恰好存在于表现该行为的特定动物体内。如果动物的表型总是完全受自身基因型的控制，而不受其他生物基因的影响，那么这两个原理其实就等于一回事。在处理相互冲突的选择压力间的定量相互作用的数学理论诞生之前，也许最简单的定性结论是，我们所观察的行为有可能是，至少在一定程度上是，为了保存自身以外的其他动物或植物的基因而进行的适应。因此，对于表现出这种行为的生物体来说，这可能是一种积极的“适应不良”。

有一次，我试图说服一位同事——他是达尔文式选择理论的忠实信徒，也是一位优秀的野外实地研究者——他认为我在提出一个反适应的观点。他告诫我，人们曾一次又一次地把动物行为或形态的某些怪异表现说成是无用的或适应不良的，结果却发现只是他们没有完全理解此类表现而已。他是对的。但我要表达的观点是另一回事。当我在这里说一种行为模式是适应不良的，我只是指它对表现出这一行为的个体动物适应不良。我的意思是，表现该行为的个体并不是从作为一种适应的这种行为中获益的实体。适应对促成它们的遗传复制因子有利，而只是附带地对相关的生物个体有利。

这本书本可以到此为止。我们已经尽可能远地延伸了表型。这三章在一定程度上构成了行文高潮，就此圆满地画上一个句号也未尝不可。但我更愿意在结尾让全书的立意更上一层楼，以激发一种全新的、探索性的好奇心。我从一开始就承认本书是一本辩护之作，而作为辩护人，为自己的案件做准备的一个简单方法就是攻击另一方。因此，在对主动种系复制因子的延伸的表型理论加以提倡之前，我首先试图做的，是削弱读者对生物个体作为适应获益单位的笃定信念。但是，既然我们已经讨论了延伸的表型本身，现在是时候对生物体的存在及其生命层次中具有显著重要性的问题重新做一番探讨了，至少要看看延伸的表型是否赋予了我们更清晰的视野和更深刻的洞见。既然生命不必总是聚合为彼此离散的生物体，而且这些生物体也不总是完全离散的，那么，为什么主动种系复制因子会如此明显地选择以生物体的存在方式行事呢？

第 14 章

重新发现生物体

在这本书的大部分章节里，我们都在努力淡化生物个体的重要性，并构建了一幅不一样的图景：自私的复制因子各自为战，为了自身存续而牺牲其等位基因，它们视个体体壁如无物，任影响力随意穿行，与外部世界互动，也与彼此相互作用，而无须考虑生物体的边界。可我们现在对生物体又有些患得患失。生物个体确实有一些引人注目之处。如果我们真的能戴上某种透视眼镜，并且让其只显示 DNA，那么我们在世界上看到的 DNA 分布将绝对是非随机的。如果只看 DNA，细胞核就像散发光芒的恒星，而其他一切都不可见，多细胞体则如同恒星致密存在的星系，在星系之间则是幽暗虚空。亿万个“小光点”彼此同步地移动，而与其他同类“星系”的所有成员并不同步。

生物体是一台物理上独立的机器，通常与其他类似的机器彼此相隔。它有内部组织，且通常具有惊人的复杂性，在很大程度上显示出朱利安 · 赫胥黎（Julian Huxley 1912）[1] 所称的“个体性”——字面

[1] 朱利安·赫胥黎，英国生物学家、作家、人道主义者。来自著名的赫胥黎家族，是阿道司·赫胥黎的兄弟。作为生物学家，他提倡自然选择，亦是现代综合论的重要奠基人之一。

意义上可解释为不可分割性[1]，即生物体在形态上具有足够的异质性，如果被切成两半，就会失去其功能。从遗传学的角度而言，生物个体通常也是一个可明确定义的单位，其细胞彼此具有相同的基因，但与其他生物体细胞的基因不同。对于免疫学家来说，生物个体有一种特殊的“独特性”（Medawar 1957），因为它可以很容易地接受来自自身其他部位的移植物，但不接受来自其他身体的移植物。对于动物行为学家来说——这实际上是赫胥黎所说的不可分割性的一个方面——生物体是行为行动的一个单位，在这一意义上，它要比两个生物体或一个生物体的一肢要紧密得多。生物体有一套协调的中枢神经系统。它作为一个单位进行“决策”（Dawkins & Dawkins 1973）。它的所有肢体共同参与协作，一次达成一个目的。在一些情况下，当两个或两个以上的生物体试图协同努力时，比如当一群狮子合作跟踪猎物时，这种个体之间的协调能力，与每个个体内部数百块肌肉之间无论在空间还是时间上都堪称精妙无间的配合相比，实在是相形见绌。海星的管足具有一定的自主权，如果其口部周围的神经环被外科手术切断，这些管足可能会自行其是，把海星撕成两半。但即便如此，海星看起来还是一个单一的实体，在自然界中，其行为似乎也只有一个目的。

我很感激 J. P. 海尔曼（J. P. Hailman）博士，因为他并未向我隐瞒一位同事对我某篇论文（Dawkins 1978a，这篇论文是本书内容的一个简短试作）所说的风凉话：“理查德·道金斯重新发现了生物体。”我明白其言语中的讽刺意味，但这句话未必是错的。我们同意，作为生命层次中的一级，生物个体有一些特殊之处，但这并不是显而易见到可以不加质疑地接受的东西。我希望这本书揭示了内克尔立方体的另一面。但内克尔立方体有一个特点，它会再次翻转，回到原来的面相，并持续交替。无论作为生命单位的生物个体有何特别之处，

[1] “个体性”（individuality）的词源即为“不可分割”（indivisibility）。

我们至少应能将其看得更加清楚明白，因为我们已经领略了内克尔立方体的另一面，我们的目光已能透过体壁，窥见复制因子的世界，继而超越体壁，直至延伸的表型。

那么，生物个体的特殊之处是什么呢？既然生命可以被看作由复制因子及作为其存续工具的延伸的表型所组成的，为什么在实际情况中，复制因子会选择在细胞中数以十万计地组合在一起？为什么它们又会影响这些细胞，从而在生物体中数以万万亿计地克隆自己？

复杂系统的逻辑给出了一种答案。西蒙（1962）写过一篇关于“复杂性的架构”的启迪文章，借关于钟表匠坦普斯和霍拉的寓言——这个寓言如今已广为人知——从功能上解释了为什么任何类型的复杂组织，无论是生物的还是人工的，都倾向于被组织成重复子单元的嵌套层次结构。我在行为学的背景下发展了他的论点，得出的结论是，如果存在一系列中间态的稳定子集合，那么在统计上“不可能的集合的演化就会进行得更快。由于该论点可以适用于每个子集合，因此，世界上存在的高度复杂的系统很可能具有层次结构”（Dawkins 1976b）。在当前的语境中，层次结构由细胞内的基因和生物体内的细胞构成。马古利斯（1981）则对一个并不新鲜的观念给出了一个引人入胜的新演绎，即这一层次结构包含另一个中间层次：真核“细胞”本身在某种意义上是多细胞集群，是线粒体、质体和纤毛等实体的共生联盟，它们与原核细胞同源，并由原核细胞演化而来。我在这里不再进一步讨论此问题。西蒙的观点非常笼统，我们需要一个更具体的答案来回答为什么复制因子会选择将它们的表型组织成功能单位，尤其是在细胞和多细胞生物这两个层次上。

为了探究世界为什么是现在这个样子，我们必须想象它可能是怎样的。我们可以设想出一些可能存在的世界，在这些世界里，生命可能以不同的方式组织起来，并问问看，如果情况是这样的话，会发生什么。那么，我们还能想象出其他哪些富有启发性的可选生命存在方式呢？首先，为了解为什么复制分子在细胞中聚集在一起，我们不妨想象一个世界，在这个世界中，复制分子在大海之中自由地漂浮。大海中有不同种类的复制因子，它们相互竞争空间和化学资源，以构建自身的副本，但它们不在染色体或细胞核中聚集。每个单独的复制因子都发挥表型效力来复制自己，而选择倾向于那些具有最有效的表型效力的复制因子。很容易想到，这种生命形式在演化上是不稳定的。它将被“联合起来”的突变复制因子入侵。某些复制因子具有与其他复制因子互补的化学效应，互补的意义在于，当两种化学效应结合时，这两种因子的复制均会被促进（前一章的模型 2）。我已经举过对催化生化链式反应连续阶段的酶进行编码的基因的例子。同样的原理也适用于彼此互补的复制分子所组成的更大群体。事实上，当前的生化研究表明，除了在富含食物的环境中营完全寄生的情况外，复制的最小单位大约是 50 个顺反子（Margulis 1981）。至于新基因是由旧基因的复制而产生并保持紧密结合，还是先前独立的基因主动结合在一起，其实并无区别。无论是哪种，我们都仍然可以讨论“联合”状态的演化稳定性。

如此一来，基因组合成细胞的原因就很容易理解了，但是，为什么细胞会组合成多细胞克隆呢？对此，有人可能认为我们不必去做什么思想实验，因为单细胞生物或非细胞生物在我们的世界上仍比比皆是。然而，这些生物都十分微小，我们还是可以想象一个可能的世界，其中存在巨大而复杂的单细胞或单核生物。是否存在一种生命形式，在这种生命形式中，一组位于单一中央核中的基因指导了一个具有复杂器官的宏观躯体的生化机制？这种生命要么是一个巨大的“细胞”，要么虽是一个多细胞体，但其中除了一个细胞外，其他所有细胞都缺乏自己的基因组副本。我认为，只有当其胚胎发育遵循与我们所熟悉的胚胎学截然不同的原则时，这样一种生命形式才可能存在。在我们所知的胚胎学中，在任何时候，任何一种类型的分化组织中，只有少数基因是被“开启”的（Gurdon 1974）。不可否认，在现阶段，这一论点还稍显薄弱，但如果整个身体只有一组基因，就不容易弄清适当的基因产物如何在适当的时机被传递到分化了的躯体的各个部分。

但是，为什么发育中的身体的每个细胞都必须有一套“完整”的基因呢？很容易想象一种生命形式，在其分化过程中，部分基因组也被分离出来。这样一种特定类型的组织，比如肝组织或肾组织，只有它所需要的基因。似乎只有种系细胞才真正需要保存整个基因组。事实之所以并非如此，原因可能很简单：从物理上讲，没有简单的方法可以分离出部分基因组。毕竟，发育中躯体的任何特定分化区域所需要的基因不都集中在一条染色体上。我想，我们现在可以自问，为什么情况会是这样。如果实际情况就是如此，那么在每次细胞分裂时对整个基因组进行完全分裂可能是最简单、最经济的方法。不过，基于我在第 9 章中提出的那个戴着有色眼镜的火星人比喻，并且也出于一种愤世嫉俗感的需要，读者可能会忍不住进一步猜测，有丝分裂中基因组的完全复制（而不是部分复制）是否可能是部分基因的一种适应，以使自己处于监督和阻止其基因“同僚”中潜在越轨基因的有利位置？就我个人而言，我对此表示怀疑，不是因为这个想法本身牵强，而是因为很难看出，如果肝中的一个基因实施越轨行为，并以一种损害肾或脾的基因的方式操纵肝，它本身如何从中获益。按照关于寄生虫的那一章的逻辑，“肝基因”和“肾基因”的利益会彼此重叠，因为它们共享相同的种系和相同的配子排出途径。

我还没有对生物体给出严格的定义。事实上，我们可以论证，生物体是一个效用可疑的概念，原因恰是其难以被圆满地定义。从免疫学或遗传学的角度来看，一对同卵双胞胎必须算作一个生物体，但很明显，从生理学家、动物行为学家或赫胥黎的不可分割标准的角度来看，他们并不符合条件。在群集的管水母或苔藓虫中，“个体”又是什么？植物学家有充分的理由不像动物学家那样热衷于“生物个体”这个词：“果蝇、面粉甲虫、兔子、扁形动物或大象的个体是细胞层次的种群，而不是更高层次的种群。饥饿不会改变动物的腿、心脏或肝的数量，但压力对植物的影响是同时改变新叶的形成速度和旧叶的死亡速度：植物可能通过改变其某些部分的数量来应对压力。”（Harper 1977，pp.20–21.）作为一名植物种群生物学家，对哈珀[1]来说，叶子可能是一个比“植物”更显著的“个体”，因为植物是一种零散的、模糊的实体，植物的繁殖可能很难与动物学家更乐意称之为“生长”的过程区分开来。哈珀觉得，有必要为植物学中不同种类的“个体”创造两个新名词。“‘分株’（ramet）是克隆生长的单元，如果从亲本植物中分离出来，它通常会独立存在。”有时，比如对于草莓而言，分株就是我们通常所说的“植物”的单位。在其他情况下，如对于白色三叶草而言，分株可能就是单片叶子。另一方面，“基株”（genet）是由一个单细胞合子（zygote）产生的单位，动物学家所说的动物有性生殖意义上的“个体”与之对等。

詹曾（Janzen 1977）[2]也面临同样的难题，他提出，蒲公英的克隆应该被视为一个“演化个体”（哈珀所说的基株），相当于一棵树，尽管它是沿着地面展开的，而非向上伸展，而且这一克隆还分出许多独立的实体“植物”（哈珀所说的分株）。根据这种观点，可能只有四株独立的蒲公英在相互竞争整个北美洲的领土。詹曾以同样的方式看待蚜虫的克隆。他的论文没有引用文献，但提出的观点并不新鲜。这种观点至少可以追溯到1854年，当时T. H. 赫胥黎（T. H. Huxley）[3]“将每个生命周期视为一个个体，从性事件到性事件的所有产物都是一个单一的单位。他甚至把蚜虫的无性谱系当作一个个体来

[1] 此处指约翰·兰德·哈珀（John Lander Harper），英国植物生态学家，对植物生态学作为一门现代科学的发展做出了巨大贡献。

[2] 此处指丹尼尔·亨特·詹曾（Daniel Hunter Janzen），美国演化生态学家和环保主义者。

[3] 即托马斯·亨利·赫胥黎（Thomas Henry Huxley），英国著名博物学家、生物学家，因对达尔文主义的坚决捍卫而被称为“达尔文的斗牛犬”。他是阿道司·赫胥黎、朱利安·赫胥黎和安德鲁·赫胥黎的祖父。

对待”（Ghiselin 1981）。这种思考方式有其可取之处，但我要指出的是，它遗漏了一些重要的东西。

重新表达赫胥黎 / 詹曾论点的一种方式如下。一个典型的生物体，比如一个人的种系，在每次减数分裂之间可能会经历几十次有丝分裂。运用第 5 章中“回溯”的方式来看待“基因的过去经历”，活着的人类体内的任何给定基因都有如下的细胞分裂历史：减数分裂、有丝分裂、有丝分裂……有丝分裂、减数分裂。在每一个这样的连续体中，与种系的有丝分裂并行的是，其他细胞的有丝分裂也为种系提供了大量克隆的“辅助”细胞，这些细胞组合在一起，形成了种系寓居其中的躯体。在每一代中，种系会汇入一个单细胞的“瓶颈”（一个配子，继而形成一个合子），然后它又散开，成为一个多细胞体，之后它又汇入一个新的瓶颈，如此循环往复（Bonner 1974）。

多细胞的躯体是用以生产单细胞繁殖体的机器。像大象这样的庞大躯体，则适合被看作大型工厂和重型机器设备，是一种暂时的资源消耗，投资于此是为了提高日后的繁殖产量（Southwood 1976）。在某种意义上，种系“希望”减少在重型机械上的资本投资，减少周期中生长部分的细胞分裂次数，从而缩短周期中生殖部分的重复间隔。但是，这种重复间隔有一个最佳长度，对于不同的生命形式，最佳长度也不尽相同。导致大象在太年幼弱小的时候繁殖的基因，相比那些倾向于产生最佳重复间隔的等位基因，生殖效率相对低下。那些恰好位于大象基因库中的基因，其最佳重复间隔要比小鼠基因库中基因的最佳重复间隔长得多。在大象的情况中，在寻求投资回报之前，需要投入更多的资本。原生动物在很大程度上省去了整个周期的生长阶段，它的细胞分裂都是“生殖”细胞分裂。

从这种观察生物体的方式可以得出，最终产物，即周期中生长阶段的“目标”就是繁殖（生殖）。组成大象的有丝分裂细胞，其分裂都是为了最终繁殖出可存活的配子，从而成功地延续种系。现在，记住这一点，再看看蚜虫。在夏季，无性生殖的雌蚜经历了一代又一代的无性生殖，并以仅一代的有性生殖而告终，再重新开始这个循环。显然，通过与大象的类比，我们很容易追随詹曾的观点，认为蚜虫夏季的无性生殖都是为了秋季有性生殖。根据这种观点，无性生殖根本就不是生殖。它只是生长，就像大象躯体的生长一样。在詹曾看来，雌蚜的全部克隆就是一个演化上的单一个体，因为它是单次性融合的产物。它是一个不同寻常的个体，因为它碰巧被分割成许多物理上独立的单元，但那又怎样？每一个这样的物理单元都包含它自己的种系片段，但雌性大象的左右卵巢也是如此。蚜虫案例中的种系片段被稀薄的空气分开，而大象的两个卵巢被内脏分开，但那又怎样？

尽管这一论点很有说服力，但我已经提到过，我认为它遗漏了一个重要的问题。将大多数有丝细胞分裂视为“生长”，并以繁殖（生殖）为其最终目标是正确的，将生物个体视为一个生殖事件的产物也没错，但詹曾将生殖 / 生长间的区别等同于有性 / 无性的区别是错误的。可以肯定的是，这两者间隐藏着一个重要的区别，但它不是有性与无性之间的区别，也不是减数分裂和有丝分裂之间的区别。

我想强调的区别，是种系细胞分裂（生殖）和体细胞或“死路”细胞分裂（生长）之间的区别。在种系细胞分裂中，被复制的基因有机会成为无限长的后代世系的祖先，实际上这些基因正是第 5 章所说的真正的种系复制因子。种系细胞分裂可以是有丝分裂，也可以是减数分裂。我们如果只是在显微镜下观察某次细胞分裂，可能无法判断这是不是种系分裂。种系细胞和体细胞的分裂都可能是看似相同的有丝分裂。

如果我们观察活体生物中任何细胞内的一个基因，并追溯其演化历史，其“经历”中最近的几次细胞分裂可能是体细胞分裂，但一旦我们在向后追溯的过程中达到了一次种系细胞分裂，该基因历史上所有在此之前的细胞分裂都必定是种系分裂。可以认为种系细胞的分裂是沿着演化时间向前推进的，而体细胞的分裂则是侧向推进的。体细胞分裂被用来制造终会衰朽的组织、器官和工具，其“目的”是促进种系细胞分裂。这个世界上的基因之所以在种系中存续下来，是因为得到了体细胞中与其完全相同的复制体的帮助。生长是通过死路体细胞的增殖来实现的，而生殖则是种系细胞繁殖的手段。

哈珀（1977）对植物的生殖和生长进行了区分，这通常相当于我对种系细胞分裂和体细胞分裂的区分：“这里对‘生殖’和‘生长’所做的区分是，生殖涉及从单个细胞形成一个新的个体：这个细胞通常是合子（虽然不总是如此，比如无融合生殖体的情况）。在这个过程中，一个新的个体被编码在细胞中的信息‘复制’出来。相反，生长源于分生组织的发育。”（Harper 1977，p.27 fn.）重要的是生长和生殖之间是否真的有重要的生物学区别，这与有丝分裂和“减数分裂 + 性生殖”之间的区别是不同的。“生殖”出两只蚜虫和“生长”出比原先大一倍的蚜虫，这两者之间真的有关键区别吗？詹曾大概会说没有，而哈珀大概会说有。我同意哈珀的观点，但直到我读了 J. T. 邦纳（1974）那本振奋人心的《论发育》（*On Development*）后，才真正明晰我自己的立场。这种论证最好还是借助思想实验。

想象一下，一种由扁平的、垫子似的叶状体组成的原始植物漂浮在海面上，其下表面吸收养分，其上表面吸收阳光。它并不“生殖”（即传播单细胞繁殖体到别处进行生长），而是在其边缘生长，延伸成一张越来越大的绿色圆毯，就像一朵巨大的睡莲，宽达几英里，而且在继续生长。也许这一叶状体的较老部分会最终死亡，所以它就像一个膨胀的圆环，而不是像真正的睡莲花那样是一个实心圆。也许，时不时地，这一叶状体会大块分裂，就像小块浮冰从大块浮冰上脱落一样，分离出来的大块叶状体漂荡到海洋各处。即使我们假定存在这种分裂，我也要指出，它并不是我们所关注意义上的生殖。

现在考虑一种与之类似的植物，只在一个关键方面与前者有所不同。当叶面直径达到 1 英尺时，它就停止生长，并代之以生殖。它制造单细胞繁殖体，有有性的，也有无性的，然后把它们散布到空气中，随风飘散很远。当其中一个繁殖体落在水面上时，就变成了一个新的叶状体，它会长到 1 英尺宽，然后再次繁殖。我将分别称这两个物种为 G（生长）和 R（生殖）。

按照詹曾论文的逻辑，只有当第二个物种 R 的“生殖”是有性生殖时，我们才能说两个物种之间存在重要区别。如果它是无性生殖，向空气中散布的繁殖体是有丝分裂的产物，在遗传上与亲本叶状体的细胞相同，那么对于詹曾来说，这两个物种之间并无重要的区别。R 中独立的“个体”在遗传上并不比 G 中叶状体的不同区域的差异更显著。对两个物种中的任一个，突变都可以启动新的细胞克隆。在 R 中，对于突变为何应该发生在繁殖体的形成过程中而非叶状体的生长过程中，并无特定原因。R 只是 G 的一个更加分裂化的版本，如同蒲公英的克隆就像一棵支离破碎的树一样。然而，我做这个思想实验的目的是揭示这两个假设物种之间的一个重要差异，它代表了生长和生殖之间的差异，即使其生殖是无性生殖。

G 只是生长，而 R 则交替生长和生殖。为什么这种区别很重要？从任何简单的意义上讲，答案都不可能是遗传，因为正如我们所看到的，无论在生长有丝分裂还是在生殖有丝分裂过程中，突变都同样可能启动遗传变化。我认为，这两个物种之间的重要区别在于，R 的谱系能够演化出复杂的适应能力，而 G 则不能，原因如下。

让我们再次考虑一个基因的过往历史，在这一例子中，这个基因位于 R 的细胞中。它有反复从一个“载具”传递到另一个类似载具的历史。它的每一个分裂连续体都以一个单细胞繁殖体开始，然后经过一个固定的生长周期，再将基因传递给一个新的单细胞繁殖体，从而形成一个新的多细胞体。它的历史体现出周期性，现在，这就是问题的关键。由于这一长串连续体中的每一个都是从单细胞开始发育的，因此后续个体的发育可能与其前辈略有不同。复杂的躯体结构和器官的演化，比如像猪笼草一样捕捉昆虫的复杂装置，只有在循环往复的演化过程中才有可能发生。我稍后再回到这一点的论述上来。

与此同时，我们将它和 G 的情况进行一下对比。位于巨大叶状体生长边缘的年轻细胞中的基因具有非周期性的历史，或者仅在细胞层次上具有周期性。当前细胞的祖先是另一个细胞，两个细胞的经历非常相似。相比之下，R 的每个细胞在生长序列中都有确定的位置。它要么在直径 1 英尺的叶状体的中心附近，要么在边缘附近，要么在两者之间的某个特定位置。因此，它可以在植物器官的指定位置上发挥其特殊作用。G 的细胞则没有这种明确的发育同一性。所有细胞首先都出现在生长边缘，后来被其他年轻细胞包围。其只有在细胞层次上才有周期性，这意味着在 G 中，演化变化只能发生在细胞层次上。例如，在细胞系中，细胞相比它们的前辈可能有所改进，发展出更复杂的内部细胞器结构。但其不可能发生器官的演化和多细胞层次上的适应，因为整个细胞群体没有发生周期性循环发育。当然，在 G 中，细胞及其祖先确实与其他细胞有物理接触，在这个意义上形成了一个多细胞“结构”。但从复杂多细胞器官的角度而言，它们可能与那些自由游动的原生动物无异。

为了组成一个复杂的多细胞器官，你需要一个复杂的发育序列。一个复杂的发育序列必定是从一个复杂度稍逊的早期发育序列演化而来的。发育序列必然有一个演化的过程，演化过程中的每一个都是对前一个的轻微改进。除了单细胞层次上的高频率发育周期外，G 并没有重复的发育序列。因此，它不能演化出多细胞分化和器官水平的复杂性。在某种程度上，它可以说有一个多细胞的发育过程，但这种发育在地质时间中是非循环的：物种在自身生长时间尺度和未来的演化时间尺度之间也没有分离。其唯一高频率的发育周期是细胞周期。另一方面，R 具有多细胞发育周期，且与演化时间相比速度更快。因此，随着时代更迭，其后期的发育周期可能不同于早期的发育周期，多细胞复杂性就可以演化出来。现在，我们正朝着一种对生物体的定义进发，即将生物体定义为“由一个通过单细胞发育‘瓶颈’实现的全新生殖行为所开创的单位”。

生长和生殖之间区别的重要性在于，每一次生殖行为都涉及一个新的发育周期，而生长只是现有躯体的扩增。当一只蚜虫通过孤雌生殖产生一只新的蚜虫时，新的蚜虫如果是突变体，就可能与其前身完全不同。另一方面，当一只蚜虫长到原来的两倍大时，只是所有的器官和复杂结构都增大了而已。我们可以说，这只生长中的巨型蚜虫的细胞系可能发生体细胞突变。这自然没错，但心脏中体细胞系的突变，不能从根本上重组心脏的结构。以脊椎动物为例，如果其现有心脏是两腔的，一个心房给一个心室供血，那么心脏生长边缘有丝分裂细胞的新突变就不太可能实现心脏的彻底重组，从而产生四个腔室，将肺循环与体循环分开。为了组合新的复杂性，需要新的发育起点。一个新的胚胎必须从头开始，从完全没有心脏的一张白纸开始作图。然后，突变才可能作用于早期发育中的敏感关键点，从而带来心脏的新基本结构。发育的周期循环允许每一代都“回到绘图板”（见下文）。

在本章一开始，我们就在探问为什么复制因子会聚集成庞大的多细胞克隆，也就是所谓的生物体。我们最初给出的答案相当令人不满意。而现在，一个更令人满意的答案开始浮现在我们面前。生物体是与单一生命周期相联系的实体单位。在多细胞生物中聚集的复制因子在演化进程中实现了生活史的定期循环和复杂的适应，并以此来帮助它们自我保存。

有些动物的生命周期还涉及不止一个差异显著的躯体。蝴蝶成虫与幼虫就迥然不同。很难想象蝴蝶是通过缓慢的器官内变化从毛虫（蠋）长成的：由毛虫器官长成相应的蝴蝶器官。相反，毛虫复杂的器官结构在很大程度上被分解，其组织被用作整个新身体发育的养料。

新的蝴蝶躯体并非完全从一个细胞重新构建，但原理是一样的。它从简单的、相对未分化的成虫盘（imaginal disc）发育出一种全新的身体结构。这相当于部分回到绘图板。

回到生长 / 生殖的区别本身，詹曾实际上并没有错。对于某些目的，这种区别可能不重要，而对于其他目的，区别仍然重要。在讨论某些生态或经济问题时，生长和无性生殖之间可能没有重要的区别。蚜虫的姐妹关系可能确实类似于单亲抚育。但为了其他目的，如为了讨论复杂组织的演化组合，这种区别是至关重要的。某类生态学家可能会从一片长满蒲公英的田野与一棵树的比较中获得启发。但对于其他目的来说，重要的是要了解差异，并将单个蒲公英的分株视为树的类似物。

但无论在哪种情况下，詹曾的立场都只代表少数。一位更典型的生物学家可能会认为詹曾把蚜虫的无性生殖看作生长不合常理，而哈珀和我把多细胞植物的营养繁殖看作生长而非生殖也不合常理。我们的决定是基于一个假设，即这种植物的“走茎”（runner）[1] 是一个多细胞分生组织，而不是一个单细胞繁殖体，但我们为什么要视这一点为重要区别呢？同样，我们可以通过一个涉及两种假想植物的思想实验揭示答案，在这个实验中，两种草莓状的植物分别被称为 M 和 S。

这两种假想的草莓状物种都是通过走茎进行营养繁殖的。两个物种的种群都是明显可识别的“植物”，彼此由走茎形成的网络相连。在这两个物种中，每一株“植物”（即分株）都可以产生一株以上的子植物，因此我们有可能以指数方式实现“种群”的增长（或“躯体”的成长，这取决于你的观点）。即使其为无性生

[1] 园艺学概念，又称“匍匐枝”，植物叶丛基部抽生出来的横生茎，茎节上着生叶、花和不定根，能产生幼小植株，可分离小植株另行栽植形成新株，是植物营养繁殖的一种方式。道金斯以此指代植物分生组织。

殖，也可以出现演化，因为有丝分裂有时也会发生突变（Whitham & Slobodchikoff 1981）。现在来看看这两个物种之间的关键区别。在物种 M（指代多细胞或分生组织）中，其走茎是一个具有宽泛分裂面的多细胞分生组织，意思是任何一株“植物”中的两个细胞都可能是亲本植物中两个不同细胞的有丝分裂后代。在有丝分裂血统方面，一个细胞与另一株“植物”中细胞的亲缘关系，可能比它与它所在植物中的另一个细胞更近。如果突变在细胞种群中引入了遗传异质性，这意味着单株植物可能成为遗传嵌合体，其部分细胞之间的亲缘关系与位于其他植物中的细胞相比更近。稍后我们将看到这对演化的影响。现在，我们回头看看另一种假设物种。

物种 S（指代单细胞）和 M 完全一样，除了每条走茎都会终止于单个“顶端细胞”（apical cell）[1] 以外。该细胞作为新的子植物的所有细胞的基底有丝分裂祖先而存在。这意味着一株给定植物中的所有细胞彼此之间的亲缘关系，比它们与其他植物中的任何细胞之间的亲缘关系都要近。如果突变将遗传异质性引入细胞种群，很少会出现嵌合体植物。相反，每一株植物都倾向于一个基因一致的克隆，但它可能与其他一些植物的基因相异，而与另一些植物的基因相同。这将是一个真正的植物种群，每一株植物都具有其所有细胞的基因型特征。因此，在我所说的“载具选择”的意义上，可以设想选择在整株植物的层次上发挥作用。一些整株植物可能比其他植物更为繁盛，因为它们具有更优越的基因型。

而在物种 M 中，特别是在其走茎为具有极宽泛分裂面的分生组织的情况下，遗传学家根本无法分辨出一个植物种群。他会看到细胞的种群，每个种群都有自己的基因型。一些细胞在基因上是一致的，其他的则有不同的基因型。某种形式的自然选择可能在这些细胞之间

[1] 植物根和茎顶端分生组织前端的单个原始细胞。

进行，但很难想象在其“植物”之间也可进行选择，因为这一物种的“植物”并不是一个可以被识别为具有特有基因型的单位。相反，一整块杂乱蔓延的植被将被视为一个细胞种群，任一基因型的细胞都随意散布在不同的“植物”中。在这种情况下，被我称为“基因载具”，即被詹曾称为“演化个体”的单位，将维持在细胞尺度上。细胞将成为遗传竞争选手。演化可能表现为细胞结构和生理机能的改进，但很难看出它如何表现为单株植物或其器官的改进。

有人可能认为，如果在该植物的单独区域中，特定的细胞亚群是由一个有丝分裂的祖先克隆而来的，那么器官结构的改进是可以通过演化实现的。例如，产生新“植物”的走茎可能是一个宽泛分裂面的分生组织，但新植物的每片叶子可能仍然是从其基部的单个细胞中生长出来的。因此，一片叶子可能是一组细胞的克隆，这些细胞之间的亲缘关系相比其与植物中其他任何部位的细胞的亲缘关系都更密切。鉴于体细胞突变在植物中很常见（Whitham & Slobodchikoff 1981），因此，即便不是在整株植物的层次上，难道我们不能在叶片层次上设想存在不断改进的复杂适应的演化吗？遗传学家现在可以分辨出遗传异质的叶片群体，其中每一个叶片都由遗传同质的细胞组成，那么自然选择是否会在成功的叶片和不成功的叶片之间进行呢？如果这个问题的答案是肯定的，那就太好了；也就是说，如果我们可以断言载具选择将在多细胞单位的层次结构的任何层次上进行，只要一个单位内的细胞与同一层次上其他单位的细胞相比，在遗传上趋于一致即可。然而不幸的是，这个推理中漏掉了一些东西。

还记得我将复制因子分为种系复制因子和死路复制因子吗？自然选择导致一些复制因子以损害其竞争对手的方式，令自身数量日益增多，但只有当复制因子位于种系中时，才会导致演化变化。从演化所关注的意义上讲，一个多细胞单位只有在至少部分细胞包含种系复制因子的情况下，才有资格被称为载具。叶片通常不具备这样的资格，因为它们的细胞核中只有死路复制因子。叶片细胞合成化学物质，最终使其他细胞受益，后者则含有叶片基因的种系副本，正是这些基因赋予了叶片特有的叶状表型。但我们不能接受上一段的结论，即只要一个器官内的细胞相比其他不同器官内的细胞有丝分裂亲缘关系更近，就可以进行叶片间载具选择，以及普遍的器官间选择。只有当叶片直接衍生出子叶片时，叶片间选择才会产生演化结果。叶片是器官，不是生物体。要发生器官间选择，相应器官必须有自己的种系，并自营生殖，而它们通常并不这样做。器官是生物体的组成部分，而生殖是生物体的特权。

为了使论述清晰，我的假设有点极端。在我的两种草莓状植物之间可能有一系列的中间物种。物种 M 的走茎是一个宽泛分裂面的分生组织，而物种 S 的走茎则收敛于每株新植物基部的单细胞瓶颈。但如果是在每株新植物的基部都有一个双细胞瓶颈的中间物种呢？这里主要有两种可能性。如果其发育模式如下，即子植物中的任一个细胞与两个干细胞中的哪一个同源无法预测，那么我关于发育瓶颈的观点将在数量上被削弱：遗传嵌合可能发生在植物种群中，但仍然存在一种统计趋势，即同一植物内的细胞相比该植物内细胞与其他植物的细胞，在遗传上更为接近。因此，我们在这一情况下谈论植物种群之中植物间的载具选择仍是有意义的，但前提是植物间的选择压力必须强大到超过植物内部细胞间的选择压力。顺便说一句，这类似于“亲缘群体选择”（Hamilton 1975a）发挥作用的条件之一。要做此类比，我们只需把植物看作一“组”细胞。

由每一株植物的基部存在一个双细胞瓶颈的假设产生的第二种可能性是，该物种的发育模式可能如下：该植物的某些器官始终是两个细胞中某个指定细胞的有丝分裂后代。例如，根系的细胞可能是从走茎下部的一个细胞发育而来的，而植物的其余部分则是从走茎上部的另一个细胞发育而来的。进一步说，如果下部的细胞总是来自亲本植物的根细胞，而上部的细胞则来自亲本植物的地上细胞，我们将会看到一个有趣的情况。根细胞与种群中其他植株的根细胞的亲缘关系，将比“自身”所在植物中的茎细胞和叶细胞的关系更近。此时突变也会开启演化变化的可能性，但这将是一种分裂层次的演化。地下的基因型可能撇开地上的基因型独自演化，而不考虑两者显而易见的同属一株“植物”的共同关系。从理论上讲，我们甚至可以设想一种生物体内部的“物种形成”。

简而言之，生长和生殖之间的区别的意义在于，生殖使一个新的开始、一个新的发育周期，以及一个新的生物体的诞生成为可能。就复杂结构的基本组织而言，新生物体相比它的前身可能有所改进。当然，它也可能不进反退，在这种情况下，它的遗传基础将被自然选择淘汰。但是，没有生殖的生长甚至不存在在器官水平上发生根本变化的可能性，无论这个变化是进还是退。它只有表面的修修补补。你可以把一辆正在组装的宾利改造成一辆正式版的劳斯莱斯，只需要在安装散热器之后修改一下组装过程。但是，如果你想把一辆福特车改造成一辆劳斯莱斯，就必须从图纸开始，在汽车已开始在装配线上“生长”之前“行动”。循环往复的生殖生命周期的意义，也就是“生物体”的意义在于，它们在演化过程中可以反复“回到绘图板”。

在这里，我们必须提防“生命”适应主义的异端邪说（Williams 1966）。我们已经看到，循环往复的生殖生命周期，即“生物体”，使复杂器官的演化成为可能。基于复杂器官在某种模糊意义上是一种出色的构思这一理由，我们太容易将其视为生物体生命周期存在的充分的适应性解释。一个相关的观点是，只有当个体会死亡时，循环往复的生殖才有可能实现（Maynard Smith 1969），但我们不该因此就说个体的死亡是一种为保持演化持续而做出的适应！突变也是如此：它的存在是演化发生的必要先决条件，尽管如此，自然选择很可能倾向于朝着零突变率的方向演化——所幸其从未实现（Williams 1966）。“生

长 / 生殖 / 死亡”类型的生命周期——多细胞克隆“生物体”类型的生命周期——产生了深远的影响，可能对复杂自适应系统的演化至关重要，但这种演化并不等同于对这种类型的生命周期的存在的适应性解释。身为一个达尔文主义者，必须首先为某类基因寻求直接利益，这些基因以损害其等位基因利益的方式促进生命周期。达尔文主义者可能会继而承认其他层次选择的可能性，比如差异化的谱系灭绝。但是，在这个困难的理论领域，他如果要提出关于“有性生殖之所以存在是因为其加速了演化”之类的意见，就必须表现出与费希尔（1930a）、威廉斯（1975）和梅纳德·史密斯（1978a）同样谨慎的态度。

生物体具有以下属性。它要么是单细胞的，要么是多细胞的。如果是多细胞的话，其细胞在基因上是近缘：它们是由同一个干细胞分化而来的，这意味着它们彼此之间拥有一个比其他任何生物的细胞都更接近的共同祖先。生物体是一个具有生命周期的单位，无论它多么复杂，都重复着以往生命周期的基本特征，并且可能对以往生命周期有所改进。生物体要么由种系细胞组成，要么包含种系细胞——作为自身细胞的一个子集，又或者，就像不育的社会性昆虫的职虫一样，为与其近缘的生物体的种系细胞的利益而行事。

对于为什么会有大型多细胞生物这个问题，我并不指望在最后一章给出一个完全令人满意的答案。要是能重新激发人们对这个问题的好奇心，我就心满意足了。我并没有将生物体的存在视为理所当然，也没有去问适应对那些显示出适应的生物体有什么益处，而是试图说明，生物体的存在本身应该被视为一种值得单独解释的现象。复制因子是存在的，这是基本事实，而它们的表型表现，包括延伸的表型表现，可以被视为保持复制因子存在的工具。生物体是这些工具巨大而复杂的组合，由一群复制因子共享的组合，这些复制因子原则上并不需要聚集在一起，但实际上确实彼此聚集，并在生物体的生存和生殖中拥有共同的利益。在这最后一章中，我不仅提醒读者注意生物体这一亟待解释的现象，而且试图勾勒出我们寻求解释的大致方向。这只是一个初步的概述，但它值得我在这里为其做个总结。

现存的复制因子，往往是那些善于为自身利益而操纵世界的复制因子。在此过程中，它们会利用环境提供的机会，而复制因子所处环境的一个重要方面是其他复制因子及其表型表现。如果某些复制因子的有益表型效应以其他复制因子的存在为条件，且后者恰恰在其环境中常见，那么这些复制因子就是成功的。当然，这里的“其他复制因子”也很成功，否则它们就不会常见了。因此，世界趋向于由彼此包容的成功的复制因子组成，这些复制因子彼此融洽无间。原则上，不同基因库、不同物种、不同纲、不同门乃至不同界的复制因子都可以如此相处。但是，在共有细胞核乃至共享基因库——有性生殖的存在令这种表达有意义——的复制因子子集之间，已经形成了一种特别亲密的相互包容的关系。

细胞核作为一群彼此不睦却又共存的复制因子的集合，本身就是一个非凡的现象。与其同样非凡又迥然相异的是多细胞克隆现象，即多细胞生物体的现象。复制因子与其他复制因子相互作用，产生多细胞生物，为自己创造了具有复杂器官和行为模式的载具。复杂的器官和行为模式在军备竞赛中更受青睐。复杂器官和行为模式的演化之所以成为可能，是因为生物体是一个具有循环生命周期的实体，每个周期都从一个单细胞开始。事实上，在以单个细胞为起始点的每一代中，每个周期都会重新开始，这使得突变可以通过“回到胚胎工程的绘图板”来实现大幅度的演化变化。它还通过将生物体中所有细胞的努力汇聚为一个狭窄的共有种系的利益，部分地抵御了越轨基因为其私利而牺牲同一种系、有利害关系的其他复制因子的“诱惑”。由此整合的多细胞生物是一种现象，是自然选择在最初独立的自私的复制因子身上发挥作用而表现的结果。这让复制因子从中获益，从而表现出聚生性。其赖以确保自身存续的表型效力，原则上是向外延伸、无远弗届的。实际上，“生物体”正是作为一种有着不完全边界的复制因子局部集合出现的，是一个复制因子共同效力所产生的结点。

后　记

丹尼尔·丹尼特

为什么一个哲学家要为这本书撰写后记？《延伸的表型》到底属于科学还是哲学？两者皆是。它当然是科学，但它也具备哲学应有之义，虽只是间或如此：它是一套严谨合理的论证，让我们得以窥见一个全新的视角，将那些曾经模糊不清和一知半解的理念一一澄清，它赋予我们一种全新的思维方式，来思考我们自认为已经理解的话题。正如理查德·道金斯在本书开始所说，"延伸的表型本身可能并不构成一个可检验的假设，但它在当下改变了我们看待动植物的方式，也可能会使我们构想出之前难以想象的可检验假设"。这种新的思维方式是什么？它不仅仅是"基因的视角"，这一表述因道金斯 1976 年的著作《自私的基因》而闻名于世。而在本书中，他在前作的基础上展示了我们关于生物体的传统思维方式应该如何被更宽广的视野取代，在这种视野中，生物体和环境之间的边界会首先消融，然后（部分地）在更深刻的基础上得以重建。"我将说明，基于遗传学术语的一般逻辑，我们不可避免地推出这样一个结论，即基因可以说具有延伸的表型效应，这种效应的表达并不局限于任何特定载具层次。"道金斯并没有宣告一场革命；他使用的是“遗传学术语的一般逻辑”，以此证明现有生物学中的一个惊人发现，即一个新的“中心原理”：“动物的行为倾向于最大化‘以此行为为目标’的基因的存续，无论这些基因是否恰好存在于表现该行为的特定动物体内。”道金斯先前那本开阔眼界之作——他在那本书中建议生物学家采纳基因的视角——也不是革命性的，而只是澄清了 1976 年已经开始席卷生物学界的一种关注点转移的趋势。对于道金斯早期的观点，有太多充满焦虑和误导的批评之词，以至于许多门外汉，甚至一些生物学家可能都未能意识到这种关注点转移的势头是何等浩大。我们现在知道，一个基因组，比如人类基因组，其构成机制充斥着令人惊叹的狡黠与智巧，并有赖于此而存在——其构成者不仅仅包含分子级别的抄写员和校对编辑，还有不法之徒和与之对抗的义警、陪伴者和逃脱艺术家、敲诈勒索者、瘾君子，以及其他狡猾的纳米级别行为主体。从它们机械般的冲突与谋划中，我们却可窥见有形大自然的奇迹。这种新视角所带来的成果，远远超出了几乎每天充斥于头版的那些与 DNA 片段相关的“惊人”新发现。我们为何会衰老，又是如何衰老的？我们为什么会生病？人类免疫缺陷病毒是如何传播的？在胚胎发育过程中，大脑是如何与躯体接驳的？我们可以用寄生虫代替毒药来控制农业害虫吗？在什么条件下，合作不仅是可能的，而且会出现并持续下去？所有这些至关重要的问题，以及其他更多的问题，都可通过重新思考复制因子实施复制的机会及相关成本和收益问题来阐明。

道金斯就像一名哲学家一样，聚焦于我们为解读这些过程和预测其结果而设计的解释逻辑。但这些解释都是科学解释，道金斯（以及其他许多人）想要宣称，其含义所代表的是科学结果，而不仅仅是一种有趣的、站得住脚的哲学相关信条。既然事关重大，我们就需要看看他给出的是不是合格的科学论述。为此，我们需要以实践检验个中逻辑。在这些实践场合中，我们收集数据，关注细节，并对易控现象的相对小规模假设进行实地测试。《自私的基因》是为受过教育的外行读者而写的，它忽略了许多科学评估需要详细考虑的复杂问题和技术细节。而《延伸的表型》则面向专业生物学家，但道金斯的笔触是如此优雅而清晰，以至于即便是外行读者，只要乐于动脑，也能跟上他的论述，并领悟此中问题的微妙之处。

我忍不住要对哲学家补充一句，这是一场思想盛宴：书中既有我平生所遇的最精湛、最持久的严谨论证链（请参阅第 5 章和最后 5 章），也不乏大量巧妙而生动的思想实验（请参阅第 192 页和第 318—319 页，以及其他许多段落）。出乎道金斯本人意料的是，他甚至对一些哲学争论做出了虽称不上一锤定音，但也颇具实质性进步的贡献。例如，第 269—271 页关于白蚁收集泥浆的遗传控制的思想实验给出了关于意图理论的有用见解——特别是对我与福多尔（Fodor）、德雷斯克（Dretske）等人涉及内容可以归因于机制的条件的辩论的有用见解。以哲学术语论，纯粹的外延性在遗传学中占主导地位，这使得任何对表型性状的标记都是“随意为之，只为便利行事”，但出于这个原因，我们的兴趣并非没有动机，因为我们想让人们注意到与这种情况相关的最有力事实。

对于科学家来说，书中有着丰富的可加以检验的预测——涉及各种不同主题，例如，黄蜂的交配策略、精子大小的演化、飞蛾的反捕食行为、寄生虫对蜜蜂和淡水钩虾的影响等等。书中也对一些问题进行了清晰利落的分析，比如性别的演化、基因组内部冲突（或基因组寄生）的条件，以及许多其他与我们的初始直觉相悖的话题。他对思考“绿胡子效应”及其近似现象时应避开的陷阱进行了小心翼翼的审视，对于任何冒险进入这一令人困惑的领域的人来说，这都是一本不可或缺的指南。

这本书自 1982 年首次出版以来，就一直是研究新达尔文演化理论的严肃学者的必读书目。今天重读它的一个显而易见的好处是，我们可以以一种快放的方式，对道金斯这些年来遭受的各类几乎毫无长进的批评做一番纵览。美国人斯蒂芬·杰·古尔德和理查德·列万廷，以及英国人史蒂文·罗斯等人，长期以来一直谆谆告诫世人要警惕“基因决定论”，而这种决定论据说正是滥觞自道金斯的基因视角生物学。然而在第 2 章中，我们发现他们最近的所有批评都已经被轻而易举地反驳了。你可能会觉得，在将近 20 年的时间里，他的对手总会发现一些新的切入角度，找出道金斯理论中的一些以往未见的可乘之隙，从而可以打入一两个颠覆性的楔子。但是，正如道金斯在另一本无关演化的著述中所评论的那样，他们的思想中“显然没有可带来进一步启迪的变化”。当你面对最激烈的批评之词时，你却发现只要简单重复一下你多年前就这个话题所说的那些话，就足以驳倒前者，这可太令人心满意足了！

如此可怕的“基因决定论”是什么？道金斯引用了古尔德在 1978 年的定义：“如果我们被‘编程’决定了我们将成为什么样的人，那么这些特征就是不可抗拒的。我们充其量只能对其加以引导，但绝不可能通过意志、教育或文化来改变它们。”但如果这就是基因决定论——我还没有看到批评家对此定义有任何正经的修改——那么道金斯就不是基因决定论者（E. O. 威尔逊也不是，且就我所知，任何知名的社会生物学家或演化心理学家都不是）。正如道金斯在一番无可挑剔的哲学分析中所表明的那样，关于“基因决定论”（或任何其他类型的决定论）所带来的“威胁”的整个观念，对于那些挥舞这个术语大棒的人来说是如此欠缺考虑，以至于这即便不是丑事一桩，也只能沦为糟糕的笑柄。道金斯在第 2 章中不仅反驳了这些指控，还诊断了批评者内心困惑的可能来源，正是这种困惑令他们情不自禁地对道金斯横加指责。正如他所说，其“体现了一种肆无忌惮的热衷于误解的态度”。令人遗憾的是，他是对的。

并非所有对新达尔文主义思想的批评都如此拙劣。也有批评者声称，适应主义思维太过蛊惑人心；人们太容易把一个没有证据支持的“原来如此”式的故事误认为一个严谨的演化论论据。此言不假。在这本书中，道金斯一次又一次巧妙地揭露了那些以各种方式违背现实的诱人论点。（若要找一些醒目的例子，请参阅第 99—100 页、第 105—106 页、第 207—208 页，以及第 346—347 页。）在第 54 页，道金斯提出了非常重要的观点，环境的改变可能不仅改变了表型效应的成功率，还可能会完全改变表型效应本身！有为数众多的典型荒谬指控声称，以基因的视角审视问题，就“必然”会忽视或低估选择环境中所发生的变化（包括“大规模偶然”变化）的贡献，但事实是，适应主义者也经常忽视这些（和其他）复杂因素，这就是为什么书中充斥着对失之简单的适应主义推理的警语。

另一个针对基因视角的典型指控就是所谓的“还原论”，但当这一批评指向道金斯时，却是极不恰当的。延伸的表型的观点非但没有以“更高层次存在的奇迹”为解释来遮蔽我们的双眼，反而通过消除严重的迷思来让我们看得更远、更清晰。正如道金斯所说，它让我们重新发现生物体。如果表型效应不必严守生物体与“外部”世界之间的界限，为什么还存在（多细胞）生物呢？这是一个非常好的问题，如果不是因为道金斯所提供的视角，我们可能不会如此发问，或者即便问了，也不能表达得这么好。我们每个人每天都携带着除了自身细胞核（和线粒体）DNA 以外的数千种谱系的 DNA（包括我们体内的寄生虫以及我们的肠道菌群的 DNA）四处奔忙，所有这些基因组在大多数情况下都相处融洽。毕竟，它们都是一根绳上的蚂蚱。一群羚羊、一窝白蚁、一对交配的鸟和它们的一窝蛋、一个人类社群——这些群体实体若论“群体性”，都比不上一个个体，后者拥有数以万亿计的细胞，其中每个细胞都是母本细胞和父本细胞结合的后代，正是这一结合开启了这场群体生命之旅。“在任何层次上，如果载具被摧毁，其内的所有复制因子都会被摧毁。因此，至少在某种程度上，自然选择将有利于那些可使其载具不易被摧毁的复制因子。原则上，这一点既适用于单个生物体，也适用于生物群体，因为如果一个群体被摧毁，其内含的所有基因也会被摧毁。”那么，基因真的很重要吗？根本不是。“从遗传学的角度来看，达尔文适合度并没有什么神奇之处。没有什么法则将其作为需要加以最大化的基本量优先考虑。”“迷因有它自己的复制机会，也有它自己的表型效应，没有理由说一个迷因的成功应该与基因的成功有任何联系。”

达尔文主义思想的逻辑不仅仅是关于基因的。越来越多的思想家开始意识到这一点：他们是演化经济学家、演化伦理学家以及其他社会科学领域的工作者，甚至是自然科学和艺术领域的学者。我认为这是一个哲学发现，不可否认，这令人难以置信。你手中拿着的这本书，正是理解新世界的最佳指南之一。

参考文献

Alcock, J. (1979). *Animal Behavior: An Evolutionary Approach*. Sunderland, Mass.: Sinauer.

Alexander, R. D. (1974). The evolution of social behavior. *Annual Review of Ecology and Systematics* 5, 325–83.

Alexander, R. D. (1980). *Darwinism and Human Affairs*. London: Pitman.

Alexander, R. D. & Borgia, G. (1978). Group selection, altruism, and the levels of organization of life. *Annual Review of Ecology and Systematics* 9, 449–74.

Alexander, R. D. & Borgia, G. (1979). On the origin and basis of the male–female phenomenon. In *Sexual Selection and Reproductive Competition in Insects* (eds M. S. Blum & N. A. Blum), pp. 417–40. New York: Academic Press.

Alexander, R. D. & Sherman, P. W. (1977). Local mate competition and parental investment in social insects. *Science* 96, 494–500.

Allee, W. C., Emerson, A. E., Park, O., Park, T. & Schmidt, K. P. (1949). *Principles of Animal Ecology*. Philadelphia: W. B. Saunders.

Axelrod, R. & Hamilton, W. D. (1981). The evolution of cooperation. *Science* 211, 1390–6.

Bacon, P. J. & Macdonald, D. W. (1980). To control rabies: vaccinate foxes. *New Scientist* 87, 640–5.

Baerends, G. P. (1941). Fortpflanzungsverhalten und Orientierung der Grabwespe *Ammophila campestris* Jur. *Tijdschrift voor Entomologie* 84, 68–275.

Barash, D. P. (1977). *Sociobiology and Behavior*. New York: Elsevier.

Barash, D. P. (1978). *The Whisperings Within*. New York: Harper & Row.

Barash, D. P. (1980). Predictive sociobiology: mate selection in damselfishes and brood defense in white-crowned sparrows. In *Sociobiology: Beyond Nature/Nurture?* (eds G. W. Barlow & J. Silverberg), pp. 209–26. Boulder: Westview Press.

Barlow, H. B. (1961). The coding of sensory messages. In *Current Problems in Animal Behaviour* (eds W. H. Thorpe & O. L. Zangwill), pp. 331–60. Cambridge: Cambridge University Press.

Bartz, S. H. (1979). Evolution of eusociality in termites. *Proceedings of the National Academy of Sciences, U.S.A.* 76, 5764–8.

Bateson, P. P. G. (1978). Book review: *The Selfish Gene. Animal Behaviour* 26, 316–18.

Bateson, P. P. G. (1982). Behavioural development and evolutionary processes. In *Current Problems in Sociobiology* (ed. King's College Sociobiology Group), pp. 133–51. Cambridge: Cambridge University Press.

Bateson, P. P. G. (1983) Optimal Outbreeding. In *Mate Choice* (ed. P. Bateson), pp. 257–77. Cambridge: Cambridge University Press.

Baudoin, M. (1975). Host castration as a parasitic strategy. *Evolution* 29, 335–52.

Beatty, R. A. & Gluecksohn-Waelsch, S. (1972). *The Genetics of the Spermatozoon*. Edinburgh: Department of Genetics of the University.

Bennet-Clark, H. C. (1971). Acoustics of insect song. *Nature* 234, 255–9.

Benzer, S. (1957). The elementary units of heredity. In *The Chemical Basis of Heredity* (eds W. D. McElroy & B. Glass), pp. 70–93. Baltimore: Johns Hopkins Press.

Bertram, B. C. R. (1978). *Pride of Lions*. London: Dent.

Bethel, W. M. & Holmes, J. C. (1973). Altered evasive behavior and responses to light in amphipods harboring acanthocephalan cystacanths. *Journal of Parasitology* 59, 945–56.

Bethel, W. M. & Holmes, J. C. (1977). Increased vulnerability of amphipods to predation owing to altered behavior induced by larval acanthocephalans. *Canadian Journal of Zoology* 55, 110–15.

Bethell, T. (1978). Burning Darwin to save Marx. *Harpers* 257 (Dec.), 31–8 & 91–2.

Bishop, D. T. & Cannings, C. (1978). A generalized war of attrition. *Journal of Theoretical Biology* 70, 85–124.

Blick, J. (1977). Selection for traits which lower individual reproduction. *Journal of Theoretical Biology* 67, 597–601.

Boden, M. (1977). *Artificial Intelligence and Natural Man*. Brighton: Harvester Press.

Bodmer, W. F. & Cavalli-Sforza, L. L. (1976). *Genetics, Evolution, and Man*. San Francisco: W. H. Freeman.

Bonner, J. T. (1958). *The Evolution of Development*. Cambridge: Cambridge University Press.

Bonner, J. T. (1974). *On Development*. Cambridge, Mass.: Harvard University Press.

Bonner, J. T. (1980). *The Evolution of Culture in Animals*. Princeton, N.J.: Princeton University Press.

Boorman, S. A. & Levitt, P. R. (1980). *The Genetics of Altruism*. New York: Academic Press.

Brenner, S. (1974). The genetics of *Caenorhabditis elegans*. *Genetics* 77, 71–94.

Brent, L., Rayfield, L. S., Chandler, P., Fierz, W., Medawar, P. B. & Simpson, E. (1981). Supposed lamarckian inheritance of immunological tolerance. *Nature* 290, 508–12.

Brockmann, H. J. (1980). Diversity in the nesting behavior of mud-daubers (*Trypoxylon politum Say*; Sphecidae). *Florida Entomologist* 63, 53–64.

Brockmann, H. J. & Dawkins, R. (1979). Joint nesting in a digger wasp as an evolutionarily stable preadaptation to social life. *Behaviour* 71, 203–45.

Brockmann, H. J., Grafen, A. & Dawkins, R. (1979). Evolutionarily stable nesting strategy in a digger wasp. *Journal of Theoretical Biology* 77, 473–96.

Broda, P. (1979). *Plasmids*. Oxford: W. H. Freeman.

Brown, J. L. (1975). *The Evolution of Behavior*. New York: W. W. Norton.

Brown, J. L. & Brown, E. R. (1981). Extended family system in a communal bird. *Science* 211, 959–60.

Bruinsma, O. & Leuthold, R. H. (1977). Pheromones involved in the building behaviour of *Macrotermes subhyalinus* (Rambur). *Proceedings of the 8th International Congress of the International Union for the Study of Social Insects*, Wageningen, 257–8.

Burnet, F. M. (1969). *Cellular Immunology*. Melbourne: Melbourne University Press.

Bygott, J. D., Bertram, B. C. R. & Hanby, J. P. (1979). Male lions in large coalitions gain reproductive advantages. *Nature* 282, 839–41.

Cain, A. J. (1964). The perfection of animals. In *Viewpoints in Biology*, 3 (eds J. D. Carthy & C. L. Duddington), pp. 36–63. London: Butterworths.

Cain, A. J. (1979). Introduction to general discussion. In *The Evolution of Adaptation by Natural Selection* (eds J. Maynard Smith & R. Holliday). *Proceedings of the Royal Society of London*, B 205, 599–604.

Cairns, J. (1975). Mutation selection and the natural selection of cancer. *Nature* 255, 197–200.

Cannon, H. G. (1959). *Lamarck and Modern Genetics*. Manchester: Manchester University Press.

Caryl, P. G. (1982). Animal signals: a reply to Hinde. *Animal Behaviour* 30, 240–4.

Cassidy, J. (1978). Philosophical aspects of the group selection controversy. *Philosophy of Science* 45, 575–94.

Cavalier-Smith, T. (1978). Nuclear volume control by nucleoskeletal DNA, selection for cell volume and cell growth rate, and the solution of the DNA C-value paradox. *Journal of Cell Science* 34, 247–78.

Cavalier-Smith, T. (1980). How selfish is DNA? *Nature* 285, 617–18.

Cavalli-Sforza, L. & Feldman, M. (1973). Cultural versus biological inheritance: phenotypic transmission from parents to children. *Human Genetics* 25, 618–37.

Cavalli-Sforza, L. & Feldman, M. (1981). *Cultural Transmission and Evolution*. Princeton, N.J.: Princeton University Press.

Charlesworth, B. (1979). Evidence against Fisher's theory of dominance. *Nature* 278, 848–9.

Charnov, E. L. (1977). An elementary treatment of the genetical theory of kin-selection. *Journal of Theoretical Biology* 66, 541–50.

Charnov, E. L. (1978). Evolution of eusocial behavior: offspring choice or parental parasitism? *Journal of Theoretical Biology* 75, 451–65.

Cheng, T. C. (1973). *General Parasitology*. New York: Academic Press.

Clarke, B. C. (1979). The evolution of genetic diversity. *Proceedings of the Royal Society of London*, B 205, 453–74.

Clegg, M. T. (1978). Dynamics of correlated genetic systems. II. Simulation studies of chromosomal segments under selection. *Theoretical Population Biology* 3, 1–23.

Cloak, F. T. (1975). Is a cultural ethology possible? *Human Ecology* 3, 161–82.

Clutton-Brock, T. H. & Harvey, P. H. (1979). Comparison and adaptation. *Proceedings of the Royal Society of London*, B 205, 547–65.

Clutton-Brock, T. H., Guinness, F. E. & Albon, S. D. (1982). *Red Deer: The Ecology of Two Sexes*. Chicago: Chicago University Press.

Cohen, J. (1977). *Reproduction*. London: Butterworths.

Cohen, S. N. (1976). Transposable genetic elements and plasmid evolution. *Nature* 263, 731–8.

Cosmides, L. M. & Tooby, J. (1981). Cytoplasmic inheritance and intragenomic conflict. *Journal of Theoretical Biology* 89, 83–129.

Craig, R. (1980). Sex investment ratios in social Hymenoptera. *American Naturalist* 116, 311–23.

Crick, F. H. C. (1979). Split genes and RNA splicing. *Science* 204, 264–71.

Croll, N. A. (1966). *Ecology of Parasites*. Cambridge, Mass.: Harvard University

Press.

Crow, J. F. (1979). Genes that violate Mendel's rules. *Scientific American* 240 (2), 104–13.

Crowden, A. E. & Broom, D. M. (1980). Effects of the eyefluke, *Diplostomum spathacaeum*, on the behaviour of dace (*Leuciscus leuciscus*). *Animal Behaviour* 28, 287–94.

Crozier, R. H. (1970). Coefficients of relationship and the identity by descent of genes in Hymenoptera. *American Naturalist* 104, 216–17.

Curio, E. (1973). Towards a methodology of teleonomy. *Experientia* 29, 1045–58.

Daly, M. (1979). Why don't male mammals lactate? *Journal of Theoretical Biology* 78, 325–45.

Daly, M. (1980). Contentious genes. *Journal of Social and Biological Structures* 3, 77–81.

Darwin, C. R. (1859). *The Origin of Species*. 1st edn, reprinted 1968. Harmondsworth, Middx: Penguin.

Darwin, C. R. (1866). Letter to A. R. Wallace, dated 5 July. In James Marchant (1916), *Alfred Russel Wallace Letters and Reminiscences*, Vol. 1, pp. 174–6. London: Cassell.

Davies, N. B. (1982). Alternative strategies and competition for scarce resources. In *Current problems in sociobiology* (ed. King's College Sociobiology Group), pp. 363–80. Cambridge: Cambridge University Press.

Dawkins, R. (1968). The ontogeny of a pecking preference in domestic chicks. *Zeitschrift für Tierpsychologie* 25, 170–86.

Dawkins, R. (1969). Bees are easily distracted. *Science* 165, 751.

Dawkins, R. (1971). Selective neurone death as a possible memory mechanism. *Nature* 229, 118–19.

Dawkins, R. (1976a). *The Selfish Gene*. Oxford: Oxford University Press.

Dawkins, R. (1976b). Hierarchical organisation: a candidate principle for ethology. In *Growing Points in Ethology* (eds P. P. G. Bateson & R. A. Hinde), pp. 7–54. Cambridge: Cambridge University Press.

Dawkins, R. (1978a). Replicator selection and the extended phenotype. *Zeitschrift für Tierpsychologie* 47, 61–76.

Dawkins, R. (1978b). What is the optimon? University of Washington, Seattle, Jessie & John Danz Lecture, unpublished.

Dawkins, R. (1979a). Twelve misunderstandings of kin selection. *Zeitschrift für Tierpsychologie* 51, 184–200.

Dawkins, R. (1979b). Defining sociobiology. *Nature* 280, 427–8.

Dawkins, R. (1980). Good strategy or evolutionarily stable strategy? In *Sociobiology: Beyond Nature/Nurture?* (eds G. W. Barlow & J. Silverberg), pp. 331–67. Boulder: Westview Press.

Dawkins, R. (1981). In defence of selfish genes. *Philosophy*, October.

Dawkins, R. (1982). Replicators and vehicles. In *Current Problems in Sociobiology* (ed. King's College Sociobiology Group), pp. 45–64. Cambridge: Cambridge University Press Dawkins, R. & Brockmann, H. J. (1980). Do digger wasps commit the Concorde fallacy? *Animal Behaviour* 28, 892–6.

Dawkins, R. & Carlisle, T. R. (1976). Parental investment, mate desertion and a fallacy. *Nature* 262, 131–3.

Dawkins, R. & Dawkins, M. (1973). Decisions and the uncertainty of behaviour. *Behaviour* 45, 83–103.

Dawkins, R. & Krebs, J. R. (1978). Animal signals: information or manipulation? In *Behavioural Ecology* (eds J. R. Krebs & N. B. Davies), pp. 282–309. Oxford: Blackwell Scientific Publications.

Dawkins, R. & Krebs, J. R. (1979). Arms races between and within species. *Proceedings of the Royal Society of London*, B 205, 489–511.

Dilger, W. C. (1962). The behavior of lovebirds. *Scientific American* 206 (1), 89–98.

Doolittle, W. F. & Sapienza, C. (1980). Selfish genes, the phenotype paradigm and genome evolution. *Nature* 284, 601–3.

Dover, G. (1980). Ignorant DNA? *Nature* 285, 618–19.

Eaton, R. L. (1978). Why some felids copulate so much: a model for the evolution of copulation frequency. *Carnivore* 1, 42–51.

Eberhard, W. G. (1980). Evolutionary consequences of intracellular organelle competition. *Quarterly Review of Biology* 55, 231–49.

Eldredge, N. & Cracraft, J. (1980). *Phylogenetic Patterns and the Evolutionary Process*. New York: Columbia University Press.

Eldredge, N. & Gould, S. J. (1972). Punctuated equilibria: an alternative to phyletic gradualism. In *Models in Paleobiology* (ed. T. J. M. Schopf), pp. 82–115. San Francisco: Freeman Cooper.

Emerson, A. E. (1960). The evolution of adaptation in population systems. In *Evolution after Darwin* (ed. S. Tax), pp. 307–48. Chicago: Chicago University Press.

Evans, C. (1979). *The Mighty Micro*. London: Gollancz.

Ewald, P. W. (1980). Evolutionary biology and the treatment of signs and symptoms of infectious disease. *Journal of Theoretical Biology* 86, 169–71.

Falconer, D. S. (1960). *Introduction to Quantitative Genetics*. London: Longman.

Fisher, R. A. (1930a). *The Genetical Theory of Natural Selection*. Oxford: Clarendon Press.

Fisher, R. A. (1930b). The distribution of gene ratios for rare mutations. *Proceedings of the Royal Society of Edinburgh* 50, 204–19.

Fisher, R. A. & Ford, E. B. (1950). The Sewall Wright effect. *Heredity* 4, 47–9.

Ford, E. B. (1975). *Ecological Genetics*. London: Chapman and Hall.

Fraenkel, G. S. & Gunn, D. L. (1940). *The Orientation of Animals*. Oxford: Oxford University Press.

Frisch, K. von (1967). *A Biologist Remembers*. Oxford: Pergamon Press.

Frisch, K. von (1975). *Animal Architecture*. London: Butterworths.

Futuyma, D. J., Lewontin, R. C., Mayer, G. C., Seger, J. & Stubblefield, J. W. (1981). Macroevolution conference. *Science* 211, 770.

Ghiselin, M. T. (1974a). *The Economy of Nature and the Evolution of Sex*. Berkeley: University of California Press.

Ghiselin, M. T. (1974b). A radical solution to the species problem. *Systematic Zoology* 23, 536–44.

Ghiselin, M. T. (1981). Categories, life and thinking. *Behavioral and Brain Sciences* 4, 269–313.

Gilliard, E. T. (1963). The evolution of bowerbirds. *Scientific American* 209 (2), 38–46.

Gilpin, M. E. (1975). *Group Selection in Predator-Prey Communities*. Princeton, N.J.: Princeton University Press.

Gingerich, P. D. (1976). Paleontology and phylogeny: patterns of evolution at the species level in early Tertiary mammals. *American Journal of Science* 276, 1–28.

Glover, J. (ed.) (1976). *The Philosophy of Mind*. Oxford: Oxford University Press.

Goodwin, B. C. (1979). Spoken remark in *Theoria to Theory* 13, 87–107.

Gorczynski, R. M. & Steele, E. J. (1980). Inheritance of acquired immunological tolerance to foreign histocompatibility antigens in mice. *Proceedings of the National Academy of Sciences, U.S.A.* 77, 2871–5.

Gorczynski, R. M. & Steele, E. J. (1981). Simultaneous yet independent inheritance of somatically acquired tolerance to two distinct H-2 antigenic haplotype determinants in mice. *Nature* 289, 678–81.

Gould, J. L. (1976). The dance language controversy. *Quarterly Review of Biology* 51, 211–44.

Gould, S. J. (1977a). *Ontogeny and Phylogeny*. Cambridge, Mass.: Harvard University Press.

Gould, S. J. (1977b). Caring groups and selfish genes. *Natural History* 86 (12), 20–4.

Gould, S. J. (1977c). Eternal metaphors of palaeontology. In *Patterns of Evolution* (ed. A. Hallam), pp. 1–26. Amsterdam: Elsevier.

Gould, S. J. (1978). *Ever Since Darwin*. London: Burnett.

Gould, S. J. (1979). Shades of Lamarck. *Natural History* 88 (8), 22–8.

Gould, S. J. (1980a). The promise of paleobiology as a nomothetic, evolutionary discipline. *Paleobiology* 6, 96–118.

Gould, S. J. (1980b). Is a new and general theory of evolution emerging? *Paleobiology* 6, 119–30.

Gould, S. J. & Calloway, C. B. (1980). Clams and brachiopods—ships that pass in the night. *Paleobiology* 6, 383–96.

Gould, S. J. & Eldredge, N. (1977). Punctuated equilibria: the tempo and mode of evolution reconsidered. *Paleobiology* 3, 115–51.

Gould, S. J. & Lewontin, R. C. (1979). The spandrels of San Marco and the Panglossian paradigm: a critique of the adaptationist programme. *Proceedings of the Royal Society of London*, B 205, 581–98.

Grafen, A. (1979). The hawk-dove game played between relatives. *Animal Behaviour* 27, 905–7.

Grafen, A. (1980). Models of r and d. *Nature* 284, 494–5.

Grant, V. (1978). Kin selection: a critique. *Biologisches Zentralblatt* 97, 385–92.

Grassé, P. P. (1959). La réconstruction du nid et les coordinations interindividuelles chez *Bellicositermes natalensis* et *Cubitermes* sp. La théorie de lastigmergie: essai d'interpretation du comportement des termites constructeurs. *Insectes Sociaux* 6, 41–80.

Greenberg, L. (1979). Genetic component of bee odor in kin recognition. *Science* 206, 1095–7.

Greene, P. J. (1978). From genes to memes? *Contemporary Sociology* 7, 706–9.

Gregory, R. L. (1961). The brain as an engineering problem. In *Current Problems in Animal Behaviour* (eds W. H. Thorpe & O. L. Zangwill), pp. 307–30. Cambridge: Cambridge University Press.

Grey Walter, W. (1953). *The Living Brain*. London: Duckworth.

Grun, P. (1976). *Cytoplasmic Genetics and Evolution*. New York: Columbia University Press.

Gurdon, J. B. (1974). *The Control of Gene Expression in Animal Development*. Oxford: Oxford University Press.

Hailman, J. P. (1977). *Optical Signals*. Bloomington: Indiana University Press.

Haldane, J. B. S. (1932a). *The Causes of Evolution*. London: Longman's Green.

Haldane, J. B. S. (1932b). The time of action of genes, and its bearing on some evolutionary problems. *American Naturalist* 66, 5–24.

Haldane, J. B. S. (1955). Population genetics *New Biology* 18, 34–51.

Hallam, A. (1975). Evolutionary size increase and longevity in Jurassic bivalves and ammonites. *Nature* 258, 493–6.

Hallam, A. (1978). How rare is phyletic gradualism and what is its evolutionary significance? *Paleobiology* 4, 16–25.

Hamilton, W. D. (1963). The evolution of altruistic behavior. *American Naturalist* 97, 31–3.

Hamilton, W. D. (1964a). The genetical evolution of social behaviour. I. *Journal of Theoretical Biology* 7, 1–16.

Hamilton, W. D. (1964b). The genetical evolution of social behaviour. II. *Journal of Theoretical Biology* 7, 17–32.

Hamilton, W. D. (1967). Extraordinary sex ratios. *Science* 156, 477–88.

Hamilton, W. D. (1970). Selfish and spiteful behaviour in an evolutionary model. *Nature* 228, 1218–20.

Hamilton, W. D. (1971a). Selection of selfish and altruistic behavior in some extreme models. In *Man and Beast: Comparative Social Behavior* (eds J. F. Eisenberg & W. S. Dillon), pp. 59–91. Washington, D.C.: Smithsonian Institution.

Hamilton, W. D. (1971b). Addendum. In *Group selection* (ed. G. C. Williams), pp. 87–9. Chicago: Aldine, Atherton.

Hamilton, W. D. (1972). Altruism and related phenomena, mainly in social insects. *Annual Review of Ecology and Systematics* 3, 193–232.

Hamilton, W. D. (1975a) Innate social aptitudes of man: an approach from evolutionary genetics. In *Biosocial Anthropology* (ed. R. Fox), pp. 133–55. London: Malaby Press.

Hamilton, W. D. (1975b). Gamblers since life began: barnacles, aphids, elms. *Quarterly Review of Biology* 50, 175–80.

Hamilton, W. D. (1977). The play by nature. *Science* 196, 757–9.

Hamilton, W. D. & May R. M. (1977). Dispersal in stable habitats. *Nature* 269, 578–81.

Hamilton, W. J. & Orians, G. H. (1965). Evolution of brood parasitism in altricial birds. *Condor* 67, 361–82.

Hansell, M. H. (1984). *Animal Architecture and Building Behaviour*. London: Longman.

Hardin, G. (1968). The tragedy of the commons. *Science* 162, 1243–8.

Hardin, G. (1978). Nice guys finish last. In *Sociobiology and Human Nature* (eds M. S. Gregory et al.). pp. 183–94. San Francisco: Jossey-Bass.

Hardy, A. C. (1954). Escape from specialization. In *Evolution as a Process* (eds J. S. Huxley, A. C. Hardy & E. B. Ford), pp. 122–40. London: Allen & Unwin.

Harley, C. B. (1981). Learning the evolutionarily stable strategy. *Journal of Theoretical Biology*, 89, 611–33.

Harpending, H. C. (1979). The population genetics of interaction. *American Naturalist* 113, 622–30.

Harper, J. L. (1977). *Population Biology of Plants*. London: Academic Press.

Hartung, J. (1981). Transfer RNA, genome parliaments, and sex with the red queen. In *Natural Selection and Social Behavior: Recent Research and New Theory* (eds R. D. Alexander & D. W. Tinkle). New York: Chiron.

Harvey, P. H. & Mace, G. M. (1982) Comparisons between taxa and adaptive trends: problems of methodology. In *Current Problems in Sociobiology* (ed. King's College Sociobiology Group), pp. 343–61. Cambridge: Cambridge University Press.

Heinrich, B. (1979). *Bumblebee Economics*. Cambridge, Mass.: Harvard University Press.

Hickey, W. A. & Craig, G. B. (1966). Genetic distortion of sex ratio in a mosquito, *Aedes aegypti. Genetics* 53, 1177–96.

Hinde, R. A. (1975). The concept of function. In *Function and Evolution of Behaviour* (eds G. Baerends, C. Beer & A. Manning), pp. 3–15. Oxford: Oxford University Press.

Hinde, R. A. (1981). Animal signals: ethological and game theory approaches are not incompatible. *Animal Behaviour* 29, 535–42.

Hinde, R. A. & Steel, E. (1978). The influence of daylength and male vocalizations on the estrogen-dependent behavior of female canaries and budgerigars, with discussion of data from other species. In *Advances in the Study of Behavior*, Vol. 8 (eds J. S. Rosenblatt et al.), pp. 39–73. New York: Academic Press.

Hines, W. G. S. & Maynard Smith, J. (1979). Games between relatives. *Journal of Theoretical Biology* 79, 19–30.

Hofstadter, D. R. (1979). *Gödel, Escher, Bach: An Eternal Golden Braid*. Brighton: Harvester Press.

Hölldobler, B. & Michener, C. D. (1980). Methods of identification and discrimination in social Hymenoptera. In *Evolution of Social Behavior: Hypotheses and Empirical Tests* (ed. H. Markl), pp. 35–57. Weinheim: Verlag Chemie.

Holmes, J. C. & Bethel, W. M. (1972). Modification of intermediate host behaviour by parasites. In *Behavioural Aspects of Parasite Transmission* (eds E. U. Canning & C. A. Wright), pp. 123–49. London: Academic Press.

Howard, J. C. (1981). A tropical volute shell and the Icarus syndrome. *Nature* 290, 441–2.

Hoyle, F. (1964). *Man in the Universe*. New York: Columbia University Press.

Hull, D. L. (1976). Are species really individuals? *Systematic Zoology* 25, 174–91.

Hull, D. L. (1980a). The units of evolution: a metaphysical essay. In *Studies in the Concept of Evolution* (eds U. J. Jensen & R. Harré). Brighton: Harvester Press.

Hull, D. L. (1980b). Individuality and selection. *Annual Review of Ecology and Systematics* 11, 311–32.

Huxley, J. S. (1912). *The Individual in the Animal Kingdom*. Cambridge: Cambridge University Press.

Huxley, J. S. (1932). *Problems of Relative Growth*. London: McVeagh.

Jacob, F. (1977). Evolution and tinkering. *Science* 196, 1161–6.

Janzen, D. H. (1977). What are dandelions and aphids? *American Naturalist* 111, 586–9.

Jensen, D. (1961). Operationism and the question 'Is this behavior learned or innate?' *Behaviour* 17, 1–8.

Jeon, K. W. & Danielli, J. F. (1971). Micrurgical studies with large free-living amebas. *International Reviews of Cytology* 30, 49–89.

Judson, H. F. (1979). *The Eighth Day of Creation*. London: Cape.

Kalmus, H. (1955). The discrimination by the nose of the dog of individual human odours. *British Journal of Animal Behaviour* 3, 25–31.

Keeton, W. T. (1980). *Biological Science*, 3rd edn. New York: W. W. Norton.

Kempthorne, O. (1978). Logical, epistemological and statistical aspects of nature–nurture data interpretation. *Biometrics* 34, 1–23.

Kerr, A. (1978). The Ti plasmid of *Agrobacterium. Proceedings of the 4th International Conference, Plant Pathology and Bacteriology*, Angers, 101–8.

Kettlewell, H. B. D. (1955). Recognition of appropriate backgrounds by the pale and dark phases of Lepidoptera. *Nature* 175, 943–4.

Kettlewell, H. B. D. (1973). *The Evolution of Melanism*. Oxford: Oxford University Press.

Kirk, D. L. (1980). *Biology Today*. New York: Random House.

Kirkwood, T. B. L. & Holliday, R. (1979). The evolution of ageing and longevity. *Proceedings of the Royal Society of London* B 205, 531–46.

Knowlton, N. & Parker, G. A. (1979). An evolutionarily stable strategy approach to indiscriminate spite. *Nature* 279, 419–21.

Koestler, A. (1967). *The Ghost in the Machine*. London: Hutchinson.

Krebs, J. R. (1977). Simplifying sociobiology. *Nature* 267, 869.

Krebs, J. R. (1978). Optimal foraging: decision rules for predators. In *Behavioural Ecology* (eds J. R. Krebs & N. B. Davies), pp. 23–63. Oxford: Blackwell Scientific.

Krebs, J. R. & Davies, N. B. (1978). *Behavioural Ecology*. Oxford: Blackwell Scientific.

Kuhn, T. S. (1970). *The Structure of Scientific Revolutions*, 2nd edn. Chicago: University of Chicago Press.

Kurland, J. A. (1979). Can sociality have a favorite sex chromosome? *American Naturalist* 114, 810–17.

Kurland, J. A. (1980). Kin selection theory: a review and selective bibliography. *Ethology & Sociobiology* 1, 255–74.

Lack, D. (1966). *Population Studies of Birds*. Oxford: Oxford University Press.

Lack, D. (1968). *Ecological Adaptations for Breeding in Birds*. London: Methuen.

Lacy, R. C. (1980). The evolution of eusociality in termites: a haplodiploid analogy? *American Naturalist* 116, 449–51.

Lande, R. (1976). Natural selection and random genetic drift. *Evolution* 30, 314–34.

Lawlor, L. R. & Maynard Smith, J. (1976). The coevolution and stability of competing species. *American Naturalist* 110, 79–99

Lehrman, D. S. (1970). Semantic and conceptual issues in the nature-nurture problem. In *Development and Evolution of Behavior* (eds L. R. Aronson et al.), pp. 17–52. San Francisco: W. H. Freeman.

Leigh, E. (1971). *Adaptation and Diversity*. San Francisco: Freeman Cooper.

Leigh, E. (1977). How does selection reconcile individual advantage with the good of the group? *Proceedings of the National Academy of Sciences, U.S.A.* 74, 4542–6.

Levinton, J. S. & Simon, C. M. (1980). A critique of the punctuated equilibria model and implications for the detection of speciation in the fossil record. *Systematic Zoology* 29, 130–42.

Levy, D. (1978). Computers are now chess masters. *New Scientist* 79, 256–8.

Lewontin, R. C. (1967). Spoken remark in *Mathematical Challenges to the Neo-Darwinian Interpretation of Evolution* (eds P. S. Moorhead & M. Kaplan). *Wistar Institute Symposium Monograph* 5, 79.

Lewontin, R. C. (1970a). The units of selection. *Annual Review of Ecology and Systematics* 1, 1–18.

Lewontin, R. C. (1970b). On the irrelevance of genes. In *Towards a Theoretical Biology, 3: Drafts* (ed. C. H. Waddington), pp. 63–72. Edinburgh: Edinburgh University Press.

Lewontin, R. C. (1974). *The Genetic Basis of Evolutionary Change*. New York and London: Columbia University Press.

Lewontin, R. C. (1977). Caricature of Darwinism. *Nature* 266, 283–4.

Lewontin, R. C. (1978). Adaptation. *Scientific American* 239 (3), 156–69.

Lewontin, R. C. (1979a). Fitness, survival and optimality. In *Analysis of Ecological Systems* (eds D. J. Horn, G. R. Stairs & R. D. Mitchell), pp. 3–21. Columbus: Ohio State University Press.

Lewontin, R. C. (1979b). Sociobiology as an adaptationist program. *Behavioral Science* 24, 5–14.

Lindauer, M. (1961). *Communication among Social Bees*. Cambridge, Mass.: Harvard University Press.

Lindauer, M. (1971). The functional significance of the honeybee waggle dance. *American Naturalist* 105, 89–96.

Linsenmair, K. E. (1972). Die Bedeutung familienspezifischer "Abzeichen" für den Familienzusammenhalt bei der sozialen Wustenassel *Hemilepistus reamuri* Audouin u. Savigny (Crustacea, Isopoda, Oniscoidea). *Zeitschrift für Tierpsychologie* 31, 131–62.

Lloyd, J. E. (1975). Aggressive mimicry in *Photuris*: signal repertoires by femmes fatales. *Science* 187, 452–3.

Lloyd, J. E. (1979). Mating behavior and natural selection. *Florida Entomologist* 62 (1), 17–23.

Lloyd, J. E. (1981). Firefly mate-rivals mimic predators and vice versa. *Nature* 290, 498–500.

Lloyd, M. & Dybas, H. S. (1966). The periodical cicada problem. II. Evolution. *Evolution* 20, 466–505.

Lorenz, K. (1937). Uber die Bildung des Instinktbegriffes. *Die Naturwissenschaften* 25, 289–300.

Lorenz, K. (1966). *Evolution and Modification of Behavior*. London: Methuen.

Love, M. (1980). The alien strategy. *Natural History* 89 (5), 30–2.

Lovelock, J. E. (1979). *Gaia*. Oxford: Oxford University Press.

Lumsden, C. J. & Wilson, E. O. (1980). Translation of epigenetic rules of individual behavior into ethnographic patterns. *Proceedings of the National Academy of*

Sciences, U.S.A. 77, 4382–6.

Lyttle, T. W. (1977). Experimental population genetics of meiotic drive systems. I. Pseudo-Y chromosomal drive as a means of eliminating cage populations of *Drosophila melanogaster. Genetics* 86, 413–45.

McCleery, R. H. (1978). Optimal behaviour sequences and decision making. In *Behavioural Ecology* (eds J. R. Krebs & N. B. Davies), pp. 377–410. Oxford: Blackwell Scientific.

McFarland, D. J. & Houston, A. I. (1981). *Quantitative Ethology*. London: Pitman.

McLaren, A., Chandler, P., Buehr, M., Fierz, W. & Simpson, E. (1981). Immune reactivity of progeny of tetraparental male mice. *Nature* 290, 513–14.

Manning, A. (1971). Evolution of behavior. In *Psychobiology* (ed. J. L. McGaugh), pp. 1–52. New York: Academic Press.

Margulis, L. (1970). *Origin of Eukaryotic Cells*. New Haven: Yale University Press.

Margulis, L. (1976). Genetic and evolutionary consequences of symbiosis. *Experimental Parasitology* 39, 277–349.

Margulis, L. (1981). *Symbiosis in Cell Evolution*. San Francisco: W. H. Freeman.

Maynard Smith, J. (1969). The status of neo-Darwinism. In *Towards a Theoretical Biology, 2: Sketches* (ed. C. H. Waddington), pp. 82–9. Edinburgh: Edinburgh University Press.

Maynard Smith, J. (1972). *On Evolution*. Edinburgh: Edinburgh University Press.

Maynard Smith, J. (1974). The theory of games and the evolution of animal conflicts. *Journal of Theoretical Biology* 47, 209–21.

Maynard Smith, J. (1976a). Group Selection. *Quarterly Review of Biology* 51, 277–83.

Maynard Smith, J. (1976b). What determines the rate of evolution? *American Naturalist* 110, 331–8.

Maynard Smith, J. (1977). Parental investment: a prospective analysis. *Animal Behaviour* 25, 1–9.

Maynard Smith, J. (1978a). *The Evolution of Sex*. Cambridge: Cambridge University Press.

Maynard Smith, J. (1978b). Optimization theory in evolution. *Annual Review of Ecology and Systematics* 9, 31–56.

Maynard Smith, J. (1979). Game theory and the evolution of behaviour. *Proceedings of the Royal Society of London*, B 205, 475–88.

Maynard Smith, J. (1980). Regenerating Lamarck. *Times Literary Supplement*

No. 4047, 1195.

Maynard Smith, J. (1981). Macroevolution. *Nature* 289, 13–14.

Maynard Smith, J. (1982) The evolution of social behaviour—a classification of models. In *Current Problems in Sociobiology* (ed. King's College Sociobiology Group), pp. 29–44. Cambridge: Cambridge University Press.

Maynard Smith, J. & Parker, G. A. (1976). The logic of asymmetric contests. *Animal Behaviour* 24, 159–75.

Maynard Smith, J. & Price, G. R. (1973). The logic of animal conflict. *Nature* 246, 15–18.

Maynard Smith, J. & Ridpath, M. G. (1972). Wife sharing in the Tasmanian native hen, *Tribonyx mortierii*: a case of kin selection? *American Naturalist* 106, 447–52.

Mayr, E. (1963). *Animal Species and Evolution*. Cambridge, Mass.: Harvard University Press.

Medawar, P. B. (1952). *An Unsolved Problem in Biology*. London: H. K. Lewis.

Medawar, P. B. (1957). *The Uniqueness of the Individual*. London: Methuen.

Medawar, P. B. (1960). *The Future of Man*. London: Methuen.

Medawar, P. B. (1967). *The Art of the Soluble*. London: Methuen.

Medawar, P. B. (1981). Back to evolution. *New York Review of Books* 28 (2), 34–6.

Mellanby, K. (1979). Living with the Earth Mother. *New Scientist* 84, 41.

Midgley, M. (1979). Gene-juggling. *Philosophy* 54, 439–58.

Murray, J. & Clarke, B. (1966). The inheritance of polymorphic shell characters in *Partula* (Gastropoda). *Genetics* 54, 1261–77.

'Nabi, I.' (1981). Ethics of genes. *Nature* 290, 183.

Old, R. W. & Primrose, S. B. (1980). *Principles of Gene Manipulation*. Oxford: Blackwell Scientific.

Orgel, L. E. (1979). Selection *in vitro*. *Proceedings of the Royal Society of London*, B 205, 435–42.

Orgel, L. E. & Crick, F. H. C. (1980). Selfish DNA: the ultimate parasite. *Nature* 284, 604–7.

Orlove, M. J. (1975). A model of kin selection not invoking coefficients of relationship. *Journal of Theoretical Biology* 49, 289–310.

Orlove, M. J. (1979). Putting the diluting effect into inclusive fitness. *Journal of Theoretical Biology* 78, 449–50.

Oster, G. F. & Wilson, E. O. (1978). *Caste and Ecology in the Social Insects*. Princeton: Princeton University Press.

Packard, V. (1957). *The Hidden Persuaders*. London: Penguin.

Parker, G. A. (1978a). Searching for mates. In *Behavioural Ecology* (eds J. R. Krebs & N. B. Davies), pp. 214–44. Oxford: Blackwell Scientific.

Parker, G. A. (1978b). Selection on non-random fusion of gametes during the evolution of anisogamy. *Journal of Theoretical Biology* 73, 1–28.

Parker, G. A. (1979). Sexual selection and sexual conflict. In *Sexual Selection and Reproductive Competition in Insects* (eds M. S. Blum & N. A. Blum), pp. 123–66. New York: Academic Press.

Parker, G. A. & Macnair, M. R. (1978). Models of parent-offspring conflict. I. Monogamy. *Animal Behaviour* 26, 97–110.

Partridge, L. & Nunney, L. (1977). Three-generation family conflict. *Animal Behaviour* 25, 785–6.

Peleg, B. & Norris, D. M. (1972). Symbiotic interrelationships between microbes and Ambrosia beetles. VII. *Journal of Invertebrate Pathology* 20, 59–65.

Pittendrigh, C. S. (1958). Adaptation, natural selection, and behavior. In *Behavior and Evolution* (eds A. Roe & G. G. Simpson), pp. 390–416. New Haven: Yale University Press.

Pribram, K. H. (1974). How is it that sensing so much we can do so little? In *The Neurosciences, Third Study Program* (eds F. O. Schmitt & F. G. Worden), pp. 249–61. Cambridge, Mass.: MIT Press.

Pringle, J. W. S. (1951). On the parallel between learning and evolution. *Behaviour* 3, 90–110.

Pulliam, H. R. & Dunford, C. (1980). *Programmed to Learn*. New York: Columbia University Press.

Pyke, G. H., Pulliam, H. R. & Charnov, E. L. (1977). Optimal foraging: a selective review of theory and tests. *Quarterly Review of Biology* 52, 137–54.

Raup, D. M., Gould, S. J., Schopf, T. J. M. & Simberloff, D. S. (1973). Stochastic models of phylogeny and the evolution of diversity. *Journal of Geology* 81, 525–42.

Reinhard, E. G. (1956). Parasitic castration of crustacea. *Experimental Parasitology* 5, 79–107.

Richmond, M. H. (1979). 'Cells' and 'organisms' as a habitat for DNA. *Proceedings of the Royal Society of London*, B 204, 235–50.

Richmond, M. H. & Smith, D. C. (1979). *The Cell as a Habitat*. London: Royal Society.

Ridley, M. (1980). Konrad Lorenz and Humpty Dumpty: some ethology for Donald Symons. *Behavioral and Brain Sciences* 3, 196.

Ridley, M. (1982). Coadaptation and the inadequacy of natural selection. *British*

Journal for the History of Science 15, 45–68.

Ridley, M. & Dawkins, R. (1981). The natural selection of altruism. In *Altruism and Helping Behavior* (eds J. P. Rushton & R. M. Sorentino), pp. 19–39. Hillsdale, N.J.: Erlbaum.

Ridley, M. & Grafen, A. (1981). Are green beard genes outlaws? *Animal Behaviour* 29, 954–5.

Rose, S. (1978). Pre-Copernican sociobiology? *New Scientist* 80, 45–6.

Rothenbuhler, W. C. (1964). Behavior genetics of nest cleaning in honey bees. IV. Responses of F1 and backcross generations to disease-killed brood. *American Zoologist* 4, 111–23.

Rothstein, S. I. (1980). The preening invitation or head-down display of parasitic cowbirds. II. Experimental analysis and evidence for behavioural mimicry. *Behaviour* 75, 148–84.

Rothstein, S. I. (1981). Reciprocal altruism and kin selection are not clearly separable phenomena. *Journal of Theoretical Biology* 87, 255–61.

Sahlins, M. (1977). *The Use and Abuse of Biology*. London: Tavistock.

Sargent, T. D. (1968). Cryptic moths: effects on background selection of painting the circumocular scales. *Science* 159, 100–1.

Sargent, T. D. (1969a). Background selections of the pale and melanic forms of the cryptic moth *Phigalia titea* (Cramer). *Nature* 222, 585–6.

Sargent, T. D. (1969b). Behavioural adaptations of cryptic moths. III. Resting attitudes of two bark-like species, *Melanolophia canadaria* and *Catocala ultronia. Animal Behaviour*, 17, 670–2.

Schaller, G. B. (1972). *The Serengeti Lion*. Chicago: Chicago University Press.

Schell, J. + 13 others (1979). Interactions and DNA transfer between *Agrobacterium tumefaciens*, the Ti-plasmid and the plant host. *Proceedings of the Royal Society of London*, B 204, 251–66.

Schleidt, W. M. (1973). Tonic communication: continual effects of discrete signs in animal communication systems. *Journal of Theoretical Biology* 42, 359–86.

Schmidt, R. S. (1955). Termite (*Apicotermes*) nests—important ethological material. *Behaviour* 8, 344–56.

Schuster, P. & Sigmund, K. (1981). Coyness, philandering and stable strategies. *Animal Behaviour* 29, 186–92.

Schwagmeyer, P. L. (1980). The Bruce effect: an evaluation of male/female advantages. *American Naturalist* 114, 932–8.

Seger, J. A. (1980). Models for the evolution of phenotypic responses to genotypic correlations that arise in finite populations. PhD thesis, Harvard University, Cambridge, Mass.

Shaw, G. B. (1921). *Back to Methuselah*. Reprinted 1977. Harmondsworth, Middx: Penguin.

Sherman, P. W. (1978). Why *are* people? *Human Biology* 50, 87–95.

Sherman, P. W. (1979). Insect chromosome numbers and eusociality. *American Naturalist* 113, 925–35.

Simon, C. (1979). Debut of the seventeen year cicada. *Natural History* 88 (5), 38–45.

Simon, H. A. (1962). The architecture of complexity. *Proceedings of the American Philosophical Society* 106, 467–82.

Simpson, G. G. (1953). *The Major Features of Evolution*. New York: Columbia University Press.

Sivinski, J. (1980). Sexual selection and insect sperm. *Florida Entomologist* 63, 99–111.

Slatkin, M. (1972). On treating the chromosome as the unit of selection. *Genetics* 72, 157–68.

Slatkin, M. & Maynard Smith, J. (1979). Models of coevolution. *Quarterly Review of Biology* 54, 233–63.

Smith, D. C. (1979). From extracellular to intracellular: the establishment of a symbiosis. *Proceedings of the Royal Society of London*, B 204, 115–30.

Southwood, T. R. E. (1976). Bionomic strategies and population parameters. In *Theoretical Ecology* (ed. R. M. May), pp. 26–48. Oxford: Blackwell Scientific.

Spencer, H. (1864). *The Principles of Biology*, Vol. 1. London and Edinburgh: Williams and Norgate.

Staddon, J. E. R. (1981). On a possible relation between cultural transmission and genetical evolution. In *Perspectives in Ethology*, Vol. 4 (eds P. P. G. Bateson & P. H. Klopfer), pp. 135–45. New York: Plenum Press.

Stamps, J. & Metcalf, R. A. (1980). Parent–offspring conflict. In *Sociobiology: Beyond Nature/Nurture?* (eds G. W. Barlow & J. Silverberg), pp. 589–618. Boulder: Westview Press.

Stanley, S. M. (1975). A theory of evolution above the species level. *Proceedings of the National Academy of Sciences, U.S.A.* 72, 646–50.

Stanley, S. M. (1979). *Macroevolution, Pattern and Process*. San Francisco: W. H. Freeman.

Stebbins, G. L. (1977). In defense of evolution: tautology or theory? *American Naturalist* 111, 386–90.

Steele, E. J. (1979). *Somatic Selection and Adaptive Evolution*. Toronto: Williams and Wallace.

Stent, G. (1977). You can take the ethics out of altruism but you can't take the altruism out of ethics. *Hastings Center Report* 7 (6), 33–6.

Symons, D. (1979). *The Evolution of Human Sexuality*. New York: Oxford University Press.

Syren, R. M. & Luyckx, P. (1977). Permanent segmental interchange complex in the termite *Incisitermes schwarzi*. *Nature* 266, 167–8.

Taylor, A. J. P. (1963). *The First World War*. London: Hamish Hamilton.

Temin, H. M. (1974). On the origin of RNA tumor viruses. *Annual Review of Ecology and Systematics* 8, 155–77.

Templeton, A. R., Sing, C. F. & Brokaw, B. (1976). The unit of selection in *Drosophila mercatorium*. I. The interaction of selection and meiosis in parthenogenetic strains. *Genetics* 82, 349–76.

Thoday, J. M. (1953). Components of fitness. *Society for Experimental Biology Symposium* 7, 96–113.

Thomas, L. (1974). *The Lives of a Cell*. London: Futura.

Thompson, D'A. W. (1917). *On Growth and Form*. Cambridge: Cambridge University Press.

Tinbergen, N. (1954). The origin and evolution of courtship and threat display. In *Evolution as a Process* (eds J. S. Huxley, A. C. Hardy & E. B. Ford), pp. 233–50. London: Allen & Unwin.

Tinbergen, N. (1963). On aims and methods of ethology. *Zeitschrift für Tierpsychologie* 20, 410–33.

Tinbergen, N. (1964). The evolution of signaling devices. In *Social Behavior and Organization among Vertebrates* (ed. W. Etkin), pp. 206–30. Chicago: Chicago University Press.

Tinbergen, N. (1965). Behaviour and natural selection. In *Ideas in Modern Biology* (ed. J. A. Moore), pp. 519–42. New York: Natural History Press.

Tinbergen, N., Broekhuysen, G. J., Feekes, F., Houghton, J. C. W., Kruuk, H. & Szulc, E. (1962). Egg shell removal by the black-headed gull, *Larus ridibundus*, L.; a behaviour component of camouflage. *Behaviour* 19, 74–117.

Trevor-Roper, H. R. (1972). *The Last Days of Hitler*. London: Pan.

Trivers, R. L. (1971). The evolution of reciprocal altruism. *Quarterly Review of Biology* 46, 35–57.

Trivers, R. L. (1972). Parental investment and sexual selection. In *Sexual Selection and the Descent of Man* (ed. B. Campbell), pp. 136–79. Chicago: Aldine.

Trivers, R. L. (1974). Parent-offspring conflict. *American Zoologist* 14, 249–64.

Trivers, R. L. & Hare, H. (1976). Haplodiploidy and the evolution of the social insects. *Science* 191, 249–63.

Turing, A. (1950). Computing machinery and intelligence. *Mind* 59, 433–60.

Turnbull, C. (1961). *The Forest People*. London: Cape.

Turner, J. R. G. (1977). Butterfly mimicry: the genetical evolution of an adaptation. In *Evolutionary Biology*, Vol. 10 (eds M. K. Hecht et al.), pp. 163–206. New York: Plenum Press.

Vermeij, G. J. (1973). Adaptation, versatility and evolution. *Systematic Zoology* 22, 466–77.

Vidal, G. (1955). *Messiah*. London: Heinemann.

Waddington, C. H. (1957). *The Strategy of the Genes*. London: Allen & Unwin.

Wade, M. J. (1978). A critical review of the models of group selection. *Quarterly Review of Biology* 53, 101–14.

Waldman, B. & Adler, K. (1979). Toad tadpoles associate preferentially with siblings. *Nature* 282, 611–13.

Wallace, A. R. (1866). Letter to Charles Darwin dated 2 July. In J. Marchant (1916), *Alfred Russel Wallace Letters and Reminiscences*, Vol. 1, pp. 170–4. London: Cassell.

Watson, J. D. (1976). *Molecular Biology of the Gene*. Menlo Park: Benjamin.

Weinrich, J. D. (1976). Human reproductive strategy: the importance of income unpredictability, and the evolution of non-reproduction. PhD dissertation, Harvard University, Cambridge, Mass.

Weizenbaum, J. (1976). *Computer Power and Human Reason*. San Francisco: W. H. Freeman.

Wenner, A. M. (1971). *The Bee Language Controversy: An Experience in Science*. Boulder: Educational Programs Improvement Corporation.

Werren, J. H., Skinner, S. K. & Charnov, E. L. (1981). Paternal inheritance of a daughterless sex ratio factor. *Nature* 293, 467–8.

West-Eberhard, M. J. (1975). The evolution of social behavior by kin selection. *Quarterly Review of Biology* 50, 1–33.

West-Eberhard, M. J. (1979). Sexual selection, social competition, and evolution. *Proceedings of the American Philosophical Society* 123, 222–34.

White, M. J. D. (1978). *Modes of Speciation*. San Francisco: W. H. Freeman.

Whitham, T. G. & Slobodchikoff, C. N. (1981). Evolution of individuals, plant-herbivore interactions, and mosaics of genetic variability: the adaptive significance of somatic mutations in plants. *Oecologia* 49, 287–92.

Whitney, G. (1976). Genetic substrates for the initial evolution of human sociality. I. Sex chromosome mechanisms. *American Naturalist* 110, 867–75.

Wickler, W. (1968). *Mimicry*. London: Weidenfeld & Nicolson.

Wickler, W. (1976). Evolution-oriented ethology, kin selection, and altruistic parasites. *Zeitschrift für Tierpsychologie* 42, 206–14.

Wickler, W. (1977). Sex-linked altruism. *Zeitschrift für Tierpsychologie* 43, 106–7.

Williams, G. C. (1957). Pleiotropy, natural selection, and the evolution of senescence. *Evolution* 11, 398–411.

Williams, G. C. (1966). *Adaptation and Natural Selection*. Princeton, N.J.: Princeton University Press.

Williams, G. C. (1975). *Sex and Evolution*. Princeton, N.J.: Princeton University Press.

Williams, G. C. (1979). The question of adaptive sex ratio in outcrossed vertebrates. *Proceedings of the Royal Society of London*, B 205, 567–80.

Williams, G. C. (1980). Kin selection and the paradox of sexuality. In *Sociobiology: Beyond Nature/Nurture?* (eds G. W. Barlow & J. Silverberg), pp. 371–84. Boulder: Westview Press.

Wilson, D. S. (1980). *The Natural Selection of Populations and Communities*. Menlo Park: Benjamin/Cummings.

Wilson, E. O. (1971). *The Insect Societies*. Cambridge, Mass.: Harvard University Press.

Wilson, E. O. (1975). *Sociobiology: the New Synthesis*. Cambridge, Mass.: Harvard University Press.

Wilson, E. O. (1978). *On Human Nature*. Cambridge, Mass.: Harvard University Press.

Winograd, T. (1972). *Understanding Natural Language*. Edinburgh: Edinburgh University Press.

Witt, P. N., Reed, C. F. & Peakall, D. B. (1968). *A Spider's Web*. New York: Springer Verlag.

Wolpert, L. (1970). Positional information and pattern formation. In *Towards a Theoretical Biology, 3: Drafts* (ed. C. H. Waddington), pp. 198–230. Edinburgh: Edinburgh University Press.

Wright, S. (1932). The roles of mutation, inbreeding, crossbreeding and selection in evolution. *Proceedings of the 6th International Congress of Genetics* 1, 356–68.

Wright, S. (1951). Fisher and Ford on the Sewall Wright effect. *American Science Monthly* 39, 452–8.

Wright, S. (1980). Genic and organismic selection. *Evolution* 34, 825–43.

Wu, H. M. H., Holmes, W. G., Medina, S. R. & Sackett, G. P. (1980). Kin preference in infant *Macaca nemestrina. Nature* 285, 225–7.

Wynne-Edwards, V. C. (1962). *Animal Dispersion in Relation to Social Behaviour*. Edinburgh: Oliver & Boyd.

Young, J. Z. (1957). *The Life of Mammals*. Oxford: Oxford University Press.

Young, R. M. (1971). Darwin's metaphor: does nature select? *The Monist* 55, 442–503.

Zahavi, A. (1979). Parasitism and nest predation in parasitic cuckoos. *American Naturalist* 113, 157–9.

延伸阅读

Allaby, M. (1982). *Animal Artisans*. London: Weidenfeld & Nicolson.

Barkow, J. H., Cosmides, L. & Tooby, J. (1992). *The Adapted Mind*. New York: Oxford University Press.

Basalla, G. (1988). *The Evolution of Technology*. Cambridge: Cambridge University Press.

Blackmore, S. (1999). *The Meme Machine*. Oxford: Oxford University Press.

Bonner, J. T. (1988). *The Evolution of Complexity*. Princeton: N.J.: Princeton University Press.

Brandon, R. N. (1990). *Adaptation and Environment*. Princeton, N.J.: Princeton University Press.

Brandon, R. N. & Burian, R. M. (1984). *Genes, Organisms, Populations: Controversies over the Units of Selection*. Cambridge, Mass.: MIT Press.

Buss, L. W. (1987). *The Evolution of Individuality*. Princeton, N.J.: Princeton University Press.

Clayton, D. & Harvey, P. (1993). Hanging nests on a phylogenetic tree. *Current Biology* 3, 882–3.

Cronin, H. (1991). *The Ant and the Peacock*. Cambridge: Cambridge University Press.

Cziko, G. (1995). *Without Miracles*. Cambridge, Mass.: MIT Press.

Davies, N. B. (1992). *Dunnock Behaviour and Social Evolution*. Oxford: Oxford University Press.

Davis, B. D. (1986). *Storm over Biology*. Buffalo: Prometheus Books.

Dawkins, R. (1982). Universal Darwinism. In *Evolution from Molecules to Men* (ed. D. S. Bendall), pp. 403–25. Cambridge: Cambridge University Press.

Dawkins, R. (1985). Review of *Not in our Genes* (S. Rose, L. J. Kamin & R. C.

Lewontin). *New Scientist* 105, 59–60.

Dawkins, R. (1987). Universal parasitism and the extended phenotype. In *Evolution and Coadaptation in Biotic Communities* (eds S. Kawano, J. H. Connell & T. Hidaka), pp. 183–97. Tokyo: University of Tokyo Press.

Dawkins, R. (1989a). The evolution of evolvability. In *Artificial Life* (ed. C. Langton). Santa Fe, N.M.: Addison Wesley.

Dawkins, R. (1989b). *The Selfish Gene*, 2nd edn. Oxford: Oxford University Press.

Dawkins, R. (1990). Parasites, desiderata lists, and the paradox of the organism. In *The Evolutionary Biology of Parasitism* (eds A. E. Keymer & A. F. Read). Cambridge: Cambridge University Press.

Dawkins, R. (1991). Darwin triumphant: Darwinism as a universal truth. In *Man and Beast Revisited* (eds M. H. Robinson & L. Tiger), pp. 23–39. Washington, D.C.: Smithsonian Institution.

Dawkins, R. (1996). *Climbing Mount Improbable*. New York: Norton.

Dawkins, R. (1998). *Unweaving the Rainbow*. London: Penguin.

Dennett, D. (1995). *Darwin's Dangerous Idea*. New York: Simon & Schuster.

Depew, D. J. & Weber, B. H. (1996). *Darwinism Evolving*. Cambridge, Mass.: MIT Press.

de Winter, W. (1997). The beanbag genetics controversy: towards a synthesis of opposing views of natural selection. *Biology and Philosophy* 12, 149–84.

Durham, W. H. (1991). *Coevolution: Genes, Culture and Human Diversity*. Stanford, Calif.: Stanford University Press.

Eldredge, N. (1995). *Reinventing Darwin: The Great Debate at the High Table of Evolutionary Theory*. New York: John Wiley.

Endler, J. A. (1986). *Natural Selection in the Wild*. Princeton, N.J.: Princeton University Press.

Ewald, P. (1993). *Evolution of Infectious Diseases*. Oxford: Oxford University Press.

Fletcher, D. J. C. & Michener, C. D. (1987). *Kin Recognition in Humans*. New York: Wiley.

Fox Keller, E. & Lloyd, E. A. (1992). *Keywords in Evolutionary Biology*. Cambridge, Mass.: Harvard University Press.

Futuyma, D. J. (1998). *Evolutionary Biology*, 3rd edn. Sunderland, Mass.: Sinauer.

Goodwin, B. & Dawkins, R. (1995). What is an organism? A discussion. *Perspectives in Ethology* 2, 47–60.

Gould, S. J. & Eldredge, N. (1993). Punctuated equilibrium comes of age. *Nature* 366, 222–227.

Grafen, A. (1984). Natural selection, kin selection and group selection. In *Behavioural Ecology: An Evolutionary Approach* (eds J. R. Krebs & N. B. Davies). Oxford: Blackwell Scientific Publications.

Grafen, A. (1985). A geometric view of relatedness. *Oxford Surveys in Evolutionary Biology* 2, 28–89.

Grafen, A. (1990a). Biological signals as handicaps. *Journal of Theoretical Biology* 144, 517–46.

Grafen, A. (1990b). Do animals really recognize kin? *Animal Behaviour* 39, 42–54.

Grafen, A. (1991). Modelling in behavioural ecology. In *Behavioural Ecology: An Evolutionary Approach* (eds J. R. Krebs & N. B. Davies). Oxford: Blackwell Scientific Publications.

Guilford, T. & Dawkins, M. S. (1991). Receiver psychology and the evolution of animal signals. *Animal Behaviour* 42, 1–14.

Haig, D. (1993). Genetic conflicts in human pregnancy. *Quarterly Review of Biology* 68, 495–532.

Hamilton, W. D. (1996). *Narrow Roads of Gene Land: The Collected Papers of W. D. Hamilton, i: Evolution of Social Behaviour*. Oxford: W. H. Freeman/Spektrum.

Hansell, M. H. (1984). *Animal Architecture and Building Behaviour*. London: Longman.

Harvey, P. H. & Pagel, M. D. (1991). *The Comparative Method in Evolutionary Biology*. Oxford: Oxford University Press.

Hecht, M. K. & Hoffman, A. (1986). Why not neo-Darwinism? A critique of paleobiological challenges. In *Oxford Surveys in Evolutionary Biology* 3, 1–47. Oxford: Oxford University Press.

Hepper, P. G. (1986). Kin recognition: functions and mechanisms. A review. *Biological Reviews* 61, 63–93.

Hoffman, A. (1989). *Arguments on Evolution*. New York: Oxford University Press.

Hölldobler, B. & Wilson, E. O. (1990). *The Ants*. Berlin: Springer-Verlag.

Hull, D. L. (1988a). Interactors versus vehicles. In *The Role of Behaviour in Evolution* (ed. H. C. Plotkin), pp. 19–50. Cambridge, Mass.: MIT Press.

Hull, D. L. (1988b). *Science as a Process*. Chicago: University of Chicago Press.

Keymer, A. & Read, A. (1989). Behavioural ecology: the impact of parasitism. In *Parasitism: Coexistence or Conflict?* (eds C. A. Toft & A. Aeschlimann). Oxford:

Oxford University Press.

Kimura, M. (1983). *The Neutral Theory of Molecular Evolution*. Cambridge: Cambridge University Press.

Kitcher, P. (1985). *Vaulting Ambition*. Cambridge, Mass.: MIT Press.

Koch, W. A. (1986). *Genes vs. Memes*. Hagen: Druck Thiebes.

Krebs, J. R. & Dawkins, R. (1984). Animal signals: mind-reading and manipulation. In *Behavioural Ecology: An Evolutionary Approach* (eds J. R. Krebs & N. B. Davies). Oxford: Blackwell Scientific Publications.

Lloyd, E. A. (1988). *The Structure and Confirmation of Evolutionary Theory*. New York: Greenwood Press.

Maynard Smith, J. (1982). *Evolution and the Theory of Games*. Cambridge: Cambridge University Press.

Maynard Smith, J. (1986a). *The Problems of Biology*. Oxford: Oxford University Press.

Maynard Smith, J. (1986b). Structuralism versus selection—is Darwinism enough? In *Science and Beyond* (eds S. Rose & L. Appignanesi). Oxford: Basil Blackwell.

Maynard Smith, J. (1988). *Did Darwin Get it Right*? London: Penguin.

Maynard Smith, J., Burian, R., Kauffman, S., Alberch, P., Campbell, J., Goodwin, B., Lande, R., Raup, D. & Wolpert, L. (1985). Developmental constraints and evolution. *Quarterly Review of Biology* 60, 265–87.

Maynard Smith, J. & Szathmáry, E. (1995). *The Major Transitions in Evolution*. Oxford: W. H. Freeman/Spektrum

Mayr, E. (1983). How to carry out the adaptationist program. *American Naturalist* 121, 324–34.

Minchella, D. J. (1985). Host life-history variation in response to parasitism. *Parasitology* 90, 205–16.

Nesse, R. & Williams, G. C. (1995). *Evolution and Healing: The New Science of Darwinian Medicine*. London: Weidenfeld & Nicolson.

Nunney, L. (1985). Group selection, altruism, and structured-deme models. *American Naturalist* 126, 212–29.

Otte, D. & Endler, J. A. (eds) (1989). *Speciation and its Consequences*. Sunderland, Mass.: Sinauer.

Oyama, S. (1985). *The Ontogeny of Information*. Cambridge: Cambridge University Press.

Parker, G. A. & Maynard Smith, J. (1990). Optimality theory in evolutionary biology. *Nature* 348, 27–33.

Pinker, S. (1997). *How the Mind Works*. London: Allen Lane, Penguin Press.

Queller, D. C. (1992). Quantitative genetics, inclusive fitness, and group selection. *American Naturalist* 139, 540–58.

Ridley, M. (1986). *The Problems of Evolution*. Oxford: Oxford University Press.

Ridley, M. (1996). *Evolution*. Oxford: Blackwell Scientific.

Ruse, M. (1996). *Taking Darwin Seriously*. Oxford: Basil Blackwell.

Segerstråle, U. (1999). *Defenders of the Truth. The Battle for 'Good Science' in the Sociobiology Debate and Beyond*. Oxford: Oxford University Press.

Sherman, P. W., Jarvis, J. U. M. & Alexander, R. D. (1991). *The Biology of the Naked Mole-Rat*. Princeton, N.J.: Princeton University Press.

Sober, E. (1984). *The Nature of Selection*. Cambridge, Mass.: MIT Press.

Sober, E. & Wilson, D. S. (1998). *Unto Others*. Cambridge, Mass.: Harvard University Press.

Sterelny, K. & Kitcher, P. (1988). The return of the gene. *Journal of Philosophy* 85, 339–61.

Sterelny, K., Smith, K. C. & Dickison, M. (1996). The extended replicator. *Biology and Philosophy* 11, 377–403.

Stone, G. N. & Cook, J. M. (1998). The structure of cynipid oak galls: patterns in the evolution of an extended phenotype. *Proceedings of the Royal Society of London* B 265, 979–88.

Trivers, R. L. (1985). *Social Evolution*. Menlo Park, N.J.: Benjamin/Cummings.

Vermeij, G. J. (1987). *Evolution and Escalation: An Ecological History of Life*. Princeton, N.J.: Princeton University Press.

Vollrath, F. (1988). Untangling the spider's web. *Trends in Ecology and Evolution* 3, 331–5.

Weiner, J. (1994). *The Beak of the Finch*. London: Cape.

Werren, J. H., Nur, U. & Wu, C.-I. (1988). Selfish genetic elements. *Trends in Ecology & Evolution* 3, 297–302.

Williams, G. C. (1985). A defence of reductionism in evolutionary biology. In *Oxford Surveys in Evolutionary Biology* (eds R. Dawkins & M. Ridley), pp. 1–27. Oxford: Oxford University Press.

Williams, G. C. (1992). *Natural Selection: Domains, Levels and Challenges*. Oxford: Oxford University Press.

Williams, G. C. (1997). *Plan and Purpose in Nature*. London: Weidenfeld & Nicolson.

Wills, C. (1990). *The Wisdom of the Genes*. New York: Basic Books.

Zahavi, A. & Zahavi, A. (1997). *The Handicap Principle*. Oxford: Oxford University Press.

术语参考释义

本书针对的主要读者是不需要术语释义的生物学家，但有人建议我解释一些专业术语，以使本书更通俗易懂。这里的许多术语在他人著作中已有上佳的定义（例如 Wilson 1975；Bodmer & Cavalli-Sforza 1976）。我当然无意对现有的定义再做什么改进，但对有争议的词或与本书主题特别相关的问题，我也添加了个人的旁注。我已试图避免使用过多明显的交叉引用，因为这会使释义变得杂乱无章，但我还是要提示读者，释义中使用的许多词，也可以在此部分找到释义。

适应（adaptation）

这是一个专业术语，它在生物学中已经逐渐偏离了作为“修改”的近义词的常见用法。从像“蟋蟀的翅膀适应鸣叫（从它们飞行的主要功能修改而来）”这样的句子（暗含它们是为鸣叫而设计之意）中可见，“适应”大致意味着一个生物体的某种属性对某些东西是“有利的”。至于是什么意义上的有利，又对什么或对谁有利，这些都是本书详细讨论的难题。

等位基因（alleles，即 allelomorphs 的缩写）

每个基因只能占据染色体的一个特定区域，即它的基因座，或称基因位点。在种群中，在任何给定的基因座上，都可能存在该基因的可替代形式。这些可替代基因被称为彼此的等位基因。本书强调，等位基因在某种意义上是彼此竞争的，因为在演化过程中，在种群的所有染色体中，成功的等位基因在同一基因座上相较其他等位基因获得了数量上的优势。

异速生长（allometry）

身体某一部位的大小和整个身体大小之间不成比例的生长关系，这种比较可在个体之间进行，也可在同一个体的不同生命阶段间进行。例如，体型较大的蚂蚁往往有相对非常大的头部（而人类往往是矮小者的头部大）；其头部的生长速度与身体整体的生长速度不同。在数学上，部位的大小通常被认为与整体大小的幂相关，后者可能是分数。

异域物种形成理论（allopatric theory of speciation）

得到广泛支持的观点，即种群趋异演化为不同物种（不再杂交）发生在地理上彼此隔绝的地域。与其对立的“同域理论”（sympatric theory）在理解初期物种如何分化时产生了困难。如果这些物种持续处于相互杂交的状况，从而导致基因库混同，就无法实现分化（参见该词条）。

利他行为（altruism）

生物学家在有限的含义上使用这个术语（有些人会说这是误导性的），这个术语只在表面意义上与其日常用法关联。一个实体，如狒狒或基因，如果它的效果（而非目的）是以牺牲自身利益为代价来促进另一个实体的利益，就被称为具有利他行为。“利他行为”的各种含义源于对“利益”的不同解释。而“自私”（selfish）的用法则与其正好相反。

后期（anaphase）

细胞分裂周期中成对染色体彼此分开的阶段。在减数分裂中有两次连续的分裂，对应两个分裂后期。

异配生殖（anisogamy）

大配子（雌配子）和小配子（雄配子）发生融合的一种性系统。其与“同配生殖”（isogamy）相对，在后者中有性配子融合，但没有雄性 / 雌性分化，所有配子的大小大致相同。

抗体（antibodies）

动物免疫反应中产生的蛋白质分子，用来中和入侵的异物（抗原）。

抗原（antigens）

激发抗体形成的异物，通常是蛋白质分子。

警戒态（aposematism）

指像黄蜂这样令人讨厌或危险的生物用鲜艳的颜色或具有同等作用的强烈刺激来“警告”敌人的现象。这些方法被认为是通过让敌人更容易地学会规避它们而发挥作用，但对于这种现象最初如何演变而来，尚存在（并非不可克服的）理论困难。

选型交配（assortative mating）

个体选择与自己相似（积极选型交配，或称同征择偶）或不相似（消极选型交配）配偶的倾向。有些人只在积极的意义上使用这个词。

常染色体（autosome）

不是性染色体的染色体。

鲍德温 / 沃丁顿效应（Baldwin/Waddington Effect）

由斯伯丁在 1873 年首次提出。一种很大程度上尚属假设的演化过程［也称遗传同化（genetic assimilation）］，该过程会产生一种后天获得性状可通过自然选择进行遗传的错觉。对于在环境刺激下获得某种性状的遗传倾向，如果选择有利于这种倾向，就会导致对相同环境刺激敏感性增加的演化，并最终使性状的获得摆脱对环境刺激的需求。在第 62 页中，我指出，我们可以培育出一种自发产奶的雄性哺乳动物，只要给连续几代的雄性使用雌性激素，并选择对雌性激素更敏感的雄性。激素或其他环境处理的作用是激发原本处于休眠状态的遗传变异，并使其转入开启状态。

中心法则（central dogma）

分子生物学信条，认为核酸是合成蛋白质的模板，反之则不然。更宽泛地说，该信条指基因可对身体的形态产生影响，但身体的形态永远不会反译回遗传密码，即后天获得的性状不是可遗传的。

染色体（chromosome）

在细胞中发现的基因链之一。构成染色体的除了 DNA 本身，通常还有一个复杂的蛋白质支撑结构。在光学显微镜下，染色体只有在细胞周期的特定时间才可见，但其数量和线性可以仅从遗传事实的统计推理出来（参见词条“连锁”）。染色体通常存在于身体的所有细胞中，尽管在任何单个细胞中只有少数染色体是活跃的。在每个二倍体细胞中通常有两条性染色体以及若干常染色体（人类为 44 条）。

顺反子（cistron）

一种定义基因的方法。在分子遗传学中，顺反子在特定的实验测试中有精确的定义。更宽泛地说，它是指负责编码蛋白质中一条氨基酸链的一段染色体。

密码子（codon）

遗传密码中的三联单位（核苷酸），规定蛋白质链中单个单位（氨基酸）的合成。

克隆（clone）

在细胞生物学中，指一组基因完全相同的细胞，它们都来自同一个祖先细胞。人体是由 10^{15} 个细胞组成的巨大克隆。这个词也用来指代所有细胞都属于同一克隆的一组生物。因此，一对同卵双胞胎可以说是同一克隆的成员。

科普法则（Cope's Rule）

一种经验主义的概括，指朝着更大体型演化的趋势具有普遍性。

交换（crossing-over）

染色体在进行减数分裂时交换部分遗传物质的复杂过程，其结果是几乎无限种配子的排列组合。

达西·汤普森变换（D'Arcy Thompson's transformations）

一种图形技术，证明一种动物的形态可以通过数学上可列举的变形转化为与其具有亲缘关系的动物的形态。达西·汤普森会在普通的图纸上画出这两个形态中的一个，然后指出，如果坐标系以某种特定的方式加以变形，它就会近似地变换成另一个形态。

二倍体（diploid）

如果一个细胞有成对的染色体，在有性生殖的情况下，染色体分别来自父母，则可称该细胞为二倍体。如果一个生物体的体细胞均为二倍体，我们也称该生物体为二倍体。大多数有性生殖的生物是二倍体。

显性（dominance）

当一个基因与其等位基因共同存在时，如果前者抑制了该（隐性）等位基因的表型效应，那么就可称这个基因对其等位基因呈显性。例如，如果棕色眼睛基因对蓝色眼睛基因呈显性，那么只有拥有两个蓝色眼睛基因（隐性纯合子）的个体才会拥有蓝色眼睛；而那些拥有一个蓝色眼睛基因和一个棕色眼睛基因（杂合子）的个体与那些拥有两个棕色眼睛基因（显性纯合子）的个体是难以区分的。

显性可能是不完全的，在这种情况下，杂合子具有中间表型。与显性相对的是隐性。显性/隐性是一种表型效应的特性，而非基因本身的特性：因此，一个基因可能在一种表型效应中是显性的，而在另一种表型效应中则是隐性的（参见“基因多效性”词条）。

渐成论（epigenesis）

这个词在胚胎学中有很长的争议史。与预成论相反，该学说认为，身体的复杂性是借由基因/环境相互作用的发育过程，从一个相对简单的受精卵逐渐产生的，而不是在卵子中便完全确定的。在本书中，它被用来表达我所赞同的一种观点，即遗传密码更像是一种配方，而不是蓝图。间或会有人说，渐成与预成的区别已经因现代分子生物学变得无关紧要。对这种说法我不敢苟同，并在第 9 章中对两者做了大量区分。在该章节中，我断言，渐成论意味着胚胎发育从根本上和原则上说是不可逆的，而预成论无此含义（参见“中心法则”词条）。

上位效应（epistasis）

基因对在表型效应中的一类相互作用。从技术上看，这种相互作用是非可叠加性的，这意味着大体上，两个基因的组合效应不等于它们各自作用的总和。例如，一个基因的效应可能会掩盖另一个基因的效应。这个术语主要被用于描述位于不同基因座的基因，但一些作者也用其描述同一基因座的基因之间的相互作用。在后一种情况下，显性 / 隐性是一种特殊情况。亦可参见“显性”词条。

真核生物（eukaryotes）

地球上的两大生物类群之一，包括所有的动物、植物、原生生物和真菌。其特征是具有细胞核和其他由膜包裹的细胞器（类似于细胞内的“器官”），如线粒体。与原核生物相对。原核生物与真核生物的区别比动物与植物的区别更为根本（至于人类与“动物”的区别，实在不值一提！）。

真社会性（eusociality）

昆虫学家辨识出的最高社会性等级。具有一系列复杂特征，其中最重要的是存在一群不育的“职虫”，它们帮助其长寿的母亲——“女王”繁衍后代。通常被认为仅限于黄蜂、蜜蜂、蚂蚁和白蚁，但也有其他多种动物以颇为有趣的方式接近真社会性。

演化稳定策略（evolutionarily stable strategy，ESS）

一种在受同一策略支配的种群中表现良好的策略。这个定义抓住了该观念的直观本质（见第 7 章），但不够精确；其数学定义可参见梅纳德·史密斯所给出的定义（1974）。注意第一个词的拼法是“evolutionarily”而非“evolutionary”，后者是该语境下常见的语法错误。

延伸的表型（extended phenotype）

一个基因对世界产生的所有效应。一如既往，基因的“效应”应在与其等位基因相比的意义上加以理解。传统意义上的表型是一种特殊情况，在这种情况下，表型效应被认为仅限于基因所在的个体。在实际运用中，方便的做法是将“延伸的表型”的概念仅限于描述对基因存续机会有积极或消极影响的情况。

适合度（fitness）

这是一个有许多令人困惑的含义的专业术语，我花了整整一章来对此加以讨论（第10章）。

博弈论（game theory）

一种最初针对人类游戏而发展起来的数学理论，后广延至人类经济和军事战略中，并通过演化稳定策略理论推广到演化领域。当最优策略不是固定的，而是取决于统计上最有可能被对手采用的策略时，博弈论就会发挥作用。

配子（gamete）

在有性生殖中融合的生殖细胞之一。精子和卵子都是配子。

泛子（gemmule）

达尔文在他关于后天获得特征遗传的“泛生论”理论中所支持的一个不可信的概念——这可能是他所犯的唯一严重的科学错误，也是近来颇受赞誉的，被认为是体现他支持“多元论”的一个例子。泛子被认为是一种微小的遗传颗粒，它将身体各部分的信息携带到生殖细胞中。

基因（gene）

遗传的单位。可以根据不同的目的以不同的方式定义。分子生物学家通常在顺反子的意义上使用它。种群生物学家有时则将其用于更抽象的意义。我效仿威廉斯（1966，p.24），有时用“基因”一词来表示“以可观的频率进行分离和重组之物”，以及（p.25）“任何遗传信息，对其有利或不利的选择偏向相当于其内源变化率的数倍或数十倍”。

基因库（gene-pool）

一个繁殖种群中包含的一整套基因。这个术语所用的比喻对这本书来说是乐见的，因为它不强调基因实际上存在于彼此离散的个体躯体内这一不可否认的事实，而是强调基因像液体一样在世界中流动的观点。

遗传漂变（genetic drift）

基因频率在世代间的变化，由偶然而非自然选择造成。

基因组（genome）

一个生物体所拥有的全部基因的总和。

基因型（genotype）

生物体在某一特定基因座或一组基因座上的遗传构成。有时更宽泛地用于指代表型的完整遗传对应物。

宿主专一类群（gens，复数为 gentes）

所有寄生于同一宿主物种的雌性杜鹃“种群”。不同宿主专一类群之间一定存在遗传差异，而这些差异被认为存在于 Y 染色体上。雄性杜鹃没有 Y 染色体，不属宿主专一类群。这个词选得很糟糕，因为在拉丁语中，它指的是通过父系来追溯血统的氏族。

种系（germ-line）

也译“生殖细胞系”，指身体中以生殖副本的形式可能达成不朽的部分：配子和产生配子的细胞的遗传内容。与胞体（soma）相对，胞体是身体中终有一死的部分，起到保存种系中基因的作用。

渐变论（gradualism）

认为演化变化是渐进的而非跳跃的学说。在现代古生物学中，这是一个有趣的争论主题，涉及化石记录中的空白是人为的还是真实的问题（见第 6 章）。记者把这个问题放大成了一场关于达尔文主义正确性的伪争论，他们声称达尔文主义是一种渐变论。的确，所有理智的达尔文主义者都是极端意义上的渐变论者，他们不会相信，像眼睛这样，非常复杂于是在统计学上不太可能发生的新适应是从头开始创造的。这当然就是达尔文所说的“自然无飞跃”这句格言的含义。但是，在这个意义上的渐变论谱系内，对于演化变化究竟是平稳发生的，还是在长时间“停滞进化”的间歇中发生的小插曲，仍有产生分歧的余地。这正是当代学界争论的主题，但无论如何，它都与达尔文主义正确与否毫无关系。

群体选择（group selection）

一种假设的生物群体之间的自然选择过程。常被用来解释利他行为的演化。有时会与亲缘选择相混淆。在第 6 章中，我通过讲解复制因子与载具的区别来帮助读者区分利他性状的群体选择和导致宏观演化趋势的物种选择。

单倍二倍体（haplodiploid）

一种遗传系统，其中雄性由未受精卵发育而成，为单倍体，而雌性由受精卵发育而成，为二倍体。因此，雄性既没有父亲，也没有儿子。雄性将所有基因传给雌性子代，而雌性只有一半基因来自父代。几乎所有的社会性和非社会性膜翅目昆虫（蚂蚁、蜜蜂、黄蜂等）都会呈现单倍二倍性，也有一些臭虫、甲虫、螨虫、蜱虫和轮虫如此。单倍二倍体为遗传亲缘关系密切程度研究带来的复杂性被巧妙地运用于膜翅目昆虫真社会性的演化理论中。

单倍体（haploid）

如果一个细胞只有一组染色体，就称其为单倍体。配子是单倍体，当它们在受精过程中融合时，便产生一个二倍体细胞。有些生物（如真菌和雄性蜜蜂）的所有细胞都是单倍体，因此被称为单倍体生物。

杂合子（heterozygous）

在染色体某个基因座上有不相同的等位基因的情况。通常指单个生物体的一个特定基因座上的两个等位基因不相同。更宽泛地说，它可指在个体或群体中所有基因座上加以平均的等位基因的整体统计异质性。

同源异形突变（homeotic mutation）

一种使身体的一部分以适合于另一部分的方式发育的突变。例如，果蝇的“触角足”（antennopedia）同源异形突变会导致果蝇在通常长触角的部位长出腿来。这很有趣，因为它显示了单一突变的力量，其可以产生精致而复杂的效应，但这种效应只有在已有复杂性可被改变的情况下才会产生。

纯合子（homozygous）

在染色体某个基因座上有相同等位基因的情况。通常指单个生物体一个特定基因座上的两个等位基因相同。更宽泛地说，它可指在个体或群体中所有基因座上加以平均的等位基因的整体统计同质性。

K 选择（K-selection）

对在稳定、可预测的环境中取得成功所需特质的选择，在这种环境中，在种群规模接近栖息地所能容纳的最大值的情况下，有条件竞争的个体之间可能会为有限的资源展开激烈竞争。有多种特质被认为是 K 选择的有利条件，包括体型大、寿命长，以及后代少且得到精心照料等。与 r 选择相对。“K”和“r”是种群生物学家惯用的代数符号。

亲缘选择（kin selection）

基因选择导致个体表现出有利于亲属的行为，因为亲属之间很可能共有这些基因。严格地说，“亲属”包括直系后代，但不幸而又不可否认的是，许多生物学家在使用“亲缘选择”一词时专指子女以外的亲属。亲缘选择有时也与群体选择相混淆，但两者在逻辑上是截然不同的，尽管当物种碰巧以离散的亲缘群体分布时，其附带结果是两者可能被归为同一现象——“亲缘群体选择”。

拉马克主义（Lamarckism）

不管拉马克实际上说了什么，拉马克主义现在已成为对某种演化理论的称呼，该理论依赖于后天获得性状可以遗传的假设。从本书的观点来看，拉马克理论的显著特征是，新的遗传变异倾向于“适应定向”，而达尔文理论认为遗传变异是“随机的”（即非定向）。如今的正统观点认为，拉马克理论是完全错误的。

连锁（linkage）

一对（或一组）基因座存在于同一染色体上。连锁通常是通过连锁基因座上的等位基因一起遗传的统计趋势来识别的。例如，如果头发的颜色和眼睛的颜色是连锁的，那么继承了你眼睛颜色的孩子很可能也会继承你的发色，而没有继承你眼睛颜色的孩子也很可能继承不了你的发色。孩子相对不太可能遗传一个性状，而不遗传另一个，尽管这可能由于交换发生，这种可能性与染色体上基因座之间的距离有关。这是染色体定位技术的基础。

连锁不平衡（linkage disequilibrium）

等位基因在一个群体的个体躯体或配子中与其他基因座上的特定等位基因同时出现的统计趋势。例如，如果我们观察到金发者有蓝眼睛的倾向，这可能表明了连锁不平衡。连锁不平衡可通过不同基因座上的等位基因的组合频率与群体中等位基因自身的总体频率的预期频率相背离的任何趋势识别。

基因座（locus）

一个基因（或一组替代等位基因）在染色体上所占据的位置。例如，可能有一个影响眼睛颜色的基因座，在这个基因座上，替代等位基因分别编码绿色、棕色和红色。基因座的概念通常应用于顺反子级别，也可以广延到更短或更长的染色体。

宏观演化（macroevolution）

针对在极大时间尺度上发生的演化变化的研究。与微观演化（microevolution）相对，后者是研究种群内部演化变化的学科。微观演化变化是指种群中基因频率的变化。而宏观演化变化则通常被认为是一系列化石的总体形态学变化。关于宏观演化变化从本质上说只是微观演化变化的累积，还是两者“脱钩”并由根本不同的过程分别驱动，尚存在一些争议。“宏观演化论者”有时被误导性地局限于指称这场争论的某一方。这应该是一个中性的称呼，适用于任何在大时间尺度上研究演化者。

减数分裂（meiosis）

一个细胞（通常是二倍体）产生子细胞（通常是单倍体）的一种细胞分裂方式，子细胞的染色体数量只有原先的一半。减数分裂是正常有性生殖的重要组成部分。它产生配子，后者随后通过融合恢复原来的染色体数目。

减数分裂驱动（meiotic drive）

等位基因通过影响减数分裂，使它们有超过 50% 的机会将自己纳入一个成功的配子中的现象。这类基因被称为“驱动”基因，因为它们倾向于在种群中传播，尽管它们可能对生物体产生有害影响。亦可参见“分离变相因子”词条。

迷因（meme）

也译“模因”“觅母”，文化遗传的一种单位，被假设为类似于固定基因序列，并且由于其在文化环境中生存和复制的“表型”后果而经历自然选择。

孟德尔遗传（Mendelian inheritance）

通过成对的离散遗传因子（现在被确定为基因）进行的非混合遗传，每对因子分别来自双亲。主要的对立理论为“混合遗传”。孟德尔遗传理论认为，基因对身体的影响可能会相互混合，但它们本身不会相互混合，而是完整地遗传给后代。

微观演化（microevolution）

参见“宏观演化”。

线粒体（mitochondria）

真核细胞内微小而复杂的细胞器，由膜构成，是为细胞提供大部分能量的生物化学发生场所。线粒体拥有自己的 DNA，并在细胞内自主分裂增殖，根据某种理论，它们起源于共生的原核生物的演化。

有丝分裂（mitosis）

一种细胞分裂方式，在这种分裂中，一个细胞产生具有其全套染色体的子细胞。有丝分裂是身体生长过程中常见的细胞分裂方式。其与减数分裂相对。

修饰基因（modifier gene）

一种基因，其表型效应是修饰另一基因的效应。遗传学家不再区分“主基因”和“修饰基因”这两种类型的基因，他们认识到许多（也许是大多数）基因都会修饰许多其他（也许也是大多数）基因的效应。

单系（monophyletic）

如果一群生物都来自一个共同的祖先，这个祖先也被归为这个类群的成员，那么这个生物群就被称为单系的。例如，鸟类可能是一个单系类群，因为所有鸟类最近的共同祖先可能已被归类为鸟类。然而，爬行类很可能是复系（polyphyletic）的，因为所有爬行动物最近的共同祖先可能未被归类为爬行动物。有些人还会争辩，复系类群不值得加以命名，爬行纲不应该被承认。

突变（mutation）

遗传物质发生的遗传变化。在达尔文的理论中，突变被认为是随机的。这并不是说它们不是正当发生的，而只是说它们没有朝着改进适应的方向发展的具体趋势。改进适应只能通过自然选择来实现，但后者需要突变作为可供其选择的变异型的最终来源。

突变子（muton）

突变变化的最小单位。基因的几种不同定义之一（还包括顺反子和重组子）。

新达尔文主义（neo-Darwinism）

这个术语是在 20 世纪中叶被生造出来的（实际上是二次创造，因为它在 19 世纪 80 年代曾被用来形容一个完全不同的演化论者群体）。从达尔文自身的演化论观点来看，该术语旨在强调（在我看来是夸大）达尔文主义和孟德尔遗传学在 20 世纪 20 年代和 30 年代实现的现代综合。我认为对这种“新”头衔的需求正在消退，达尔文自己的“自然经济”方法现在看起来就非常现代。

幼态延续（neoteny）

身体发育相对于性成熟发育的一种演化迟滞，其结果是生物进行生殖活动时保持类似其祖先幼年阶段的形态。据推测，演化中的一些重要步骤，例如脊椎动物的起源，是通过幼态延续发生的。

中性突变（neutral mutation）

与等位基因相比没有选择优势或劣势的突变。从理论上讲，中性突变可能在几代之后变得“固定”（即在其种群中的基因座上占主导地位），这将是演化变化的一种形式。对于这种随机固定在演化过程中的重要性，学界存在合理的争议，但对于它们在直接产生适应方面的重要性则不应有争议：后一种重要性是零。

核苷酸（nucleotide）

一种生化分子，以作为 DNA 和 RNA 的基本构件而闻名。DNA 和 RNA 是多核苷酸，由长链核苷酸组成。核苷酸以三联体的形式被“读取”，每个三联体都是一个密码子。

个体发生（ontogeny）

个体发育的过程。在实际运用中，发育通常被认为在成体产生时便告终结，但严格地说，发育也包括后期阶段，如衰老。延伸的表型学说将引导我们将“个体发生”概念外推，以包括体外适应的“发展”，例如河狸水坝这样的非天然构造。

最适子（optimon）

自然选择的单位，在这个单位的意义上，适应可以说是为其利益而存在的。本书的论点是，最适子既不是个体，也不是个体组成的群体，而是基因，或称遗传复制因子。但是，这个争论在某种程度上是语义争论，我用第 5 章和第 6 章的部分篇幅来解决这一问题。

定向选择（orthoselection）

在很长一段时间内，对一个谱系的成员进行持续选择，导致其朝着特定方向持续演化。可以在演化趋势中创造一种“动量”或“惯性”的表象。

越轨基因（outlaw gene）

一个在自己的基因座上受到选择的青睐，却对它所在生物体中的其他基因有有害影响的基因。减数分裂驱动就是一个很好的例子。

佩利的钟表（Paley’s watch）

此处引用的是威廉·佩利（1743—1805）证明上帝存在的论点。钟表太复杂，功能太强大，不可能是偶然出现的：它本身就自带刻意设计的证据。这个论点似乎毋庸置疑更适用于生物活体，因为后者比钟表还要复杂。年轻的达尔文对此论点印象深刻。尽管他后来通过证明自然选择可以扮演塑造生物的“钟表匠”的角色，摧毁了这一论点中关于上帝的那部分，但他并没有破坏其基本观点——对复杂设计需要一种非常特殊的解释，这一点至今仍未得到正确评价。除了上帝，对小的遗传变异的自然选择可能是唯一有能力完成这项工作的推动者。

表型（phenotype）

也译“表现型”，生物体的显性特征，个体发育过程中基因与其所处环境的共同产物。可以说，一个基因在眼睛颜色上有表型表达。在本书中，表型的概念被“延伸”，包括基因差异在生物躯体之外产生的功能性重要后果。

信息素（pheromone）

一种由个体分泌，用来影响其他个体神经系统的化学物质。信息素通常被认为是一种化学“信号”或“信息”，是体内激素的类似物。在本书中，它们更多地被视为类似于某种操纵性药物的物质。

系统发生（phylogeny）

演化时间尺度上的祖先历史。

质粒（plasmid）

用于指代在细胞内但在染色体外发现的小型的、可自我复制的遗传物质片段，它是一组意义多少有些雷同的词中的一个。

基因多效性（pleiotropy）

一个遗传基因座上的改变可引起多种明显不相关的表型变化的现象。例如，一种特定的突变可能同时影响眼睛的颜色、脚趾的长度和产奶量。基因多效性可能是普遍规律，而非例外，而且从我们对发育发生的复杂方式的理解来看，这也是完全可以预料到的。

多元论（pluralism）

在现代达尔文主义的语境中，指认为演化是由许多因素驱动的，而不仅仅由自然选择驱动的观念。其热衷者有时会忽视演化（基因频率的任何变化，很可能是由多元因素引起的）和适应（就我们所知，只有自然选择才能带来）之间的区别。

多基因（polygene）

一组基因中的一个，组中的每个基因都对一种量化性状产生微小的累积效应。

多态性（polymorphism）

一个物种的两个或多个不连续的形态同时出现在同一地区，其比例相差之大，使其中最稀有的形态无法仅仅通过反复突变来维持。多态性必然发生在演化变化的短暂过程中。通过各种特殊的自然选择，多态性也可以保持在稳定的平衡中。

复系（polyphyletic）

参见“单系”词条。

预成论（preformationism）

与渐成论相对，是认为成体的形态已在某种程度上寄寓于受精卵中的学说。一位早期的预成论支持者认为，他可以用显微镜看到一个蜷缩在精子头部的小人。在第 9 章中，该词用于表达以下观点：遗传密码更像一张蓝图，而不是一个配方，这意味着胚胎发育的过程原则上是可逆的，就像你可以根据一幢房子重现它的蓝图一样。

原核生物（prokaryotes）

地球上的两大生物类群之一（与真核生物相对），包括细菌和蓝藻。它们没有细胞核，也没有像线粒体这样的由膜包裹的细胞器：事实上，有一种理论认为，真核细胞中的线粒体和其他此类细胞器从起源上看是与真核细胞共生的原核细胞。

繁殖体（propagule）

任何种类的生殖粒子。当我们不希望对我们谈论的是有性生殖还是无性生殖，是配子还是孢子等问题做出明确说明的时候，便会特意用到这个词。

r 选择（r-selection）

对在不稳定、不可预测的环境中取得成功所需的特质进行的选择。在这种环境中，快速把握机会进行繁殖的能力至关重要，而在竞争中取得成功的适应价值甚微。多种特质被认为是 r 选择的有利条件，包括高生殖力、小体型和适应远距离传播。杂草及类似动物就是例子。与 K 选择相对。通常我们会强调 r 选择和 K 选择是连续体的两个极端，大多数真实情况介于两者之间。生态学家对 r/K 选择这个概念有一种爱恨交加的奇妙态度，他们经常装作对此不赞成，但却发现它不可或缺。

隐性（recessiveness）

与显性相对。

重组子（recon）

重组的最小单位。基因的几种不同定义之一，但与突变子一样，它尚未得到普及，可以在没有同时给出定义的情形下使用。

复制因子（replicator）

宇宙中任何被复制的实体。第 5 章包含了对复制因子的延伸讨论，以及主动 / 被动复制因子和种系 / 死路复制因子的分类。

生殖价（reproductive value）

人口统计学的专业术语，衡量一个个体未来（雌性）子代的预期数量。

分离变相因子（segregation distorter）

一个基因的表型效应是影响减数分裂，使该基因有超过 50% 的机会最终进入一个成功的配子。亦可参见“减数分裂驱动”词条。

自私（selfish）

参见“利他行为”词条。

性染色体（sex chromosome）

与决定性别有关的特殊染色体。哺乳动物有两条性染色体，分别为 X 染色体和 Y 染色体。雄性的基因型是 XY，雌性的基因型是 XX。因此，所有卵子都携带一条 X 染色体，但精子可能携带一条 X 染色体（这种精子与卵子结合会产生雌性后代）或者一条 Y 染色体（这种精子与卵子结合会产生雄性后代）。因此，雄性被称为异配性别，而雌性被称为同配性别。鸟类有一个非常相似的系统，不过雄性是同配性别（相当于 XX），而雌性是异配性别（相当于 XY）。性染色体上携带的基因被称为“伴性基因”。“伴性基因”有时会与“限性基因”相混淆，后者是指在只能在两种性别中的一种中表达（不一定由性染色体携带）的基因。

躯体（somatic）

字面意义即身体。在生物学上，其用于指代身体终会衰朽的部分，与种系相对。

物种形成（speciation）

两个物种由一个祖先物种产生的演化趋异过程。

物种选择（species selection）

认为一些演化变化是在物种或谱系层次上通过某种形式的自然选择发生的理论。如果具有某种特质的物种比具有其他特质的物种更有可能灭绝，那么就可能导致朝着有利特质方向发展的大尺度演化趋势。从理论上讲，这些物种层次上的有利特质可能与在物种内部选择中处于有利地位的特质毫无关系。我在

第 6 章中提出，尽管物种选择可以解释一些简单的主要趋势，但它不能解释复杂适应的演化（参见“佩利的钟表”和“宏观演化”词条）。这种意义上的物种选择理论源于与表现利他性状的群体选择理论相异的历史传统，我在第 6 章中对两者进行了区分。

停滞演化（stasis）

在演化理论中，指未发生演化变化的时期。亦可参见“渐变论”词条。

策略（strategy）

像“利他行为”一样，该术语被动物行为学家用于表达特殊意义，可以说具有一定的误导性，与它的日常用法相距甚远。它是借由演化稳定策略理论从博弈论引入生物学的。在该理论中，它基本上是计算机意义上“程序”的同义词，指动物所遵从的预编程规则。这个意思是准确的，但不幸的是，策略已经成为一个被滥用的流行词，现在则被肆意用作“行为模式”的时髦同义词。种群中的所有个体都可能遵循“人少则逃，人多则攻”的策略；观察者会观察到两种行为模式——逃跑和攻击，但他将它们称为“两种策略”是错误的：两种行为模式都是同一条件策略的表现。

存活值（survival value）

自然选择所青睐的特质的质量，也指某一特定行为对个体存活的价值。

共生（symbiosis）

不同物种的成员亲密地生活在一起（且相互依赖）的情况。一些现代教科书略去了相互依赖这一条，并将共生理解为包括寄生（在寄生中，只有一方，即寄生虫，依赖于另一方，即宿主，而后者单独生活会更好）。这些教科书使用“互利共生”（mutualism）来代替上述定义下的共生。

同生物质（symphylic substance）

社会性昆虫群落寄生生物（如甲虫）用来影响宿主行为的化学物质。

目的性（teleonomy）

适应的科学。实际上，“目的性”就是被达尔文赋予价值的“目的论”（teleology），但数代生物学家都被教育要避免使用“目的论”，就好像它是拉丁语法中的一个不正确的结构一样，许多人更愿意使用前一种委婉的说法。对于目的性的科学将由什么组成，人们没有给予太多的思考，但它的一些主要关注点可能是选择单位，以及成本和其他完美化的制约因素的相关问题。本书便是关于目的性的作品。

四倍体（tetraploid）

每种染色体有四组，而不是通常的两组（二倍体）或一组（单倍体）的情况。植物的新物种有时是由染色体加倍形成的四倍体，但随后该物种表现得像一个普通的二倍体，它的染色体数量恰好是一个近缘种的两倍，因此在大多数情况下，出于方便考虑，可视其为二倍体。第 11 章表明，虽然个体白蚁是二倍体，但整个蚁丘可以看作四倍体基因型的延伸的表型产物。

载具（vehicle）

在本书中用于指代任何相对离散的实体，如个体生物，其容纳复制因子，并可以被视为一个被编程的机器，用以保存和传播寓于其内的复制因子。

魏斯曼遗传学说（Weismannism）

对可以不朽的种系和容纳前者的、必有一死的躯体加以严格分离的学说。尤指认为种系可影响身体形态，而反之则不然的学说。亦可参见“中心法则”词条。

合子（zygote）

由两个配子有性融合直接产生的细胞。